高等教育新工科电子信息类系列教材

Java 基础实践教程

（微课版）

主编　李鑫伟

教学资源

西安电子科技大学出版社

内容简介

本书以培养Java程序开发的基础技能为主线，按照新工科对编程类专业课程教材建设的要求，由浅入深地介绍Java语言基础知识，配以丰富的教学案例，以培养和提高学生的面向对象程序设计思维能力和Java程序开发能力，同时强化学生的职业道德和职业素质意识，为学习后继课程以及从事相关研发工作打下良好的基础。

本书主要内容包括Java开发入门、Java编程基础、类与对象、继承、多态、异常、Java语言常用API、集合、I/O流、GUI编程和多线程。本书涵盖了Java语言编程基础内容，且书中相关技术内容及符号等都采用最新国家标准。

本书既可作为高等院校计算机相关专业的Java程序设计课程教材，也可作为Java技术基础的培训教材，同时也是一本适合广大计算机编程初学者学习的入门级书籍。

图书在版编目(CIP)数据

Java基础实践教程：微课版 / 李鑫伟主编. —西安：西安电子科技大学出版社，2023.8
ISBN 978-7-5606-6811-6

Ⅰ.① J… Ⅱ.① 李… Ⅲ.① JAVA语言—程序设计—高等学校—教材 Ⅳ.① TP312.8

中国国家版本馆CIP数据核字(2023)第125485号

策　　划　吴祯娥
责任编辑　买永莲
出版发行　西安电子科技大学出版社(西安市太白南路2号)
电　　话　(029)88202421 88201467　　邮　　编　710071
网　　址　www.xduph.com　　电子邮箱　xdupfxb001@163.com
经　　销　新华书店
印刷单位　陕西天意印务有限责任公司
版　　次　2023年8月第1版　2023年8月第1次印刷
开　　本　787毫米×1092毫米　1/16　印　张　25.5
字　　数　607千字
印　　数　1～2000册
定　　价　79.00元
ISBN 978-7-5606-6811-6 / TP

XDUP 7113001-1

如有印装问题可调换

前言 Preface

Java语言自问世以来就让企业和编程人员青睐有加。作为一门纯面向对象的编程语言，Java语言以其简单性、健壮性、安全性、跨平台性和支持多线程等诸多优良特性得到了非常广泛的应用，小到智能穿戴、大到万物互联，Java语言在当今信息时代大放异彩，成为最受欢迎的程序开发语言之一。

虽然市面上关于Java语言的教材很多，但真正适合初学者的却很少。有些教材理论深广，不易上手；有些教材示例粗浅，对重要概念和编程思想凝练不够。编者从事Java语言本科教学多年，苦于没有合适的教材，由此萌生了编写本书的想法。

本书是一本专门针对大学本科学生及其他初学者的Java语言入门教程。全书共11章，可分为三大部分：第1、2章重点介绍Java语言开发入门和编程基础知识，包括Java语言的特点及开发环境、常量与变量、运算符、控制语句、数组与方法等内容；第3～5章重点介绍Java面向对象的编程基础知识，主要是抽象、封装、继承和多态四大特性的具体体现及应用；第6～11章重点介绍Java语言的核心应用技术，包括异常、常用API、集合、I/O流、GUI编程和多线程等。本书的主要特点如下：

(1) 理论和实践相辅相成，围绕重要概念和知识点精心设计了丰富有趣的实践案例；

(2) 内容循序渐进，讲解浅显易懂，使用生动形象的比喻描述抽象的概念和特性；

(3) 在叙述和代码中巧妙地融合了思政元素，力求达到“润物细无声”的育人效果；

(4) 每章均提供了配套的微课视频和综合训练等数字化资源，使学习更为便捷高效。

在编写本书的过程中，编者始终本着科学、严谨的态度，力求精益求精，但由于水平有限，书中不妥之处在所难免，敬请广大读者批评指正，以便再版时修订。

编 者

2023 年 4 月于北京

目录 Contents

第1章 Java开发入门

Java 语言是一门面向对象的编程语言，自问世以来就受到了前所未有的关注。Java 语言入门要求低、应用范围广，熟练掌握 Java 语言的编程开发人员具有良好的就业空间和发展前景。近年来，Java 语言多次登上 TIBOE 编程排行榜榜首 (TIOBE 全称为 The Importance Of Being Earnest，是一家专注于软件质量评估的公司，TIOBE 编程语言排行榜反映了某个编程语言的热门程度，它是由 TIOBE 公司推出并进行维护的)，即使 Python 语言发展势头很强劲，Java 语言依然保持在前三的位置，成为智能硬件、互联网编程和 Android 智能手机 App 等开发领域中最受欢迎的编程语言之一。本章重点介绍 Java 语言的特点、开发环境和运行机制。

本章资源

1.1 Java 语言概述

1.1.1 Java 语言体系

Java 语言是一种计算机编程语言。

计算机编程语言也叫计算机语言 (Computer Language)，是人与计算机之间通信的语言。它主要由一些指令 (数字、符号和语法等) 组成，能够被计算机接受和处理。人们常说的手机 App、计算机操作系统、计算机软件和软件控制系统等都是由计算机编程语言实现的。计算机语言可分为机器语言、汇编语言和高级语言三种。其中机器语言是由 1 和 0 组成的编码，不便于程序员开发和使用，因此目前通用的计算机语言是汇编语言和高级语言。汇编语言采用了英文缩写的标识符直接对 CPU 的寄存器进行操作，程序编写难度大，可移植性差；高级语言采用了接近于人类的自然语言进行编程，极大简化了程序编程的过程，因而得到了广泛使用。高级语言又分为面向过程的编程语言和面向对象的编程语言。目前比较流行的面向过程的编程语言有 C、Fortran、Basic 和 Pascal 等，面向对象的编程语言有 Smalltalk、Eiffel、C++、C# 和 Java 等。

Java 语言是基于 C 和 C++ 语言编写而成的，属于典型的面向对象编程语言。它是由 SUN 公司 (已于 2009 年被 Oracle 公司收购) 于 1995 年 5 月推出的一种可以编写跨平台应用软件的程序设计语言。人们常说的 Java 语言是 Java 面向对象编程语言和 Java 平台的总称。为了适应不同的市场应用需求，SUN 公司将 Java 语言划分为三大体系，分别为 Java Platform Standard Edition(JavaSE 或 J2SE)、Java Platform Enterprise Edition(JavaEE 或 J2EE)和 Java Platform Micro Edition(JavaME 或 J2ME)，如表 1-1-1 所示。

表 1-1-1　Java 语言三大体系的核心组件及应用

Java 语言体系	JavaSE(J2SE)	JavaEE(J2EE)	JavaME(J2ME)
中文名	标准版(又称桌面级)	企业版(又称企业级)	微型版(又称嵌入式系统级)
包含的核心组件	Java 语言最核心的类库，包含集合、I/O 流、数据库连接、网络编程等	Servlet、JSP、JavaBean、EJB、Web Service 等技术	HTTP 等高级 Internet 协议
应用	是 JavaEE 和 JavaME 的基础，主要用于开发计算机桌面应用程序，如游戏等	主要用于开发分布式的、服务器端的多层结构的应用系统，如电子商务网站等	主要用于开发智能电子产品，如数字机顶盒、移动电话、汽车导航系统等

JavaSE 是 JavaEE 和 JavaME 的基础，初学者大多从 JavaSE 学起。本书即为 JavaSE 的基础学习教程。

1.1.2　Java 语言的特点

Java 语言之所以被广泛使用，离不开它诸多优良的特性。Java 语言的主要特点有以下七个方面。

1. 简单性

Java 语言是由 C 和 C++ 语言编写而成的，它天然地继承了很多 C 与 C++ 语言的语法结构和特点，因此具有 C 或 C++ 语言编程基础的程序员能够快速地掌握和使用 Java 语言。另一方面，Java 语言丢弃了 C++ 语言中那些使用频次低、不好理解的特性，如运算符重载、多继承和自动地强制类型转换等，使得编程更加简单。特别地，Java 语言不支持指针，而是使用引用，并提供了自动分配和回收内存空间的机制，这样程序员不必为内存管理而担忧。

2. 面向对象

Java 语言是一门典型的面向对象编程语言。它具备类、接口和继承等面向对象的核心要素，支持类的单继承和接口的多继承，同时支持类与接口之间的实现机制(使用关键字 implements)。C++ 语言只对虚函数支持动态绑定，而 Java 语言全面支持动态绑定。此外，Java 语言编程的最小单位是类。因此，Java 语言是一门纯粹的面向对象编程语言。

3. 解释型编程语言

C++ 语言是编译型编程语言，C++ 程序只有在被编译为本地机器指令后才能执行；相比而言，Java 语言是解释型编程语言，Java 程序在 Java 平台上被编译为字节码格式，然后可以在安装该 Java 平台的任何系统中运行。在运行时，Java 平台中的 Java 解释器对这些字节码进行解释执行。

4. 健壮性

Java 语言是一种强类型的语言，具有严格的数据类型检查机制。同时 Java 语言支持异常处理、垃圾自动收集等功能，丢弃了 C++ 语言的指针，使得 Java 语言程序更具健壮性。

5. 安全性

Java 语言具有严格的安全检查机制，能够在网络环境中防止恶意代码的攻击。此外，Java 语言对通过网络下载的类具有一个安全防范机制 (由 ClassLoader 类支持)，如分配不同的名字空间以防替代本地的同名类、字节代码检查。同时，Java 语言提供安全管理机制 (由 SecurityManager 类支持)，为 Java 应用设置安全哨兵。因此，Java 语言具有更高的安全性。

6. 跨平台性

Java 源程序 (后缀名为“.java”) 在 Java 平台上被编译为体系结构中立的字节码格式的文件 (后缀名为“.class”)，然后可以在安装这个 Java 平台的任何系统中运行。同时，Java 语言对数据类型的大小做了统一规定，数据存储长度不会因为硬件环境或者编译器的改变而改变，提高了代码的可移植性。

7. 支持多线程

Java 语言支持多线程，可以控制多个任务的并发执行，在很大程度上提高了程序的执行效率。

1.2 JDK 的安装与使用

1.2.1 JDK 简介

JDK 是 Java Develop Kit (即 Java 开发工具包) 的缩写。它是 Oracle 公司 (在 SUN 公司被 Oracle 公司收购之前是 SUN 公司在提供支持) 为开发者提供的一套 Java 开发环境，其中包括 Java 编译器、Java 运行工具、Java 文档生成工具和 Java 打包工具等。JDK 是 Java 编程的核心，所有版本的 Java 软件编写程序都需要 JDK 的支持。此外，Java 程序的运行还需要 Java 运行环境 (Java Runtime Environment，JRE) 的支持。Java 程序在 Java 平台上被编译为字节码格式后，正是通过 JRE 将这些字节码解释给用户计算机的 CPU 去执行。JRE 只包含了 Java 语言的运行工具，不包含 Java 编译工具。为了方便使用，JDK 安装包中自带了一个 JRE，开发人员只需要在计算机上安装 JDK 即可默认安装好 JRE。

为了满足用户日新月异的需求，自 1996 年 SUN 公司发布 JDK 1.0 以来，JDK 在不断地迭代升级，其版本如表 1-2-1 所示。较高版本的 JDK 提供了更加丰富的类库及特性，同时也摒弃了较低版本中的部分类库及函数。

表 1-2-1　JDK 版本

版　本	名　称	发行日期
JDK 1.0	Oak(橡树)	1996-01-23
JDK 1.1	—	1997-02-19
JDK 1.1.4	Sparkler(宝石)	1997-09-12
JDK 1.1.5	Pumpkin(南瓜)	1997-12-13
JDK 1.1.6	Abigail(阿比盖尔，女子名)	1998-04-24
JDK 1.1.7	Brutus(布鲁图，古罗马政治家和将军)	1998-09-28
JDK 1.1.8	Chelsea(切尔西，城市名)	1999-04-08
J2SE 1.2	Playground(运动场)	1998-12-04
J2SE 1.2.1	—	1999-03-30
J2SE 1.2.2	Cricket(蟋蟀)	1999-07-08
J2SE 1.3	Kestrel(美洲红隼)	2000-05-08
J2SE 1.3.1	Ladybird(瓢虫)	2001-05-17
J2SE 1.4.0	Merlin(灰背隼)	2002-02-13
J2SE 1.4.1	Grasshopper(蚱蜢)	2002-09-16
J2SE 1.4.2	Mantis(螳螂)	2003-06-26
J2SE 5.0	—	2004-09
Java SE 5.0 (1.5.0)	Tiger(老虎)	2004-09-30
Java SE 6.0 (1.6.0)	Mustang(野马)	2006-04
Java SE 7.0 (1.7.0)	Dolphin(海豚)	2011-07-28
Java SE 8.0 (1.8.0)	Spider(蜘蛛)	2014-03-18
Java SE 9	—	2017-09-21
Java SE 10	—	2018-03-20
Java SE 11	—	2018-09-26
Java SE 12	—	2019-03-20
Java SE 13	—	2019-09-17
Java SE 14	—	2020-03-17
Java SE 15	—	2020-09
Java SE 16	—	2021-03
Java SE 17	—	2021-09
Java SE 18	—	2022-03
Java SE 19	—	2022-09

截至 2022 年 10 月，JDK 有三个长期支持 (Long-Term Support，LTS) 版本，如表 1-2-2 所示。长期支持的 JDK 版本都比较稳定，官方也会不断更新补丁包，是市场应用最广泛的 JDK 版本，也是非常适合初学者使用的 JDK 版本。对于初学者而言，选择哪个版本基本没有什么差别。由于最新版的 Eclipse 软件 (版本号为 4.25.0，发布于 2022 年 9 月) 要求 JDK 的版本至少为 JDK 11，因此本书中使用的是 JDK 17 版本，读者也可以根据自己的偏好选择相应的版本。

表 1-2-2 JDK 长期支持版本

版 本	LTS时间
JDK 8	2030年12月
JDK 11	2026年9月
JDK 17	2024年9月

1.2.2 JDK 的下载与安装

JDK 可以从 Oracle 官网直接下载，首先需要在 Oracle 官网注册一个账号。JDK 版本不同，下载和安装的步骤也有所不同。下面以 64 位的 Windows 版本为例分别介绍 JDK 8 和 JDK 17 的下载及安装方法。

1. JDK 8 的下载与安装

下面介绍 JDK 8 的下载与安装方法，以及系统环境变量的设置方法。

1) JDK 8 的下载

(1) 在下载页面选择 Java 8 选项卡 →Windows 版本，进入如图 1-2-1 所示的页面。

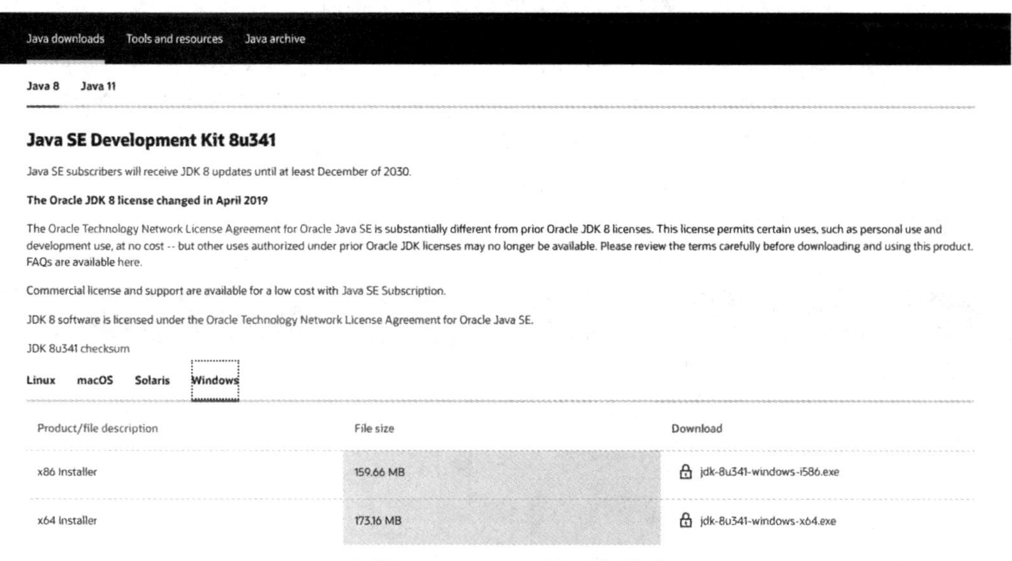

◆ 图 1-2-1 JDK 8 的下载页面

(2) 单击“jdk-8u341-windows-x64.exe”按钮，获取下载链接，如图 1-2-2 所示。

(3) 勾选图 1-2-2 左侧的方框，单击“Download jdk-8u341-windows-x64.exe”按钮开始下载。下载完成后获得安装文件，如图 1-2-3 所示。

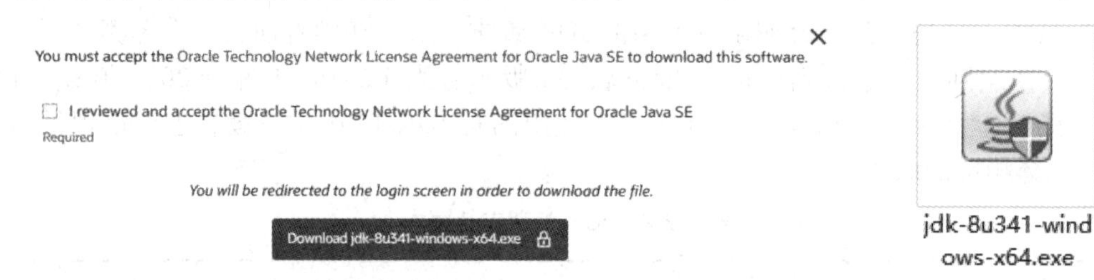

◆ 图 1-2-2　JDK 8 的下载链接　　◆ 图 1-2-3　JDK 8 的安装文件

2) JDK 8 的安装

JDK 8 安装的具体流程如下：

(1) 双击“jdk-8u341-windows-x64.exe”图标后，会弹出如图 1-2-4 所示的对话框，单击“下一步”按钮继续。

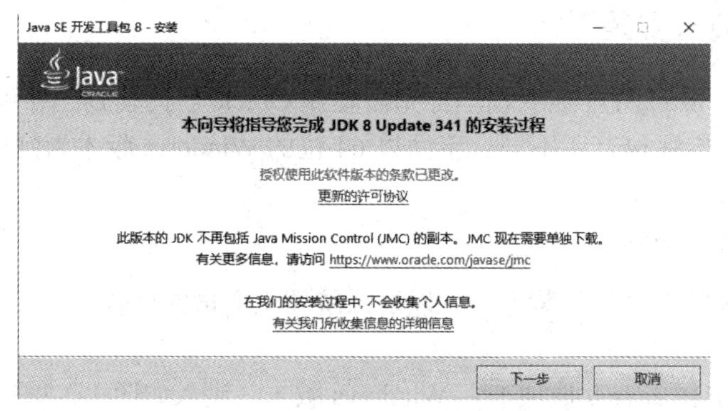

◆ 图1-2-4　JDK 8的开始安装界面

(2) 软件默认会安装三个模块，即开发工具 (JDK)、源代码和公共 JRE，如图 1-2-5 所示。默认的安装路径为 C:\Program Files\Java\jdk1.8.0_341\，用户可以使用默认路径安装，也可以单击“更改”按钮选择软件的安装路径。通常安装路径不建议使用汉字及特殊字符。此处选择的安装路径为 D:\software\Java\jdk1.8.0_341\，如图 1-2-6 所示。单击“确定”按钮开始安装，如图 1-2-7 所示。

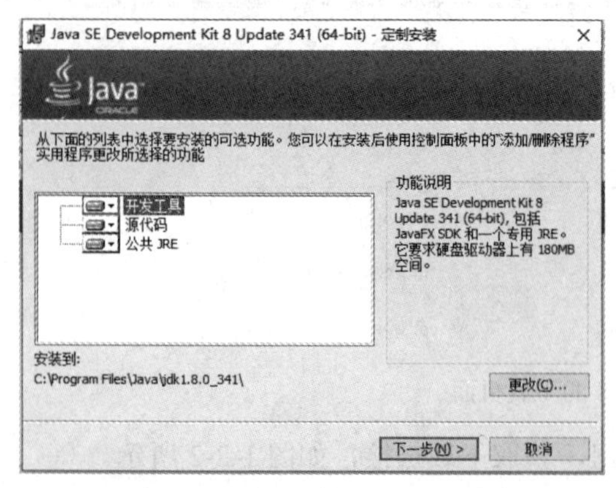

◆ 图 1-2-5　JDK 8 的安装包选择

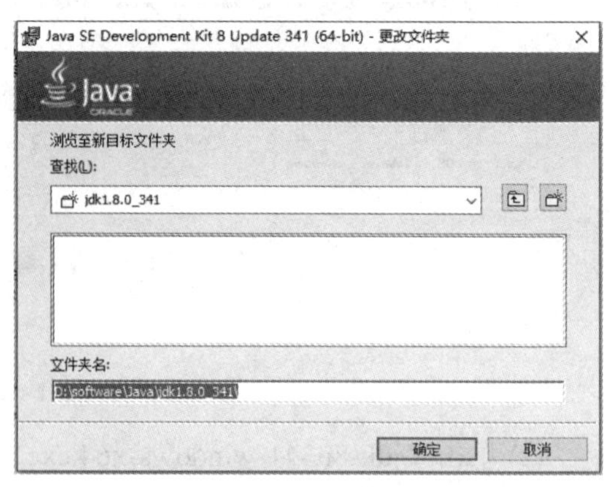

◆ 图 1-2-6　JDK 8 安装路径更改

安装完成后，会弹出“已成功安装”的提示框，单击“关闭”按钮即可，如图 1-2-8 所示。

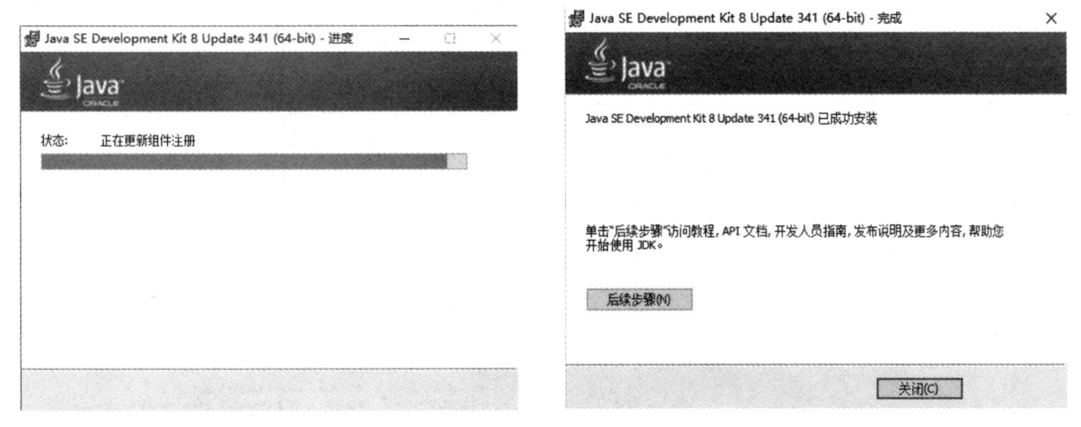

◆ 图1-2-7　JDK 8安装进度　　◆ 图1-2-8　JDK 8安装成功提示框

3) 系统环境变量设置

JDK 8 安装完成之后，还不能被立即使用。这是由于计算机操作系统在这时调用 javac.exe 等工具时还不知道它的文件路径，需要用户在系统环境变量中手动添加 JDK 的安装路径。

下面以 Win 10 操作系统为例，演示如何在系统环境变量中添加 JDK 的安装路径。

(1) 鼠标右键单击“此电脑”图标，在出现的悬浮菜单中选择“属性”选项，会弹出“设置”窗口。单击左侧的“关于”选项，在右侧面板的最底端找到“高级系统设置”选项，如图 1-2-9 所示。

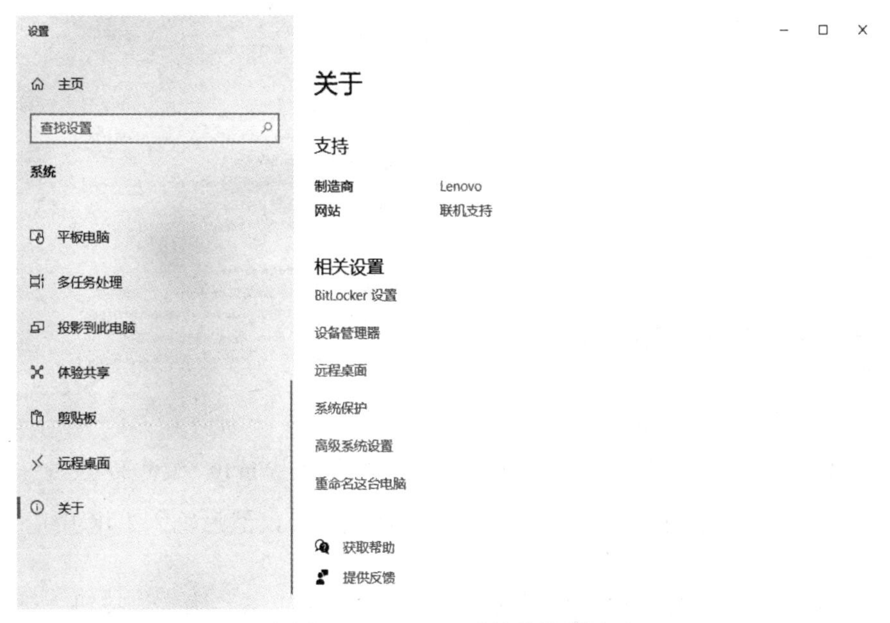

◆ 图 1-2-9　Win 10 系统的设置界面

(2) 单击“高级系统设置”选项，弹出“系统属性”对话框，如图 1-2-10 所示。

(3) 单击“环境变量”按钮，弹出“环境变量”对话框，如图 1-2-11 所示。

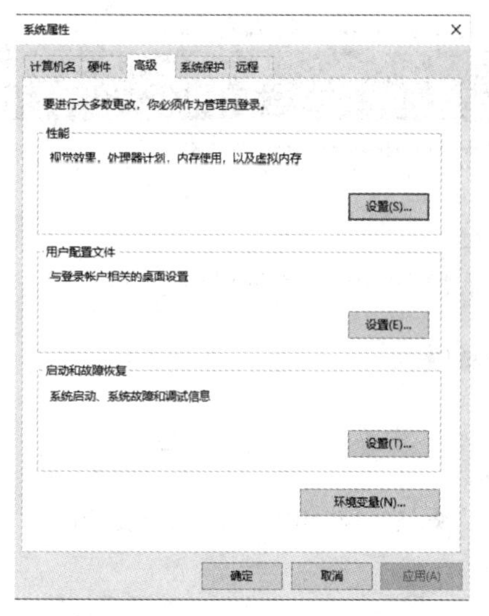

◆ 图 1-2-10 Win 10 系统的“系统属性”对话框

◆ 图 1-2-11 Win 10 系统“环境变量”对话框

(4) 在系统变量 (S) 一栏中找到 Path 变量，如图 1-2-12 所示。双击变量“Path”选项，弹出“编辑环境变量”对话框，如图 1-2-13 所示。

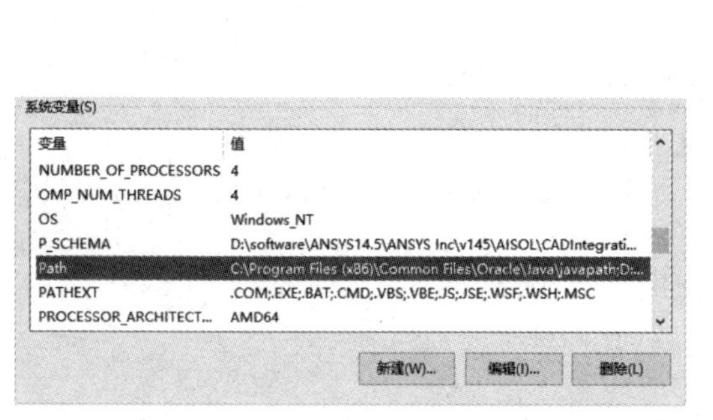

◆ 图1-2-12 Win 10“系统变量”设置对话框

编辑环境变量

C:\Program Files (x86)\Common Files\Oracle\Java\javapath
D:\software\Anaconda3
D:\software\Anaconda3\Library\mingw-w64\bin
D:\software\Anaconda3\Library\usr\bin
D:\software\Anaconda3\Library\bin
D:\software\Anaconda3\Scripts
C:\Program Files\Intel\iCLS Client\
%SystemRoot%\system32
%SystemRoot%
%SystemRoot%\System32\Wbem
%SYSTEMROOT%\System32\WindowsPowerShell\v1.0\
C:\Program Files\Intel\WiFi\bin\
C:\Program Files\Common Files\Intel\WirelessCommon\
D:\software\Java\jdk1.8.0_152\bin
D:\software\Java\jdk1.8.0_152\jre\bin
%SDK_HOME%\tools
%SDK_HOME%\platform-tools
%SYSTEMROOT%\System32\OpenSSH\
C:\Program Files (x86)\IVI Foundation\VISA\WinNT\Bin\
C:\Program Files\IVI Foundation\VISA\Win64\Bin\
C:\Program Files (x86)\IVI Foundation\VISA\WinNT\Bin

新建(N) 编辑(E) 浏览(B)... 删除(D) 上移(U) 下移(O) 编辑文本(T)...

确定 取消

◆ 图1-2-13 Win 10“编辑环境变量”对话框

(5) 单击右侧的“新建”按钮创建一个新的环境变量，然后输入 JDK 中的 bin 路径，如图 1-2-14 所示，单击“确定”按钮。

(6) 依次在“环境变量”窗口和“系统属性”窗口中单击“确定”按钮。至此，系统环境变量就设置好了。

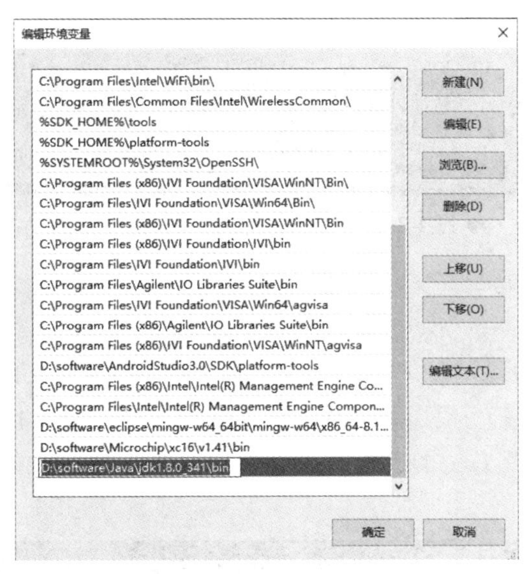

◆ 图 1-2-14 Win 10 新建系统环境变量

4) 检验 JDK 环境变量

JDK 环境变量是否设置成功可以通过下面的方法进行检验。

(1) 同时按下键盘中的“win”和“R”键，在“运行”对话框中输入命令“cmd”，如图 1-2-15 所示。

(2) 单击“确定”按钮进入 cmd 窗口。输入命令“javac”，回车后观察是否打印输出了一长段信息，如图 1-2-16 所示。若有则表明 JDK 环境变量已经设置成功。

◆ 图1-2-15 Win 10运行对话框 ◆ 图1-2-16 javac命令的输出内容

在 cmd 窗口中还可以查看安装的 JDK 版本，输入命令“java -version”后回车，就会打印输出 JDK 的版本信息，如图 1-2-17 所示。

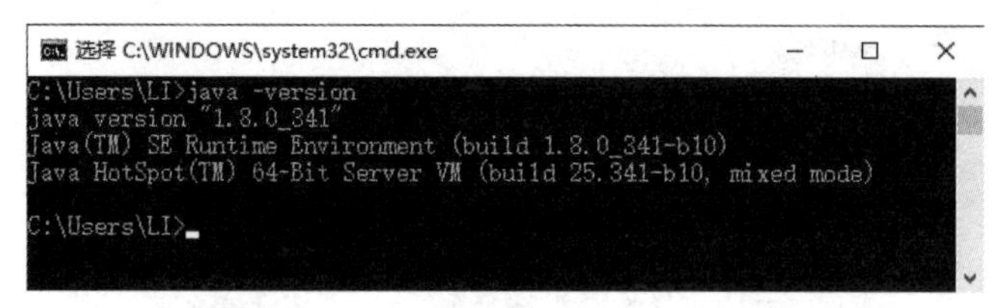

◆ 图 1-2-17 通过命令查看 JDK 版本信息

2. JDK 17 的下载与安装

下面以 JDK 17(64 位 Windows 版本) 为例介绍 JDK 17 的下载和安装。

1) JDK 17 的下载

在下载页面选择 Java 17 选项卡 →Windows 版本，进入如图 1-2-18 所示的页面。

单击“x64 Installer”右侧的链接即可下载。下载完成后获得安装文件，如图 1-2-19 所示。

Java downloads　Tools and resources　Java archive

JDK 17 will receive updates under these terms, until at least September 2024.

Java 19　Java 17

Java SE Development Kit 17.0.4.1 downloads

Thank you for downloading this release of the Java™ Platform, Standard Edition Development Kit (JDK™). The JDK is a development environment for building applications and components using the Java programming language.

The JDK includes tools for developing and testing programs written in the Java programming language and running on the Java platform.

Linux　macOS　Windows

Product/file description	File size	Download
x64 Compressed Archive	171.81 MB	https://download.oracle.com/java/17/latest/jdk-17_windows-x64_bin.zip (sha256)
x64 Installer	152.78 MB	https://download.oracle.com/java/17/latest/jdk-17_windows-x64_bin.exe (sha256)
x64 MSI Installer	151.66 MB	https://download.oracle.com/java/17/latest/jdk-17_windows-x64_bin.msi (sha256)

◆ 图1-2-18 JDK 17的下载页面

jdk-17_windows
-x64_bin.exe

◆ 图1-2-19 JDK 17的安装文件

2) JDK 17 的安装

JDK 17 安装的具体流程如下：

(1) 双击“jdk-17_windows-x64_bin.exe”图标后，会弹出如图 1-2-20 所示的对话框，单击“下一步”按钮继续。

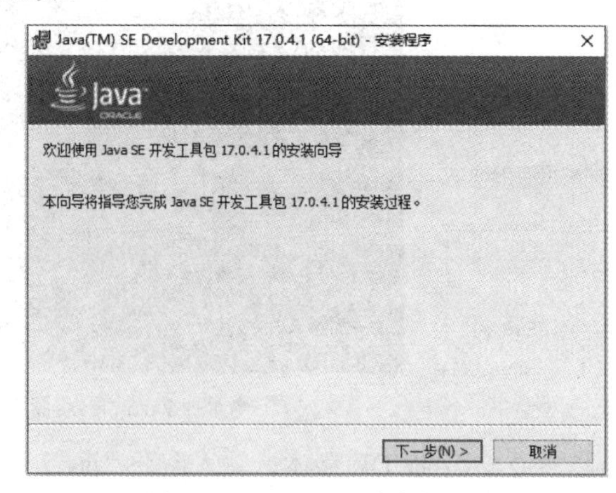

◆ 图1-2-20 JDK 17开始安装对话框

(2) 软件默认的安装路径为 C:\Program Files\Java\ jdk-17.0.4.1\，用户可以使用默认路径安装，也可以单击“更改”按钮选择软件的安装路径，如图 1-2-21 所示。通常安装路径不建议使用汉字及特殊字符。此处选择的安装路径为 D:\software\Java\jdk-17.0.4.1\，如图 1-2-21 所示。单击“下一步”按钮开始安装，如图 1-2-22 所示。

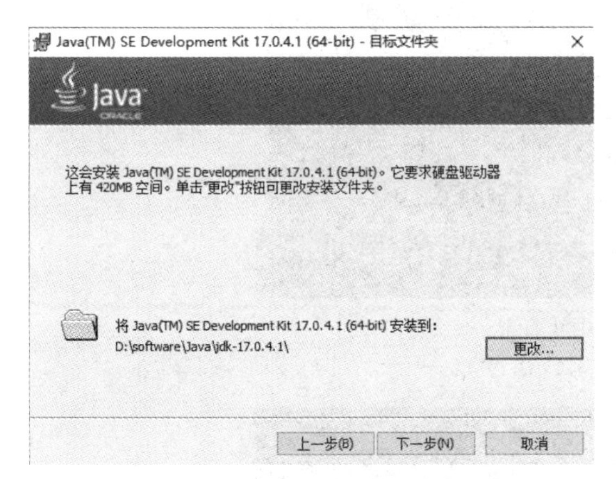

◆ 图 1-2-21 JDK 17 更改安装路径

◆ 图 1-2-22 JDK 17 安装进度条

(3) 当安装完成后，会弹出“已成功安装”的提示框，如图 1-2-23 所示，单击“关闭”按钮即可。

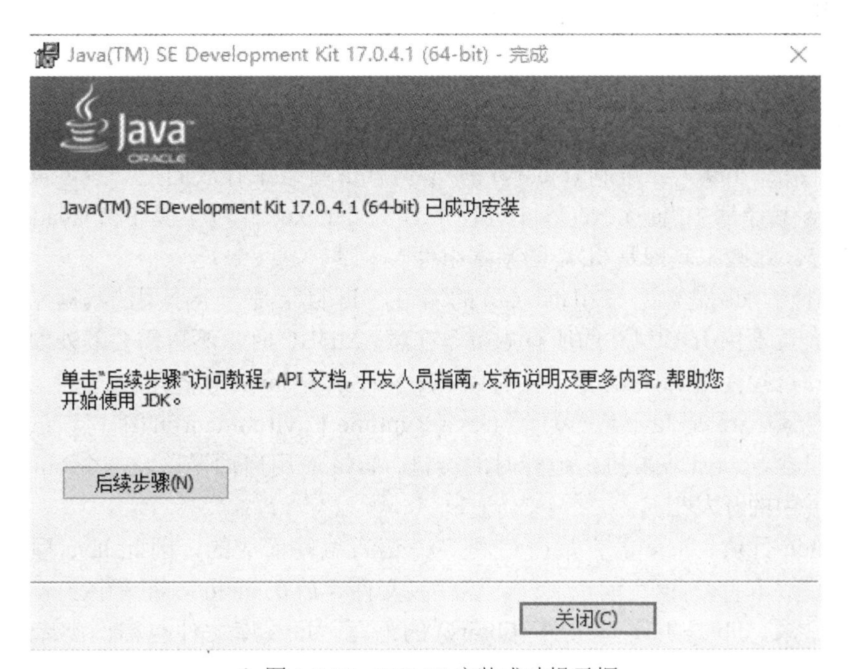

◆ 图 1-2-23 JDK 17 安装成功提示框

(4) JDK 17 在安装的过程中会自动设置系统环境变量，不需要再手动设置，因此安装完 JDK 17 后就可以直接使用了。可以在 cmd 中测试 JDK 17 是否安装成功，以及查看 JDK 的版本信息，如图 1-2-24 和图 1-2-25 所示。

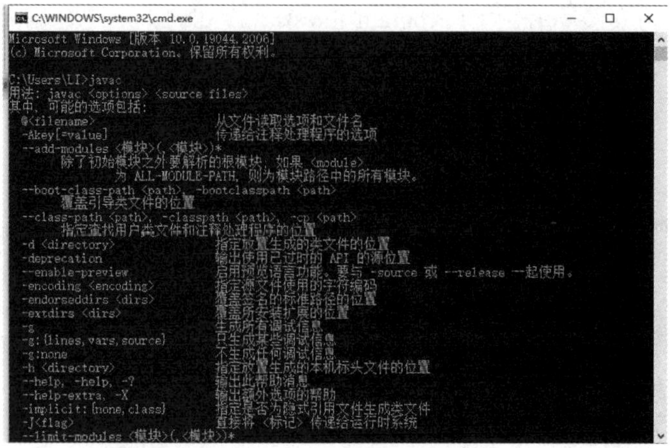

◆ 图 1-2-24 在 cmd 中执行 javac 命令

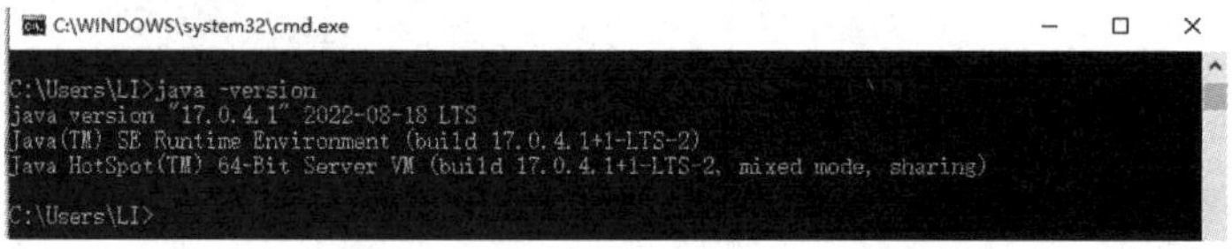

◆ 图 1-2-25 查看 JDK 17 的版本信息

1.2.3 JDK 安装目录及工具库介绍

1. JDK 安装目录

JDK 的安装目录中有以下 6 个子目录及文件，这些目录和文件的作用具体如下：

(1) bin 目录。bin 为二进制 (binary) 的缩写，bin 目录中存放的是一些可执行程序，如 javac.exe(Java 编译器)、java.exe(Java 运行工具)、jar.exe(打包工具) 和 javadoc.exe(文档生成工具) 等。这些工具库是 JDK 的基本组件。

(2) db 目录。db 是数据库 (database) 的缩写，db 目录是一个小型的数据库，该数据库不仅轻便，而且支持 JDBC4.0 的所有规范。在学习 JDBC 时，不再需要额外安装一个数据库软件，选择直接使用 Java 语言自身的数据库管理系统 JavaDB 即可。

(3) jre 目录。jre 是 Java 运行环境 (Java Runtime Environment) 的缩写。该目录是 JRE 的根目录，包含了 Java 虚拟机、运行时的类包、Java 应用启动器以及一个 bin 目录，但不包含开发环境中的开发工具。

(4) include 目录。Java 语言是由 C 和 C++ 语言编写而成的，因此 Java 程序在启动时需要引入一些 C 和 C++ 语言的头文件，这些头文件存放在 include 目录中。

(5) lib 目录。lib 是 Java 库文件 (library) 的缩写。Java 库文件也称作类库，它是开发工具使用的归档包文件。

(6) src.zip 文件。src 是源文件 (source) 的缩写。src 文件中放置的是 JDK 核心类的源代码，通过该文件可以查看 Java 基础类的源代码。

2. JDK 开发工具

在诸多开发工具中，最基础的就是 javac.exe 和 java.exe。

(1) javac.exe 是 Java 程序的编译器。Java 代码都写在后缀名为“.java”的文件中。Java 编译器将写好的 Java 文件编译成字节码文件，该文件后缀名为“.class”，也称作 class 文件。

(2) java.exe 是 Java 程序的运行工具。它会启动一个 Java 虚拟机 (Java Virtual Machine，JVM)。JVM 相当于一个虚拟的操作系统，它专门负责运行 Java 字节码文件 (class 文件)。

1.3 Java 语言的运行机制

1.3.1 编写和运行第一个 Java 程序

为了理解 Java 语言的运行机制，首先来编写并运行第一个 Java 程序，具体步骤如下：

(1) 在 D 盘新建一个 txt 文本文件，在文本中输入以下内容：

```
public class FirstDemo {
    public static void main(String[] args) {
        System.out.println( “Hello World!” );
    }
}
```

(2) 保存后关闭文本文件，并将其命名为 FirstDemo.java。注意后缀名“.txt”要改成“.java”，如图 1-3-1 所示。

(3) 同时按下键盘中的“win”和“R”键，输入“cmd”，打开 cmd 窗口。在 cmd 窗口命令行中输入命令“D：”进入 D 盘，然后输入命令“javac FirstDemo.java”并按下回车键，如图 1-3-2 所示。其中 javac 是 java compile 的缩写，即对 java 文件进行编译，生成字节码文件。

◆ 图 1-3-1 创建的第一个 java 文件

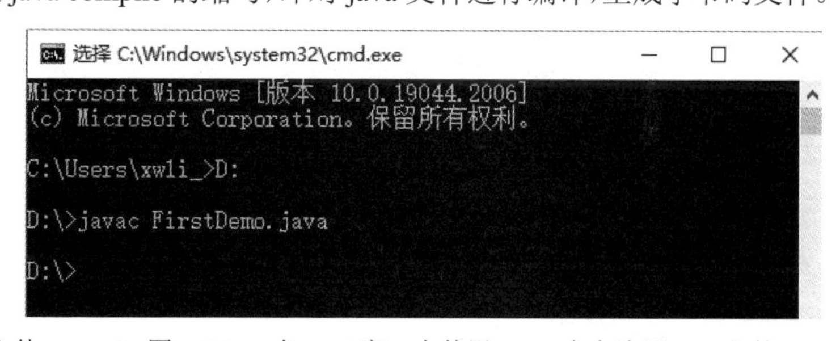

◆ 图 1-3-2 在 cmd 窗口中使用 javac 命令编译 java 文件

(4) 在 D 盘中生成了一个 class 文件“FirstDemo.class”，如图 1-3-3 所示。在 cmd 窗口命令行中输入命令“java FirstDemo”，单击回车键，观察输出结果，如图 1-3-4 所示。这里 java 命令的作用是运行一个 class 文件。

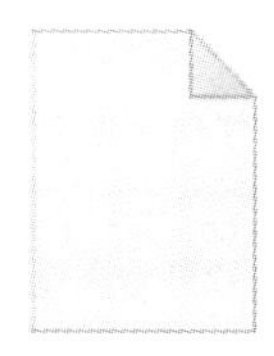

◆ 图 1-3-3 编译 java 文件后生成的 class 文件

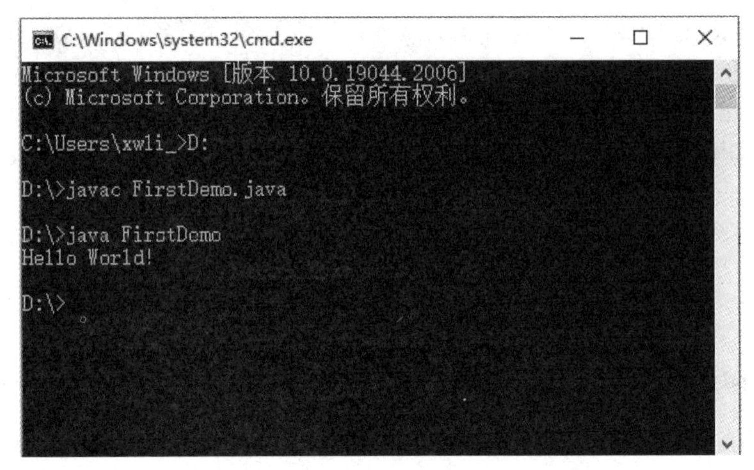

◆ 图 1-3-4　使用 java 命令运行 class 文件

(5) 可以观察到 cmd 窗口中打印输出了字符串“Hello World！”。至此，已经完成了一个 Java 程序的编写、编译和运行。具体代码如下：

```
public class FirstDemo {
    public static void main(String[] args) {
        System.out.println("Hello World!");
    }
}
```

上述代码的含义如下：

(1) 第一行代码的含义：使用关键字 class 创建一个类，类名为 FirstDemo，public 为修饰符，表示该类可以在整个项目中使用。类名后跟一对完整的大括号，里面可以定义类的成员。

(2) 第二行代码的含义：定义一个 main 方法，即主方法，所有能够独立运行的程序都需要一个 main 方法，它是程序执行的入口。其中：public 表示该方法可以在当前类的大括号外面调用；static 是 Java 关键字，它所修饰的方法可以通过类名直接调用；void 表示函数执行完之后不需要返回一个数值；String[] args 是 main 方法的形参，放在一对小括号内，表示 main 方法在被使用时可以接收一个字符串数组；小括号后面跟一对大括号，里面可以编写要执行的代码。

(3) 第三行代码的含义：在屏幕上打印输出一句话“Hello World!”。

随着学习的不断深入，初学者会逐步理解上述代码。

1.3.2　JVM

从第一个 Java 代码示例中不难发现，Java 程序的编译和运行是独立的两个步骤。Java 语言一个重要的特点就是跨平台性。Java 程序可以在一台计算机上编写、编译和生成 class 文件，然后在另一台计算机上可以直接运行 class 文件，不论两台计算机的硬件和软件环境是否一致。这得益于 JVM 的功能。

JVM 是一种用于计算设备的规范，它是一个虚拟出来的机器，是通过在实际的计算机上仿真模拟各种功能实现的。JVM 屏蔽了与具体操作系统平台相关的信息，使 Java 程序只需生成在 Java 虚拟机上运行的目标代码 (字节码)，就可以在多种平台上不加修改地运行。JVM 在执行字节码时，实际上最终还是把字节码解释成具体平台上的机器指令执行。这就是 Java 程序能够“一次编译，到处运行”的原因。

需要注意的是，Java 程序可以通过 Java 虚拟机实现跨平台，但 Java 虚拟机本身并不是跨平台的，也就是说，不同操作系统上的 Java 虚拟机是不同的，如果需要自己的计算机能够运行 Java 代码，就需要安装适合自己版本的 Java 虚拟机，如图 1-3-5 所示。

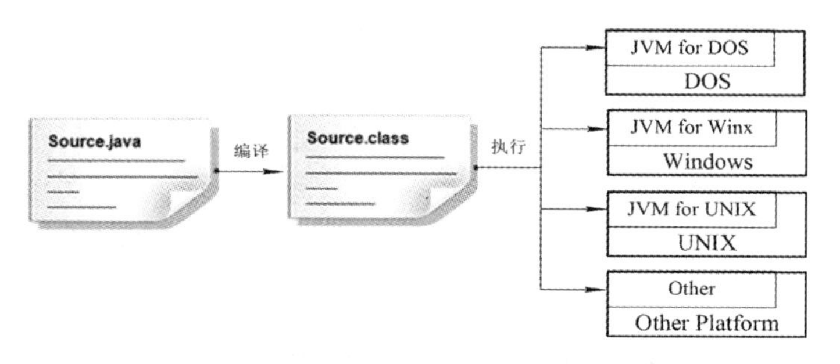

◆ 图 1-3-5　Java 程序通过 JVM 实现跨平台运行

1.4　Eclipse 软件开发工具

1.4.1　Eclipse 软件简介

1.3.1 节使用 txt 文本编写 Java 代码，并在 cmd 窗口中编译和运行程序。对于一个简单的示例，这种编程流程还能够接受。但如果想使用这种方式编写一个桌面应用程序，单单编写代码就非常不便，更不用提代码的查错、分析和调试过程了。“工欲善其事，必先利其器”，在正式开始学习编写 Java 程序之前，找到一款合适的软件开发工具是十分必要的。这种集成了代码编写功能、分析功能、编译功能和调试功能等于一体的图形化开发工具便是集成开发环境 (Integrated Development Environment ，IDE)。IDE 是提供程序开发环境的应用程序，一般包括代码编辑器、编译器、调试器和图形用户界面等工具。常见的集成开发环境有微软的 Visual Studio 系列、Borland 的 C++ Builder 和 Delphi 系列等。在 Java 编程中，应用最广泛的 IDE 有 Eclipse、MyEclipse 和 Intellij IDEA。本书使用的是 Eclipse 软件 2022-09 (4.25.0) 版本。

Eclipse 软件最初是由 IBM 公司花费巨资开发的一款功能强大的软件，2001 年 11 月贡献给开源社区，现在它由非营利软件供应商联盟 Eclipse 基金会 (Eclipse Foundation) 管理。Eclipse 软件是著名的跨平台的自由集成开发环境，它附带了一个包含了 JDK 的标准插件集，其设计之初就是为了用来进行 Java 程序开发的。Eclipse 的设计思想是“一切皆插件”。就其本身而言，它只是一个框架和一组服务，用于通过插件组件构建开发环境，因此 Eclipse 软件也支持 C++、Python 等其他编程语言的程序开发。Eclipse 软件不但具备一般 IDE 所具备的项目管理、代码运行和调试等功能，而且具有强大的代码编排功能，可以帮助程序员完成语法修正、代码修正、补全文字和信息提示等编码工作，极大地提高了程序开发的效率。

1.4.2 Eclipse 软件的下载和安装

1. Eclipse 软件的下载

Eclipse 软件可以从 Eclipse 官网免费下载。截至 2022 年 9 月，Eclipse 最新的软件版本为 Eclipse IDE 2022-09，该版本要求 JDK 的版本至少为 JDK 11。如果读者安装的是 JDK 8，那么可以选择能够支持 JDK8 的 Eclispe 软件版本，例如 Eclipse Oxygen 版本软件，这里不再赘述。

进入官网后，可以看到两个 Download 选项（如图 1-4-1 所示）：一个是“Download x86_64”选项，单击它会直接选择最新版本的 Eclipse 进行下载；另一个是“Download Packages”选项，单击它可以选择旧版本的 Elcipse 软件。这里演示 Eclipse IDE 2022-09(Win 10 版本）安装文件的下载。

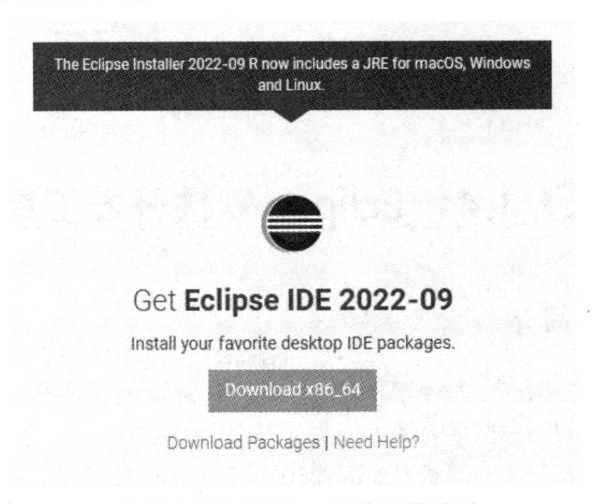

◆ 图 1-4-1　Eclipse 软件下载页面

(1) 单击“Download x86_64”按钮，进入如图 1-4-2 所示的界面。

(2) 单击“Download”按钮，下载得到 Eclipse 软件的安装文件，如图 1-4-3 所示。

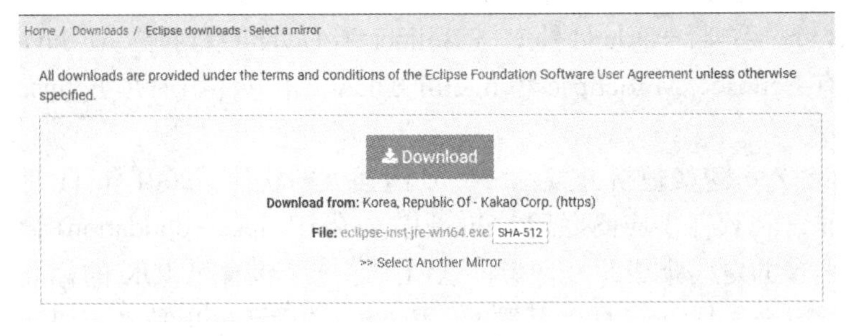

◆ 图 1-4-2　Eclipse 软件下载链接

◆ 图 1-4-3　Eclipse 软件的安装文件

2. Eclipse 软件的安装

Eclipse 软件的安装步骤如下：

(1) 双击 Eclipse 软件的安装文件图标，进入 Eclipse 软件在线安装程序，如图 1-4-4

所示。

(2) 选择选项“Eclipse IDE for Java Developers”，跳转到图 1-4-5 所示的窗口。其中，“Java 17 + VM”选项用来选择 Eclipse 安装的 JDK 版本；“Installation Folder”选项用来设置 Eclipse 软件的安装路径。

◆ 图 1-4-4 Eclipse 软件在线安装器

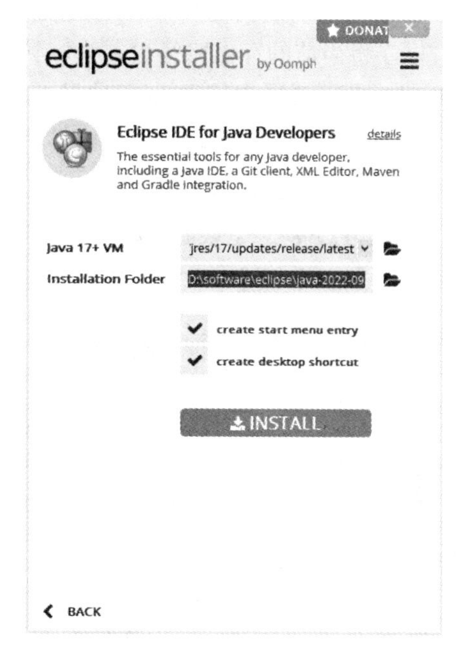

◆ 图 1-4-5 Eclipse 软件安装路径设置

(3) 单击“INSTALL”按钮开始安装，如图 1-4-6 所示。安装成功后即可开始使用 Eclipse 软件了。

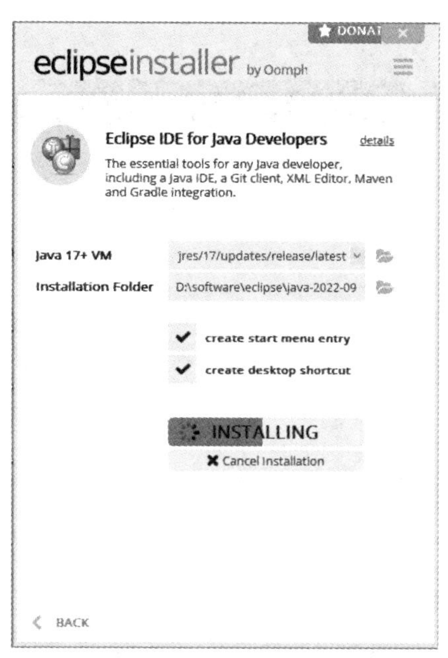

◆ 图 1-4-6 Eclipse 软件安装进度条

1.4.3　Eclipse 软件的使用

首次启动 Eclipse 软件，会弹出提示框，让用户选择 Java 项目的存储路径，如图 1-4-7 所示。存储路径的默认值为 C:\Users\LI\eclipse-workspace，建议用户将其移至其他盘的文件夹中，以免系统盘(C 盘)空间不足引起电脑卡顿。设置好存储路径后，可以勾选左下角的方框，将当前的存储路径设置为默认值，下一次程序启动的时候就不会再弹出当前的对话框。如果需要再次修改 Java 项目的默认存储路径，可以在软件菜单栏中设置。下面演示在 Eclipse 软件中创建项目、编写代码和运行代码的完整流程。

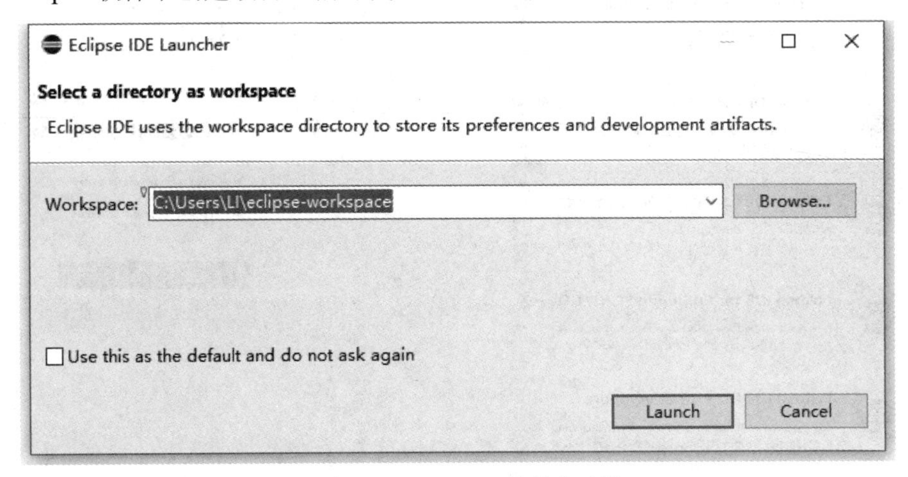

◆ 图 1-4-7　Eclipser 软件启动器

1. 欢迎界面

单击“Launch”按钮，软件进入欢迎界面，如图 1-4-8 所示。

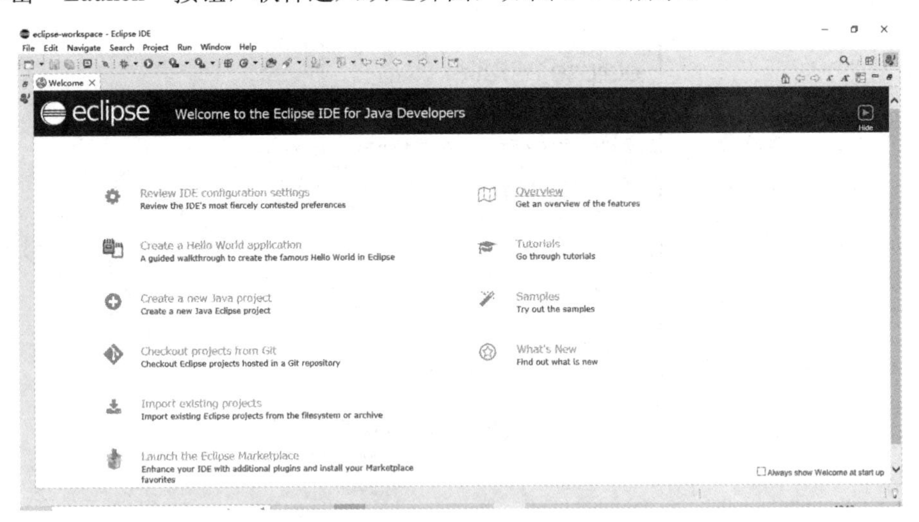

◆ 图 1-4-8　Eclipse 软件欢迎界面

该界面中提供了以下 10 个选项：

(1) Review IDE configuration settings：查看 IDE 配置设置。单击该选项，进入相应的页面后可以查看 Eclispe 软件的基本配置信息，如是否显示代码行号、是否自动刷新资源和字符编码格式等。

(2) Create a Hello World application：创建一个“Hello World”项目。该选项省掉了创建 Java 项目及 Java 文件的诸多配置，直接帮助用户创建一个能够打印输出“Hello World”的简单项目。

(3) Create a new Java project：从零开始创建一个新的 Java 项目。

(4) Checkout projects from Git：从 Git 上远程获取项目并加载到本地。

(5) Import existing projects：导入已经存在的项目。

(6) Launch the Eclipse Marketplace：启动 Eclipse 软件市场，使用附加插件增强 IDE 功能，并安装用户的市场收藏夹。

(7) Overview：总览 IDE 的各项特性。

(8) Tutorials：用户教程，对于初学者很有帮助。

(9) Samples：开发实例，对于初学者很有帮助。

(10) What’s New：现版本软件与上一版本相比有哪些新特性。

2. 创建项目

(1) 关闭 Welcome 界面。单击菜单栏中的 File→New→Java Project 菜单项，如图 1-4-9 所示。

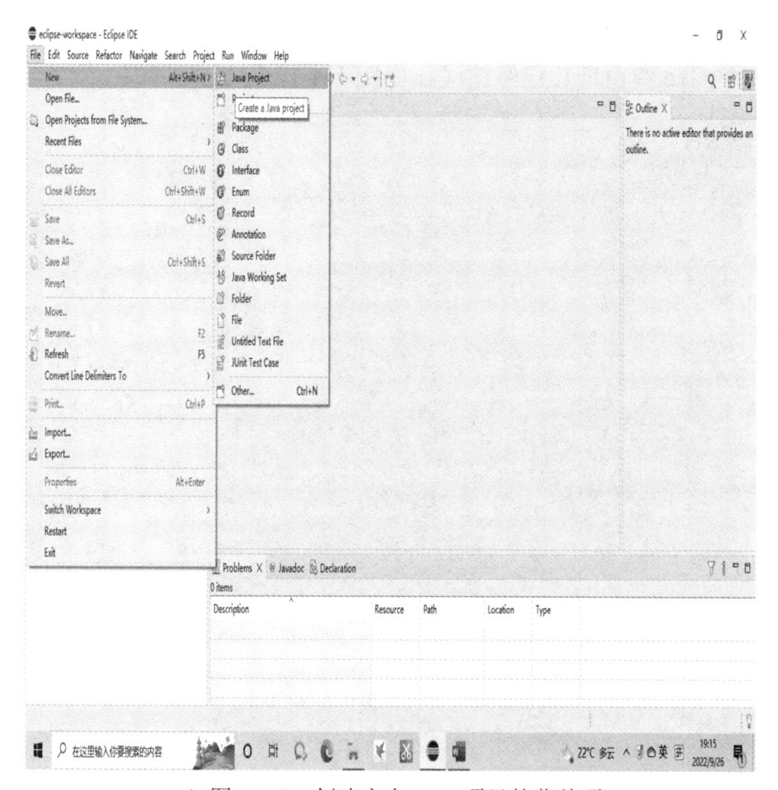

◆ 图 1-4-9 创建空白 Java 项目的菜单项

(2) 弹出“New Java Project”窗口，如图 1-4-10 所示。在“Project name”中输入项目名“myproj”。默认勾选“Use default location”不变 (项目的默认存储路径)。默认 JRE 选项不变 (使用计算机上安装的 JavaSE-17)。默认 Project layout 选项不变 (为 java 文件和

class 文件生成独立的目录），单击“Next”按钮继续。

(3) 在弹出的 Java Settings 窗口中保持“Default output folder”默认值不变(class 文件存储的相对路径)，如图 1-4-11 所示，单击“Finish”按钮。

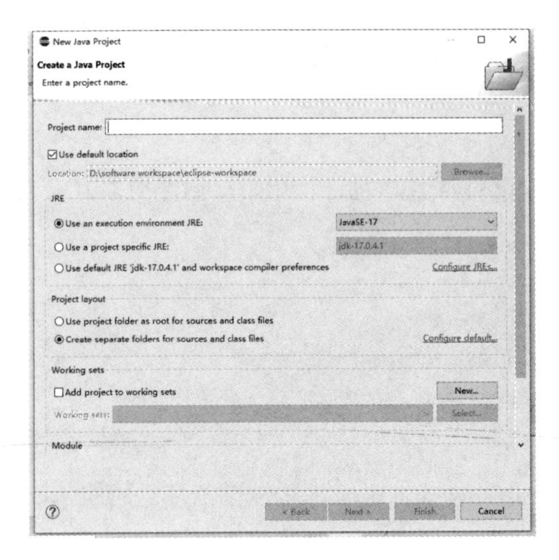

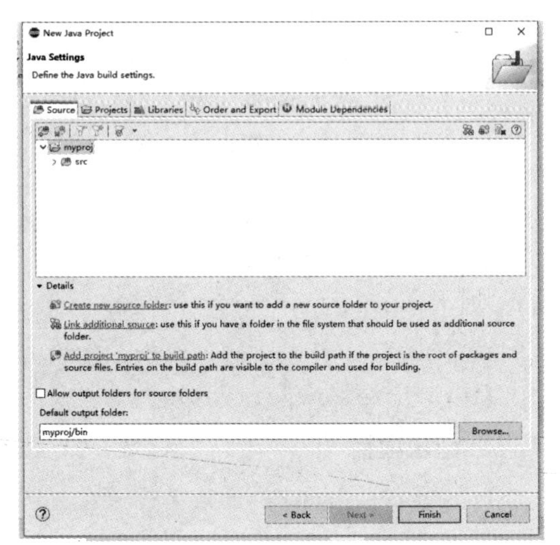

◆ 图 1-4-10　创建一个新 Java 项目的对话框　　　　◆ 图 1-4-11　新 Java 项目的设置窗口

(4) 此时一个 Java 空白项目已经建成，如图 1-4-12 所示。

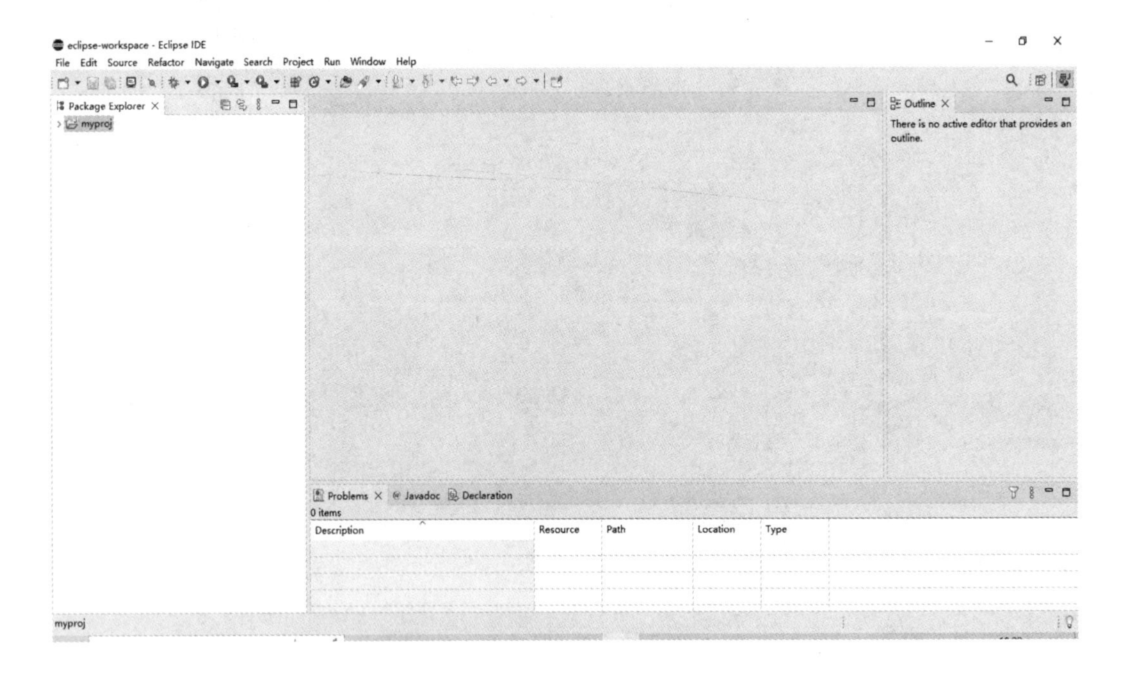

◆ 图 1-4-12　Eclipse 软件中的 Java 空白项目

3. 创建空包

(1) 单击左侧 Package Explorer 中的 myproj→src 菜单项，然后在 Eclipse 软件界面上面

一行图标中找到中间有“十”字的方包图标(由“New Java Package”标注的箭头所指示)，如图 1-4-13 所示。该图标是创建 Java 包的快捷键。

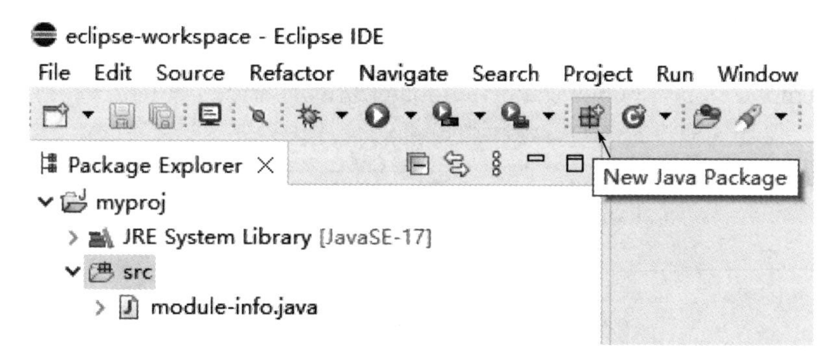

◆ 图 1-4-13 创建 Java 包的快捷键

(2) 单击该方包图标，弹出 New Java Package 窗口。在“Name”一栏中输入“chapter1.section1.demo1”，如图 1-4-14 所示。

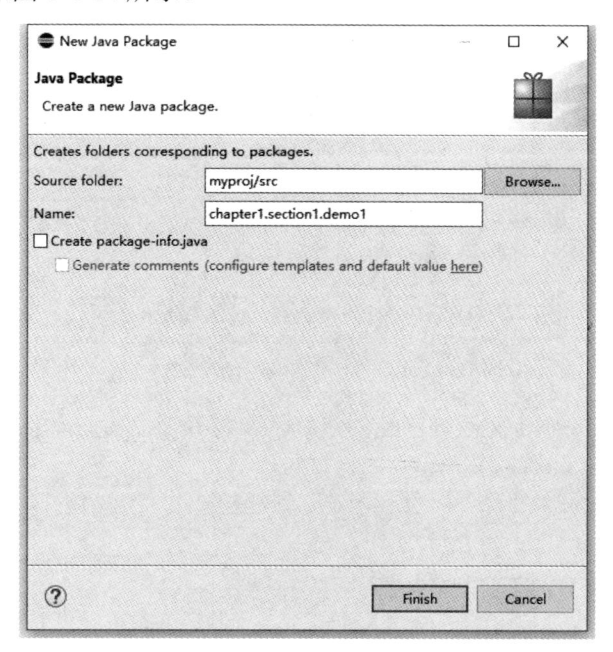

◆ 图 1-4-14 Java 新包设置对话框

(3) 单击 Finish 按钮，此时一个 Java 空包创建好了，名为“chapter1.section1.demo1”，如图 1-4-15 所示。

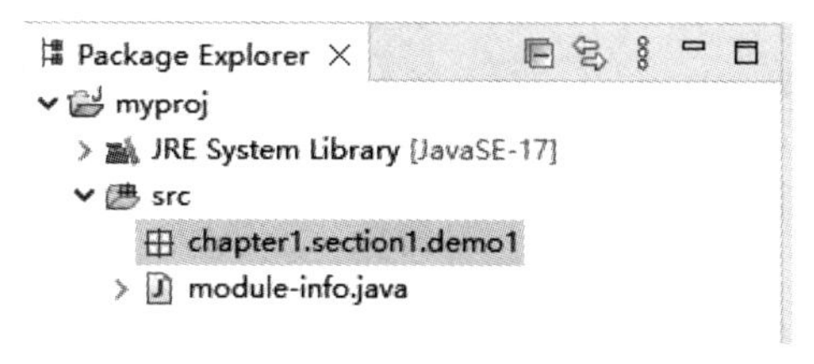

◆ 图 1-4-15 创建好的空包在项目中的位置

4. 编写代码

(1) 单击刚创建好的空包，然后在 Eclipse 软件图标栏找到带 C 的圆形图标，如图 1-4-16 所示。该图标是创建 Java 类的快捷键。

(2) 单击该图标，弹出 New Java Class 窗口，如图 1-4-17 所示。在“Name”一栏输入类名“FirstDemo”，勾选“public static void main(String[] args)”前的方框，让软件自动生成 main 函数，保持其他设置不变，单击“Finish”按钮。

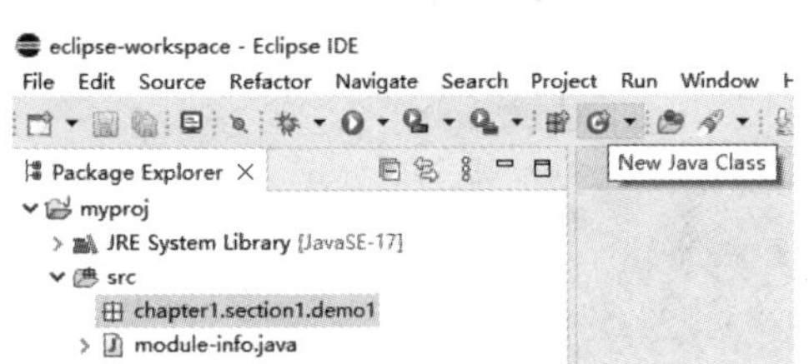

◆ 图 1-4-16 创建 Java 类的快捷键

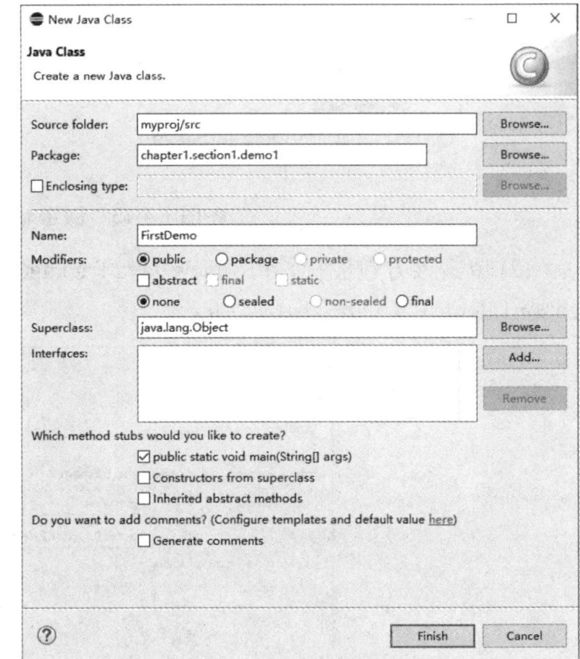

◆ 图 1-4-17 Java 新类设置对话框

(3) 此时 FirstDemo.java 文件就已经创建好了，打开该文件，如图 1-4-18 所示。

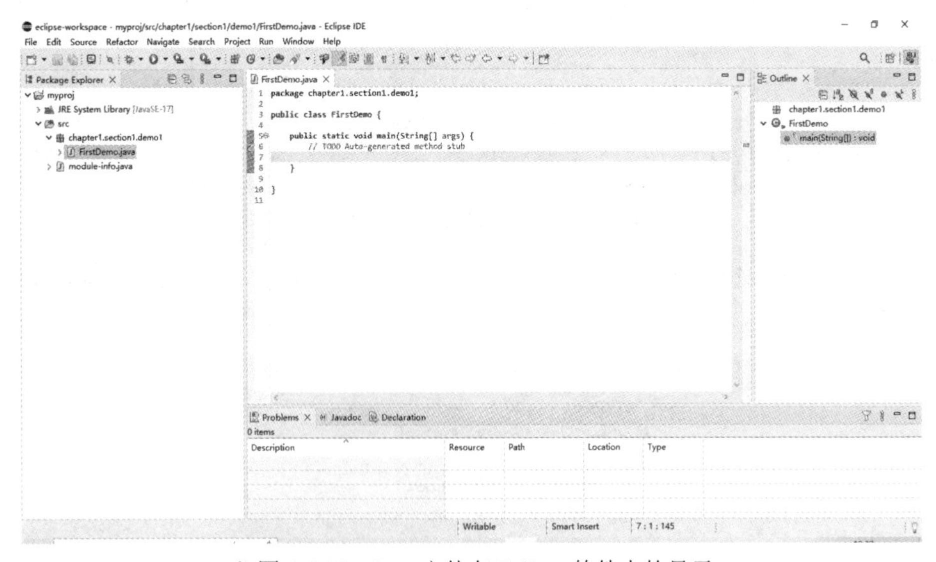

◆ 图 1-4-18 Java 文件在 Eclipse 软件中的显示

(4) 在 main 函数内输入代码“System.out.println(“Hello World!”);”并保存，如图 1-4-19 所示。

```
FirstDemo.java ×
 1 package chapter1.section1.demo1;
 2
 3 public class FirstDemo {
 4
 5⊖     public static void main(String[] args) {
 6         // TODO Auto-generated method stub
 7         System.out.println("Hello World!");
 8     }
 9
10 }
11
```

◆ 图 1-4-19　在 Eclipse 软件中编写 Java 代码

(5) 在软件上面的图标栏中找到最左边的三角图标，如图 1-4-20 所示。该图标是 Java 文件运行的快捷键。

(6) 单击 Java 运行快捷键，在软件下方 Console 窗口 (控制台) 中可以观察到打印输出了“Hello World!”，如图 1-4-21 所示。至此，一个完整的 Java 程序就编写并运行完成了。

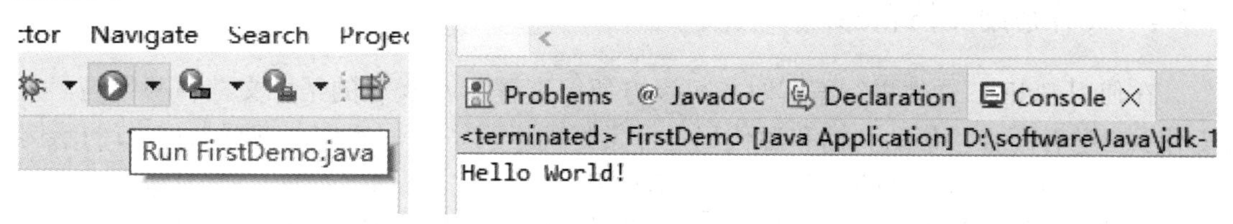

◆ 图 1-4-20　Java 文件运行快捷键　　◆ 图 1-4-21　Eclipse 软件的控制台打印输出代码运行结果

(7) 进入到 myproj 项目所在路径，可以看到里面包含了 3 个文件夹和 2 个文件，如图 1-4-22 所示。其中，.project 和 .classpath 均是 xml 格式的文本文件，.project 文件用来描述 Eclipse 项目的基本信息，.classpath 文件用来描述 Eclipse 项目的运行环境。.settings 目录用来存放各种插件的配置文件，src 目录用来存放用户编写的 Java 文件，bin 目录用来存放编译好的 class 文件。

LENOVO (D:) › software workspace › eclipse-workspace › myproj

名称	修改日期	类型	大小
.settings	2022/9/26 19:20	文件夹	
bin	2022/9/26 19:29	文件夹	
src	2022/9/26 19:29	文件夹	
.classpath	2022/9/26 19:20	CLASSPATH 文件	1 KB
.project	2022/9/26 19:20	PROJECT 文件	1 KB

◆ 图 1-4-22　Eclipse 软件中 Java 项目的目录文件

(8) 在当前路径中的 src/chapter1/section1/demo1 目录下可以看到刚才创建的 FirstDemo.java 文件，如图 1-4-23 所示。对照可知，src 下的三级路径名即是创建的 Java

包名。

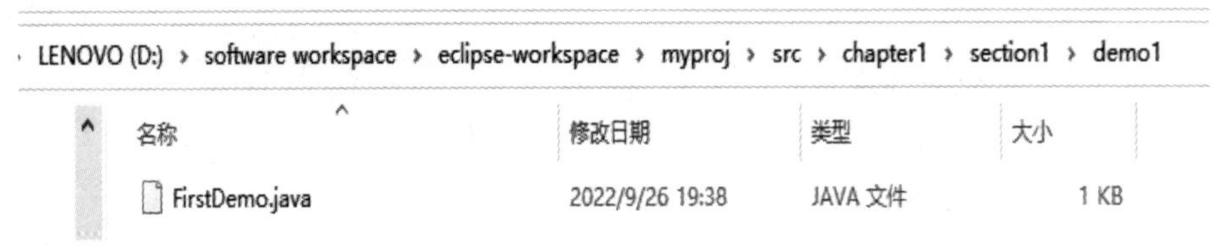

◆ 图 1-4-23　Java 文件所在路径

(9) 在当前路径中的 bin/chapter1/section1/demo1 目录下可以看到刚才创建的 FirstDemo.java 文件，如图 1-4-24 所示。可见生成的 class 文件存储路径与 java 文件的存储路径是对应的。

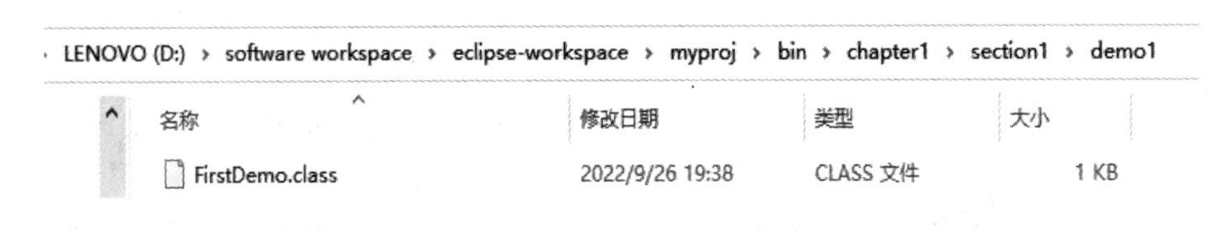

◆ 图 1-4-24　class 文件所在路径

1.4.4　查看帮助文档和源码

在使用 Eclipse 软件进行编程时，可以方便地查看 Java 类库的帮助文档和源代码。尤其对于初学者而言，帮助文档和源代码是非常好的学习资料。例如，查看 1.4.3 节的示例中的 println 方法的帮助文档及源代码的方法如下：

(1) 将鼠标放到 println 方法名上停留一两秒，Eclipse 软件就会弹出一个提示框，如图 1-4-25 所示。

```
package chapter1.section1.demo1;

public class Demo1 {

    public static void main(String[] args) {
        // TODO Auto-generated method stub
        System.out.println("Hello World!");
    }

}
```

void java.io.PrintStream.println(String x)

Prints a String and then terminate the line. This method behaves as though it invokes print(String) and then println().

Parameters:
x The String to be printed.

Press 'F2' for focus

◆ 图 1-4-25　println 方法的帮助提示框

(2) 该提示框中显示的是 println 函数的简单说明，即注释文档。如果希望查阅更详细的说明，可以将鼠标移动到注释文档的空白区域停留一两秒，会在注释文档悬浮框的下面弹出一行小的图标，如图 1-4-26 所示。

```
public static void main(String[] args) {
    // TODO Auto-generated method stub
    System.out.println("Hello World!");
}

}
```

void java.io.PrintStream.println(String x)

Prints a String and then terminate the line. This method behaves as though it invokes print(String) and then println().

Parameters:
x The String to be printed.

◆ 图 1-4-26　帮助提示框下方弹出的图标

(3) 单击第一个图标“@”，将在软件下方弹出独立的文档注释窗口，如图 1-4-27 所示。

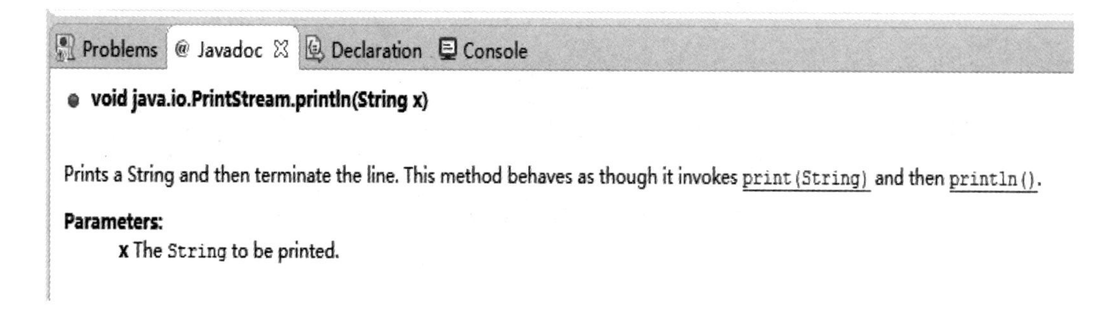

◆ 图 1-4-27　文档注释窗口

(4) 单击第二个图标，软件将打开 println 方法的源代码，如图 1-4-28 所示。

bookdemo ▸ D:\software\Java\jre1.8.0_152\lib\rt.jar ▸ java.io ▸ PrintStream ▸ println(String) : void

```
792             print(x);
793             newLine();
794         }
795     }
796 
797     /**
798      * Prints a String and then terminate the line.  This method behaves as
799      * though it invokes <code>{@link #print(String)}</code> and then
800      * <code>{@link #println()}</code>.
801      *
802      * @param x  The <code>String</code> to be printed.
803      */
804     public void println(String x) {
805         synchronized (this) {
806             print(x);
807             newLine();
808         }
809     }
810 
811     /**
812      * Prints an Object and then terminate the line.  This method calls
813      * at first String.valueOf(x) to get the printed object's string value,
814      * then behaves as
815      * though it invokes <code>{@link #print(String)}</code> and then
816      * <code>{@link #println()}</code>.
817      *
818      * @param x  The <code>Object</code> to be printed.
819      */
820     public void println(Object x) {
821         String s = String.valueOf(x);
```

Find ▸ All ▸ Activate...

Outline

- print(Object) : void
- print(String) : void
- print(long) : void
- printf(String, Object...) : PrintStream
- printf(Locale, String, Object...) : PrintStream
- println() : void
- println(boolean) : void
- println(char) : void
- println(char[]) : void
- println(double) : void
- println(float) : void
- println(int) : void
- println(Object) : void
- println(String) : void

◆ 图 1-4-28　println 方法的源代码

(5) 单击第三个图标，软件将通过网络打开官方给出的关于 println 方法的详细注释文档，如图 1-4-29 所示。

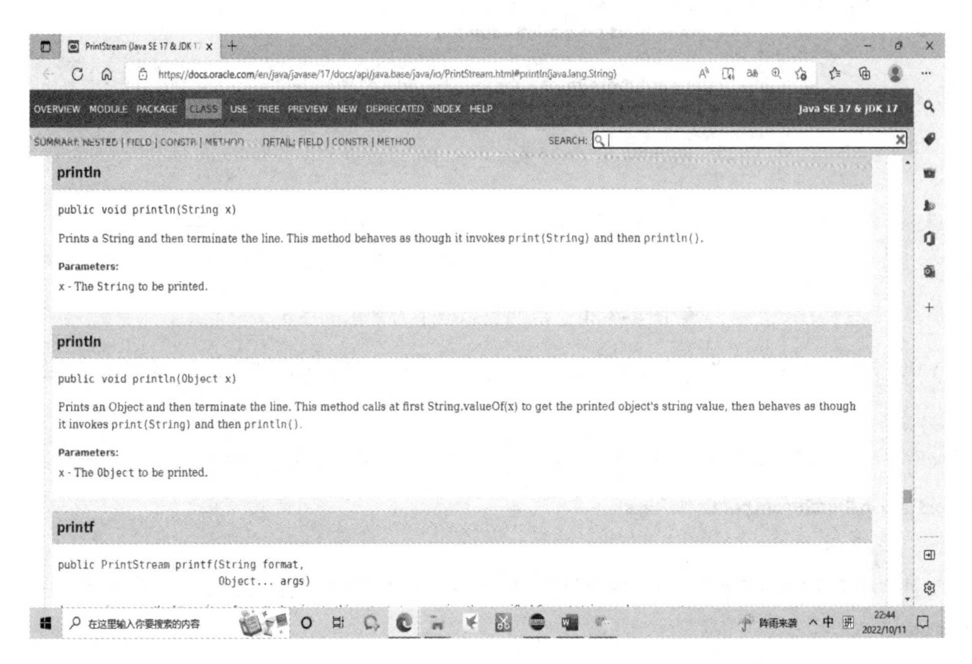

◆ 图 1-4-29　println 方法的官方在线帮助文档

在后续的学习中将经常用到这些功能。

【本章小结】

Java 语言是一门典型的面向对象的高级编程语言，它是基于 C 和 C++ 语言编写而成的，分为 JavaSE、JavaEE 和 JavaME 三大系统。Java 语言是当今最流行的编程语言之一，在桌面编程、互联网编程和智能电子产品软件控制系统里面得到了广泛的使用。

Java 语言是一门解释型编程语言，它具有简单性、面向对象、健壮性、安全性和跨平台性等优良特性，同时支持多线程。

编写 Java 代码需要 JDK 工具包，运行 Java 编译好的 class 文件需要 JRE 支持，Java 程序可以通过 JRE 中的 Java 虚拟机实现跨平台运行。

综合训练

习　题

第2章 Java编程基础

为了能够让自己写的代码被编译器理解，转换成机器能够读懂的语言，程序员就需要在编写代码的时候遵循一定的规范。每一种编程语言都有自己的语法规范，Java 语言也不例外。本章主要介绍 Java 编程的基本组成元素和语法规则，包括 Java 代码的基本格式、变量与常量的定义和使用、运算符的类型和使用、分支和循环结构语句的特点和使用、数组和方法的定义与使用。

本章资源

2.1 Java代码基本格式

2.1.1 Java 程序的最小单位

类是构成 Java 程序的最小单位，Java 程序代码必须在类中才能运行，类的定义格式如下：

```
修饰符 class 类名 {
    程序代码
}
```

其中，修饰符和 class 都是 Java 语言定义的关键字。一个 Java 程序可以由很多个类组成，其中必须要有一个类作为程序的起始类，这个类称为主类。主类与其他类的区别在于，主类中定义了主方法 (main 方法)，而其他类没有。主方法作为一个 Java 程序的入口，程序在启动的时候首先执行的就是主方法里面的代码。在 Java 语言中，类里面可以编写单句代码、代码块、方法，甚至嵌套另外一个类。但要求最外层类的大括号之外不可以再编写代码，也就是代码不可以脱离 Java 语言的最小单位类而单独存在。例如，下面的示例代码是非法的。

```
public class Demo{
}
System.out.println("hello world");          // 非法的
```

在本章的示例中只定义了主类，关于其他类的定义和使用将在后续章节详细介绍。

2.1.2 Java 功能执行语句的格式要求

Java 代码从功能上可分为结构定义语句和功能执行语句。其中，结构定义语句用以声明一个类或者方法，功能执行语句用来实现赋值、运算等具体的功能。例如，下面这段代码是结构定义语句，它定义了一个主方法，它的功能是在屏幕上打印输出“我是结构定义语句，声明了一个主方法”。

```
public static void main(String[] args){
    System.out.println(" 我是结构定义语句，声明了一个主方法 ");
}
```

下面各句代码均是功能执行语句。

```
int x;
float y = 3.14;
System.out.println(x);
```

在编程时，结构定义语句末尾不用加分号，功能执行语句末尾必须加英文的分号 (;)。同时，为了方便阅读代码，通常每一句功能执行语句单独占一行。

2.1.3 标识符和关键字

在编写 Java 代码时，根据需要会定义一些符号。比如 2.1.2 节中的 y 就是自定义的符号，叫作变量名，用来存储数值 3.14，这些自定义的符号称作标识符。此外还有包名、类名、方法名和参数名等都是标识符。标识符可以由数字、字母、下画线 (_) 和美元符号 ($) 组成，开头不能是数字。例如，下面的标识符都是合法的。

```
myName
Num001
our_hometome
_usr
$cash
```

下面的标识符都是非法的。

```
3year                          // 开头不能是数字
password****                   // 标识符只能由数字、字母、下画线和美元符号组成
```

同时，自定义的标识符不能是 Java 语言中的关键字。关键字是编程语言中事先定义好并具有特殊功能的单词。

Java 关键字均使用小写字母表示，按其用途可划分为以下几类：

(1) 用于描述和判断数据类型的关键字，包括 boolean、byte、char、double、float、int、long、new、short、void 和 instanceof；

(2) 用于控制语句执行或实现一定代码逻辑的关键字，包括 break、case、catch、continue、default、do、else、for、if、return、switch、try、while、finally、throw、this 和 super；

(3) 用于修饰变量、代码块、方法、类及接口的关键字，包括 abstract、final、native、private、protected、public、static、synchronized、transient 和 volatile；

(4) 用于声明方法、类、接口、包和异常的关键字，包括 class、extends、implements、interface、package、import 和 throws；

(5) Java 保留的没有意义的关键字，包括 future、generic、operator、outer、rest 和 var。

此外，Java 语言还有 3 个保留字：goto、const 和 null。它们不是关键字，而是文字，包含了 Java 语言定义的值。它们也不可以作为标识符使用。

为了增强代码的可读性，在定义标识符的时候建议遵循表 2-1-1 所示的规则。

表 2-1-1 Java 标识符的定义规则

自定义标识符用途	建 议 规 则	示 例
包名	所有字母一律小写	test，sortmethodpackage
类名和接口名	所有单词首字母大写	Student，SmartPhone
常量名	所有字母一律大写，单词之间用下画线连接	MY_NAME，SCHOOL
变量名和方法名	驼峰式命名，即第一个单词所有字母小写，后面的单词首字母大写	tmp，arrayList，mySchoolName

此外，在编程时尽可能使用有意义的英文单词来定义标识符。例如，phoneNumber 表示手机号码，computerName 表示计算机名。

2.1.4 包名

在编写 Java 程序时，随着程序架构越来越大，类的个数也越来越多，这时就会发现管理和维护类名是一件很麻烦的事，尤其是需要避免类命名重名的情况。有时为了满足程序设计需求，还要将一些类放在相同的文件目录下。为了解决上述问题，Java 语言引入了包 (package) 机制。包提供了类的多层命名空间，它允许将类组合成较小的单元 (类似文件夹)，基本上隐藏了类。包允许在更广泛的范围内保护类、数据和方法，并避免了类的命名冲突，方便了类文件管理。这种处理方式与 C++ 语言中的名字域空间有着异曲同工之妙。因此，在使用集成开发环境编写 Java 代码时，尽可能地在项目中使用包。

Java 语言中使用关键字 package 定义包。package 语句应该放在 Java 文件的第一行，在每个 Java 文件中只能有一个包定义语句。如果在 Java 文件中没有定义包，那么它将会被放进一个无名的包中，也称为默认包。这种写法是不推荐的。包的定义格式如下：

package 包名;

Java 包的命名规则如下：

(1) 包名全部用小写字母，多个单词组成的包名也全部小写。

(2) 如果包名包含多个层次，每个层次用“.”分割。

(3) 包名一般由倒置的域名开头，比如 com.baidu，不要用 www。

(4) 自定义包不能放在 Java 程序开头，以区分官方定义的系统包。

【例 2-1-1】自定义包。

代码如下：

```
package chapter2.section1.demos;
public class UsePackageDemo {
    public static void main(String[] args) {
            // TODO Auto-generated method stub
            String name = " 小明 ";                // 定义一个字符串变量，值为 " 小明 "
            String hometown = " 北京 ";            // 定义一个字符串变量，值为 " 北京 "
```

```
            int age = 20;                    // 定义一个整型变量，值为 20
            // 打印输出，其中 '\t' 为转义字符，代表制表键 (Tab 键 )
            System.out.println(name + '\t'+ hometown + '\t'+ age);
    }
}
```

运行结果如图 2-1-1 所示。

◆ 图 2-1-1 示例 2-1-1 运行结果

在该示例中使用了变量，使用方法与数学表达式类似。println 方法内的“\t”代表转义字符 Tab 键。常用的转义字符如表 2-1-2 所示。

表 2-1-2 Java 常用的转义字符

转义字符	意 义	ASCII码值（十进制）
\a	响铃(BEL)	007
\b	退格(BS)，将当前位置移到前一列	008
\f	换页(FF)，将当前位置移到下页开头	012
\n	换行(LF)，将当前位置移到下一行开头	010
\r	回车(CR)，将当前位置移到本行开头	013
\t	水平制表(HT)(跳到下一个TAB位置)	009
\v	垂直制表(VT)	011
\\	代表一个反斜线字符“ \ ”	092
\'	代表一个单引号(撇号)字符	039
\"	代表一个双引号字符	034
\0	空字符(NULL)	000
\ddd	1到3位八进制数所代表的任意字符	三位八进制
\xhh	1到2位十六进制所代表的任意字符	二位十六进制

这里需要注意的是，“\”在 Java 语言中表示转义的意思，如果希望控制台能够打印输出一个反斜杠，就需要使用“\\”。例如，打印输出文件路径“D:\software workspace\eclipse-workspace”，使用的 Java 代码如下：

```
System.out.println( “D:\\software workspace\\eclipse-workspace” );
```

【例 2-1-2】使用键盘输入一个字符串。

代码如下：

```
package chapter2.section1.demos;
import java.util.Scanner;          // 导入 java.util 包中的 Scanner 类
```

```
public class InputStringDemo {
    public static void main(String[] args) {
        // TODO Auto-generated method stub
        String content;
        Scanner scan = new Scanner(System.in);
        System.out.println(" 在母亲节，您想对母亲说什么？ ");
        content = scan.nextLine();
        System.out.println(content);
        scan.close();
    }
}
```

运行结果如图 2-1-2 所示。

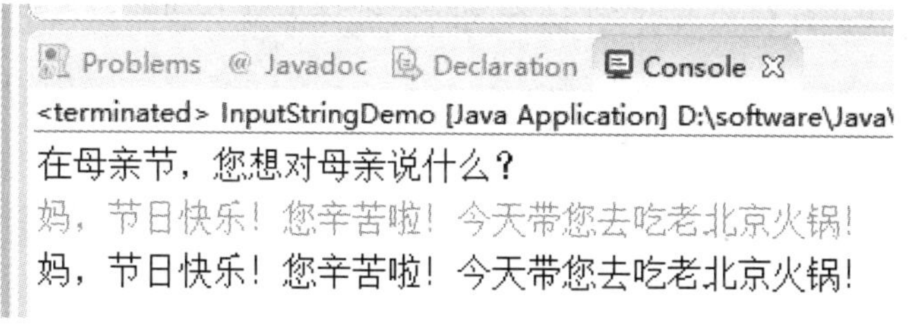

◆ 图 2-1-2　示例 2-1-2 运行结果

示例 2-1-2 实现了使用键盘输入一个字符串的功能，它通过 Scanner 类的对象调用了该类的成员方法 nextLine()，获取用户在控制台的一行文本输入 (以回车结尾)。Scanner 类是 JDK 提供的工具类，它位于 Java 系统包 java.util 里面。当在 Java 文件中使用到其他 Java 包时，就需要将其导入到当前程序中，以便 JVM 知道在哪里找到它。就好比请一位安装师傅来家里安装吊灯，首先要告知师傅家电的总闸在哪里。这与 C 和 C++ 语言中的 #include 声明相类似。导入包用到了 import 关键字，当导入单个类时，它的语法格式为：

import 包名 . 类名

这条语句应该放在 package 语句之后，类定义之前。若想导入某个包中的所有类，则使用通配符“*”，其语法格式为：

import 包名 .*

例如：

```
import java.util.ArrayList;        // 把 java.util 包中的类 ArrayList 导入到当前 Java 文件
import java.util.*;                // 把 java.util 包中的所有类导入到当前 Java 文件
```

2.1.5　Java 语言中的注释

为了提高代码的可读性，在编写程序时可以为代码添加注释。注释是对程序代码的解释说明，编译器将 Java 代码编译成字节码时会自动忽略这些注释语句。Java 语言中的注释分为 3 种类型：单行注释、多行注释和文档注释。

单行注释是注释语句只有一行，多用于对某一行代码进行解释说明，用符号“//”表示，

“//” 后面是注释语句。例如：

```
int x = 6;                  // 定义一个整型变量，变量名为 x，初始值为 6
x++;                        // 实现 x = x+1
```

多行注释是注释的内容有多行，用符号“/*”开头、符号“*/”结尾。例如：

```
    /*
    这是一个排序算法
    使用冒泡排序法实现升序排列
    */
void sort(int [] a){
    // 程序代码
}
```

单行注释和多行注释有时候也用于代码调试。例如，若希望某些代码暂时不运行，可以将这一行或几行代码注释掉，这样在运行的时候编译器就会忽略这些被注释的代码。例如：

```
int x = 6;
int y = 8;
    /*
    y = y/2;
    y++;
    */
y = y*x;
```

在 Eclipse 软件中，可以使用快捷键迅速地对代码进行注释和取消注释。方法为：选中需要注释 / 取消注释的代码段，然后按下组合键 ctrl+/ 即可。

文档注释是以“/**”开头，以“*/”结尾，主要用于对一段代码概括性的解释说明，可以使用 javadoc 命令工具将文档注释提取出来生成帮助文档。

2.2 变量与常量

在编程语言中，使用常量和变量来描述事物的量。Java 语言中的常量和变量数据类型很丰富，是程序代码的基本组成元素。

2.2.1 Java 语言中的常量

Java 语言的常量按照定义方式可分为字面常量和符号常量。其中，常量值也叫字面常量、常数。它是通过数据直接表示的一个数字或一条文本，如 108、3.14、'c'、"I love my country." 等。常量值通常用来参与运算、打印输出等。按照数据类型的不同常量值可分为整型常量值、浮点型常量值、字符常量值、字符串常量值、布尔常量值和 null 常量值。符号常量通常被笼统地称为 Java 常量，它本质上是使用了 final 关键字修饰的变量，因此也称作 final 变量。例如：

```
final float PI = 3.14;             // 定义了一个单精度浮点型符号常量 PI，它的值为 3.14
```

符号常量需要在声明的时候就对其进行初始化，后续不可再对其进行修改。关于符号常量和 final 关键字的使用将在后续章节详细介绍，本节重点介绍常量值。

1. 整型常量值

整型常量值就是整数数据。整数在编程中常用二进制、八进制、十进制和十六进制表示，如表 2-2-1 所示。

表 2-2-1　整数的常见进制表示

进　制	组　　成	示　例
二进制	以0b或0B开头，由数字0和1组成	0b1001,0B01101100
八进制	以数字0开头，由数字0～7组成	0571，0100
十进制	由数字0～9组成	2022,19
十六进制	以0x或0X开头，由数字0～9和字母A～F组成，其中A～F对应十进制数的10～15	0xFF1B，0X20

表 2-2-2 是二进制、八进制、十进制和十六进制的对照表。

表 2-2-2　常见进制对照表

二进制	八进制	十进制	十六进制	二进制	八进制	十进制	十六进制
0000	0	0	0	1000	10	8	8
0001	1	1	1	1001	11	9	9
0010	2	2	2	1010	12	10	A
0011	3	3	3	1011	13	11	B
0100	4	4	4	1100	14	12	C
0101	5	5	5	1101	15	13	D
0110	6	6	6	1110	16	14	E
0111	7	7	7	1111	17	15	F

不同进制之间可以相互转换，转换时保持数据的正负符号不变，具体的转换规则如下：

(1) R 进制 (R 是正整数) 转换成十进制用按权展开法。例如，十六进制数 0x1F2C 转换成十进制数：

$$0x1F2C = 12 \times 16^0 + 2 \times 16^1 + 15 \times 16^2 + 1 \times 16^3 = 7980$$

$$-0x1F2C = -7980$$

(2) 十进制数转换成 R 进制数除 R 取余数，直到商为 0，得到的余数即为 R 进数各位的数码，余数从右到左排列 (反序排列)。例如，十进制数 16 转换成二进制数的过程如下：

$$16 \div 2 = 8 \quad 余\ 0$$

$$8 \div 2 = 4 \quad 余\ 0$$

$$4 \div 2 = 2 \quad 余\ 0$$

$$2 \div 2 = 1 \quad 余\ 0$$

$$1 \div 2 = 0 \quad 余\ 1$$

则得到：

$$16 = 0B1000，-16 = -0B1000$$

(3) 十六进制转化成二进制，每一位十六进制数对应二进制的四位，参考进制对照表 2-2-2 逐位展开，然后直接按顺序拼接即可。例如，十六进制数 0x10A4 转换成二进制数：

1	0	A	4
0001	0000	1010	0100

则得到：

0x10A4 = 0B100010100100，–0x10A4 = –0B100010100100

(4) 二进制转换成十六进制，将二进制数整数从右向左每四位组成一组，不足四位则高位补零，参考对照表 2-2-2 进行转换。例如，将二进制数 0B1101001011100001 转换为十六进制数：

1101	0010	1110	0001
D	2	E	1

则得到：

0B1101001011100001 = 0xD2E1，–0B1101001011100001 = –0xD2E1

2. 浮点数常量值

浮点数常量值就是数学中的小数，按照表示精度和范围不同可分为单精度浮点数 (float) 和双精度浮点数 (double)。其中，float 常量值以 f 或 F 结尾，double 常量值以 d 或者 D 结尾。若一个小数后面没有写 f 或 d，则默认是 double 类型的小数。浮点数常量值也可以用指数形式来表示。下面给出了几个例子：

```
123.456f
0.1128d
1600f          // 与 1600.0f 等效
1e3f           // 与 1000.0f 等效
3.14           // 与 3.14d 等效
```

3. 字符常量值

字符常量值是用一对英文半角格式的单引号 (' ') 引起来的字符，它可以是英文字母、数字、标点符号，以及由转义序列来表示的特殊字符、汉字等。例如：

```
'e'            // 英文字母 e
'*'            // 星号
' '            // 空格，请注意 ''( 空字符 ) 是非法的
'\n'           // 转义字符，代表回车
'\u0621'       //Unicode 字符，代表汉字 ' 成 '，其中字母 u 后面跟的是四位的
十六进制数
```

4. 字符串常量值

字符串常量值是一串连续的字符，用英文半角格式的双引号 (" ") 括起来。例如：

```
"I love China！ "
"6 5 4 3 2 1"
"w"  // 这里的 "w" 与 'w' 不相等，前者是字符串类型，后者是字符类型
" "            // 可以是空字符串
```

5. 布尔常量值

布尔常量值只有两种值，即 true 和 false，分别代表逻辑真和逻辑假。

6. null 常量值

null 常量值只有一个值 null，它是所有引用变量类型的默认值，表示引用为空。引用变量存储的是一个内存单位的地址，如果用 null 给引用变量赋值，则表示该引用变量中没有存任何地址。

2.2.2 Java 语言中的变量

1. Java 变量的数据类型

变量是存储数据的容器。一个程序在运行期间可能需要存储一些临时数据，这些临时数据通常会保存在内存单元里。为了方便访问临时数据，可以用标识符来标识内存单元，这些标识符就是变量。为了服务不同类型的数据，Java 语言提供了八种基本数据类型变量和三种引用数据类型变量，如图 2-2-1 所示。

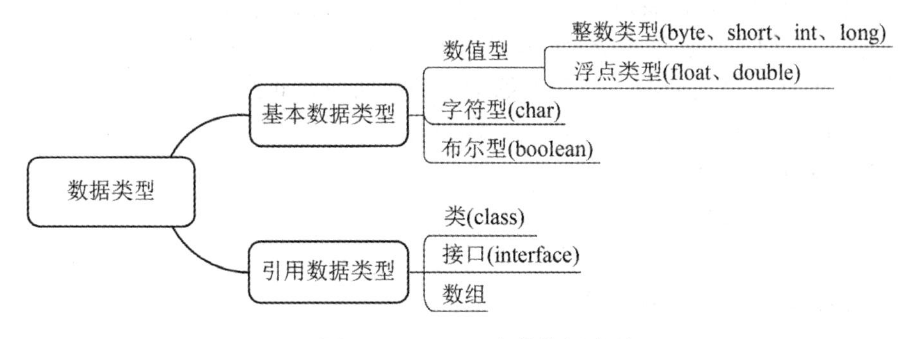

◆ 图 2-2-1 Java 语言的数据类型

引用数据类型将在后续章节介绍。八种基本数据类型所占的内存空间大小和取值范围如表 2-2-3 所示。

表 2-2-3 Java 语言八种基本数据类型的存储大小

类型		基本数据类型	内存空间(8 bit=1 byte)	取值范围
数值型	整数类型	byte	8bit	−128～127
		short	16bit	−32768～32767
		int	32bit	−2147483648～2147483647
		long	64bit	−9223372036854775808～9223372036854775807
	浮点数类型	float	32bit	1.4E−45～3.4E+38，−3.4E+38～−1.4E-45
		double	64bit	4.9E−324～1.7E+308，−1.7E+308～−4.9E−324
字符型		char	16bit	'\u0000'～' \uFFFF'
布尔型		boolean	8bit	true 和false

2. Java 变量的定义和使用

Java 语言是一门强类型的编程语言，所有的变量必须先声明后使用。变量的声明格式如下：

```
变量类型 变量名 1, 变量名 2…;
```

例如：

```
char ch;       // 定义一个字符类型的变量，变量名为 ch
double area, length;    // 定义两个双精度浮点型变量，变量名分别为 area 和 length
```

在声明一个变量的同时，也可以对变量进行赋值；在同时声明多个变量的时候，可以对部分变量或所有变量进行赋值。例如：

```
boolean flag = true;    // 创建一个布尔类型的变量 flag，并将 flag 赋值为 true
    /*
    创建 3 个短整型变量 studentNum、averageAge 和 totalBikeNum，并将 studentNum 赋值为 100
    */
short studentNum = 100, averageAge, totalBikeNum;
```

若只声明了变量，还没有对变量进行赋值，那么系统将使用该变量类型的默认值来初始化这个变量。整型和浮点型变量的默认值为 0，字符型变量的默认值为 '\u0000'（空字符），布尔类型变量的默认值为 false，引用数据类型的默认值是 null。当创建一个变量的时候，程序会为其分配一块内存单元，对变量赋值就是将数据存入该变量的内存单元。在读取变量时，系统从变量的内存单元读取数据。

【例 2-2-1】变量的赋值。

代码如下：

```
package chapter2.section2.demos;
public class VariableAssignmentDemo {
    public static void main(String[] args) {
        // TODO Auto-generated method stub
        float x = 6;                // 定义一个 float 类型的变量 x，初始化为 6.0
        float y = x;                // 定义一个 float 类型的变量 y，将 x 的值赋值给 y
        float z = x + 1;            // 定一个 float 类型的变量 z，将 x+1 的计算结果赋值给 z
        // 改变 x 的值
        x = 7;
        x = x + 1;
        (       )
        // 打印输出 x,y,z 的值
        System.out.println("x = " + x);
        System.out.println("y = " + y);
        System.out.println("z = " + z);
    }
}
```

运行结果如图 2-2-2 所示。

```
Problems @ Javadoc Declaration Console
<terminated> Demo2 [Java Application] D:\software\Java\jre
x = 8.0
y = 6.0
z = 7.0
```

◆ 图 2-2-2 示例 2-2-1 运行结果

该示例定义了三个 float 类型的变量，变量可以通过常数、另一个变量或者一个运算表达式来赋值。变量的值可以多次修改。

【例 2-2-2】超出变量的取值范围。

代码如下：

```
package chapter2.section2.demos;
public class OutOfValRangDemo{
    public static void main(String[] args) {
        // TODO Auto-generated method stub
        short x = 10000000;              // 提示错误，编译不通过
        int x;
        x = 1E5 * 1E5;                   // 提示错误，编译不通过
        System.out.println("x = " + x);
    }
}
```

当赋值给变量的数值超出该变量的取值范围时，程序编译不通过，提示错误。运行时错误信息如图 2-2-3 所示。

```
Problems @ Javadoc Declaration Console
<terminated> Demo3 [Java Application] D:\software\Java\jre1.8.0_152\bin\javaw.exe (2022年9月23日 下午9:25:58)
Exception in thread "main" java.lang.Error: Unresolved compilation problems:
        Type mismatch: cannot convert from int to short
        Type mismatch: cannot convert from double to int

        at chapter1.section2.demos.Demo3.main(Demo3.java:7)
```

◆ 图 2-2-3 变量赋值超出其表示范围

【例 2-2-3】通过键盘输入变量的值，并打印输出。

代码如下：

```
package chapter2.section2.demos;          // 当前 java 文件所在的相对路径
import java.util.Scanner;          // 导入 Scanner 类
public class InputValuesDemo {
    public static void main(String[] args) {
        // TODO Auto-generated method stub
        // 创建八种基本数据类型的变量
```

```
        byte age;
        short num;
        int data;
        long millisecond;
        float height;
        double speed;
        char letter;
        boolean flag;
        Scanner scan = new Scanner(System.in);     // 创建一个 Scanner 对象 scan，用以获取键盘输入
        // 键盘输入数值，赋值给变量
        System.out.println(" 请输入 age 的值：");
        age = scan.nextByte();                  // 键盘输入一个 byte 类型的数，将这个数赋值给 age 变量
        System.out.println(" 请输入 num 的值：");
        num = scan.nextShort();                 // 键盘输入一个 short 类型的数，将这个数赋值给 num 变量
        System.out.println(" 请输入 data 的值：");
        data = scan.nextInt();                  // 键盘输入一个 int 类型的数，将这个数赋值给 data 变量
        System.out.println(" 请输入 millisecond 的值：");
        millisecond = scan.nextLong();          // 键盘输入一个 long 类型的数，将这个数赋值给
                                                   millisecond 变量
        System.out.println(" 请输入 height 的值：");
        height = scan.nextFloat();   // 键盘输入一个 float 类型的数，将这个数赋值给 height 变量
        System.out.println(" 请输入 speed 的值：");
        speed = scan.nextDouble();   // 键盘输入一个 double 类型的数，将这个数赋值给 speed 变量
        System.out.println(" 请输入 letter 的值：");
        letter = scan.next().charAt(0);   // 键盘输入一个 char 类型的数，将这个数赋值给 letter 变量
        System.out.println(" 请输入 flag 的值：");
        flag = scan.nextBoolean();   // 键盘输入一个 boolean 类型的数，将这个数赋值给 flag 变量
        // 打印输出所有的变量
        System.out.println("age = " + age);
        System.out.println("num = " + num);
        System.out.println("data = " + data);
        System.out.println("millisecond = " + millisecond);
        System.out.println("height = " + height);
        System.out.println("speed = " + speed);
        System.out.println("letter = " + letter);
        System.out.println("flag = " + flag);
        scan.close();   // 关闭键盘输入流
    }
}
```

运行结果如图 2-2-4 所示。

```
Problems  @ Javadoc  Declaration  Console
<terminated> Demo1 (1) [Java Application] D:\software\Java\jre1.8.0_152\bin\javaw.exe (2022年9月23日 下午8:44:48)
请输入age的值:
23
请输入num的值:
100
请输入data的值:
50
请输入millisecond的值:
10000
请输入height的值:
1.72
请输入speed的值:
80.86
请输入letter的值:
c
请输入flag的值:
true
age = 23
num = 100
data = 50
millisecond = 10000
height = 1.72
speed = 80.86
letter = c
flag = true
```

◆ 图 2-2-4 示例 2-2-3 运行结果

在这个示例中使用到了通过键盘输入数据的功能，可类比通过键盘输入一行字符串的功能。首先通过关键字 import 将 Scanner 类导入到当前 Java 文件中，然后创建 Scanner 类的对象 scan，通过 next*** 方法获取键盘输入，并将输入的值赋值给相应的变量。Java 变量定义以后并不是在所有地方都可以使用，每个变量都有自己的使用范围，该范围被称为“变量的作用域”。在程序中，变量一定会被定义在某一对大括号中，该大括号所包括的代码区域便是这个变量的作用域。

【例 2-2-4】变量的作用域。

代码如下：

```
package chapter2.section2.demos;
public class VariableRangeDemo {
    public static void main(String[] args) {
        // TODO Auto-generated method stub
        // 所有的变量均在它声明之后才可以使用
        int val1 = 6;    //val1 在整个 main 方法内都可以使用
        System.out.println("val1 = " + val1);
        {
            System.out.println("val1 = " + val1);
            double val2 = 3.14;//val2 只能在当前包括它的大括号内使用
            System.out.println("val2 = " + val2);
        }
        System.out.println("val1 = " + val1);
    }
}
```

运行结果如图 2-2-5 所示。

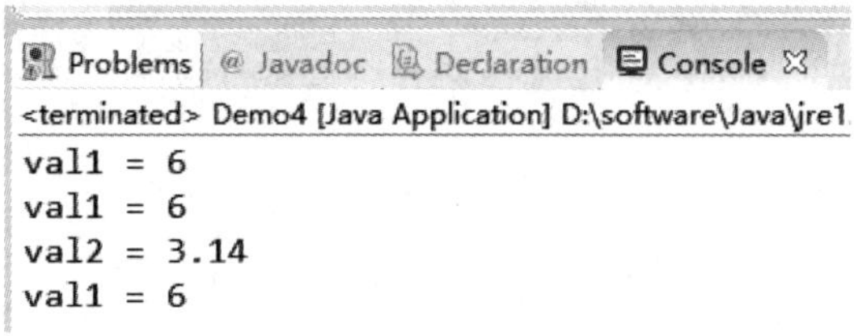

```
Problems  @ Javadoc  Declaration  Console
<terminated> Demo4 [Java Application] D:\software\Java\jre1
val1 = 6
val1 = 6
val2 = 3.14
val1 = 6
```

◆ 图 2-2-5　示例 2-2-4 的运行结果

在 Java 语言中，定义在方法体内或形参列表中的变量是局部变量，直接定义在类大括号里面的变量为类的成员变量。在该示例中定义了三个局部变量。其中，args 在 main 方法形参列表 (main 紧跟的小括号里面) 中定义，它的作用域是整个 main 方法的大括号内；val1 在 main 方法的大括号里面定义，它的作用域是自 val1 声明语句之后到 main 方法大括号结束这段空间；val2 在 main 方法内嵌套的一个大括号里面定义，它的作用域是自 val2 声明语句之后到嵌套的大括号结束这段空间。若变量超出了作用域使用，那么代码就会报错。例如，在嵌套大括号的外面对 val2 变量进行访问，则会报出“val2 cannot be resolved to a variable”的错误，如图 2-2-6 所示。

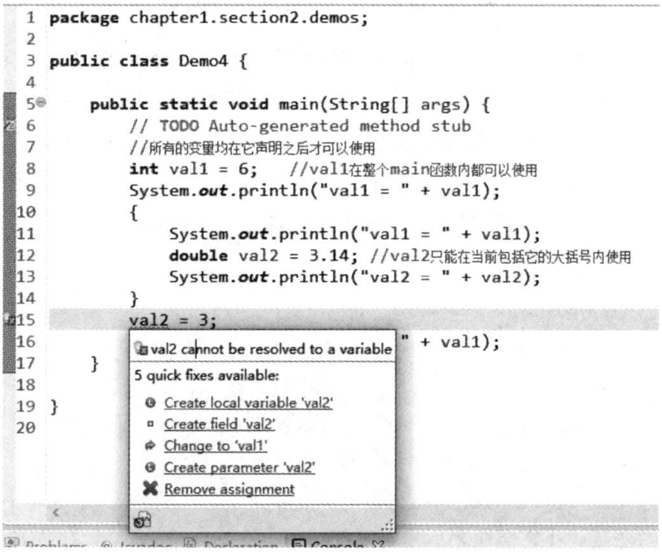

```
1  package chapter1.section2.demos;
2
3  public class Demo4 {
4
5      public static void main(String[] args) {
6          // TODO Auto-generated method stub
7          //所有的变量均在它声明之后才可以使用
8          int val1 = 6;    //val1在整个main函数内都可以使用
9          System.out.println("val1 = " + val1);
10         {
11             System.out.println("val1 = " + val1);
12             double val2 = 3.14; //val2只能在当前包括它的大括号内使用
13             System.out.println("val2 = " + val2);
14         }
15         val2 = 3;
16                               " + val1);
17     }
18
19 }
20

val2 cannot be resolved to a variable
5 quick fixes available:
  Create local variable 'val2'
  Create field 'val2'
  Change to 'val1'
  Create parameter 'val2'
  Remove assignment
```

◆ 图 2-2-6　变量超出作用域使用的报错信息

3. 基本数据类型转换

在程序设计中，通常会把数据赋值给对应数据类型的变量进行存储和计算，但有时候需要将一种数据类型的数值赋值给不同数据类型的变量，或者将不同数据类型的变量放在一起进行运算，这个时候就需要进行数据类型转换。例如：

```
int x = 6;
float y = 12.6f;
y = x + y;          //int 类型的变量 x 与 float 类型的变量 y 相加，结果赋值给 y
```

Java 数据类型转换包括两种模式：自动类型转换和强制类型转换。其中，自动类型转换又称为隐式类型转换，强制类型转换又称为显式类型转换。Java 基本数据类型和引用数据类型都可以进行这两种转换。本节重点介绍基本数据类型的转换，后续章节再介绍引用数据类型的转换。

(1) 自动类型转换。自动类型转换，顾名思义，就是在进行数据类型转换时不需要编程人员对其进行声明和设置，而是由编译器自动实现的。自动类型转换必须同时满足两个条件："数据兼容"和"以小转大"，即两种数据类型彼此兼容，同时满足目标数据类型的取值范围大于原数据类型的取值范围。这里面的数据包含了Java常量、常数和变量。正是由于这两个条件的限制，使得自动类型转换不存在精度损失。可以进行自动类型转换的情况如下：

byte → short → int → long → float → double

char → int → long → float → double

具体而言，byte类型数据可以自动转换为short、int、long、float和double类型的变量；short、char类型的变量可以自动转换为int、long、float和double类型的变量；int类型的变量可以自动转换为long、float和double类型的变量，以此类推。反之则不能实现自动类型转换，否则编译和运行时会报错。尤其注意char与byte、char与short之间不能实现自动类型转换。此外，boolean与其他基本数据类型之间不可以实现自动类型转换，因为数据类型彼此不兼容。例如：

```
char ch = 'a';              // 正确
short sh = 12;              // 正确
int x = 6;                  // 正确
boolean flag = true;        // 正确
x = ch;                     // 正确
ch = x;                     // 错误
sh = ch;                    // 错误
x = flag;                   // 错误
```

(2) 强制类型转换。强制类型转换是对自动类型转换的补充。当不能实现自动类型转换，即"类型兼容"或"以小转大"不能同时满足时，就需要编程人员显式地声明源数据要转换成哪种数据类型。此时有可能会造成数据精度的损失。强制类型转换的格式为：

目标类型 变量名 = (目标类型) 值;

例如:

```
float x = 3.67;
int y = 6;
y = x;        // 报错，不能自动类型转换
y = (int)x;   // 正确，强制类型转换
Sytem.out.println(y);        // 此时打印输出的值为3，小数点直接舍弃且无进位
```

【例2-2-5】数据类型转换。

代码如下:

```
package chapter2.section2.demos;
public class BasicDataTypeConversionDemo {
    public static void main(String[] args) {
```

```
            // TODO Auto-generated method stub
            // 自动类型转换
            int ascAValue = 'A';
            int ascZValue = 'Z';
            float f = 3.14f;
            double pi = f;
            // 强制类型转换
            byte b = (byte)0xFF01;
            int aAscValue = 97;
            char aChar = (char)aAscValue;
            System.out.println("ascAValue = " + ascAValue);
            System.out.println("ascZValue = " + ascZValue);
            System.out.println("f = " + f);
            System.out.println("pi = "+ pi);
            System.out.println("b = " + b);
            System.out.println("aAscValue = " + aAscValue);
            System.out.println("aChar = " + aChar);
        }
    }
```

运行结果如图 2-2-7 所示。

```
Problems  @ Javadoc  Declaration  Console
<terminated> BasicDataTypeConversionDemo [Java Applicatio
ascAValue = 65
ascZValue = 90
f = 3.14
pi = 3.140000104904175
b = 1
aAscValue = 97
aChar = a
```

◆ 图 2-2-7　示例 2-2-5 的运行结果

在本示例中，将字符常数赋值给 int 类型的变量，以及单精度浮点型变量赋值给双精度浮点型变量，它们在数据类型上均兼容，同时均满足数据空间上的“以小赋大”，因此都可以实现自动类型转换。将整型常数赋值给字节变量，以及整型变量赋值给字符变量，虽然它们的数据类型兼容，但均属于数据空间上的“以大赋小”，不能直接自动类型转换，需要进行强制类型转换。在强制类型转换过程中可能会发生精度的损失，例如，0xFF01 数值在转换为字节变量时，它高两位 FF 被丢弃了，转换结果为 1。

此外，在这个示例中也展示了字符 'a' 对应存储的值为 97，'A' 存储的值为 65，'Z' 存储的值为 90。其实，大小写英文字母、标点符号、阿拉伯数字、数学符号和控制字符等常用的 128 个字符在内存中存储的时候都各自有唯一的整型数值与之对应。这种对应关系其实就是美国信息交换标准代码 (American Standard Code for Information Interchange，ASCII)。在 ASCII 中，0 ～ 9、'a' ～ 'z' 和 'A' ～ 'Z' 各自的编码值是连续的。ASCII 对照表如表 2-2-4 所示。在用这 128 个字符给某个 char 变量赋值时，可以直接用字符常数赋值，也可以使用其 ASCII 值来赋值，两者是等效的。

表 2-2-4　ASCII 对照表

ASCII码		字符	ASCII码		字符	ASCII码		字符	ASCII码		字符
十进位	十六进位		十进位	十六进位		十进位	十六进位		十进位	十六进位	
32	20		56	38	8	80	50	P	104	68	h
33	21	!	57	39	9	81	51	Q	105	69	i
34	22	"	58	3A	:	82	52	R	106	6A	j
35	23	#	59	3B	;	83	53	S	107	6B	k
36	24	$	60	3C	<	84	54	T	108	6C	l
37	25	%	61	3D	=	85	55	U	109	6D	m
38	26	&	62	3E	>	86	56	V	110	6E	n
39	27	'	63	3F	?	87	57	W	111	6F	o
40	28	(	64	40	@	88	58	X	112	70	p
41	29	)	65	41	A	89	59	Y	113	71	q
42	2A	*	66	42	B	90	5A	Z	114	72	r
43	2B	+	67	43	C	91	5B	[	115	73	s
44	2C	,	68	44	D	92	5C	\	116	74	t
45	2D	-	69	45	E	93	5D	]	117	75	u
46	2E	.	70	46	F	94	5E	^	118	76	v
47	2F	/	71	47	G	95	5F	_	119	77	w
48	30	0	72	48	H	96	60	、	120	78	x
49	31	1	73	49	I	97	61	a	121	79	y
50	32	2	74	4A	J	98	62	b	122	7A	z
51	33	3	75	4B	K	99	63	c	123	7B	{
52	34	4	76	4C	L	100	64	d	124	7C	|
53	35	5	77	4D	M	101	65	e	125	7D	}
54	36	6	78	4E	N	102	66	f	126	7E	~
55	37	7	79	4F	O	103	67	g	127	7F	DEL

2.3　运算符和表达式

程序代码要实现数学运算和算法就离不开运算符和表达式。运算符是一种特殊符号，用以表示数据的运算、赋值和比较等操作，与数学中的运算作用一致。运算符一般由一至三个字符组成，参与运算的数据称为操作数。运算符按照操作数的个数可分为一元运算符（单目运算符）、二元运算符（双目运算符）和三元运算符（三目运算符）；按照运算符的功能可分为算术运算符、比较运算符（关系运算符）、位运算符、逻辑运算符、赋值运算符和其他运算符。当操作数和运算符按照一定的语法规则组合成符号序列时，就形成了表达式。

2.3.1 算术运算符

算术运算符就是对数据进行加、减、乘、除等基本计算操作，计算结果的数据类型与操作数的数据类型保持一致。当两个操作数（双目运算符）的数据类型不一致时，操作数需要进行类型转换，在满足两个操作数数据类型一致之后再运算。如果操作数的类型不能够转换成同一种数据类型，那么就不能进行算术运算，编译不通过。Java 语言中的所有算术运算符如表 2-3-1 所示，其中，int a = 10，int b = 3。

表 2-3-1 Java 语言中的算术运算符

运算符	运 算	范 例 int a = 10, b = 3;	结 果
+	正号	+a	10
-	负号	-a	-10
+	加	a + b	13
-	减	a - b	7
*	乘	a*b	30
/	除	a/b	3
%	取模(求余)	a%b	1
++	自增(前)	++a	11
++	自增(后)	a++	11
--	自减(前)	--a	9
--	自减(后)	a--	9

算术运算符在使用过程中尤其要注意除运算、自增和自减操作。

(1) 除运算。当除数与被除数是整型变量时，计算结果也是整型变量，这与数学上的表示不一样。对比下面的两个运算，其中第一个是数学上的运算，第二个是程序中的运算。

```
10/4=2.5        // 数学中的运算
10/4=2;         // 程序中的运算，此时小数部分被直接舍弃，不会进位
```

如果希望计算结果与数学中的运算保持一致，那么就需要先将操作数转换成浮点数，然后再进行运算，例如：

```
10.0/4.0=2.5;
10.0/4 = 2.5;          // 整数 4 被自动转换成了浮点数 4.0
10/4.0 = 2.5;          // 整数 10 被自动转换成了浮点数 10.0
```

(2) 自增和自减操作。自增和自减运算符均为单目运算符，即操作数只有一个。当自增和自减运算符位于操作数之前时，则先进行自增或自减操作，然后再参与其他运算；当自增和自减运算符位于操作数之后时，则操作数先参与其他运算，然后操作数自身再进行

自增或自减操作。例如：

```
int x = 6;
int y = x++;                    //x 先赋值给 y，然后 x 再自增
int z = --x;                    //x 先自减，然后 x 再赋值给 z
System.out.println(y);          // 打印输出 6
System.out.println(z);          // 打印输出 6
```

【例 2-3-1】自增和自减运算。

代码如下：

```
package chapter2.section3.demos;
public class SelfInceaseDemo {
    public static void main(String[] args) {
        // TODO Auto-generated method stub
        int a = 8;
        int b = 10;
        int x = 4*++a;              // 先 a=a+1，然后再乘，最后赋值
        int y = 6*b++;              // 先乘，然后赋值，最后 b=b+1
        System.out.println(" 前缀自增运算符的计算结果：a="+a+"\tx="+x);
        System.out.println(" 后缀自增运算符的计算结果：b="+b+"\ty="+y);
    }
}
```

计算结果如图 2-3-1 所示。

```
Problems  @ Javadoc  Declaration  Console
<terminated> SelfInceaseDemo [Java Application] D:\software\
前缀自增运算符的计算结果： a=9     x=36
后缀自增运算符的计算结果： b=11    y=60
```

◆ 图 2-3-1　示例 2-3-1 的运行结果

【例 2-3-2】用户通过键盘输入圆柱体的底面直径和高，求圆柱体的体积和表面积。

代码如下：

```
package chapter2.section3.demos;
import java.util.Scanner;
public class CylinderParameters {
    public static void main(String[] args) {
        // TODO Auto-generated method stub
        float diameter;
        float height;
        float volume;
        float bottomArea;
        float surfaceArea;
        float pi = 3.14f;
        Scanner scan = new Scanner(System.in);
```

```
            System.out.println(" 请输入圆柱体的直径和高，以空格或者回车隔开：");
            diameter = scan.nextFloat();
            height = scan.nextFloat();
            bottomArea = diameter*diameter/4*pi;
            volume = bottomArea*height;
            surfaceArea = bottomArea + pi*diameter*height;
            System.out.println(" 该圆柱体的体积为："+volume);
            System.out.println(" 该圆柱体的表面积为："+surfaceArea);
            scan.close();
    }
}
```

运行结果如图 2-3-2 所示。

```
Problems  @ Javadoc  Declaration  Console
<terminated> CylinderParameters [Java Application] D:\softw
请输入圆柱体的直径和高，以空格或者回车隔开：
10 6
该圆柱体的体积为：471.0
该圆柱体的表面积为：266.90002
```

◆ 图 2-3-2　示例 2-3-2 的运行结果

2.3.2　比较运算符

比较运算符均为双目运算符，有两个操作数参与。比较运算符的作用是对两个操作数进行比较，比较结果是布尔类型的值 (true 或 false)。Java 语言中的所有比较运算符如表 2-3-2 所示，其中，int a = 10，int b = 3。

表 2-3-2　Java 语言中的比较运算符

运算符	运　算	范　例	结　果
		int a = 10，b = 3;	
==	相等于	a==b	false
!=	不等于	a!=b	true
<	小于	a<b	false
>	大于	a>b	true
<=	小于等于	a<=b	false
>=	大于等于	a>=b	true

【例 2-3-3】通过键盘输入两个数，并比较大小。

代码如下：

```
package chapter2.section3.demos;
import java.util.Scanner;
public class CompareTwoValuesDemo {
    public static void main(String[] args) {
```

```
        // TODO Auto-generated method stub
        float x,y;
        System.out.println(" 请输入两个浮点数，以空格或回车隔开：");
        Scanner scan = new Scanner(System.in);
        x = scan.nextFloat();
        y = scan.nextFloat();
        System.out.println("x==y ?\t" + (x == y));
        System.out.println("x!=y ?\t"+ (x != y));
        System.out.println("x>y ?\t" + (x > y));
        System.out.println("x>=y ?\t" + (x >= y));
        System.out.println("x<y ?\t" + (x < y));
        System.out.println("x<=y ?\t" + (x <= y));
        scan.close();
    }
}
```

```
Problems  @ Javadoc  Declaration  Console
<terminated> CompareTwoValuesDemo [Java Application] D:\
请输入两个浮点数，以空格或回车隔开：
3.14 3.14
x==y ?  true
x!=y ?  false
x>y ?   false
x>=y ?  true
x<y ?   false
x<=y ?  true
```

◆ 图 2-3-3　示例 2-3-3 的运行结果

运行结果如图 2-3-3 所示。

2.3.3　位运算符

位运算应用于整数类型 (int)、长整型 (long)、短整型 (short)、字符型 (char) 和字节型 (byte) 等类型。位运算符作用在所有的位上，并且按位运算。Java 语言中的所有位运算符如表 2-3-3 所示，其中，byte a = 60，byte b = 13。用二进制表示为 a = 0b00111100，b = 0b00001101。

表 2-3-3　Java 语言中的位运算符

运算符	运　算	范　例	结　果	
		a = 0b00111100 b = 0b00001101	二进制	十进制
&	位与	a&b	0b00001100	12
|	位或	a|b	0b00111101	61
^	位异或	a^b	0b00110001	49
~	按位取反	~a	0b11000011	-61
<<	按位左移	a<<2	0b11110000	240
>>	按位右移	a>>2	0b00001111	15
>>>	按位右移补零	a>>>2	0b00001111	15

位运算是对操作数在计算机中存储的二进制进行逐位运算。在计算机系统中，为了硬件设计简单，且能够实现加法和减法的统一处理，数据一律采用补码来表示和存储。为了方便理解补码的概念，二进制数的表示方法又引入了原码和反码的概念。正数和负数的原码计算规则都一样，将数字按照正负的形式转换为二进制数即可得到，其中符号位体现在该类型数据的二进制最高位，若该数为正，则最高位为 0，反之为 1，0 的原码为 0。例如：

```
byte a = 60;   //a 占用内存空间为 8 bit，它的原码为 0b00111100
byte x = -60;  //x 占用内存空间为 8 bit，它的原码为 0b10111100
byte y = 0;    // y 占用内存空间为 8 bit，它的原码为 0b00000000
int m = 240;   // m 占用内存空间为 32 bit，它的原码为 0b00000000000000000000000011110000
int n = -240;  // y 占用内存空间为 32 bit，它的原码为 0b10000000000000000000000011110000
```

正数的原码、反码和补码都相同。例如，byte a = 60 的原码、反码和补码均为 0b00111100，a 的值在计算机中存储的形式即为 0b00111100。当进行位运算时，就是针对这个二进制数逐位操作。例如表 2-3-3 中对 a 进行按位左移和右移。负数的反码、补码与原码不同，它们的计算规则为：

反码：将原码除符号位全取反，即可得到反码。

补码：反码加一即可得到补码。

例如：

```
byte c = -61;          // 它的原码为 0b10111101
```

c 的反码为：0b11000010

c 的补码为：0b11000011

在表格中进行了 ~a 操作，计算机将 a 的补码 (a=60 为正数，补码与原码相同) 0b00111100 按位取反得到 0b11000011，将该值直接存入内存单元。此时该值的原码计算过程如下：

```
补码：0b11000011
反码：0b11000010    // 判断最高位符号位为负数，则按照负数的计算逻辑，减 1 得到反码
原码：0b10111101   // 反码除符号位外其他位按位取反，得到原码
```

原码表示的二进制数即为该数据真实的值，转换成十进制即为 −61。

【例 2-3-4】位运算符。

代码如下：

```
package chapter2.section3.demos;
import java.util.Scanner;
public class BitOperationDemo {
    public static void main(String[] args) {
        // TODO Auto-generated method stub
        int x,y;
        int z;
        System.out.println(" 请输入两个整数，以空格或回车隔开：");
        Scanner scan = new Scanner(System.in);
        x = scan.nextInt();
        y = scan.nextInt();
        z = x|y;
        System.out.println(x + "|" + y + " = " +z);
        z = x&y;
        System.out.println(x + "&" + y + " = " +z);
        z = x^y;
        System.out.println(x + "^" + y + " = " +z);
```

```
        z = ~x;
        System.out.println(" ~ " + x + " = " +z);
        z = x<<2;
        System.out.println(x + "<<" + 2 + " = " +z);
        z = x>>2;
        System.out.println(x + ">>" + 2 + " = " +z);
        z = x>>>2;
        System.out.println(x + ">>>" + 2 + " = " +z);
        scan.close();
    }
}
```

运算结果如图 2-3-4 所示。

```
Problems  Javadoc  Declaration  Console
<terminated> BitOperationDemo [Java Application] D:\softw
请输入两个整数，以空格或回车隔开：
32 8
32|8 = 40
32&8 = 0
32^8 = 40
~32 = -33
32<<2 = 128
32>>2 = 8
32>>>2 = 8
```

◆ 图 2-3-4　示例 2-3-4 的运行结果

2.3.4　逻辑运算符

逻辑运算符用于对 boolean 类型的数据进行逻辑运算，结果也是 boolean 类型 (true 或 false)。Java 语言中的逻辑运算符对应数学中的“与”“或”“非”操作，其中，“非”运算符是单目运算符,“与”和“或”逻辑运算符为双目运算符,它们的运算规则如表 2-3-4 所示。

表 2-3-4　Java 语言中的逻辑运算符

逻辑运算符	运　算	范　例	结　果
&	与	true & true	true
		true & false	false
		false & false	false
|	或	true | true	true
		true | false	true
		false | false	false
^	异或	true ^ true	false
		true ^ false	true
		false ^ false	false
&&	短路与	true && true	true
		true && false	false
		false && false	false
||	短路或	true || true	true
		true || false	true
		false || false	false
!	非	!true	false
		!false	true

可以看到,用于位运算的“&”“|”和“^”也可以用来对布尔类型的操作数进行运算。

区分它们是位运算还是逻辑运算的关键就是看参与运算的操作数类型。当操作数类型是布尔类型时，实现的是逻辑运算；当操作数类型不是布尔类型时，实现的是位运算。例如：

```
boolean val1 = true;
boolean val2 = false;
int a = 0b1110;          //a=14
int b = 0b1011;          //b=11
System.out.println(val1&val2);          // 进行的是逻辑与运算，打印输出 false
System.out.println(a&b);                // 进行的是位与运算，结果为：0b1010，打印输出 10
```

需要注意的是，并非所有的位运算符都可以进行逻辑运算，除了“&”“|”和“^”之外的其他位运算符不支持对布尔类型的数据进行操作。

短路与运算符“&&”也是实现了两个布尔类型的操作数的与操作，计算结果与“&”(有时也称为“单与”)运算相同。它们的区别在于：当运算符的右边为一个逻辑表达式时，不论单与运算符左边的值是否为 true，它右边的逻辑表达式总会计算；而短路与(有时也称为“双与”)运算符左边的值若为 false 时，它右边的逻辑表达式就不会计算，只有当运算符左边的值为 true 时，才会计算右边的逻辑表达式。例如：

```
int a = 5;   // 定义一个变量；
boolean b = (a<4)&&(a++<10);    // 短路与运算符左侧值为 false，则右侧表达式不计算
System.out.println(" 使用短路逻辑运算符的结果为 "+b);   //b 打印输出为 false
System.out.println("a 的结果为 "+a);       //a 没有进行自增运算，打印输出为 5
```

【例 2-3-5】输入一个整数，判断它是否同时满足：大于 0 小于 100，能被 2 整除，且能被 5 整除。

代码如下：

```
package chapter2.section3.demos;
import java.util.Scanner;
public class BoolOperationDemo {
    public static void main(String[] args) {
        // TODO Auto-generated method stub
        int x;
        System.out.println(" 请输入一个整数：");
        Scanner scan = new Scanner(System.in);
        x = scan.nextInt();
        if(x>0 && x<100 && x%2==0 && x%5==0)
            System.out.println(x + " 同时满足：大于 0 小于 100，能被 2 整除，能被 5 整除 ");
        else
            System.out.println(x + " 不能同时满足：大于 0 小于 100，能被 2 整除，能被 5 整除 ");
        scan.close();
    }
}
```

运行结果如图 2-3-5 所示。

◆ 图 2-3-5　示例 2-3-5 的运行结果

2.3.5　赋值运算符

赋值运算符的作用就是将数据赋值给一个变量。赋值运算符均为双目运算符。Java 语言中所有的赋值运算符如表 2-3-5 所示。

表 2-3-5　Java 语言中的赋值运算符

赋值运算符	运　算	范　例 byte a = 3, b = 2	等效表达式	结　果
=	赋值	a = b;	a = b;	a = 2
+=	加等于	a+ = b;	a = a+b;	a = 5
-=	减等于	a- = b;	a = a-b;	a = 1
*=	乘等于	a* = b;	a = a*b;	a = 6
/=	除等于	a/ = b;	a = a/b;	a = 1
%=	模等于	a% = b;	a = a%b;	a = 1
<<=	左移位等于	a<< = 2;	a = a<<2;	a = 12
>>=	右移位等于	a>> = 2;	a = a>>2;	a = 0;
&=	按位与等于	a& = b;	a = a&b;	a = 0
^=	按位异或等于	a^ = b;	a = a^b;	a = 1
|=	按位或等于	a| = b;	a = a|b;	a = 3

【例 2-3-6】赋值运算符示例。

代码如下：

```
package chapter2.section3.demos;
import java.util.Scanner;
public class BitOperationDemo {
    public static void main(String[] args) {
        // TODO Auto-generated method stub
        int x,y;
        System.out.println(" 请输入两个整数，以空格或回车隔开：");
        Scanner scan = new Scanner(System.in);
        x = scan.nextInt();
        y = scan.nextInt();
```

```
            x += y;
            System.out.println("x += y, x=" +x);
            x -= y;
            System.out.println("x -= y, x=" +x);
            x += y;
            System.out.println("x += y, x=" +x);
            x *= y;
            System.out.println("x *= y, x=" +x);
            x /= y;
            System.out.println("x /= y, x=" +x);
            x %= y;
            System.out.println("x %= y, x=" +x);
            x <<= 2;
            System.out.println("x <<= 2, x=" +x);
            x >>= 2;
            System.out.println("x >>= 2, x=" +x);
            x &= y;
            System.out.println("x &= y, x=" +x);
            x ^= y;
            System.out.println("x ^= y, x=" +x);
            x |= y;
            System.out.println("x |= y, x=" +x);
            scan.close();
        }
    }
```

```
Problems  Javadoc  Declaration  Console
<terminated> BitOperationDemo [Java Application] D:\softwa
请输入两个整数，以空格或回车隔开：
6 2
x += y, x=8
x -= y, x=6
x += y, x=8
x *= y, x=16
x /= y, x=8
x %= y, x=0
x <<= 2, x=0
x >>= 2, x=0
x &= y, x=0
x ^= y, x=2
x |= y, x=2
```

◆ 图 2-3-6　示例 2-3-6 运行结果

运行结果如图 2-3-6 所示。

注意：在计算过程中 x 的值不停地被修改，y 的值保持不变。

2.3.6　其他运算符

在 Java 语言中，除了上述运算符之外还有条件运算符“?:”，点操作符“.”，括号运算符“()”，下标运算符“[]”和 instanceof 运算符。括号运算符“()”的作用等同于数学运算中的小括号。条件运算符是 Java 语言中唯一的三目运算符，该运算符的作用是通过判断一个布尔表达式的值来决定哪个值应该赋值给变量。它的表达式为：

变量类型 变量名 = 逻辑表达式 ? 数值 1 : 数值 2。

当逻辑表达式的结果为 true 时，将数值 1 赋值给变量，反之，将数值 2 赋值给变量。这里的数值也可以是一个运算表达式。例如：

```
int a = 5;
int x = a>6 ? 2 : (3+5);
System.out.println("x=" +x);                    // 打印输出 x=8
```

点操作符“.”主要用于对象调用成员。下标运算符“[]”用于数组访问元素。instanceof 运算符用于检查某个数据是否为指定类的对象。这些运算符将在后续章节逐一介绍。

【例 2-3-7】在线答题。

代码如下：

```
package chapter2.section3.demos;
import java.util.Random;
import java.util.Scanner;
public class OnlineAnswerDemo {
    public static void main(String[] args) {
        // TODO Auto-generated method stub
        float r1;
        float r2;
        float r;
        String right = " 恭喜你，答对啦！ ";
        String wrong = " 打错了，请再答。";
        Random random = new Random();
        Scanner scan = new Scanner(System.in);
        r1 = random.nextFloat()*10;
        r2 = random.nextFloat()*10;
        String tmp = " 题目：\nr1*r2= ？ " + " 其中 r1="+ r1 + ", r2="+ r2 + "\n 请输入答案：";
        System.out.println(tmp);
        r = scan.nextFloat();
        tmp = r==r1*r2 ? right : wrong;
        System.out.println(tmp);
        scan.close();
    }
}
```

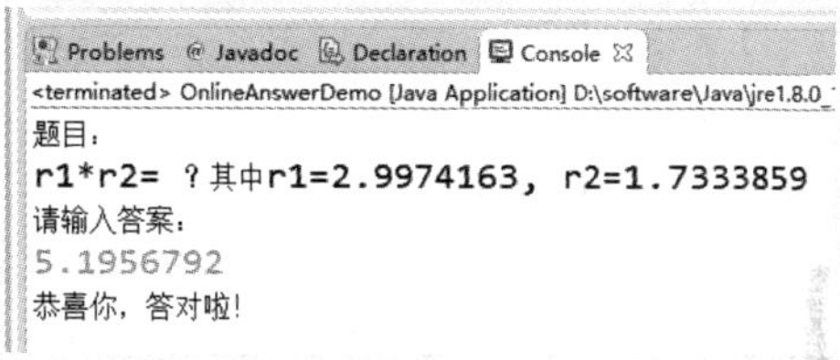

```
Problems  Javadoc  Declaration  Console
<terminated> OnlineAnswerDemo [Java Application] D:\software\Java\jre1.8.0_
题目：
r1*r2= ？其中r1=2.9974163, r2=1.7333859
请输入答案：
5.1956792
恭喜你，答对啦！
```

◆ 图 2-3-7　示例 2-3-7 的运行结果

运行结果如图 2-3-7 所示。

在这个示例中使用到了三目运算符。当条件 r == r1*r2 成立时，将 right 的值赋值给 tmp，否则将 wrong 的值赋值给 tmp。其中 r1、r2 是产生的随机数。每次运行这两个值是不一样的。随机数的生成使用了 Random 类。生成一个 0 到 1 之间的随机单精度浮点型随机数用到了 Random 类中的 nextFloat 方法。关于 Random 类的用法将在后续章节详细介绍。在这个示例中还需要注意的是，Java 单精度浮点型变量最多支持到小数点后七位。当两个浮点数相乘时，在小数点第八位四舍五入即可。

2.3.7　运算符的优先级

在数学运算中，乘除运算的优先级要比加减高。同样，当程序中的运算表达式包含多个运算符时，也需要明确哪个运算符先计算，哪个后计算，也就是要指明运算符的优先级。表 2-3-6 中给出了 Java 运算符的优先级。

表 2-3-6　Java 语言中的运算符优先级

优 先 级	运 算 符	优 先 级	运 算 符
1	. [] ()	8	&
2	++ -- ~ !	9	^
3	* / %	10	|
4	+ -	11	&&
5	<< >> >>>	12	||
6	< > <= >=	13	?:
7	== !=	14	= *= /= %= += -= <<= >>= >>>= &= ^= |=

表中给出的优先级序号越小，运算符的优先级越高。当表达式中存在多个相等优先级的运算符时，按照由左到右的顺序依次执行。例如：

```
float x = 3.1f;
float y = 4.2f;
float z = y+++x*5-3;
System.out.println("z = "+ z);              // 打印输出 z=16.7
```

在 z 的计算过程中，y++ 优先级最高，然后是 x*5，接着是加减操作，最后是赋值操作。其中，自增(后)运算符的运算规则是 y 先参与其他运算，最后再执行 y = y + 1 操作，因此该表达式的运算顺序为：

(1) x*5 = 15.5；

(2) y+15.5 = 4.2 + 15.5 = 19.7；

(3) 19.7−3 = 16.7；

(4) z = 16.7；

(5) y = y + 1 = 4.2 + 1 = 5.2。

在编程过程中，当运算符的优先级规则不太熟悉时，建议尽量使用括号运算符“()”来实现想要的运算顺序，以免产生歧义。例如：

```
int a = 6;
double b = 8.7d;
boolean flag = ((a-4)*10>b) && (a%4==2);
System.out.println("flag = " + flag);         // 输出结果为 flag=true
```

上述代码中 flag 赋值表达式的运算顺序为：

(1) a−4 = 2；

(2) 2*10 = 20；

(3) 20>b 成立，该表达式返回 true；

(4) a%4 = 2；

(5) 2==2 成立，该表达式返回 true；

(6) true&&true，该表达式返回 true；

(7) flag = true。

2.4 条件语句

在生活中经常需要作出一些决策，例如：国庆放假是准备郊游、探亲还是继续工作学习；如果准备郊游，那么出行方式是自驾、打车、坐公共交通还是其他。在作决策时，往往会根据一些主、客观条件进行选择。例如，在选择出行方式时会考虑出行成本是否在预算范围内，出行时间是否符合自身需求等。如何在程序代码中描述这些实际中的问题呢？这就用到了条件语句，也叫选择语句、分支语句。条件语句通过对多种选择条件的判断（逻辑表达式的值）来决定执行哪一段代码。在 Java 语言中，条件语句可分为 if 条件语句和 switch 条件语句两种。

2.4.1 if 条件语句

if 条件语句，或称 if 语句，使用到了 if 和 else 关键字。它有四种形式：单分支 if 语句、双分支 if 语句、多分支 if 语句和嵌套 if 语句。

1. 单分支 if 语句

单分支 if 语句的语法格式为：

```
if( 条件语句 ){
    执行代码;
}
```

其中，条件语句为逻辑表达式或者一个布尔类型数据，它的值只可能是 true 或者 false。当条件语句的值为 true 时执行大括号里面的代码；反之则跳过这个大括号，不执行里面的代码，继续执行大括号后面的代码。若大括号里面的代码只有一行，那么可以省略大括号，编译器会默认将 if(条件语句) 的下一行代码作为条件成立时的执行语句。单分支 if 语句流程图如图 2-4-1 所示。

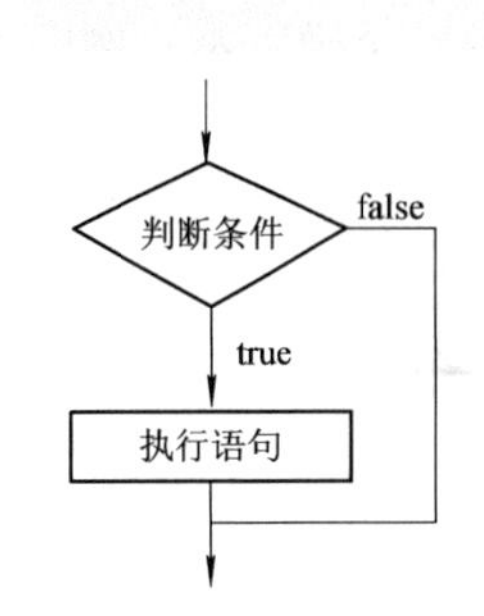

◆ 图 2-4-1 单分支 if 语句流程图

【例 2-4-1】对诗词。

代码如下：

```
package chapter2.section4.demos;
import java.util.Scanner;
public class PoetryDemo {
    public static void main(String[] args) {
        // TODO Auto-generated method stub
        String ans;
        String rightAns1 = " 万水千山只等闲。";
        String rightAns2 = " 万水千山只等闲 ";
        Scanner scan = new Scanner(System.in);
```

```
            System.out.println(" 红军不怕远征难，");
            System.out.println(" 该诗句的下半句：");
            ans = scan.nextLine();
            if(rightAns1.equals(ans) || rightAns2.equals(ans))
                System.out.println(" 恭喜你，答对啦！ ");
            System.out.println(" 本轮比赛结束。");
            scan.close();
        }
    }
```

运行结果如图 2-4-2 和图 2-4-3 所示。

Problems @ Javado
<terminated> PoetryDem
红军不怕远征难，
该诗句的下半句：
万水千山只等闲
恭喜你，答对啦！
本轮比赛结束。

◆ 图 2-4-2 示例 2-4-1 中 if 条件语句满足时的运行结果

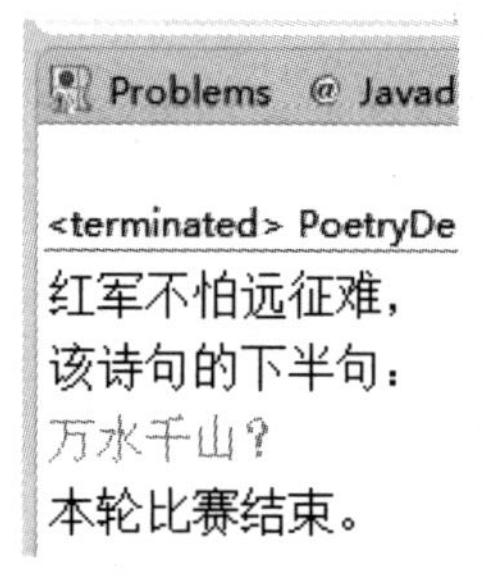

◆ 图 2-4-3 示例 2-4-1 中 if 条件语句不满足时的运行结果

该程序中，条件语句为判断用户输入的字符串是否等于设定的字符串，同时认为有没有句号均正确。本示例中使用到了字符串的比较。这里需要注意的是，字符串的比较不可以使用比较运算符中的“==”，而需要使用调用了 String 类的 equals 方法，其原因在于 String 是引用数据类型，该类型的变量存储的是一个内存单元的地址，而非真实的值。String 类的具体用法将在后续章节详细介绍。

2. 双分支 if 语句

双分支 if 语句用到了 if 和 else 关键字，也叫 if...else 语句。它的语法格式为：

```
if( 条件语句 ){
    代码块 1
}else{
    代码块 2
}
```

当条件语句为真时执行代码块 1，反之执行代码块 2，然后程序继续向下运行。若代码块 1 只有一行代码，那么包括代码块 1 的大括号可以省略。同样，若代码块 2 只有一行代码，那么包括代码块 2 的大括号也可以省略。双分支 if 语句与单分支 if 语句相比最大的差别在于：双分支 if 语句预定的两个代码块总会执行一个，且只执行一个；而单分支 if 语句的代码块可能执行，也可能不执行。双分支 if 语句流程图如图 2-4-4 所示。

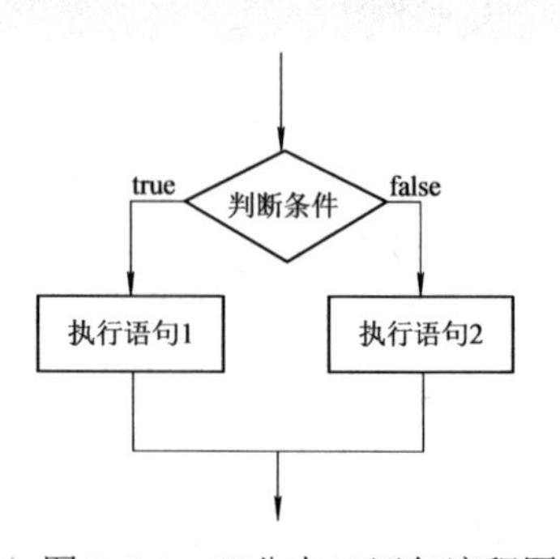

◆ 图 2-4-4 双分支 if 语句流程图

【例 2-4-2】在线答题。

代码如下：

```
package chapter2.section4.demos;
import java.util.Scanner;
public class GoldenRatioDemo {
    public static void main(String[] args) {
        // TODO Auto-generated method stub
        double val;
        Scanner scan = new Scanner(System.in);
        System.out.println(" 请问黄金比例是多少？ ");
        val = scan.nextDouble();
        if(val == 0.618)
            System.out.println(" 恭喜你，答对啦！ ");
        else
            System.out.println(" 答错了，再加油！ ");
        System.out.println(" 本轮比赛结束。");
        scan.close();
    }
}
```

运行结果如图 2-4-5 和图 2-4-6 所示。

```
Problems  Javadoc  Declaration  Console
<terminated> GoldenRatioDemo [Java Application] D:\softwa
请问黄金比例是多少？
0.618
恭喜你，答对啦！
本轮比赛结束。
```

◆ 图 2-4-5 示例 2-4-2 中 if 条件语句成立时的运行结果

```
Problems  Javadoc  Declaration  Console
<terminated> GoldenRatioDemo [Java Application] D:\software\
请问黄金比例是多少？
3.14
打错了，再加油！
本轮比赛结束。
```

◆ 图 2-4-6 示例 2-4-2 中 if 条件语句不成立时的运行结果

3. 多分支 if 语句

多分支 if 语句用到了 if 和 else 关键字，也叫 if...else if...else 语句。它的语法格式为：

```
if( 条件语句 1){
    代码块 1
}else if ( 条件语句 2){
    代码块 2
}
…
else if ( 条件语句 n){
    代码块 n
}else{
    执行语句 n+1
}
```

当第一个条件语句为真时执行代码块 1；若不成立则判断第二个条件语句，若为真则执行代码块 2；程序依次进行判断，如果所有的条件语句均不成立，则执行 else 大括号中的代码。多分支 if 语句与双分支 if 语句有些类似，它总会执行其中的某一个代码块，且只执行一个。多分支 if 语句代码流程图如图 2-4-7 所示。

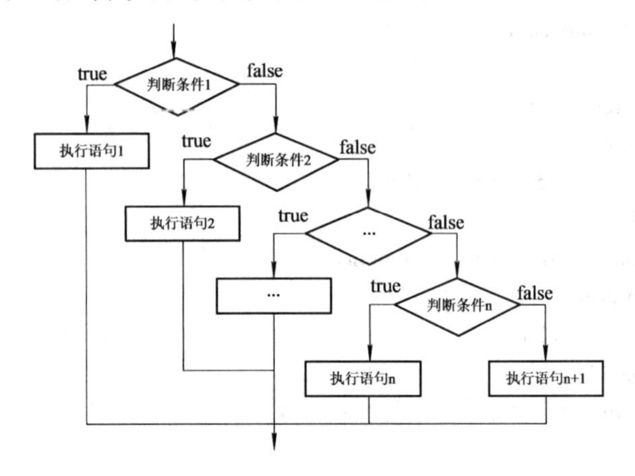

◆ 图 2-4-7　多分支 if 语句流程图

【例 2-4-3】通过输入的成绩评定等级。

代码如下：

```
package chapter2.section4.demos;
import java.util.Scanner;
public class ScoreRangeDemo {
    public static void main(String[] args) {
        // TODO Auto-generated method stub
        double score;
        Scanner scan = new Scanner(System.in);
        System.out.println(" 请输入成绩：");
        score = scan.nextDouble();
        if(score == 100)
            System.out.println("Perfect！ 满分！ ");
        else if(score<100 && score>=90)
            System.out.println("Good! 优秀！ ");
        else if(score<90 && score>=80)
            System.out.println("Not bad！ 良好！ ");
        else if(score<80 && score>=60)
            System.out.println("Not too bad！ 及格！ ");
        else if(score<60 && score>=0)
            System.out.println("Too bad！ 不及格！ ");
        else
            System.out.println(" 成绩无效！ ");
        System.out.println(" 录入成绩完毕 ");
        scan.close();
    }
}
```

```
Problems  @ Javadoc  Declaration  Console
<terminated> ScoreRangeDemo [Java Application] D:\softw
请输入成绩：
90
Good！ 优秀!
录入成绩完毕
```

◆ 图 2-4-8　示例 2-4-3 的运行结果

运行结果如图 2-4-8 所示。

4. 嵌套 if 语句

if 语句在使用的时候可以嵌套，用法灵活，下面两个示例演示了嵌套 if 语句在算法中的妙用。

【例 2-4-4】找最大值。

代码如下：

```
package chapter2.section4.demos;
import java.util.Scanner;
public class FindMaxValueDemo {
    public static void main(String[] args) {
        // TODO Auto-generated method stub
        double a,b,c;
        Scanner scan = new Scanner(System.in);
        System.out.println(" 请输入三个数，以空格或回车隔开：");
        a = scan.nextDouble();
        b = scan.nextDouble();
        c = scan.nextDouble();
        double tmp;
        if(a>=b) {
            if(a>=c)
                tmp = a;
            else
                tmp = c;
        }else {
            if(b>=c)
                tmp = b;
            else
                tmp = c;
        }

    System.out.println(" 这三个数的最大值为 " + tmp);
    scan.close();
  }
}
```

运行结果如图 2-4-9 所示。

```
Problems  @ Javadoc  Declaration  Console
<terminated> FindMaxValueDemo [Java Application] D:\softwa
请输入三个数，以空格或回车隔开：
3 6 9.8
这三个数的最大值为 9.8
```

◆ 图 2-4-9　示例 2-4-4 的运行结果

2.4.2 switch 条件语句

相比 if 条件语句，switch 条件语句的应用范围仅限于对某个表达式的值作出判断，从而决定程序执行哪一段代码，这点与 if…else if…else 的作用有些类似，不同的是 switch 条件语句的判断条件只能是比较是否相等。switch 条件语句因其简洁、可读性强等特点也被广泛使用。switch 条件语句的格式如下：

```
switch( 表达式 ){
case 常量表达式 1：语句 1；break；
case 常量表达式 1：语句 1；break；
case 常量表达式 1：语句 1；break；
    …
    default: 语句；break;
}
```

在 JDK 7.0 之前的版本中，常量表达式只支持整型及枚举数据类型，在 JDK7.0 及以后的版本中，增加了对字符串常量的支持。

【例 2-4-5】竞选班委。

代码如下：

```
package chapter2.section4.demos;
import java.util.Scanner;
public class ClassCommitteeDemo {
    public static void main(String[] args) {
        // TODO Auto-generated method stub
        String committee;
        Scanner scan = new Scanner(System.in);
        System.out.println(" 请问你要竞选哪个班委：");
        System.out.println(" 班长 \t 团支书 \t 学习委员 ");
        committee = scan.next();
        System.out.println(" 您要竞选的班委是：" + committee);
        switch(committee) {
          case " 班长 ":
            System.out.println(" 请畅谈一下你担任班长的工作计划 ");
            break;
          case " 团支书 ":
            System.out.println(" 请畅谈一下你担任团支书的工作计划 ");
            break;
          case " 学习委员 ":
            System.out.println(" 请畅谈一下你担任学习委员的工作计划 ");
            break;
          default:
```

```
                System.out.println(" 其他班委吗？ ");
                break;
            }
            scan.close();
        }
    }
```

运行结果如图 2-4-10 所示。

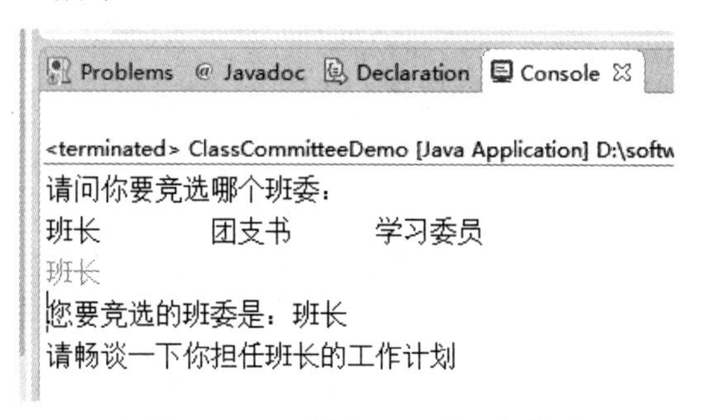

◆ 图 2-4-10　示例 2-4-5 的运行结果

本示例演示了 break 关键字的作用，当 case 语句满足条件时，若没有 break 关键字，则程序继续在 switch 代码块中顺序执行，直到遇到 break 或执行完毕。由此可知，break 语句用来跳出整个 switch 语句，尤其在 case 语句之后不可或缺。

2.5 循 环 语 句

在实际生产生活中会遇到很多需要重复做一件事的情景，例如，比亚迪生产车间重复制造 1 万辆新能源汽车；个人健身时连续做 100 个仰卧起坐；在考驾照科目二的时候不断地练习直到通过考试；在车站接亲友的时候反复观察出站人员直到找到目标。这些问题在程序中可以通过循环语句来解决。Java 语言中的循环语句包括 while 循环语句、do while 循环语句、for 循环语句以及增强 for 循环语句。

2.5.1 while 循环语句

while 循环语句也叫 while 语句，它的语法格式如下：

```
while( 循环条件 ){
  执行语句 ;
}
```

While 循环语句每次执行都会判断循环条件，若循环条件为真，则执行大括号里面的代码，若循环条件为假，则直接退出循环，继续执行大括号下面的代码。while 循环语句的流程图如图 2-5-1 所示。

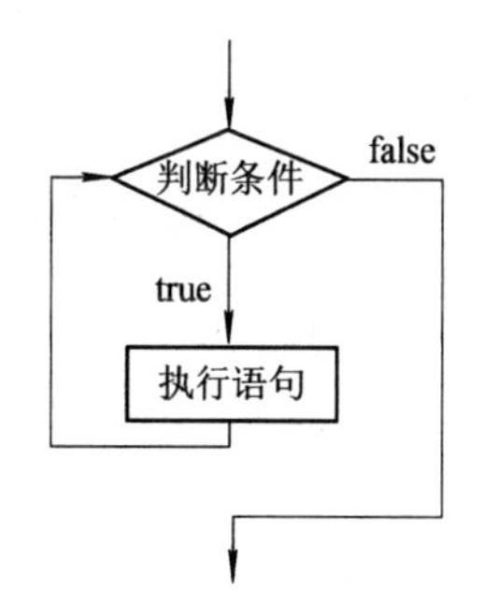

◆ 图 2-5-1　while 循环语句流程图

【例 2-5-1】打印输出指定范围内的所有整数。

代码如下：

```
package chapter2.section5.demos;
import java.util.Scanner;
public class PrintIntValueDemo {
    public static void main(String[] args) {
        // TODO Auto-generated method stub
        int v1,v2;
        Scanner scan = new Scanner(System.in);
        System.out.println(" 请输入两个整数，以空格或者回车隔开：");
        v1 = scan.nextInt();
        v2 = scan.nextInt();
        System.out.println(" 这两个数之间 ( 含 ) 的所有整数为：");
        if(v1 == v2) {
          System.out.println(v1);
        }else if(v1<v2){
          int i = v1;
        while(i>=v1 && i<=v2) {
            System.out.print(i+" ");
            i++;
          }
        }else{
          int i = v2;
          while(i>=v2 && i<=v1) {
            System.out.print(i+" ");
            i++;
          }
        }
        scan.close();
    }
}
```

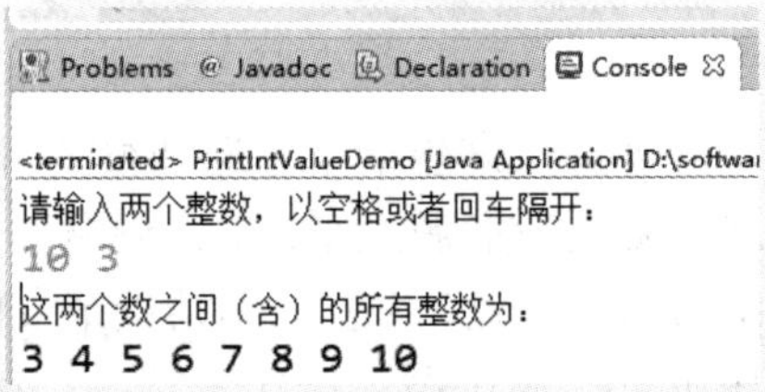

```
Problems  @ Javadoc  Declaration  Console
<terminated> PrintIntValueDemo [Java Application] D:\softwa
请输入两个整数，以空格或者回车隔开：
10 3
这两个数之间（含）的所有整数为：
3 4 5 6 7 8 9 10
```

◆ 图 2-5-2　示例 2-5-1 的运行结果

运行结果如图 2-5-2 所示。

在本示例中，首先判断输入的两个整数的大小关系，然后通过 while 循环语句从小到大的顺序输出这两个数之间 (含) 的所有整数。

2.5.2　do while 循环语句

do while 循环语句的用法与 while 循环语句非常类似，唯一的不同在于，while 循环语句第一次执行的时候，先判断条件语句是否满足，若不满足，则不会执行大括号里面的代码；而 do while 循环语句在第一次执行的时候，首先执行一次大括号里面的代码，然后再判断条件语句是否满足，若满足，则进入循环，若不满足，则退出循环。因此 do while 循环会至少执行一次大括号内的代码，而 while 可能执行零次大括号内的代码。do while 循环语句的流程图如图 2-5-3 所示。

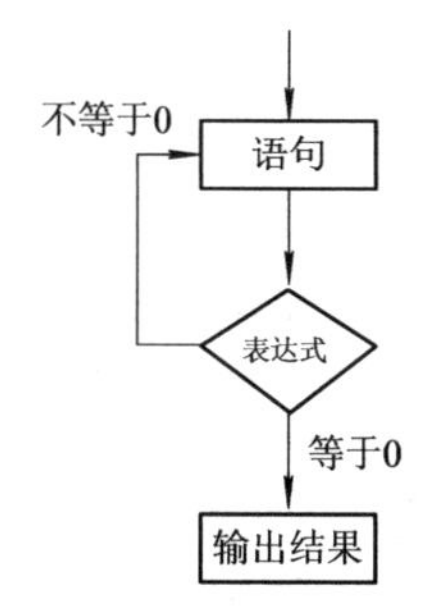

◆ 图 2-5-3　do while 循环语句的流程图

本示例的计算结果并非一个精确值，而是一个近似值。代码基于递推公式进行迭代求解，计算得到前后两个值的差小于 1E-7 时就认为计算结束。

【例 2-5-2】求解一元二次方程的根。

代码如下：

```
package chapter2.section5.demos;
import java.util.Scanner;
public class SolveEquationDemo {
    public static void main(String[] args) {
        // TODO Auto-generated method stub
        Scanner scan = new Scanner(System.in);
        System.out.println(" 请输入方程的系数 a b c，方程形式为 ax2 + bx + c =0");
        float a,b,c;
        a = scan.nextFloat();
        b = scan.nextFloat();
        c = scan.nextFloat();
        float x0=1;     // 初始点，第 i 次迭代中切线与 x 轴的交点
        float x1=1;     // 第 i+1 次切线与 x 轴的交点
        float y;        // 曲线的值
        float y1;       // 曲线导数的值
        int i=0;        // 循环迭代次数
        do{
          i++;
          x0=x1;
          y=a*x0*x0 + b*x0 +c;
          y1=2*a*x0 + b;
          x1=x0-y/y1;
        }while(Math.abs(x1-x0)>=1e-6 && i<1e4);
        if(i>=1e4) {
          System.out.println(" 没有找到方程的根 ");
        }else {
          System.out.println(" 方程的其中一个根为：" + x1);
        }
```

```
        scan.close();
    }
}
```

运行结果如图 2-5-4 所示。

```
Console × Problems @ Javadoc Declarati
<terminated> SolveEquationDemo (1) [Java Application]
请输入方程的系数a b c，方程形式为 ax2 + bx + c =0
1 -5 6
方程的其中一个根为: 1.9999998
```

◆ 图 2-5-4 示例 2-5-2 的运行结果

本示例使用牛顿迭代法求解一元二次方程的根。一元多次方程可认为是直角坐标系中的一条曲线与 x 轴的交点。牛顿迭代法的核心思想就是在直角坐标系中，在曲线上的某一点开始求该点的切线与 x 轴的交点，将交点的 x 值代入曲线表达式得到 y 的值，再以该点为出发点，求解该点在曲线上的切线与 x 轴的交点。如此反复，如果收敛的情况下，这个点会无限逼近曲线与 x 轴的交点，即方程的解。牛顿迭代法的递推公式如下：

$$x = x_0 - \frac{f(x_0)}{f'(x_0)}$$

其中，x_0 是第 i 次迭代得到的曲线切线与 x 轴的交点，x 是第 $i + 1$ 次迭代得到的曲线切线与 x 轴的交点。需要注意的是，牛顿迭代法一次只能算出一个根。此外，代码中使用到了 Math 类的 abs 方法，用以计算一个浮点数的绝对值。这里需要注意的是 Math 在 java.lang 包中。Java 文件默认已经导入了 java.lang 包，所以这里不需要显式地使用 import 关键字导入 java.lang 包。关于 Math 类的用法将在后续章节介绍。

2.5.3 for 循环语句

for 循环语句应用非常广泛。虽然对于任一种循环控制需求，for 循环和 while 循环都可以实现，两者可以等价，但通常这两种循环语句的应用各有侧重。其中，while 循环主要用在条件控制循环终止的情景，而 for 循环主要用于已知循环次数的情景，指定有限次数的循环。for 循环语句的语法格式为：

```
for ( 初始化表达式 ; 循环条件 ; 操作表达式 ){
    循环语句 ;
}
```

for 循环语句的执行流程如下：

(1) 执行初始化表达式。

(2) 判断循环条件是否为真，若为真，则执行循环语句；若为假，执行步骤 (5)。

(3) 执行操作表达式。

(4) 再次从步骤 (2) 开始执行。

(5) 直接退出循环。

for 循环语句除了上述的形式外，还有一种形式叫增强 for 循环，也称 for each 循环。它是 JDK1.5 以后出来的一个高级 for 循环，专门用来遍历数组和集合。它的语法格式为：

```
for( 声明语句：表达式 ){
    循环语句；
}
```

其中，声明语句用来声明新的局部变量，该变量的类型必须和数组或集合元素的类型匹配，其作用域限定在循环语句块中。表达式是要访问的数组或集合名，或者是返回值为数组或集合的方法。增强 for 循环每执行一次循环，都会从数组或集合中取出一个新的元素赋值给这个局部变量，然后在大括号中使用这个局部变量实现一定的逻辑，直到数组或集合中的元素遍历完毕。关于增强 for 循环的使用示例将在数组章节介绍。

2.5.4 循环嵌套

循环语句也可以相互嵌套，使用很灵活。最常见的是 for 循环语句中再嵌套一个 for 循环语句。

【例 2-5-3】输出九九乘法表。

代码如下：

```
package chapter2.section5.demos;
public class MultiplicationTableDemo {
    public static void main(String[] args) {
        // TODO Auto-generated method stub
        for(int i=1;i<=9;i++) {
            for(int j=1;j<=i;j++) {
                System.out.printf(“%d*%d=%-4d”,i,j,i*j);
            }
            System.out.println();
        }
    }
}
```

运行结果如图 2-5-5 所示。

```
Problems  Javadoc  Declaration  Console
<terminated> MultiplicationTableDemo [Java Application] D:\software\Java\jre1.8.0_152\bin\javaw.exe (2022年10月1日 下午5:39:38)
1*1=1
2*1=2   2*2=4
3*1=3   3*2=6   3*3=9
4*1=4   4*2=8   4*3=12  4*4=16
5*1=5   5*2=10  5*3=15  5*4=20  5*5=25
6*1=6   6*2=12  6*3=18  6*4=24  6*5=30  6*6=36
7*1=7   7*2=14  7*3=21  7*4=28  7*5=35  7*6=42  7*7=49
8*1=8   8*2=16  8*3=24  8*4=32  8*5=40  8*6=48  8*7=56  8*8=64
9*1=9   9*2=18  9*3=27  9*4=36  9*5=45  9*6=54  9*7=63  9*8=72  9*9=81
```

◆ 图 2-5-5 示例 2-5-3 的运行结果

本示例中使用到了 printf 方法的一般调用格式：

```
printf("< 格式化字符串 >", < 参量表 >)
```

它的第一个形参规定了输出的字符串格式，需要出现在格式化字符串中的变量都用转换说明来表示。每个转换说明都由一个百分号字符 (%) 开始，以转换说明符号结束。转换说明可以用来指定输出数据的类型、宽度、精度等。例如，“%d”是整型变量的转换说明，

“%f ”是浮点型变量的转换说明等。格式化字符串后面的每一个形参顺序对应格式化字符串中的转换说明顺序。其中，“%-”代表在给定的字段宽度内左对齐，右边填充空格（默认右对齐）。例如，本例中的“%-4d”代表要输出的整数变量一共占用 4 个字段宽度，该整数变量在这四个字段宽度中左对齐输出，后面填充空格，每个空格占用 1 个字段宽度。假设要输出的整数变量的值为 36，则它本身已经占用了两个字段宽度，后面再添加 2 个空格即可。

2.5.5 break 和 continue 关键字

为了能够更加灵活地控制循环语句，可以退出本次循环进入下次条件判断，以及在条件语句为真或循环未完成指定次数的情况下直接退出循环，Java 语言提供了 break 和 continue 关键字。这两个关键字在 while 循环、do while 循环和 for 循环中均适用。其中 break 关键字还可以用于 switch 语句中，用来跳出整个 switch 语句块。下面介绍 break 和 continue 关键字在循环语句中的使用方法。

1. break 关键字

如果 break 关键字在单层循环中，那么当 break 语句执行时就直接跳出循环；如果 break 关键字在嵌套循环中，那么当 break 语句执行时就直接跳出最里层的循环，并且继续执行该循环下面的语句。

【例 2-5-4】找第一个水仙花数。

代码如下：

```
package chapter2.section5.demos;
public class NarcissisticNumber {
    public static void main(String[] args) {
        // TODO Auto-generated method stub
        int a,b,c;
        System.out.println(" 第一个水仙花数为：");
        for(int i=100;i<=999;i++) {
            a = i%10;
            b = i/10%10;
            c = i/100;
            if(i == (a*a*a + b*b*b + c*c*c)) {
                System.out.print(i + " ");
                break;
            }
        }
    }
}
```

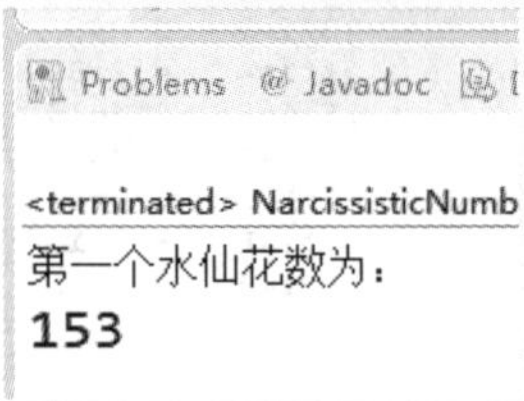

Problems @ Javadoc

<terminated> NarcissisticNumb

第一个水仙花数为：

153

◆ 图 2-5-6　示例 2-5-4 的运行结果

运行结果如图 2-5-6 所示。

2. continue 关键字

continue 关键字的作用是让程序立刻跳转到下一次循环的迭代。在 while 或者 do

while 循环中，continue 使程序立即跳转到下一次循环的条件判断语句。在 for 循环中，continue 使程序立即跳转到操作表达式。

【例 2-5-5】continue 在 for 循环中的使用。

代码如下：

```
package chapter2.section5.demos;
public class CalculateSumUseBreak1 {
    // 计算 0 ～ 100 之间不能被 5 整除的所有整数之和
    public static void main(String[] args) {
        // TODO Auto-generated method stub
        int sum = 0;
        for(int i=0; i<=100; i++) {
            if(i%5 == 0)
                continue;
            sum +=i;
        }
        System.out.println("sum = " + sum);
    }
}
```


◆ 图 2-5-7　示例 2-5-5 的运行结果

运行结果如图 2-5-7 所示。

2.6 数　　组

数组对于每一门编程语言来说都是重要的数据结构之一，它的应用非常广泛。例如，在班级评奖评优时需要统计同学们的学积分，并按照由高到低的顺序排列。此时若使用一个个相互独立的变量去存储，那么会显得非常麻烦，在排序时也显得无从下手。使用数组就可以轻松地解决这个问题。Java 语言的数组用来存储一组同类型数据元素，它具有三个显著的特点：数组一旦创建，数组长度不可改变；数组元素的数据类型完全相同；数组元素在内存中的存储单元物理地址连续。Java 语言中的数组元素类型可以是基本数据类型，也可以是引用数据类型。Java 数组按照维度的大小可分为一维数组和多维数组。

2.6.1　一维数组

数组在创建时分为两个步骤：声明数组和分配内存给该数组。其中分配内存给数组也叫该数组的实例化。这两个步骤可以用两句分开的代码实现，也可以合并成一句代码实现。

1. 一维数组的声明

一维数组的声明格式有两种：

(1) 数据类型 [] 数组名 ;　　　　　// 推荐使用的方式

(2) 数据类型 数组名 [];　　　　　// 源自 C 和 C++ 语言数组的声明方式，不推荐

这两种声明格式都是合法的，推荐第一种方式，若不单独说明，本书后续章节内容涉及到的数组声明方式均默认采用第一种。数组属于引用数据类型，数组名存储的并不是

数组元素的值，而是首位数组元素在内存单元的地址。当数组声明后，数组默认被赋值成null，因此数组在声明时也可以使用关键字 null 对其显式赋值。例如：

```
int [] arr;
int [] arr = null;          // 与上一行代码等效
```

2. 一维数组的实例化

数组声明后是不能直接使用的，这是由于还没有在内存中为其分配内存。Java 一维数组的实例化使用到了 new 关键字，有以下三种形式：

第一种形式：

数组名 = new 数据类型 [长度];

其中，长度是大于等于 1 的整数，数据类型与数组声明时用的数据类型必须保持一致。通过这种实例化形式，数组元素的值均等于该数据类型的默认值。即整型和浮点型变量的默认值为 0，字符型变量的默认值为 '\u0000'(空字符)，布尔类型变量的默认值为 false。

例如：

```
int [] arr;
arr = new int[100];
```

上述代码创建了一个 int 类型的数组，数组名为 arr，并为数组 arr 分配了 100 个存储单元，每个存储单元大小为 4byte，存储 int 类型的变量。

```
double [] data = null;
data = new double[6];
```

上述代码创建了一个 double 类型的数组，数组名为 data，并为数组 data 分配了 6 个存储单元，每个存储单元大小为 8byte，存储 double 类型的变量。

数组的声明与实例化可以合并成一句代码。例如，下面的代码与上面的示例代码等效。

```
double [] data = new double[6];
```

下面的示例是非法的。

```
int [] arr;
arr = new double[5];   // 错误，声明数据类型和实例化数据类型不一致
arr = new  int[];      // 错误，没有指定数组的长度
arr = new  int[-1];    // 错误，数组的长度必须大于等于 1
```

第二种形式：

数组名 = new 数据类型 []{ 元素 1，元素 2，…，元素 n}；

其中，元素的数据类型与数组声明的数据类型保持一致，或元素的数据类型可以自动转换为数组声明的数组类型。通过这种方式实例化数组时，数组的长度等于大括号里面元素的个数，同时数组元素也被赋值。例如：

```
int [] arr = new int[]{1,97,3} ;
```

这段代码创建了一个数据类型为 int，长度为 3 的数组 arr，数组中的元素值依次为 1、97 和 3。下面这句代码与上面的代码等效，其中“a”字符被自动转换成了整型变量 97(字符“a”的 Unicode 编码值为 97)。

```
int [] arr = new int[]{1,'a',3};
```

下面的示例是非法的。

```
int [] arr2 = new int[6] {1,2,3};              // 错误，中括号内不可以再有数据
```

第三种形式：

数组名 = { 元素 1，元素 2，…，元素 n}；

其中，元素的数据类型与数组声明的数据类型保持一致，或元素的数据类型可以自动转换为数组声明的数组类型。这种方式与第 (2) 种实例化一维数组的方式等效。例如：

```
int [] arr = {1,2,3};
```

这段代码创建了一个数据类型为 int，长度为 3 的数组 arr，数组中的元素值依次为 1、2 和 3。

3. 一维数组的使用

(1) 访问数组元素。由于数组元素的物理地址连续，因此可以通过下标运算符“[]”来访问某个数组元素。就好比军训时站成一排由左向右报数，第一位同学报“1”，第二位同学报“2”，以此类推。教官可以说“第 2 位同学请出列”，对应的就是报号为“2”的同学出列。同样的道理，数组中的元素在内存里面是连续排列的，可以按照顺序给每个元素标记一个号码，称之为数组元素的下标。只不过在程序中第一个元素的下标为 0，第二个元素的下标为 1，以此类推，则最后一个元素的下标等于数组长度减 1。通过指定下标值即可访问到对应的数组元素。例如：

```
int [] arr = {23,9,5,78};                      // 创建了一个 int 类型，长度为 4 的数组 arr
System.out.println(arr[0]);          // 打印输出第一个数组元素，输出为 23
arr[2]=60;                 // 将第三个元素的值由 5 改为 60
```

下面的示例是非法的。

```
int [] arr = {1,2,3};
arr[5] = 0;                // 错误，下标越界
```

这个示例中数组 arr 的长度为 3，则数组元素的下标范围为 [0,2]，下标值 5 超出了范围，程序会报错。

【例 2-6-1】数组元素的赋值。

代码如下：

```
package chapter2.section6.demos;
public class ArrayElementAssignmentDemo {
    public static void main(String[] args) {
        // TODO Auto-generated method stub
        int [] arr1 = {3,6,9};
        int [] arr2 = new int[] {2,4,8};
        int [] arr3 = new int[3];
        arr3[0] =12;
        arr3[1] =16;
        arr3[2] =18;
        System.out.println("arr1[0] + arr2[1] + arr3[2] = " + (arr1[0] + arr2[1] + arr3[2]));
    }
}
```

运行结果如图 2-6-1 所示。

Problems | @ Javadoc | Declaration | Console

<terminated> ArrayElementAssignmentDemo [Java Application] D:\s

arr1[0] + arr2[1] + arr3[2] = 25

◆ 图 2-6-1　示例 2-6-1 的运行结果

(2) 数组的遍历。使用数组的一大优势是可以对数据批处理，算法高效快捷。在批处理时经常需要遍历数组中的每个元素，通常使用 for 循环语句和增强 for 循环语句来实现。

【例 2-6-2】对数组进行遍历、赋值和打印。

代码如下：

```
package chapter2.section6.demos;
import java.util.Scanner;
public class TraversalArrayDemo {
    public static void main(String[] args) {
        // TODO Auto-generated method stub
        Scanner scan = new Scanner(System.in);
        int [] arr = new int[3];
        System.out.println(" 请输入三个整数，以空格或回车隔开：");
        for(int i=0;i<arr.length;i++) {
            arr[i] = scan.nextInt();
        }
        System.out.println(" 数组元素为：");
        for(int a : arr)
            System.out.print(a + "\t");
        scan.close();
    }
}
```

Problems | @ Javadoc | Declaration | Console

<terminated> ArrayElementAssignmentDemo [Java Applicatio

请输入三个整数，以空格或回车隔开：

5 8 2

数组元素为：

5　　8　　2

◆ 图 2-6-2　示例 2-6-2 的运行结果

运行结果如图 2-6-2 所示。

这里需要注意的是，增强 for 循环在循环过程中，每次取一个数组元素赋值给局部变量，在循环体内操作的是局部变量，若改变了局部变量的值，对原数组元素没有任何影响。

2.6.2　多维数组

多维数组可以看成是数组的数组，比如，二维数组就是一个特殊的一维数组，其每一个元素都是一个一维数组。其中比较常见的是二维数组，它可以用来描述数学中的二维矩阵。本节将重点介绍二维数组，其他多维数组的语法规则与使用方法可参考二维数组。

二维数组同样遵循先声明后实例化，也可以通过一句代码来实现。它的声明方式与一维数组基本相同，如下所示。

变量类型 [][] 数组名 ;

例如：

```
int [][] arr;
int [][] arr = null;        // 与上一行代码等效
```

二维数组的实例化方式有三种，分别为：

(1) 第一种方式。变量类型 [][] 变量名 = new 变量类型 [长度 1][长度 2];

例如：

```
int [][] arr;
arr = new int[3][4];     // 可以认为是一个三行四列的矩阵，元素数据类型为整型
```

上面的两行代码等效为：

```
int [][] arr = new int[3][4];
```

(2) 第二种方式。变量类型 [][] 变量名 = new 变量类型 [长度][];

例如：

```
int [][] arr = new int[3][];
```

这种实例化形式确定了二维数组的行数，每一行的元素个数不确定，每行的长度可以互不相等。

(3) 第三种方式。变量类型 [][] 变量名 = {{ 元素 11，元素 12，…，元素 1M},{ 元素 21，元素 22，…，元素 2N },…,{ 元素 K1，元素 K2，…，元素 KP }};

例如：

```
int [][] arr = {{23,5,8},{7,5},{0,1,2,3,4}};
```

二维数组的使用方法与一维数组相类似，下面通过一个示例来演示二维数组的使用方法。

【例 2-6-3】求一个二维数组元素的最大值、最小值、总和和均值。

代码如下：

```
package chapter2.section6.demos;
import java.util.Scanner;
public class TwoDArrayDemo {
    public static void main(String[] args) {
        // TODO Auto-generated method stub
        Scanner scan = new Scanner(System.in);
        int [][]arr = new int[2][3];
        int max, min, sum;
        double average;
        for(int i=0;i<2;i++) {
          System.out.println(" 请输入第 "+(i+1)+" 行数组的三个整数元素，以空格隔开：");
          for(int j=0;j<3;j++) {
            arr[i][j] = scan.nextInt();
          }
        }
        sum = 0;
        max = arr[0][0];
        min = arr[0][0];
        for(int i=0;i<2;i++) {
          for(int j=0;j<3;j++) {
            if(min > arr[i][j]) {
              min = arr[i][j];
```

```
            }
            if(max < arr[i][j]) {
              max = arr[i][j];
            }
            sum += arr[i][j];
          }
        }
        average = 1.0*sum/arr.length;
        System.out.println(" 数组的最大值为："+max);
        System.out.println(" 数组的最小值为："+min);
        System.out.println(" 数组的元素总和为："+sum);
        System.out.println(" 数组的均值为："+average);
        scan.close();
    }
}
```

运行结果如图 2-6-3 所示。

```
Problems  @ Javadoc  Declaration  Console
<terminated> TwoDArrayDemo [Java Application] D:\software\J
请输入第1行数组的三个整数元素，以空格隔开：
1 2 3
请输入第2行数组的三个整数元素，以空格隔开：
4 5 6
数组的最大值为：6
数组的最小值为：1
数组的元素总和为：21
数组的均值为：10.5
```

◆ 图 2-6-3　示例 2-6-3 的运行结果

2.7 方　　法

2.7.1　方法的基本定义、功能和语法

方法 (Method) 在编程语言中非常重要。方法也叫函数，它是一个可以反复执行的程序段。在一个程序中，如果需要多次执行某项功能或者操作，则可以把完成该功能或者操作的程序段从程序中独立出来定义为方法。程序中需要执行该功能或者操作时可以通过方法调用来代替原先的程序段，以达到简化程序的目的。Java 程序的最小单元是类，因此 Java 语言中的方法都是在类中定义的。在之前的练习中，反复用到的 main 方法就是一个典型的 Java 方法。主方法的定义格式如下所示。

```
public static void main(String [] args){
    执行语句
```

```
    ...
}
```

除了主方法，还可以自定义方法。在 Java 语言中，声明一个方法的具体语法格式为：

```
修饰符 返回值类型 方法名 ( 形参列表 ){
    执行语句
    ...
    return 返回值 ;
}
```

其中，修饰符是 Java 语言中的一些关键字，如 public、static 和 final 等，它可以对方法的访问 (调用) 权限进行限制。比如该方法只能在类内使用，或者只能在当前包内使用等。关于方法的访问限定将在第 3 章详细介绍。在本节中，自定义的方法默认使用“public static”修饰符。

在 Java 语言中方法的返回类型可以是基本数据类型、引用数据类型和 void 关键字。例如，下面给出的数据类型都可以作为方法的返回类型。

```
void
/* 基本数据类型 */
short
double
char
boolean
/* 引用数据类型 */
String
int []
```

返回值类型用来指定返回值的数据类型。例如，返回值类型为 int 时，返回值只能是 int 数据或可以自动类型转换成 int 的数据；当返回值类型为 void 时，代表这个方法执行完之后不需要返回值，此时返回值为空，或者可以省略 return 语句。例如，main 方法的返回类型为 void，main 方法中没有 return 语句。注意，在 C 语言和 C++ 语言中数组是不允许作为方法的返回类型的，在 Java 语言中是可以的。

方法名是一个自定义的标识符，在使用方法时就是通过调用方法名来实现的。它的定义规则遵循 Java 标识符的定义规则，通常建议采用驼峰式命名方式。

方法的形参列表可以为空，也可以是由一个或多个局部变量声明组成。当有多个局部变量时，每个变量单独声明，中间用英文的“,”隔开。在 Java 语言中，基本数据类型和引用数据类型都可以作为方法的形参，同时要求每个形参都需要给出变量类型声明。例如：

```
public static void test(){}
public static float add(int a, int b){}
public static void show(String str){}
```

return 是 Java 语言的一个关键字，它的作用就是结束当前方法的运行并且返回一个数值 (若存在)。返回值若存在，它可以是一个具体的数值，也可以是一个运算表达式，该值会返回给方法的调用者。如果方法执行了 return 语句，那么该方法就执行完毕，return 后面的语句不再执行，例如：

```
public static boolean isEven(int a){
    if(a%2==0) {
        System.out.println(a + " 是一个偶数 ");
        return true;
    }
        System.out.println(a + " 不是一个偶数 ");
        return false;
}
```

当传入方法 isEven 的形参是 6 时，if 条件语句满足，打印输出“6 是一个偶数”，方法返回 true，然后结束执行，不再执行下面两行代码。

方法在定义后就可以在其他方法中使用。方法的使用规则很简单，直接调用方法名并在小括号内传入需要的形参即可以。初学者需要注意的是，Java 方法是定义在类的大括号里面，不可以在方法体里面再定义一个方法。下面给出一个完整的例子。

【例 2-7-1】计算一个长方体的体积。

代码如下：

```
package chapter2.section7.demos;
import java.util.Scanner;
public class BoxVolumeDemo {
    public static void main(String[] args) {
        // TODO Auto-generated method stub
        double x,y,z;
        Scanner scan = new Scanner(System.in);
        System.out.println(" 请输入长方体的长、宽和高，以空格隔开：");
        x = scan.nextDouble();
        y = scan.nextDouble();
        z = scan.nextDouble();
        System.out.println(" 长方体的体积为：" + getVolume(x,y,z));
        scan.close();
    }
    public static double getVolume(double x, double y, double z) {
        return x*y*z;
    }
}
```

运行结果如图 2-7-1 所示。

```
Problems  @ Javadoc  Declaration  Console
<terminated> BoxVolumeDemo [Java Application] D:\softwar
请输入长方体的长、宽和高，以空格隔开：
3.0 10.5 8
长方体的体积为：252.0
```

◆ 图 2-7-1　示例 2-7-1 的运行结果

【例 2-7-2】使用 return 提前结束方法运行。

代码如下：

```
package chapter2.section7.demos;
public class ReturnDemo {
    public static void main(String[] args) {
        // TODO Auto-generated method stub
        division(6.3,3);
        System.out.println();
        division(6,0);
    }
    public static void division(double a, double b) {
        if(b==0) {
            System.out.println(" 除数不能为 0");
            return;
        }
        System.out.println(" 开始计算 ...\n 结果为: "+a/b);
    }
}
```

```
Console
<terminated> Returr
开始计算...
结果为：2.1

除数不能为0
```

◆ 图 2-7-2　示例 2-7-2 的运行结果

运行结果如图 2-7-2 所示。

2.7.2　方法的重载

考虑这样一个需求，定义 Java 语言方法分别计算矩形、圆形和梯形的面积。显然这三个方法的功能很相近，都是返回一个几何图形的面积。如果用三个不同的标识符来命名方法名，使用方法时会显得比较麻烦。为了提高代码的简洁性和可读性，可以使用方法的重载将这三个计算面积的方法名均命名为 getArea，同时三个方法的形参列表必须有所不同，这就是方法的重载。Java 语言也支持方法重载，即在同一个类中存在多个同名方法，它们的参数列表不同。这些方法叫作重载方法。Java 语言的方法重载有以下几个特点：

(1) 在一个类中。

(2) 方法名称必须相同，参数列表各不相同。

(3) 重载方法可以有不同的返回类型。

(4) 重载方法可以有不同的访问修饰符。

需要注意的是，Java 语言虽然从 C++ 语言中保留了方法重载的功能，但不支持带默认形参的方法。

【例 2-7-3】计算若干种几何图形的面积。

代码如下：

```
package chapter2.section7.demos;
public class getAreaOverrideDemo {
    public static void main(String[] args) {
        // TODO Auto-generated method stub
        System.out.println(" 半径为 1.2 的圆形面积为：" + getArea(1.2));
```

```
        System.out.println(" 长为 3，宽为 4 的长方形面积为：" + getArea(3,4));
        System.out.println(" 上下边长分别为 1 和 2，高为 5 的梯形面积为：" + getArea(1,2,5));
    }
    public static double getArea(double r) {            // 圆形
        return r*r*3.14;
    }
    public static double getArea(double a, double b) {          // 长方形
        return a*b;
    }
    public static double getArea(double a, double b, double h) {          // 梯形
        return (a+b)*h/2;
    }
}
```

运行结果如图 2-7-3 所示。

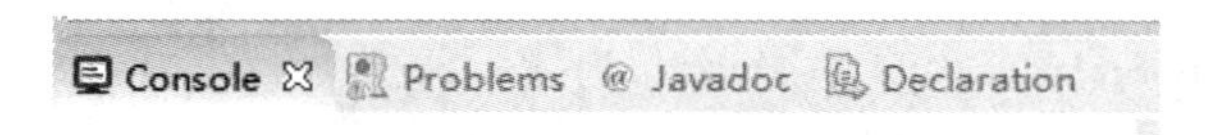

```
<terminated> getAreaOverrideDemo [Java Application] D:\softw
半径为1.2的圆形面积为：4.5216
长为3，宽为4的长方形面积为：12.0
上下边长分别为1和2，高为5的梯形面积为：7.5
```

◆ 图 2-7-3　示例 2-7-3 的运行结果

2.7.3　递归方法

在编程语言中，一个方法直接或者间接地调用该方法本身，则该方法称为递归方法，有时也称作方法的递归。递归方法必须满足两个条件：

(1) 在每一次调用自己时，必须是 (在某种意义上) 更接近于解。

(2) 必须有一个终止处理或计算的准则。

递归方法在程序算法中使用非常广泛，例如，求解斐波那契数列、求最大公约数和最小公倍数、求阶乘等，下面通过几个示例来了解递归方法的定义和使用。

【例 2-7-4】求解斐波那契数列。斐波那契数列的第一、第二项固定为 1，后面每一项都是前面两项之和。使用的数学公式是 f(n) = f(n-1)+f(n-2)。

代码如下：

```
package chapter2.section7.demos;
public class FibonacciSequenceDemo {
    public static void main(String[] args) {
        // TODO Auto-generated method stub
        System.out.println(" 斐波那契数列的前 20 个元素的值为：");
        for(int i=1;i<=20;i++) {
            if(i%5 == 0)
                System.out.println();
```

```
            System.out.print(fib(i)+" ");
        }
    }
    public static long fib(int n) {
        if(n<1)
            return -1;
        if(n==1||n==2)
            return 1;
        return fib(n-2)+fib(n-1);
    }
}
```

```
Console ☒ Problems @ Javadoc Declaration
<terminated> FibonacciSequenceDemo [Java Application] D:
斐波那契数列的前20个元素的值为：
1 1 2 3
5 8 13 21 34
55 89 144 233 377
610 987 1597 2584 4181
6765
```

◆ 图 2-7-4　示例 2-7-4 的运行结果

运行结果如图 2-7-4 所示。

本示例中定义了一个递归方法 fib，它在方法体的内部调用了自己，并且明确了方法终止的条件是 n 等于 1 或者 2。

【例 2-7-5】求最大公约数和最小公倍数。其中，最大公约数利用两数 p 和 q 之间求余，将 q 赋给 p，再将余数 r 赋给 q，如此循环下去，当 q 为 0，最终的 q 即为最大公约数。最小公倍数可以由两个数的乘积除以两个数的最大公约数得到。

代码如下：

```
package chapter2.section7.demos;
import java.util.Scanner;
public class CommonDivisorAndCommonMultipleDemo {
    public static void main(String[] args) {
        // TODO Auto-generated method stub
        Scanner scan = new Scanner(System.in);
        System.out.println(" 请输入两个整数，以空格隔开：");
        int a = scan.nextInt();
        int b = scan.nextInt();
        System.out.println(a+" 和 "+b+" 的最大公约数为：" + commonDivisor(a,b));
        System.out.println(a+" 和 "+b+" 的最小公倍数为：" + a*b/commonDivisor(a,b));
        scan.close();
    }
    public static int commonDivisor(int p, int q){
        // 若 q 为 0，则最大公约数为 p

        if(q == 0) {
            return p;
        }
        int r = p % q;
        return commonDivisor(q, r);
    }
}
```

```
Console ☒ Problems @ Javado
<terminated> CommonDivisorAndComm
请输入两个整数，以空格隔开：
10 6
10和6的最大公约数为：2
10和6的最小公倍数为：30
```

◆ 图 2-7-5　示例 2-7-5 的运行结果

运行结果如图 2-7-5 所示。

【例 2-7-6】求阶乘。n 的阶乘就是自然数从 1 到 n 的乘积，并规定 0 的阶乘等于 1。代码如下：

```
package chapter2.section7.demos;
public class CalculateFactorialDemo {
    public static void main(String[] args) {
        // TODO Auto-generated method stub
        long ans = factorial(3);
        System.out.println("3 的阶乘为：" + ans);
    }
    private static long factorial(int n) {
        // TODO Auto-generated method stub
        long ans = 0;
        if(n==0)
            ans=1;
        else
            ans = n*factorial(n-1);
        return ans;
    }
}
```

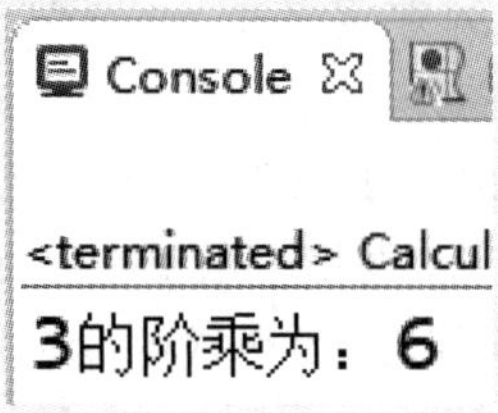

Console
<terminated> Calcul
3的阶乘为：6

◆ 图 2-7-6　示例 2-7-6 的运行结果

运行结果如图 2-7-6 所示。

【本章小结】

Java 程序的最小单位是类，Java 功能执行语句都定义在类的内部。一个程序可以定义很多类，其中必须包含一个主类。

标识符是用户编程时使用的名字，用于给变量、常量、方法和语句块等命名，以建立起名称与使用之间的关系。Java 语言标识符由字母、数字、下画线和英文美元符组成，它的首字符不可以是数字，且命名时不可以是 Java 语言中的关键字和保留字。

Java 语言的包机制用以解决类的名字冲突、类文件管理等问题。在定义包时使用 package 关键字，在使用其他包时用关键字 import 导入。

Java 语言使用常量和变量来描述事物的量。Java 语言的数据类型分为基本数据类型和引用数据类型，其中基本数据类型包含八种，即整数类型 (byte、short、int、long)、浮点类型 (float、double)、字符型 (char) 和布尔型 (boolean)。不同数据类型之间可以进行自动类型转换或强制类型转换。

程序的表达式是由运算符和操作数构成。Java 语言运算符按照操作数目可分为单目运算符、双目运算符和三目运算符，按照功能可分为算术运算符、关系运算符、位运算符、逻辑运算符、赋值运算符和其他运算符。在一个表达式中有多个运算符时，按照运算符的优先级依次进行运算。

Java 程序代码在执行时默认自上而下逐行顺序执行，可以使用条件语句 (if 语句、switch 语句)、循环语句 (while 循环、do while 循环、for 循环和增强 for 循环) 及 break、continue 关键字灵活地控制程序的走向。

Java 语言中提供的数组用来存储固定大小的同类型元素，数组的创建包含数组声明和数组实例化两个步骤。可以通过下标运算符访问数组的某个元素，通过循环语句遍历数组。

在程序中方法是一段独立的代码，实现特定的功能。Java 语言方法支持方法重载，但不支持带默认形参的方法。

综合训练

习　题

第3章 类与对象

人们在探索客观世界的时候，为了更加方便地描述客观事物，会对事物进行分门别类。例如，将自然界中的生物分为人类、动物、植物和微生物等，将日常用品分为生活用品、办公用品等。人们把具有相同属性、特性或者用途的事物归为一类，在这个类中的每个个体都具有该类的所有特征。这种思维其实就是面向对象的思维，它能够清晰明了地描述事物的特点和关系，同时便于研究和使用。其实，面向对象的编程思想就源于人们对客观世界的认知思维。Java 语言是一门纯面向对象的高级编程语言，它具有抽象、封装、继承和多态四大特性。从“面向对象”的名字中就可以看到对象在 Java 语言中的重要性。实际上，Java 语言最核心的概念就是类和对象，它们是实现上述四大特性的基石。本章围绕类和对象这两个概念重点介绍类的抽象和封装。

本章资源

3.1 面向过程与面向对象的概念

3.1.1 面向过程与面向对象编程思想

高级编程语言分为面向过程和面向对象两类语言，例如，C 语言是典型的面向过程语言，Java 语言是典型的面向对象语言。面向过程 (Procedure Oriented，PO) 的编程思想是按照事物发展的先后顺序(逻辑顺序或者时间顺序)把过程分成几个步骤，每个步骤执行一段相对独立的代码处理一部分数据，相当于把问题的处理过程拆分成一个个的方法和数据，然后按照一定的顺序执行。通俗而言，面向过程编程就是通过创建变量和方法，并使用多个方法协同处理数据的过程。而面向对象 (Object Oriented，OO) 的编程思想是把客观世界中具有相同属性的事物抽象成类的概念，在类中描绘该类事物共有的属性(变量)和行为(方法)。该类事物中的每个个体就是一个对象，每个对象可以有自己的属性值，同时可以调用类中的方法。然后在待处理的问题中创建一个个的对象，通过多个对象的相互配合来实现应用程序的功能。

例如，使用两种编程思想来描述小明用洗衣机洗衣服和用电热壶烧水的过程，并对比面向过程和面向对象编程思想的不同。

采用面向过程的编辑思想思路如下：

(1) 根据实际操作流程，将洗衣服和烧水划分为几个步骤。

(2) 编写每个步骤的代码逻辑(方法)：

插电，放衣服，加洗衣粉，给洗衣机加水，漂洗，清洗，甩干；给水壶加水，水壶插电，加热烧水，断电结束。

(3) 按照逻辑顺序依次调用方法执行：

插电 → 放衣服 → 加洗衣液 → 给洗衣机加水 → 漂洗 → 清洗 → 甩干

给水壶加水 → 水壶插电 → 加热烧水 → 断电结束

采用面向对象的编辑思想思路如下：

(1) 定义三个类："人""洗衣机"和"水壶"。

(2) 定义"人"的属性和方法：名字 (属性)、放衣服 (方法)、加洗衣粉 (方法)、加水 (方法)、插电 (方法)。

(3) 定义"洗衣机"的属性和方法：名字 (属性)、漂洗 (方法)、清洗 (方法)、甩干 (方法)。

(4) 定义"水壶"的属性和方法：名字 (属性)、加热烧水 (方法)、自动断电 (方法)。

(5) 创建"人"的实例个体 (对象)"小明"。

(6) 创建"洗衣机"的对象"Haier 滚筒洗衣机"。

(7) 创建"电水壶"的对象"Midea 电水壶"。

(8) 执行：

小明 → 插电 → 小明 . 放衣服 → 小明 . 加洗衣液 → 小明 . 加水 →Haier 滚筒洗衣机 . 漂洗 →Haier 滚筒洗衣机 . 清洗 →Haier 滚筒洗衣机 . 甩干

小明 . 加水 → 小明 . 插电 → Midea 电水壶 . 加热烧水 → Midea 电水壶 . 自动断电

对比上述示例不难发现，面向过程编程和面向对象编程都是按照一定的逻辑顺序调用预设的方法解决问题。但不同的是，面向过程编程的基本单元是方法，面向对象编程的基本单元是类，通过创建类的对象来调用类中定义的方法。当要处理的事务比较简单时，使用面向过程编程相对简洁。但如果需要处理的事务繁杂，那么每个步骤都要单独定义一个方法，在大多时候方法还不能通用 (例如给洗衣机加水和给水壶加水)，此时使用面向对象的编程方法就会显得简单明了。此外，在代码后续的扩展和维护上，面向对象的编程方法更加容易。面向过程和面向对象编程方式的对比如表 3-1-1 所示。

表 3-1-1　面向过程和面向对象编程方式对比

编程方式	面向过程	面向对象
特点	采用模块分解和功能抽象，自顶向下、逐步求精、分而治之	使用类和对象的概念将数据及对数据的操作方法封装在一起，具有抽象、封装、继承和多态的特性
优点	计算开销小，消耗资源少，效率高，开发相对简单	容易维护、复用和扩展，灵活度高，耦合度低
缺点	不易维护、复用和扩展，灵活度低，耦合度高	计算开销大，消耗资源多，效率偏低，开发相对较难
常见应用	嵌入式开发、Linux/UNIX开发、底层软件开发	应用系统及平台开发、网站开发、软件工具开发、大数据技术开发、嵌入式开发

3.1.2 类与对象的概念

类和对象是面向对象编程的核心概念。其中类是对客观世界中某一类事物的抽象，在描述这类事物的时候使用到了属性和行为。对象是类的实例化。例如，定义一个汽车类：

```
汽车类{
    //汽车的属性
    发动机功率;
    空车车重;
    百米加速;
    定员人数;
    车身颜色;
    售价;
    …
    //汽车的行为
    前进;
    后推;
    加速;
    减速;
    左转;
    右转;
    GPS 定位;
    …
}
```

不论哪一款或哪一辆汽车，它们都具有基本相同的行为，但属性值可能各不相同。例如，比亚迪汉的售价大约是 30 万元，而奥迪 A7 的售价大约是 80 万元，但它们都具有前进，后退等行为。这里列举的比亚迪汉和奥迪 A7 就是汽车类的两个对象。从这个例子中可以看到，类是一个抽象的概念，是对象的模板，而对象是一个具体的实例，是类的实体。在代码实现时，属性使用变量来描述，行为使用函数来描述。面向对象编程的过程就是根据需求创建许多不同的类（本质是自定义的引用数据类型），然后创建每个类的对象（本质是一个变量），每个对象都有各自的数据值，通过调用类中的方法来实现一定的功能逻辑。

在 Java 编程中“一切事物皆对象”，客观世界中的所有事物都可以通过类来抽象，通过对象来描述。例如，可以创建天气类来描述天气的属性（阴天、晴天、雨雪天等）和行为（刮风、下雨、打雷等），可以创建一个算法类来描述算法的属性（数据的长度、类型等）和行为（排序、找最值等）。在定义类的时候，并不是这类事物的属性和行为都需要写进去，也并不是必须同时具有属性和行为，而是根据编程的需求填写。例如，在统计同学们的家庭关系时，可能只关心亲属的姓名、工作单位、住址和年龄，可以创建一个亲属类，只包含这些需要的属性即可，例如：

```
亲属类{
    //属性
    姓名;            //可以使用 String 类型的变量描述
```

```
    工作单位；        // 可以使用 String 类型的变量描述
    住址；            // 可以使用 String 类型的变量描述
    年龄；            // 可以使用 int 类型的变量描述
}
```

又如在购买一件防晒服的时候，用户可能只关心品牌、价位、是否合身和防晒功能，可以创建一个防晒服类，例如：

```
防晒服类 {
    // 属性
    品牌；            // String band;
    价位；            // double price;
    是否合身 ;        // boolean isSuitable;
    // 行为
    防晒功能；        // 可以使用函数来描述，例如 void sunProof() {System.out.println (" 某某品牌 "
+" 防晒效果很好！ ");}
}
```

当类定义好之后，就可以创建该类的对象了。例如，创建两个防晒服类的对象 c1 和 c2，那么 c1 和 c2 有各自的属性值，同时可以各自独立地使用防晒服类中的防晒功能。例如，c1 的品牌是“骆驼”，c2 的品牌是“李宁”，那么在使用防晒功能时的输出语句各自为：

```
骆驼品牌的防晒效果很好！    // c1 使用防晒功能
李宁品牌的防晒效果很好！    // c2 使用防晒功能
```

至此，相信初学者对类与对象的概念已经有比较清晰的认识了。它们如何在 Java 语言中实现呢？ 3.2 节将重点介绍。

3.2 类与对象的定义和使用

3.2.1 类的定义

在 Java 语言中，类的定义语法格式为：

```
【类修饰符】类名 {
    类的成员
}
```

例如，定义一个学生类：

```
class Student{
    // 属性
    String name;
    int age;
    // 行为
    void study() {
        System.out.println("study well and go ahead everyday!");
    }
    void show() {
```

```
            System.out.println(" 我叫 " + name +"，今年 " + age + " 岁 ");
        }
    }
```

通常，类的属性称为类的成员变量，类的行为称为类的成员方法(成员方法)。其中类的成员变量在声明的时候也可以直接赋值，例如：

```
    class Student{
        // 属性
        String name = "XiaoMing";
        int age = 23;
        // 行为
        void study() {
            System.out.println("study well and go ahead everyday!");
        }
        void show() {
            System.out.println(" 我叫 " + name +"，今年 " + age + " 岁 ");
        }
    }
```

成员变量可以是 Java 语言的基本数据类型，也可以是引用数据类型。例如，下列定义的变量都可以作为一个类的成员变量。

```
    /* 基本数据类型 */
    short data;
    double scores;
    char c;
    boolean flag;
    /* 引用数据类型 */
    String color;
    int [] arr;
    Studentr stu;              //Student 类型为自定义的引用数据类型
```

Java 类成员方法的基本定义格式及语法在第 2 章已经介绍过，这里不再赘述。

可以使用 public 关键字来修饰 class，如 public class Student{}，它们的区别在于：

(1) public class 的类名与 java 文件名必须一致，而 class 的类名不作要求；

(2) 一个 java 文件中可以有零个或多个 class 定义的类，但最多有一个 public class 定义的类；

(3) public class 定义的类可以被其他包访问，而 class 定义的类不能被其他包访问。

【例 3-2-1】创建 Clock 类。

代码如下：

```
    package chapter3.section2.demos;
    class Clock{
        int hour;
        int minute;
        int second;
        void setTime(int myMinute) {
```

```
        System.out.println(" 设置分钟为 "+ myMinute);
        minute = myMinute;
    }
    void setTime(int myHour, int mySecond) {
        System.out.println(" 设置时钟为 "+myHour +"，设置分钟为 "+ mySecond);
        hour = myHour;
        minute = minute;
    }
    void setTime(int myHour, int myMinute, int mySecond) {
        System.out.println(" 设置时钟为 "+myHour +"，设置分钟为 "+myMinute +"，设置秒钟
为 "+mySecond);
        hour = myHour;
        minute = myMinute;
        second = mySecond;
    }
    void showTime() {
        String tmp = hour + ":" + minute + ":" + second;
        System.out.println(" 当前时间为：\t" + tmp);
    }
}
```

在本示例中，创建了一个名为 Clock 的时钟类。在 Clock 类中定义了时、分、秒三个成员变量，设置了时间的重载方法和显示时间的方法。这里需要注意的是，C++ 语言里面的成员方法可以在类内声明、类外定义，而 Java 语言的成员方法只能在类内同时给出声明和定义，因为 Java 语言的最小编程单位是类，方法及变量不能独立于类而存在。

3.2.2 对象的创建和使用

类只是声明了一种自定义的引用数据类型，在编程时只有类是不够的，还需要创建类的对象。Java 类的对象和数组相似，都是引用数据类型，因此它也符合数组定义的步骤，即先声明后实例化。在编写代码时可以使用两行代码，也可以合并成一行代码。Java 对象的创建格式有如下三种：

(1) 第一种：

类名 对象名；

对象名 = **new** 类名 ();

(2) 第二种：

类名 对象名 = **null**;

对象名 = **new** 类名 ();

(3) 第三种：

类名 对象名 = **new** 类名 ();

例如：

```
Student stu1;
stu1 = new Student();
```

```
Student stu2 = null;
stu2 = new Student();
Student stu3 = new Student();
```

这三种形式基本没有区别，其中第三种形式更加简洁。只是在某些场合（如使用 I/O 流对象复制文件）使用第二种形式编程会更加方便些。当声明一个 Student 类的对象 stu 时，JVM 在内存空间为其开辟一个存储单元，该单元的默认值为 null。当实例化一个对象时，在内存里面就会开辟另一个空间，里面存储该对象的属性值，同时将这个空间的存储地址赋值到 stu 变量的存储单元，如图 3-2-1 所示。由此可知，对象本身存储的是一个内存单元的地址，这个地址对应的内存空间才是真正存储对象属性值的地方。在 Java 语言中引用数据类型的变量在内存中存储时基本都是这种模式，如数组和枚举等。

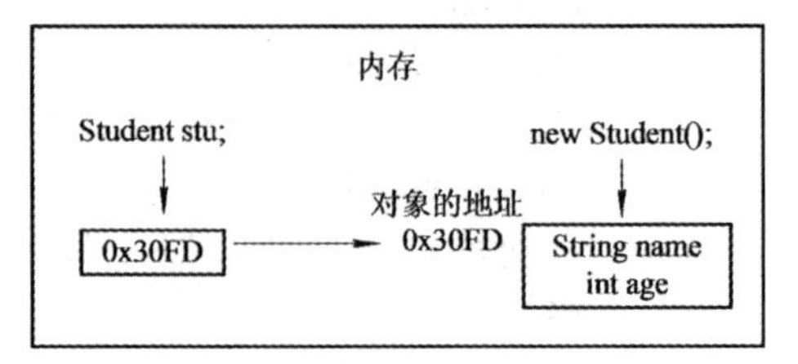

◆ 图 3-2-1　对象在内存中的存储形式

对象实例化后就可以使用本类中的成员了，它的语法规则为：

对象名 . 类成员；

例如：

```
stu.name;
stu.age;
stu.study();
stu.show();
```

此外，也可以创建类类型的数组，它的语法规则与基本数据类型的数组一致，例如：

```
Student [] stu = new Student[6];
```

【例 3-2-2】创建例 3-2-1 中的 Clock 类对象，并设置时间。

代码如下：

```
package chapter3.section2.demos;
public class ClockDemo {
    public static void main(String[] args) {
        // TODO Auto-generated method stub
        Clock clock = new Clock();
        clock.showTime();
        clock.setTime(20);
        clock.showTime();
        clock.setTime(19, 40);
        clock.showTime();
        clock.setTime(20, 10, 40);
        clock.showTime();
    }
}
```

```
Problems  @ Javadoc  Declaration  Console
<terminated> ClockDemo [Java Application] D:\software\Java
当前时间为：        0:0:0
设置分钟为20
当前时间为：        0:20:0
设置时钟为19，设置分钟为20
当前时间为：        19:20:0
设置时钟为20，设置分钟为10，设置秒钟为40
当前时间为：        20:10:40
```

◆ 图 3-2-2　示例 3-2-2 的运行结果

运行结果如图 3-2-2 所示。

【例 3-2-3】创建一个手机类，模拟手机发短信和打电话的功能。

代码如下：

```
package chapter3.section2.demos;
import java.util.Scanner;
public class PhoneDemo {
    public static void main(String[] args) {
        // TODO Auto-generated method stub
        Scanner scan = new Scanner(System.in);
        Phone phone = new Phone();
        String content;
        String contactPerson;
        phone.setUsr(" 小明 ");
        System.out.println("Hi，我是手机助手，请问您要打电话给谁？ ");
        contactPerson = scan.nextLine();
        phone.call(contactPerson);
        System.out.println("Hi，我是手机助手，请问您要发短信给谁？ ");
        contactPerson = scan.nextLine();
        System.out.println(" 请问您要发送的内容是？ ");
        content = scan.nextLine();
        phone.sendMessage(contactPerson, content);
        scan.close();
    }
}
class Phone{
    String usr;
    void setUsr(String usr) {
        this.usr = usr;
    }
    void call(String contactPerson) {
        System.out.println(usr + " 打电话给 " + contactPerson);
    }
    void sendMessage(String contactPerson, String content) {
        System.out.println(usr + " 发短信给 " + contactPerson);
        System.out.println(" 短信内容是：" + content);
    }
}
```

运行结果如图 3-2-3 所示。

```
Problems @ Javadoc Declaration Console
<terminated> PhoneDemo [Java Application] D:\software\Java\
Hi，我是手机助手，请问您要打电话给谁？
小黄
小明打电话给小黄
Hi，我是手机助手，请问您要发短信给谁？
小兰
请问您要发送的内容是？
周末有时间出来吃饭吗？
小明发短信给小兰
短信内容是：周末有时间出来吃饭吗？
```

◆ 图 3-2-3　示例 3-2-3 的运行结果

【例 3-2-4】创建一个室友类，创建室友类的数组，键盘输入室友的信息，并打印输出。代码如下：

```
package chapter3.section2.demos;
import java.util.Scanner;
public class RoomMateDemo {
    public static void main(String[] args) {
        // TODO Auto-generated method stub
        RoomMate[] roomMate = new RoomMate[4];
        Scanner scan = new Scanner(System.in);
        for(int i=0;i<roomMate.length;i++) {
          roomMate[i] = new RoomMate();
          System.out.println(" 请输入第 "+(i+1)+" 个室友的姓名、年龄和特长，以空格
隔开，以回车结束：");
          roomMate[i].name = scan.next();
          roomMate[i].age = scan.nextInt();
          roomMate[i].favor = scan.next();
        }
        for(RoomMate mate : roomMate) {              // 增强 for 循环
          mate.display();
        }
        scan.close();
    }
}
class RoomMate{
    String name;
    int age;
    String favor;
    void display() {
        System.out.println(name + '\t' + age + '\t' + favor);
    }
}
```

运行结果如图 3-2-4 所示。

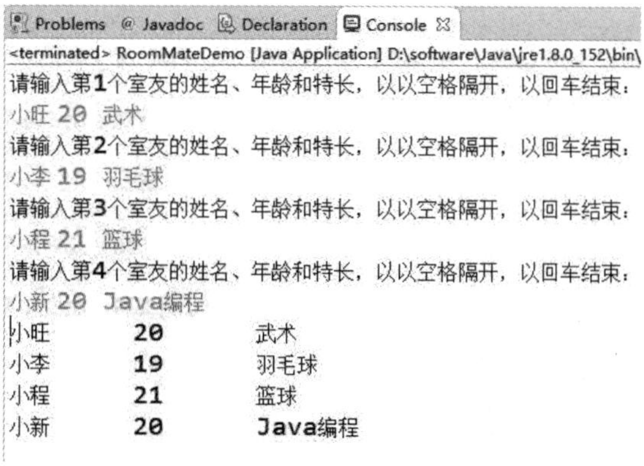

```
Problems  @ Javadoc  Declaration  Console
<terminated> RoomMateDemo [Java Application] D:\software\Java\jre1.8.0_152\bin\
请输入第1个室友的姓名、年龄和特长，以以空格隔开，以回车结束：
小旺 20 武术
请输入第2个室友的姓名、年龄和特长，以以空格隔开，以回车结束：
小李 19 羽毛球
请输入第3个室友的姓名、年龄和特长，以以空格隔开，以回车结束：
小程 21 篮球
请输入第4个室友的姓名、年龄和特长，以以空格隔开，以回车结束：
小新 20 Java编程
小旺      20      武术
小李      19      羽毛球
小程      21      篮球
小新      20      Java编程
```

◆ 图 3-2-4　示例 3-2-4 的运行结果

3.3 访问修饰符

为了实现对数据的封装和保护，在 Java 语言中定义了类成员的访问修饰符，也叫访问控制符，用来控制成员能够被访问的范围。访问修饰符有以下四种：

(1) private (私有的)：只能在当前类中可访问。

(2) default (缺省的)：不用任何访问修饰符，也称作默认访问修饰符。在当前包内可访问。

(3) protected (保护的)：在当前类、当前包以及不同包里面的子类中可访问。

(4) public (公有的)：所有类都能访问。

表 3-3-1 总结了这四种访问修饰符的权限控制范围。

表 3-3-1　Java 访问修饰符的控制权限

	private	default	protected	public
同一个类中	√	√	√	√
同一个包中		√	√	√
其他包的子类中			√	√
全局范围内				√

这里需要注意的是 public 和 default 可以用来修饰 class 关键字，但 protected 和 private 不可以用来修饰 class 关键字。通常，类的成员变量使用 private 来修饰，成员方法使用 public 来修饰。如果需要在类外访问一个私有化的成员变量，那么可以为其提供公有的访问方式。通常的做法是定义 public 类型的 getter 和 setter 方法，也称作 getter 和 setter 接口。通过 getter 方法返回一个私有化的成员变量，通过 setter 方法修改一个私有化的成员变量。getter 及 setter 方法名的命名规范为：

get(set)+ 成员变量名

注意：成员变量名的首字母大写。

【例 3-3-1】getter 和 setter 方法。

代码如下：

```
package chapter3.section2.demos;
public class GetterAndSetterDemo {
    public static void main(String[] args) {
        // TODO Auto-generated method stub
        Car car = new Car();
        car.setBand("BYD");
        car.setColor("White");
        car.setPrice(13.56);
        System.out.println(car.getBand() +"\t" + car.getColor() +"\t" + car.getPrice());
    }
}
class Car{
    private String band;
    private String color;
    private double price;
    public String getBand() {
        return band;
    }
    public void setBand(String band) {
        this.band = band;
    }
    public String getColor() {
        return color;
    }
    public void setColor(String color) {
        this.color = color;
    }
    public double getPrice() {
        return price;
    }
    public void setPrice(double price) {
        this.price = price;
    }
}
```

Console × Problems @ Jav
<terminated> GetterAndSetterDemo [
BYD White 13.56

图 3-3-1 示例 3-3-1 的运行结果

运行结果如图 3-3-1 所示。

在本示例中创建了一个 Car 类，定义了三个成员变量及对应的 getter 和 setter 接口。其中 getter 和 setter 接口可以手动编写，也可以使用 Eclipse 工具生成。其方法为：在 Car 类的内部右击鼠标，在弹出的悬浮框中单击 Source→Generate Getters and Setters，如图 3-3-2 所示。

单击后弹出如图 3-3-3 所示的窗口来设置 getter 和 setter 方法。点开变量左侧的小三角，可以根据需求勾选某个方法，也可以在右侧中直接选择所有或者某一类方法。

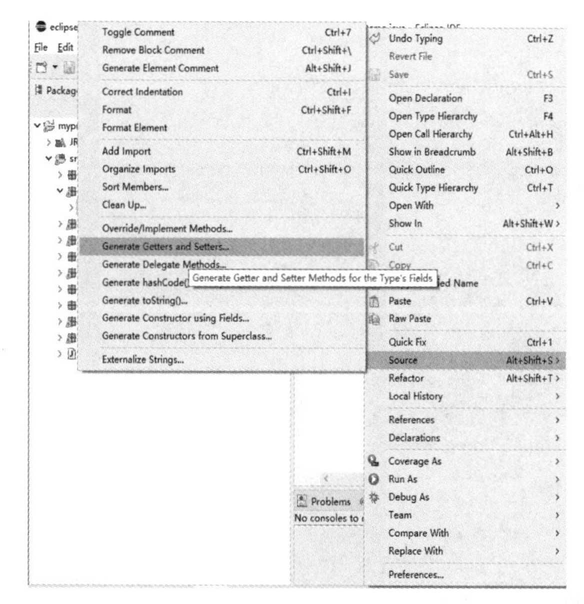

◆ 图 3-3-2 在 Eclipse 中创建 getter 和 setter 方法的菜单项

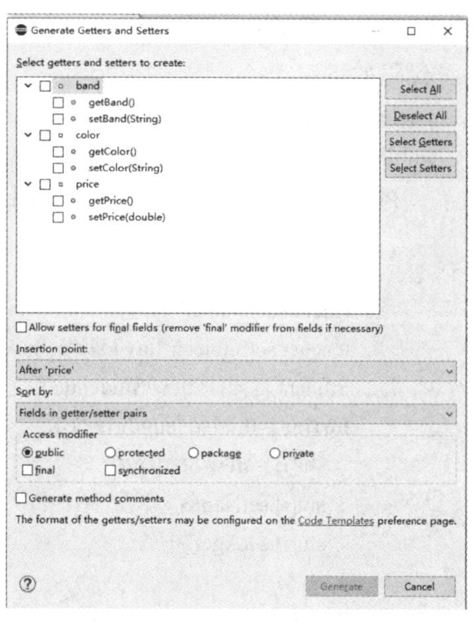

◆ 图 3-3-3 添加 getter 和 setter 方法的对话框

设置好后单击“Generate”按钮，就会在 Car 类中自动生成下面的代码，程序开发人员再根据自己的需求填写代码即可。

```
public String getBand() {
    return band;
}
public void setBand(String band) {
    this.band = band;
}
public String getColor() {
    return color;
}
public void setColor(String color) {
    this.color = color;
}
public double getPrice() {
    return price;
}
public void setPrice(double price) {
    this.price = price;
}
```

观察自动生成的代码可知，在 setter 方法中的局部变量与成员变量是重名的，此时使用了 Java 关键字 this 来指明是本类的成员变量，没有 this 的是方法内的局部变量。使用 this 的语法格式为：

this. 成员变量

初学者可以先使用它，3.5 节将详细介绍 this 关键字。

【例 3-3-2】创建夏令营类。

代码如下：

```
package chapter3.section3.demos;
public class SummerCampDemo {
    public static void main(String[] args) {
        // TODO Auto-generated method stub
        Teacher teacher = new Teacher();
        teacher.setName(" 李老师 ");
        teacher.setSubject("Java 编程 ");
        Student [] stu = new Student[3];
        for(int i=0;i<stu.length;i++) {
            stu[i] = new Student();
            stu[i].setName(" 学员 "+(i+1)+" 号 ");
            stu[i].setAge(20+i);
        }
        SummerCamp summerCamp = new SummerCamp();
        summerCamp.setName("Science Summer Camp");
        summerCamp.setTeacher(teacher);
        summerCamp.setStudent(stu);

        System.out.println(summerCamp.getName());
        System.out.println(teacher.getName() + "\t" + teacher.getSubject());
        for(Student st : summerCamp.getStudent()) {
            System.out.println(st.getName() + "\t" + st.getAge());
        }
    }
}
class Teacher{
    private String name;
    private String subject;
    public String getName() {
        return name;
    }
    public void setName(String name) {
        this.name = name;
    }
    public String getSubject() {
        return subject;
    }
    public void setSubject(String subject) {
        this.subject = subject;
    }
}
```

```
class Student{
    private String name;
    private int age;
    public String getName() {
        return name;
    }
    public void setName(String name) {
        this.name = name;
    }
    public int getAge() {
        return age;
    }
    public void setAge(int age) {
        this.age = age;
    }
}
class SummerCamp{
    private String name;
    private Teacher teacher;
    private Student [] student;
    public String getName() {
        return name;
    }
    public void setName(String name) {
        this.name = name;
    }
    public Teacher getTeacher() {
        return teacher;
    }
    public void setTeacher(Teacher teacher) {
        this.teacher = teacher;
    }
    public Student[] getStudent() {
        return student;
    }
    public void setStudent(Student[] student) {
        this.student = student;
    }
}
```

```
Console × Problems @
<terminated> SummerCampDemo
Science Summer Camp
李老师    Java编程
学员1号   20
学员2号   21
学员3号   22
```

图 3-3-4 示例 3-3-2 的运行结果

运行结果如图 3-3-4 所示。

本示例创建了三个类：Teacher 类、Student 类和 SummerCamp 类。这三个类都有各自的成员变量、setter 方法和 getter 方法。其中在 SummerCamp 类里面包含了 Teacher 类的对象和 Student 类的对象数组作为成员变量。在 main 方法中，首先定义了 Teacher 类的对象，然后通过 for 循环语句实例化了一个 Student 类的对象数组，接着把这两个变量通过 setter 方法赋值给 SummerCamp 类内的成员变量。最后打印 SummerCamp 的信息。

3.4 构造方法

为了能够在实例化对象的同时给对象的属性赋值，在 Java 类中定义了一种特殊的成员方法，即构造方法。构造方法不需要像其他成员方法那样通过对象来调用，而是由 JVM 在实例化对象的时候自动调用。Java 构造方法必须满足以下三个条件：

(1) 方法没有返回类型；

(2) 方法大括号内可以使用 return 关键字来结束方法的执行，但不能使用 return 语句返回一个值；

(3) 方法名与类名相同。

Java 构造方法作为 Java 函数的一种，可以重载，同时也不支持默认形参。它为实例化对象提供了更丰富的方式。在一个 Java 类中至少需要一个构造方法，如果编程人员没有定义，那么 JVM 会默认生成一个 public 修饰的、无参的、没有任何执行代码的构造方法，例如：

```
public Student(){}
```

如果编程人员定义了类的构造方法，不论自定义的构造方法是否有形参，JVM 都不会再默认生成构造方法。通常构造方法使用 public 来修饰，在一些应用场合 (如单例设计模式) 中也会使用其他访问修饰符来修饰自定义的构造方法。

需要说明的是，虽然 Java 语言从 C++ 语言中汲取了构造方法的内容，但 Java 语言摒弃了 C++ 语言中的析构函数。Java 类里面不存在析构函数，而是引入了垃圾回收机制。有了这种机制，程序员不需要过多关心垃圾对象回收的问题，JVM 会自动启动垃圾回收器将垃圾对象从内存中释放。

【例 3-4-1】构造方法重载示例。

代码如下：

```
package chapter3.section4.demos;
public class OverloadConstructorDemo {
    public static void main(String[] args) {
        // TODO Auto-generated method stub
        Book book = new Book();
        book.display();
        book = new Book("Java 基础实践教程 ( 微课版 )");
        book.display();
        book = new Book("Java 基础实践教程 ( 微课版 )",200);
        book.display();
        book = new Book("Java 基础实践教程 ( 微课版 )",50.0);
        book.display();
        book = new Book(200);
```

```
        book.display();
        book = new Book(50.0);
        book.display();
        book = new Book(50.0,200);
        book.display();
        book = new Book("Java 基础实践教程（微课版）",50.0,200);
        book.display();
    }
}
class Book{
    private String name;
    private int pageNum;
    private double price;
    public Book() {
        System.out.println(" 无参构造方法 ");
    }
    public Book(String name) {
        this.name = name;
        System.out.println("name 参数构造方法 ");
    }
    public Book(int pageNum) {
        this.pageNum = pageNum;
        System.out.println("pageNum 构造方法 ");
    }
    public Book(double price) {
        this.price = price;
        System.out.println("price 构造方法 ");
    }
    public Book(String name, int pageNum) {
        this.name = name;
        this.pageNum = pageNum;
        System.out.println("name 和 pageNum 构造方法 ");
    }
    public Book(String name, double price) {
        this.name = name;
        this.price = price;
        System.out.println("name 和 price 构造方法 ");
    }
    public Book(double price, int pageNum) {
        this.price = price;
        this.pageNum = pageNum;
        System.out.println("price 和 pageNum 构造方法 ");
    }
```

```
    public Book(String name, double price, int pageNum) {
        this.name = name;
        this.price = price;
        this.pageNum = pageNum;
        System.out.println("name、price 和 pageNum 构造方法 ");
    }
    public void display() {
        System.out.println(" 书本的信息为：\n" + name +"\t" + pageNum + "\t" + price);
    }
}
```

运行结果如图 3-4-1 所示。

```
Console × Problems @ Javadoc Declaratio
<terminated> OverloadConstructorDemo [Java Applicatio
无参构造函数
书本的信息为:
null    0       0.0
name参数构造函数
书本的信息为:
Java基础实践教程（微课版）      0       0.0
name 和 pageNum构造函数
书本的信息为:
Java基础实践教程（微课版）      200     0.0
name 和 price构造函数
书本的信息为:
Java基础实践教程（微课版）      0       50.0
pageNum构造函数
书本的信息为:
null    200     0.0
price构造函数
书本的信息为:
null    0       50.0
price 和 pageNum构造函数
书本的信息为:
null    200     50.0
name、price 和 pageNum构造函数
书本的信息为:
Java基础实践教程（微课版）      200     50.0
```

◆ 图 3-4-1　示例 3-4-1 的运行结果

在本示例中创建了一个 Book 类，定义了多个重载的构造方法。需要读者注意的是，方法的重载要求方法名相同，形参列表不同，包含形参个数不同、形参类型不同和形参的个数和类型均不相同三种情况。在本示例中如果调换了方法的形参位置 (两个及以上形参个数)，则会形成一个新的重载方法。例如，下面的两个方法是不一样的，编译器认为它们是重载方法。

```
public Book(double price, int pageNum){…}
public Book(int pageNum, double price){…}
```

在 Java 语言中，除了构造方法可以初始化对象之外，还可以使用实例代码块 (instance code block) 对成员变量进行赋值。实例代码块是在一个类中编写一段独立的代码，这段代码使用大括号括起来，它的语法格式为：

```
{
    执行语句
}
```

实例代码块的功能是在每次对象实例化的时候 JVM 自动调用执行的，通常用于成员变量的赋值、打印信息等。它是在构造方法之前被调用的。

【例 3-4-2】实例代码块。

代码如下：

```
package chapter3.section4.demos;
public class InstanceCodeBlockDemo {
    public static void main(String[] args) {
        // TODO Auto-generated method stub
        Register reg1 = new Register(" 阿信 ");
        Register reg2 = new Register(" 阿城 ");
        Register reg3 = new Register(" 阿光 ");
        Register reg4 = new Register(" 阿何 ");
    }
}
class Register{
    private String name;
    private String area;
    /* 实例代码块 */
    {
        area = "A 区 ";
        System.out.println(" 欢迎您前来报到！ ");
    }
    public Register(String name) {
        this.name = name;
        System.out.println(" 请 " + name + " 先生 / 女士坐到 "+ area +" 席位。");
    }
}
```

运行结果如图 3-4-2 所示。

```
Problems  @ Javadoc  Declaration  Console
<terminated> InstanceCodeBlockDemo [Java Application] D:\s
欢迎您前来报到!
请阿信先生/女士做到A区席位。
欢迎您前来报到!
请阿城先生/女士做到A区席位。
欢迎您前来报到!
请阿光先生/女士做到A区席位。
欢迎您前来报到!
请阿何先生/女士做到A区席位。
```

◆ 图 3-4-2　示例 3-4-2 的运行结果

3.5 this 关键字

一个类可以创建多个对象。当一个对象被实例化时，就会在内存空间为其开辟一个存储单元，用以存储该对象的属性值。若一个类有 N 个被实例化的对象，内存空间就会有 N 个存储单元分别独立地存储每个对象的属性值。类的每个成员方法在内存中只存储一份，所有对象都可以去调用类的成员方法，将自己的属性值传递到函数中参与运算。对象和成员方法在内存中的存储结构如图 3-5-1 所示。

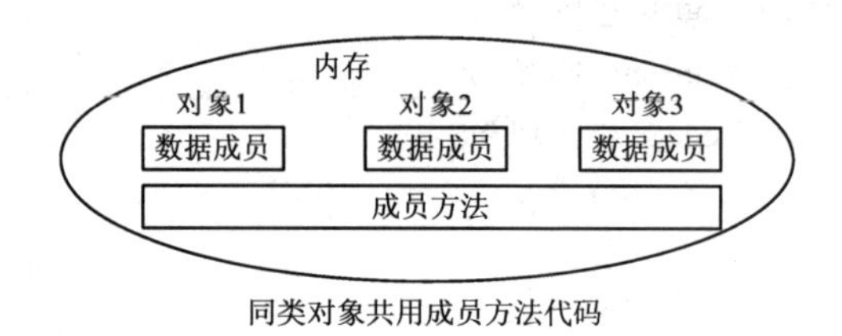

◆ 图 3-5-1　对象和成员方法在内存中的存储结构

那么，成员方法是如何识别不同的对象呢？这里就用到了 this 关键字。在 Java 中，this 关键字主要用于类中，它代表当前类对象的引用。this 关键字主要有以下三种用法：

(1) 使用 this 关键字访问类的成员变量。

【例 3-5-1】定义一个 Point 类。

代码如下：

```
package chapter3.section5.demos;
public class PointDemo {
    public static void main(String[] args) {
        // TODO Auto-generated method stub
        Point p = new Point(3.2,6.8);
        p.showPoint();
    }
}
class Point{
    private double x;
    private double y;
    public Point(double x, double y) {
        this.x = x;                 // x = x; 是错误的
        this.y = y;                 // y = y; 是错误的
    }
    public void showPoint() {
        System.out.println(" 该点的坐标为：(" + this.x + ',' + this.y + ')');
        // System.out.println(" 该点的坐标为：(" + x + ',' + y + ')');
    }
}
```

运行结果如图 3-5-2 所示。

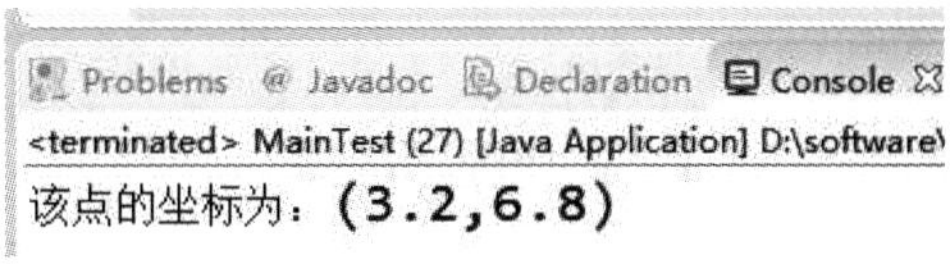

Problems @ Javadoc Declaration Console
<terminated> MainTest (27) [Java Application] D:\software\
该点的坐标为：(3.2,6.8)

◆ 图 3-5-2　示例 3-5-1 的运行结果

在构造方法中，this 表示的是当前正在被实例化的对象，x 和 y 是构造方法中的局部变量，它们刚好与成员变量重名。所谓“近水楼台先得月”，由于在方法内的局部变量优先级比方法外的成员变量的优先级高，因此在方法中直接使用 x 和 y 时，使用到的是局部变量，而非成员变量。为了能够访问到成员变量，使用 this 关键字即可。例如，给 this.x 赋值，就是给正在被实例化的对象的成员变量 x 赋值。

在 showPoint 方法中，同样也可以使用 this 关键字访问成员变量 x 和 y 的值。此时 this 代表的是调用该方法的对象。例如，“p.showPoint();”语句实现了 p 赋值给 this，然后在 showPoint 方法中使用对象 p 的属性值 x。由于 showPoint 方法中没有与成员变量 x、y 重名的局部变量，此时 this 关键字可以省略不写，如代码中注释的语句。

(2) 使用 this 关键字访问类的成员方法。

【例 3-5-2】定义一个数组算法类，计算数组元素的和、均值和最大值。

代码如下：

```
package chapter3.section5.demos;
import java.util.Scanner;
public class ArrayMethodDemo {
    public static void main(String[] args) {
        // TODO Auto-generated method stub
        ArrayMethod arrayMethod = new ArrayMethod(6);
        arrayMethod.show();
    }
}
class ArrayMethod{
    int len;
    private int [] arr;
    public ArrayMethod(int len) {
        this.len = len;
        arr = new int[len];
        Scanner scan = new Scanner(System.in);
        System.out.println(" 请输入 "+len+" 个整数，以空格隔开 ");
        for(int i=0; i<arr.length;i++) {
            arr[i] = scan.nextInt();
        }
        scan.close();
    }
    public int getMax() {
        int max = arr[0];
        for(int x : arr) {
            if(x>max) {
```

```
                max = x;
            }
        }
        return max;
    }
    public int getSum() {
        int sum = 0;
        for(int x : arr) {
            sum +=x;
        }
        return sum;
    }
    public double getAverage() {
        return this.getSum()*1.0/this.len;
    }
    public void show() {
        System.out.println(" 数组的元素为：");
        for(int x : arr) {
            System.out.print(x + "\t");
        }
        System.out.println();
        System.out.println(" 数组的最大值为：" + this.getMax());
        System.out.println(" 数组元素的和为：" + this.getSum());
        System.out.println(" 数组元素的均值为：" + this.getAverage());
    }
}
```

运行结果如图 3-5-3 所示。

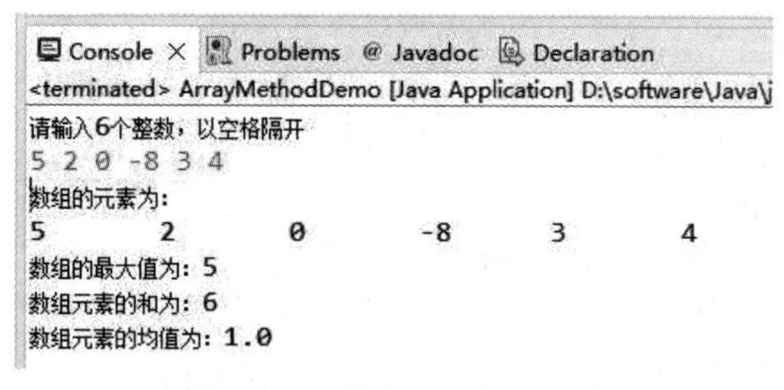

◆ 图 3-5-3　示例 3-5-2 的运行结果

this 关键字作为对象的引用同样可以访问类的成员方法。在使用时 this 关键字也可以省略。

(3) 使用 this 关键字访问类的构造方法。

构造方法通常是由 JVM 自动调用，但程序员可以在构造方法内使用 this 关键字调用其他的构造方法。它的调用格式为：

this(形参列表);

此处调用的是与 this 形参列表完全一致的构造方法。

【例 3-5-3】定义一个二维图形类。

代码如下：

```
package chapter3.section5.demos;
public class TwoDGraphDemo {
    public static void main(String[] args) {
        // TODO Auto-generated method stub
        TwoDGraph graph = new TwoDGraph(" 正方形 ",4,36);
    }
}
class TwoDGraph{
    private String name;
    private int edgeNum;
    private float area;
    public TwoDGraph() {
        System.out.println(" 等待定义一个图形 ...");
    }
    public TwoDGraph(String name) {
        this();
        this.name = name;
        System.out.println(" 图形名字为：" + this.name);
    }
    public TwoDGraph(String name, int edgeNum) {
        this(name);
        this.edgeNum = edgeNum;
        System.out.println(" 图形的边有：" + this.edgeNum + " 条 ");
    }
    public TwoDGraph(String name, int edgeNum, float area) {
        this(name, edgeNum);
        this.area = area;
        System.out.println(" 图形的面积为：" + this.area + " 平方厘米 ");
    }
}
```

运行结果如图 3-5-4 所示。

```
Problems @ Javadoc Declaration Console
<terminated> Demo3 (1) [Java Application] D:\software\Java\jre
等待定义一个图形...
图形名字为：正方形
图形的边有：4条
图形的面积为：36.0平方厘米
```

◆ 图 3-5-4　示例 3-5-3 的运行结果

使用 this 关键字调用类的构造方法时，有以下几个注意事项：

(1) this 关键字调用构造方法只能在类的构造方法中使用，在其他方法中不能使用。

(2) this 关键字调用构造方法的语句只能放在构造方法的首句。

(3) 一个构造方法中最多有一个 this 关键字调用其他构造方法的语句。

(4) 一个构造方法中不能使用 this 关键字调用自己。

(5) 不能在一个类的两个构造方法中使用 this 关键字互相调用。

3.6 static 关键字

在第一个 Java 代码程序中读者就接触到了 static 关键字，它用来修饰主函数，放在访问修饰符之后，方法返回类型之前，表示“静态的”。实际上，static 关键字在 Java 语言中既可以修饰成员方法，也可以修饰成员变量、代码块等。

3.6.1 静态变量

在 Java 语言中，静态变量就是使用 static 修饰的成员变量。在实际开发中，有时候需要一个类的对象共享一个成员变量，以节省内存开销。例如，一个学校的学生可以共享同一个学校名称，在大西洋中的鱼共享同一片海域，人类共享同一个家园等。由于在创建对象时每个对象都会有自己独立的数据存储单元，而共享的成员变量不需要每个对象空间都存储，这时就可以将这个共享的成员变量定义为静态变量。

一个类的静态变量是该类对象所共享的，因此每个对象都可以访问它。同时静态变量在存储结构上不属于某一个对象，而是属于这个类，因此也可以通过类名直接访问静态变量。在实例化对象之前就可以使用类名调用静态变量。建议静态变量使用类名调用，这样可以直观地辨别出它是静态的。静态变量使用类名调用的语法格式为：

```
类名 . 静态变量名;
```

类或者任一对象改变了静态变量的值，那么该值就会即时更新。如果希望静态变量能够在全局范围内被访问到，就将其定义为公有的。

【例 3-6-1】定义一个学生类。

代码如下：

```
package chapter3.section6.demos;
import java.util.Scanner;
public class StudentClassDemo {
    public static void main(String[] args) {
        // TODO Auto-generated method stub
        Student stu1 = new Student(" 小明 ");
        Student stu2 = new Student(" 小燕 ");
        Student stu3 = new Student(" 小青 ");
        stu1.show();
        stu2.show();
        stu3.show();
        stu1.setSchool();
        stu1.show();
        stu2.show();
        stu3.show();
    }
}
```

```
class Student{
    static Scanner scan = new Scanner(System.in);
    static String school;
    private String name;
    public Student(String name) {
        this.name = name;
    }
    public void setSchool() {
        System.out.println(" 请输入您的母校：");
        school = scan.next();
    }
    public void show() {
        System.out.println(name + " 的母校为：" + Student.school);
    }
}
```

运行结果如图 3-6-1 所示。

本示例中为了在 Student 类中方便使用输入功能，将 Scanner 类的对象声明为静态变量并直接赋值。同时定义了静态变量 school。在 main 函数中第一次使用 school 时，因为它还没有被实例化，因此使用了缺省值 null。作为所有对象的共有属性值，school 改变之后，对象的信息也跟着改变了。

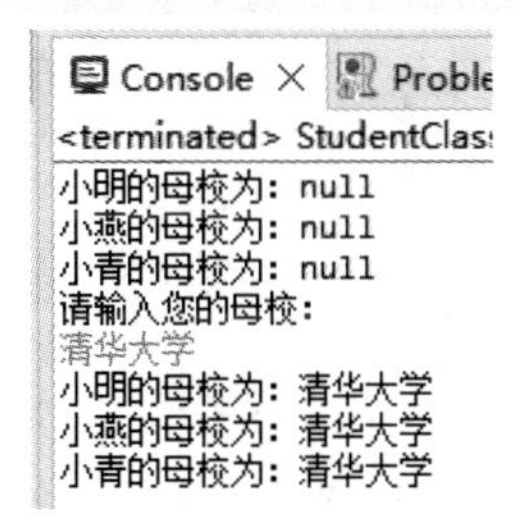

◆ 图 3-6-1　示例 3-6-1 的运行结果

3.6.2　静态代码块

类的成员变量分为静态变量和非静态变量。一般而言，非静态变量是通过构造方法初始化的，每次实例化一个对象，都会调用相应形参的构造方法。而静态变量不需要每次实例化对象的时候都赋值，大多数时候静态变量只需要初始化一次就可以了。因此，静态变量一般不通过构造方法来赋值，而是通过 Java 类中的静态代码块来初始化。静态代码块是在 Java 类中独立存在的一段代码，用大括号括起来，前面加上 static 关键字，其语法格式如下：

```
static{
    执行代码
}
```

静态代码块只会在第一次使用类或者实例化第一个本类对象的时候才会执行，而且仅执行一次。如果静态代码块、构造方法和实例代码块都需要执行，那么执行的顺序依次为：静态代码块、实例代码块和构造方法。需要注意的是，静态代码块是不可以对非静态变量赋值的。

【例 3-6-2】设计一个公司的前台类。

代码如下：

```
package chapter3.section5.demos;
public class ReceptionDemo {
    public static void main(String[] args) {
        // TODO Auto-generated method stub
        Reception rec1 = new Reception("Monday");
        rec1.visit();
        Reception rec2 = new Reception("Friday");
        rec2.setWaiter(" 黄经理 ");
        rec2.visit();
    }
}
class Reception{
    private static String waiter;
    private static String companyName;
    private String weekday;
    static {
        waiter = " 宋经理 ";
        companyName = "BAT";
        System.out.println(companyName + " 公司对外开放啦！ ");
    }
    public Reception(String weekday) {
        this.weekday = weekday;
        System.out.println(" 欢迎来到 " + companyName);
        System.out.println(" 今天是 "+ weekday);
    }
    public void setWaiter(String waiter) {
        System.out.println(" 非常抱歉，今天 " + Reception.waiter + " 请假了。");
        Reception.waiter = waiter;
    }
    public void visit() {
        System.out.println(" 今天由 "+ Reception.waiter + " 来带大家参观。");
    }
}
```

运行结果如图 3-6-2 所示。

```
Problems  @ Javadoc  Declaration  Console
<terminated> ReceptionDemo [Java Application] D:\software\Ja
BAT公司对外开放啦!
欢迎来到BAT
今天是Monday
今天由宋经理来带大家参观。
欢迎来到BAT
今天是Friday
非常抱歉，今天宋经理请假了。
今天由黄经理来带大家参观。
```

◆ 图 3-6-2　示例 3-6-2 的运行结果

3.6.3 静态方法

static 关键字还可以修饰成员方法，此时这个方法就被称为静态方法。同静态变量一样，静态方法也可以在没有创建对象的情况下使用类名调用执行，而非静态方法只能通过实例化的对象调用。这就是为什么 Java 语言的主方法使用 static 修饰，这样它可以在程序启动时不需要实例化对象而直接通过主类名调用。当然，方法同样也可以被对象调用，但建议使用类名调用静态方法，这样也是为了提高代码的可读性。

【例 3-6-3】自定义一个算法工具类，求 n 的阶乘和 0 ～ n 的整数之和。

代码如下：

```
package chapter3.section6.demos;
public class SelfDefineMethodClassDemo {
    public static void main(String[] args) {
        // TODO Auto-generated method stub
        System.out.println("6 的阶乘等于 " + Method.factorial(6));
        System.out.println("0-6 自然数之和等于 " + Method.getSum(6));
    }
}
class Method{
    public static long factorial(int n) {
        long tmp = 1;
        for(int i=1;i<=n;i++) {
            tmp *=i;
        }
        return tmp;
    }
    public static int getSum(int n) {
        int sum=0;
        for(int i=0;i<=n;i++) {
            sum +=i;
        }
        return sum;
    }
}
```

运行结果如图 3-6-3 所示。

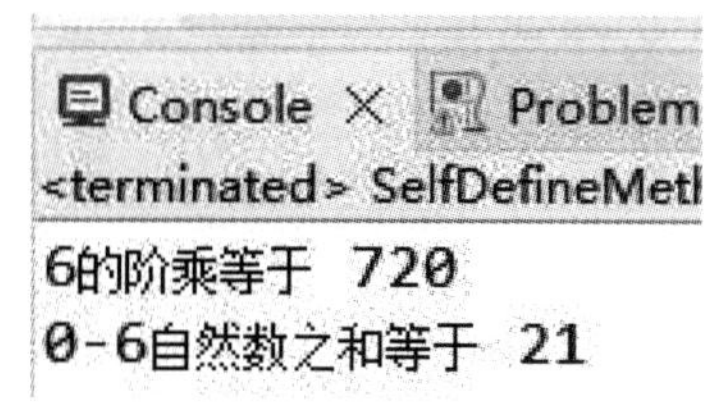

◆ 图 3-6-3　示例 3-6-3 的运行结果

需要注意的是，静态方法可以直接访问静态变量，但不能够直接访问非静态的成员变量。这是由于方法内不可以使用 this 引用，当其内部出现一个成员变量时，编译器不知道这个属性值应该从哪个对象的数据空间中读取。因此，如果需要静态方法操作非静态变量，那么就需要在静态方法的形参列表中传入一个对象，使用对象来调用自己的属性值。

【本章小结】

Java 语言是一门纯面向对象的编程语言，具有抽象、封装、继承和多态四大特性。

面向过程编程思想采用模块分解和功能抽象，把问题的处理过程拆分成一个个的方法和数据，然后按照一定的顺序执行。面向对象的编程思想是把构成问题的事务按照一定的规则划分为多个对象，然后通过调用对象的方法来解决问题。

类是对客观世界一类事物的抽象，包含属性和行为的描述，是对象的模板；对象是类的一个实例，具有自己的属性值。

Java 类提供了四种成员访问修饰符，即 public、protected、default 和 private，控制类成员可以被访问的范围。

Java 类中包含成员方法和成员变量。其中构造方法是成员方法中比较独特的方法，它是用来实例化对象的，由 JVM 自动调用。

Java 类提供了 this 关键字来表示本类对象的引用，可以用来调用类的成员变量、成员方法和构造方法。在调用构造方法时只能在构造方法内部使用。

Java 语言的 static 关键字可以用来修饰成员变量、成员方法和代码块，成为静态变量、静态方法和静态代码块。静态成员可以由对象调用，也可以通过类名直接调用。其中静态变量属于整个类，在内存中只存在一份；静态方法可以直接访问静态成员，但不可以直接访问非静态成员；静态代码块常用来初始化静态变量，在构造方法和实例代码块之前执行，且它只会执行一次。

综合训练

习 题

第4章 继 承

本章资源

客观世界中的事物都是普遍联系的。事物之间的联系可以划分为横向关联和纵向关联。横向关联是指同一历史时期的事物之间的联系。例如，海洋里面的生物都共同生活在一片海域中，它们之间存在着相互竞争或者共赢的关系；人体的主要器官包含心、肺、肾和胃等，这些器官虽然相对独立，但协同工作，缺一不可。纵向关联是指不同历史时期的事物之间的联系。例如，儿女的基因来自父母；现代的科技来自历史文明的发展。事物之间纵横交错的联系使得客观世界纷繁复杂、多姿多彩。在使用面向对象编程语言去描述客观世界时，也是基于这种客观事实。在 Java 编程中，一个类的对象可以作为另外一个类的成员，或者作为其成员方法的形参以及返回值，使得类与类之间形成了横向关联；同时，作为典型的面向对象编程语言，Java 语言支持类之间的继承关系，这让类与类之间形成了纵向关联。Java 类与类之间纵横交错的关联使得编程更加灵活，对客观事物的描述更加合理科学。本章重点介绍 Java 类的继承特性。

4.1 类的继承机制

在现实生活中，继承（inheritance）的关系很常见，如子女继承父辈的基因或财产。一些事物的从属关系也属于继承的范畴。例如，人们对动物类别的划分，脊椎动物继承了动物所有的属性和行为，哺乳动物继承了脊椎动物所有的属性和行为，而猫又继承了哺乳动物的所有属性和行为，如图 4-1-1 所示。

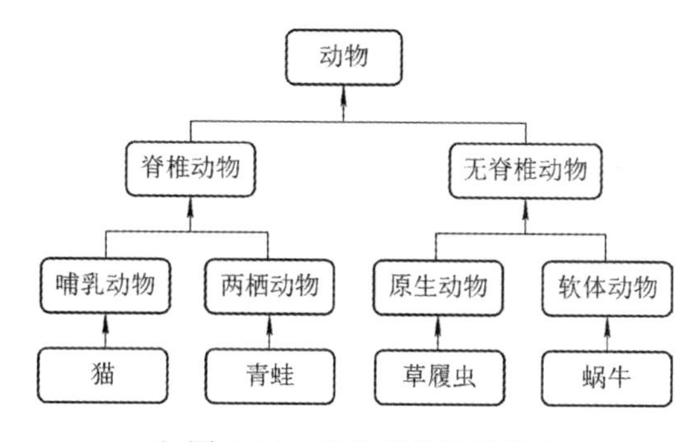

◆ 图 4-1-1 动物界的继承关系

在面向对象的编程中，继承描述的是类与类之间的关系，它是面向对象编程最重要的特性。在 Java 语言中，类的继承是指在一个现有类的基础上去构建一个新的类，构建出来的新类被称作子类(也叫派生类),现有类被称作父类(也叫基类),子类会自动拥有父类所有可继承的属性和方法。在程序中,如果想声明一个类继承另一个类,需要使用 extends 关键字。为了让读者进一步理解 Java 类的继承机制,下面使用 Java 语言来描述猫与哺乳动物之间的继承关系。

哺乳动物的共有属性包括相对恒定的体温、较发达的大脑和皮毛等;哺乳动物的共有行为包括捕食、繁殖和筑巢等。由此可以创建哺乳动物类 Mammal,代码如下:

```
class Mammal{
    private String name;
    private float bodyTemperature;
    int IQ;
    private String fur;
    public void hunt(){
        System.out.println(name + " is hunting...");
    }
    public void breeding() {
        System.out.println(name + " has breed a "+ name);
    }
    public void nest() {
        System.out.println(name + " has built a new house by itself.");
    }
    public String getName() {
        return name;
    }
}
```

猫属于哺乳动物,它具备哺乳动物所有的特性,此外猫还有自己的一些新特性,比如有胡须、走猫步等。如果不使用 Java 语言的继承特性而直接创建猫类,那么就需要在猫类中重复定义一遍哺乳动物所有的成员,代码如下:

```
class Cat{
    String name;
    float bodyTemperature;
    int IQ;
    String fur;
    public void hunt(){
        System.out.println(name + " is hunting...");
    }
    public void breeding() {
        System.out.println(name + " has breed a "+ name);
    }
    public void nest() {
        System.out.println(name + " has built a new house by itself.");
    }
    public String getName() {
```

```
        return name;
    }
// 猫类具有的新特性
    String beard;
    public void catWalk() {
        System.out.println(getName() +  " is walking.");
    }
}
```

这样代码就显得很臃肿，如果给哺乳动物类再添加一个新的特性，那么哺乳动物类和猫类中的代码都需要更改，使得代码编写效率低下，代码不易维护和扩展。如果使用 Java 语言的继承特性，那么只需要使用关键字 extends 声明猫类继承自哺乳动物类就可以了。编译器会认为猫类也具有哺乳动物类中所有的属性和行为，在一些条件下（父类成员的访问权限符为 protected 或 public）猫类对象还可以像使用自己的成员那样调用继承而来的成员变量或者方法。当哺乳动物类需要添加一些新特性时，只需要改动哺乳动物类中的代码即可，不用再更改猫类中的代码。这种编程方式极大地提高了代码编写的效率，缩短了开发周期，降低了开发费用，使得代码的维护和升级变得简单。此时，猫类的 Java 代码如下：

```
class Cat extends Mammal{
    String beard;
    public void catWalk() {
        System.out.println(getName() +  " is walking.");
    }
}
```

猫类继承了哺乳动物类，在 Java 语言中就称猫类为子类（也叫派生类），称哺乳动物类为父类（也叫基类）。在 Java 语言中，类的继承有以下几个特点：

(1) Java 类只支持单继承，不允许多继承。也就是说一个类最多只能有一个父类，这是 Java 类继承与 C++ 类继承最大的区别。例如，下面的代码是非法的。

```
class A{}
class B{}
class C extends A,B{}        //错误，最多有一个父类
```

(2) 一个类可以是多个类的父类。例如：

```
class Mammal{}
class Cat extends Mammal{}
class Dog extends Mammal{}
```

(3) Java 允许多层继承，也就是说一个类既可以是某个类的子类，也可以同时是另一个类的父类。例如：

```
class Vertebrate{}                        //脊椎动物类
class Mammal extends Vertebrate{}         //哺乳动物类继承自脊椎动物类
class Cat extends Mammal{}                //猫继承自哺乳动物类
```

在上面的继承示例中，猫类的 catWalk 方法直接使用了继承自哺乳动物类的成员方法 getName()。然而并不是所有继承而来的成员都能够直接访问。在第 3 章介绍访问权限符

的时候也提过，父类中只有被 protected 和 public 修饰的成员才能够被子类直接使用，或者父类与子类在同一个包内，子类对象也可以直接使用由 default 修饰的父类的成员。

【例 4-1-1】创建猫类的对象并调用成员。

代码如下：

```
package chapter4.section1.demos;
public class CatExtendsMammalDemo {
    public static void main(String[] args) {
        // TODO Auto-generated method stub
        Cat cat = new Cat();
        cat.setName(" 小猫咪 ");
        cat.hunt();
        cat.nest();
        cat.breeding();
        System.out.println(cat.getName());
    }
}
class Mammal{
    private String name;
    private float bodyTemperature;
    int IQ;
    private String fur;
    public void hunt(){
        System.out.println(name +  " is hunting...");
    }
    public void breeding() {
        System.out.println(name +  " has breed a  "+ name);
    }
    public void nest() {
        System.out.println(name +  " has built a new house by itself.");
    }
    public String getName() {
        return name;
    }
    public void setName(String name) {
        this.name = name;
    }
}
class Cat extends Mammal{
    String beard;
    public void catWalk() {
        System.out.println(getName() + " is walking.");
    }
}
```

运行结果如图 4-1-2 所示。

```
Problems @ Javadoc Declaration Console
<terminated> CatExtendsMammalDemo [Java Application] D:\software\Java\
小猫咪 is hunting...
小猫咪 has built a new house by itself.
小猫咪 has breed a 小猫咪
小猫咪
```

◆ 图 4-1-2　示例 4-1-1 的运行结果

【例 4-1-2】多层继承示例。

代码如下：

```
package chapter4.section1.demos;
public class MultiLayerExtendDemo {
    public static void main(String[] args) {
        // TODO Auto-generated method stub
        Aircraft aircraft = new Aircraft();
        Plane plane = new Plane();
        Helicopter helicopter = new Helicopter();
        aircraft.setName( "aircraft");
        plane.setName( "plane");
        helicopter.setName( "helicopter");
        aircraft.fly();
        plane.fly();
        helicopter.fly();
    }
}
class Vehicle{
    private String name;
    public String getName() {
        return name;
    }
    public void setName(String name) {
        this.name = name;
    }
    public void transport() {
        System.out.println(name +  " is on the way...");
    }
}
class Aircraft extends Vehicle{
    public void fly() {
        System.out.println(getName() +  " is flying in the sky");
    }
```

```
}
class Plane extends Aircraft{}
class Helicopter extends Aircraft{}
```

运行结果如图 4-1-3 所示。

```
Problems  @ Javadoc  Declaration  Console
<terminated> MultiLayerExtendDemo [Java Application] D:\softw
aircraft is flying in the sky
plane is flying in the sky
helicopter is flying in the sky
```

◆ 图 4-1-3　示例 4-1-2 的运行结果

4.2　super 关键字

在 Java 类的继承机制中，子类并非继承了父类所有的成员，父类的构造方法是不能够被继承的。若父类的成员变量是私有的，那么在子类构造方法中就不能被访问。当创建子类对象的时候，可以使用子类的构造方法来对本类定义的成员变量进行初始化，却不能对继承而来的成员变量进行赋值。这个问题该如何解决呢？这就需要用到 Java 语言中的 super 关键字了。

Java 语言中的 super 关键字与 this 关键字有异曲同工之妙，它们都属于类对象的引用。区别在于：this 关键字表示的是本类对象的引用，而 super 关键字表示的是父类对象的引用。两者在使用上也十分相似。在父类成员的访问权限允许的条件下，super 关键字主要用于以下三个功能：

(1) 调用父类对象的成员变量。它的语法格式为：

super. 父类成员变量 ;

(2) 调用父类对象的成员方法。它的语法格式为：

super. 父类成员方法 (形参列表);

(3) 调用父类的构造方法。它的语法格式为：

super(形参列表);

使用 super 关键字直接调用父类的构造方法来初始化继承而来的成员变量，这样就解决了刚才的问题。由于 JVM 只有在实例化对象的时候才会自动调用类的构造方法，因此使用 super 调用父类的构造方法时，也必须写在子类的构造方法中，而且必须遵循以下语法要求：

(1) super 关键字调用父类构造方法的代码只能放在子类构造方法中的首句。由于 super 和 this 关键字调用构造方法时都需要放在构造方法的首句，因此一个构造方法中不可以同时使用 super 和 this 关键字来调用各自类的构造方法，也不可以同时有两个 super 关键字调用父类构造方法的代码。

(2) 如果子类和父类中均没有显式的定义构造方法，那么系统会在子类的缺省构造方法里面调用父类的缺省构造方法。例如：

```
class Animal{}
class Dog extends Animal{}
```

等效于：

```
class Animal{
    public Animal{}
}
class Dog extends Animal{
    public Dog{
    super();
    }
}
```

(3) 如果子类中的构造方法没有显式调用父类的构造方法，那么系统将自动为其调用父类无参的构造方法。

【例 4-2-1】Dog 继承 Animal。

代码如下：

```
package chapter4.section2.demos;
public class DogUseAnimalDefaultConstructorDemo {
    public static void main(String[] args) {
        // TODO Auto-generated method stub
        Dog dog1 = new Dog();
        System.out.println();
        Dogdog2 = new Dog( " 蹦蹦跳跳地走 ");
        System.out.println();
    }
}
class Animal{
    private String color;
    public Animal() {
        System.out.println( "Animal 类无参构造方法 ");
    }
    public Animal(String color) {
        this.color = color;
        System.out.println( "Animal 类有参构造方法 ");
    }
}
class Dog extends Animal {
    private String walk;
    public Dog() {
        System.out.println( "Dog 类无参构造方法 ");
    }
    public Dog(String walk) {
        this.walk = walk;
        System.out.println( "Dog 类有个参构造方法 ");
```

```
    }
}
```

运行结果如图 4-2-1 所示。

```
Problems  @ Javadoc  Declaration  Console
<terminated> DogUseAnimalDefaultConstructorDemo (6) [Jav
Animal类无参构造函数
Dog类无参构造函数

Animal类无参构造函数
Dog类有个参构造函数
```

◆ 图 4-2-1　示例 4-2-1 的运行结果

(4) 如果父类中定义了有参的构造方法，且子类构造方法中没有使用 this 调用自己的构造方法，那么在该构造方法中必须直接调用父类有参的构造方法。

【例 4-2-2】儿子继承父亲财产。

代码如下：

```
package chapter4.section2.demos;
public class SonUseFatherNonDefaultConstructorDemo {
    public static void main(String[] args) {
        // TODO Auto-generated method stub
        Son son1 = new Son();
        System.out.println();
        Son son2 = new Son( " 工程师 ");
        System.out.println();
        Son son3 = new Son( " 程序员 "," 房子 ");
        System.out.println();
    }
}
class Father{
    private String treasure;
    public Father(String treasure) {
        this.treasure = treasure;
        System.out.println( " 父亲类有参构造方法 ");
    }
}
class Son extends Father {
    private String work;
    public Son() {
        super( " 房子 ");
        System.out.println( " 儿子类无参构造方法 ");
    }
    public Son(String work) {
        super( " 房子 ");
```

```
        this.work = work;
        System.out.println( " 儿子类一个参构造方法 ");
    }
    public Son(String work, String treasure) {
        super(treasure);
        this.work = work;
        System.out.println( " 儿子类两个参构造方法 ");
    }
}
```

运行结果如图 4-2-2 所示。

◆ 图 4-2-2　示例 4-2-2 的运行结果

在该示例中，如果 Son 类的构造方法中没有显式调用父类有参的构造方法，那么就会报出如图 4-2-3 所示的错误信息。

```
25 class Son extends Father {
26     private String work;
27     public Son() {
28         Sys  Implicit super constructor Father() is undefined. Must explicitly invoke another constructor
29     }
30
31     public Son(String work) {
32         this.work = work;
33         System.out.println("儿子类一个参构造函数");
34     }
35
36     public Son(String work, String treasure) {
37         super(treasure);
38         this.work = work;
39         System.out.println("儿子类两个参构造函数");
40     }
41 }
```

◆ 图 4-2-3　子类构造方法没有调用父类构造方法的错误信息

这是由于父类定义了一个有参构造方法后，编译器不会再自动给父类添加一个无参的构造方法。在子类构造方法中，编译器发现没有使用 this 调用本类的构造方法，同时也没有显式调用父类构造方法，就试图在子类构造方法中调用一个父类无参的构造方法。但在父类内没有发现无参的构造方法，因此提示这种错误。

(5) 子类构造方法中出现了使用 this 关键字调用本类另一个构造方法时，不可以再使用 super 关键字直接调用父类的构造方法，但总能够通过本类其他的构造方法来调用父类的某个构造方法。

【例 4-2-3】子类构造方法间接调用父类构造方法。

代码如下：

```
package chapter4.section2.demos;
public class CupAndContainerDemo {
    public static void main(String[] args) {
        // TODO Auto-generated method stub
        Cup cup1 = new Cup();
        System.out.println();
        Cup cup2 = new Cup(1.2);
        System.out.println();
        Cup cup3 = new Cup( "yellow");
        System.out.println();
        Cup cup4 = new Cup( "white",2.6);
    }
}
class Container{
    private double volume;
    public Container() {
        System.out.println( "Container 无参构造方法 ");
    }
    public Container(double volume) {
        this.volume = volume;
        System.out.println( "Container 有参构造方法 ");
    }
}
class Cup extends Container{
    private String color;
    public Cup() {
        //super();
        System.out.println( "Cup 无参构造方法 ");
    }
    public Cup(String color) {
        this();
        this.color = color;
        System.out.println( "Cup 有一个参数的构造方法，初始化 color");
    }
    public Cup(double volume) {
        super(volume);
        System.out.println( "Cup 有一个参数的构造方法，初始化 volume");
    }
    public Cup(String color,double volume) {
        this(volume);
```

```
        this.color = color;
        System.out.println( "Cup 有两个参数的构造方法 ");
    }
}
```

运行结果如图 4-2-4 所示。

```
Problems @ Javadoc Declaration Console
<terminated> CupAndContainerDemo [Java Application] D:\so
Container无参构造函数
Cup无参构造函数

Container有参构造函数
Cup有一个参数的构造函数，初始化volume

Container无参构造函数
Cup无参构造函数
Cup有一个参数的构造函数，初始化color

Container有参构造函数
Cup有一个参数的构造函数，初始化volume
Cup有两个参数的构造函数
```

◆ 图 4-2-4　示例 4-2-3 的运行结果

由示例 4-2-3 可知，子类的构造方法总会直接或者间接地调用父类中的某个构造方法。由于调用父类构造方法的代码放在子类构造方法的首句，因此总是先执行完父类的构造方法，再执行子类的构造方法。当存在多层继承时也是如此，下面举例说明。

【例 4-2-4】食物、水果和苹果的继承描述。

代码如下：

```
package chapter4.section2.demos;
public class FoodFruitAppleDemo {
    public static void main(String[] args) {
        // TODO Auto-generated method stub
        Apple apple = new Apple( " 口感青涩 "," 黄色 "," 像个小球 ");
    }
}
class Food{
    private String taste;
    public Food(String taste) {
        this.taste = taste;
        System.out.println( "Food 构造方法 ");
    }
}
class Fruit extends Food{
    private String color;
    public Fruit(String taste,String color) {
        super(taste);
        this.color = color;
```

```
            System.out.println( "Fruit 构造方法 ");
        }
    }
    class Apple extends Fruit{
        private String shape;
        public Apple(String taste, String color, String shape) {
            super(taste,color);
            this.shape = shape;
            System.out.println( "Apple 构造方法 ");
        }
    }
```

运行结果如图 4-2-5 所示。

```
Problems | @ Javadoc
<terminated> FoodFruitApp
Food构造函数
Fruit构造函数
Apple构造函数
```

◆ 图 4-2-5　示例 4-2-4 的运行结果

4.3　方法重写

大多哺乳动物都可以发出声音，哺乳动物类中可以定义一个发声的方法，例如：

```
class Mammal{
    public void speek(){System.out.println( " 发出声音 ");}
}
```

猫类继承了哺乳动物类，它发出的声音是“喵～喵～”；狗类同样也继承了哺乳动物类，它发出的声音是“汪～汪～”。猫类和狗类继承了哺乳动物类的发声方法 speek，但该方法不能准确描述猫类和狗类发声的动作。这时希望能够在猫类和狗类中重新定义发声方法的代码，以替换继承而来的方法。虽然直接在猫类和狗类中定义一个不同方法名的发声方法可以解决这个问题，但代码的一致性就会遭到破坏，此外也会影响多态的使用（这将在第 5 章介绍）。

在 Java 语言中提供了重写父类方法的机制，通常称为方法覆盖（method override）或方法复写。例如，刚才提到的需求，可以在猫类和狗类中直接重新定义一个 speek 方法，该方法与父类继承而来的 speek 方法具有相同的方法名、参数列表和返回值类型（访问修饰符可以不同）。此时在子类对象调用 speek 方法时，JVM 运行的是子类中自定义的 speek 方法。如果还需要调用从父类继承而来的 speek 方法时，使用 super 关键字在子类方法内调用即可。这里需要注意的是，子类重写父类方法，则不可以使用比该父类方法更严格的访问修饰符，如下面的示例代码：

```
class Mammal{
    private void speek(){}
    void sleep(){}
    protected void eat(){}
    public void move(){}
}
class Cat extends Mammal{
    private void speek(){}        // 使用 private、default、protected 和 public 都可以
    void sleep(){}                // 只能使用 default、protected 和 public
    protected void eat(){}        // 只能使用 protected 和 public
    public void move(){}          // 只能使用 public
}
```

下面几个示例演示了 Java 语言的方法重写。

【例 4-3-1】猫类和狗类中的方法重写。

代码如下：

```
package chapter4.section3.demos;
public class CatAndDogOverrideDemo {
    public static void main(String[] args) {
        // TODO Auto-generated method stub
        Cat cat = new Cat( " 小白猫 ");
        Dog dog = new Dog( " 小黄狗 ");
        cat.speak();
        dog.speak();
    }
}
class Mammal{
    private String name;
    public Mammal(String name) {
        this.name = name;
    }
    public void speak() {
        System.out.println( "Mammal is speaking");
    }
    public String getName() {
        return name;
    }
}
class Cat extends Mammal{
    public Cat(String name) {
        super(name);
    }
    public void speak() {
        System.out.println(getName() + " 喵喵 ~~");
```

```
    }
}
class Dog extends Mammal{
    public Dog(String name) {
        super(name);
    }
    public void speak() {
        System.out.println(getName() + " 汪汪 ~~");
    }
}
```

运行结果如图 4-3-1 所示。

```
<terminated> CatAnc
小白猫喵喵~~
小黄狗汪汪~~
```

◆ 图 4-3-1　示例 4-3-1 的运行结果

需要注意的是，由于父类的构造方法不能被继承，因此父类的构造方法都不可以重写，只能使用 super 关键字调用。

【例 4-3-2】多层继承中的方法重写。

代码如下：

```
package chapter4.section3.demos;
public class MethodOverrideInMultilayerInheritDemo {
    public static void main(String[] args) {
        // TODO Auto-generated method stub
        Commodity commodity = new Commodity();
        Electronics electronics = new Electronics();
        SmartPhone smartphone = new SmartPhone();
        System.out.println( " 下面是 Commodity 的调用信息 ");
        commodity.use();
        System.out.println( " 下面是 Electronics 的调用信息 ");
        electronics.useFromCommodity();
        electronics.use();
        System.out.println( " 下面是 SmartPhone 的调用信息 ");
        smartphone.useFromCommodity();
        smartphone.useFromElectronics();
        smartphone.use();
    }
}
class Commodity{            // 商品
    public void use() {
        System.out.println( " 商品的用途 ");
```

```
        }
    }
    class Electronics extends Commodity{
        // 调用父类的 use 方法
        public void useFromCommodity() {
            super.use();
        }
        // 重写父类的 use 方法
        public void use() {
            System.out.println( " 数码产品的应用非常广 ");
        }
    }
    class SmartPhone extends Electronics{
        // 调用父类的 use 方法
        public void useFromElectronics() {
            super.use();
        }
        public void use() {
            System.out.println( " 手机的主要功能是打电话、上网和拍照 ");
        }
    }
```

运行结果如图 4-3-2 所示。

◆ 图 4-3-2 示例 4-3-2 的运行结果

该示例描述了一个多层继承关系，顶层父类是 Commodity 类，它的子类是 Electronics，最底层的子类是 SmartPhone。其中 Electronics 类和 SmartPhone 类均重写了 Commodity 类中的 use 方法。在使用 SmartPhone 类对象调用 use 方法时，执行的是 SmartPhone 类内定义的 use 方法代码。在 SmartPhone 类内使用 super 关键字调用 use 方法时，使用的是它的直接父类 Electronics 中定义的代码逻辑，而非顶层父类 Commodity 中的代码逻辑。由此可知，在多层继承关系中，一个方法被所有子类重写，那么在子类中只保留了两个方法逻辑，一个是自定义的代码逻辑，一个是直接父类继承而来的代码逻辑。在这种情况下不能实现跨层保留方法逻辑。如果需要保留，可以参考本例中给出的设计技巧。

在实际应用中，一个类的成员变量可以是其他类的对象，使得编程更加灵活。有时在子类中会把父类的对象定义为成员变量来使用，下面通过一个示例来说明。

【例 4-3-3】点类和直线类。

代码如下：

```
package chapter4.section3.demos;
public class PointAndLineDemo {
    public static void main(String[] args) {
        // TODO Auto-generated method stub
        Point p1 = new Point(0,0);
        Point p2 = new Point(3.2,8.6);
        Line line = new Line(p1,p2);
        line.showLine();
        System.out.println( "\n 线段的长度为："+line.getLength());
    }
}
class Point{
    private double x;
    private double y;
    public Point() {
        // 由于子类不会调用 Point 类有参的构造方法，因此提供一个 Point 类无参的构造方法
        System.out.println( "Point 类的无参构造方法被调用啦 ");
    }
    public Point(double x,double y) {
        this.x = x;
        this.y = y;
        System.out.println( "Point 类的有参构造方法被调用啦 ");
    }
    public double getX() {
        return x;
    }
    public double getY() {
        return y;
    }
    public void showPoint() {
        System.out.println( "( "+x+","+y+")");
    }
}
class Line extends Point{
    private Point p1;
    private Point p2;
    public Line(Point p1, Point p2) {
        //super();
        // 第一种写法，浅复制
        this.p1 = p1;
```

```
        this.p2 = p2;
        // 第二种写法，深复制
        //this.p1 = new Point(p1.getX(),p1.getY());
        //this.p2 = new Point(p2.getX(),p2.getY());
        System.out.println( "Line 类的参构造方法被调用啦 ");
    }
    public double getLength() {
        double dx = p1.getX() - p2.getX();
        double dy = p2.getX() - p2.getY();
        // 使用 Math 数学库中的 sqrt 方法对一个 double 类型的数值进行开方
        return Math.sqrt(dx*dx + dy*dy);
    }
    public void showLine() {
        System.out.print( " 线段的起点：");
        p1.showPoint();
        System.out.print( "\n 线段的终点：");
        p2.showPoint();
    }
}
```

运行结果如图 4-3-3 所示。

◆ 图 4-3-3　示例 4-3-3 的运行结果

在该示例中创建了一个 Point 类和它的子类 Line。在 Line 类中定义了两个 Point 类的对象，并给出了计算线段长度和显示线段信息的方法。由于 Line 类中的构造方法不需要调用父类有参的构造方法，因此在父类中定义了一个无参的构造方法，以满足 Java 语法的要求。在 Line 类构造方法中，对成员变量的初始化可以有两种形式。一种是直接将局部变量赋值给成员变量，代码如下：

```
// 第一种写法
this.p1 = p1;
this.p2 = p2;
```

它的运行结果如图 4-3-3 所示。另一种是通过实例化 Point 类的对象方式实现的，代码如下：

```
//第二种写法
this.p1 = new Point(p1.getX(),p1.getY());
this.p2 = new Point(p2.getX(),p2.getY());
```

使用第二种写法的程序运行结果如图 4-3-4 所示。

```
Problems @ Javadoc Declaration Console
<terminated> PointAndLineDemo [Java Application] D:\softwa
Point类的有参构造函数被调用啦
Point类的有参构造函数被调用啦
Point类的无参构造函数被调用啦
Point类的有参构造函数被调用啦
Point类的有参构造函数被调用啦
Line类的参构造函数被调用啦
线段的起点：(0.0,0.0)

线段的终点：(3.2,8.6)

线段的长度为：6.276941930590086
```

◆ 图 4-3-4　示例 4-3-3 的深复制运行结果

对比可知，通过实例化的形式给成员变量赋值调用了 Point 类的构造方法，而直接通过对象赋值的形式没有调用 Point 类的构造方法。其实，在 Java 语言中将第一种实现方式叫作对象的浅复制，将第二种实现方式叫作对象的深复制。浅复制使得两个对象共用一个数据空间，而深复制是两个对象有各自独立的数据空间，数据空间中的属性值完全相同。浅复制后，任意改变其中一个对象的值，另一个对象的值也随之改变；深复制后两个对象的值完全独立没有关联。由此可知，深复制的代码安全性会更高，建议采用深复制的形式。

4.4　final 关键字

在第 2 章讲到 Java 语言中的常量分为字面常量和字符常量。其中字面常量就是常数，它是具体的一个数字、字符或者字符串；而字符常量是一个标识符，它代表了一个数值，同时不能够被改变。其实字符常量本质就是值不能被修改的变量，使用 final 关键字来修饰，因此也叫作 final 变量，或称自定义常量。在 Java 语言中的 final 关键字表示“最终的”“不可改变”的意思，它既可以用来修饰基本数据类型变量，也可以用来修饰引用数据类型变量。此外，final 关键字还可以用来修饰成员方法和类。

4.4.1　final 关键字修饰变量

变量根据它的作用域可分为局部变量和类的成员变量。局部变量通常是一个方法内临时定义的变量或方法的形参。例如，main 方法中定义的变量均是局部变量，一个类的成员方法中定义的变量也是局部变量。final 在修饰局部变量和类的成员变量时有些区别。

1. final 关键字修饰局部变量

当 final 关键字修饰局部变量时，该变量在定义时可以不被初始化，但是使用之前，必须完成初始化且只能初始化一次，后续在使用的时候不可以再修改它的值。例如，例 4-4-1 演示了 final 修饰基本数据类型的局部变量；例 4-4-2 演示了 final 修饰引用数据类型的局部变量。

【例 4-4-1】final 修饰基本数据类型的局部变量。

代码如下：

```
package chapter4.section4.demos;
public class FinalLocalVariableDemo1 {
    public static void main(String[] args) {
        // TODO Auto-generated method stub
        // 声明和初始化分开
        final int num;
        num = 6;
        // 声明和初始化一体
        final char ch = 'c';
        // num = 7;            // 错误，不可以再更改 num 的值
    }
}
```

当 num 被初始化之后再更改 num 的值，此时编译不通过，会提示错误信息，如图 4-4-1 所示。

```
The final local variable num may already have been assigned
1 quick fix available:
  Remove 'final' modifier of 'num'
```

◆ 图 4-4-1　final 修饰的局部变量的值不可再更改

【例 4-4-2】final 修饰引用数据类型的局部变量。

```
package chapter4.section4.demos;
public class FinalLocalValueDemo2 {
    public static void main(String[] args) {
        // TODO Auto-generated method stub
        /* 下面声明的是没有 final 修饰的对象 */
        Student stu1;
        stu1 = null;
        stu1 = new Student();          // 实例化一个内存空间，地址赋值给 stu1
        stu1 = new Student();          // 实例化另一个内存空间，地址赋值给 stu2
        /* 下面声明的是有 final 修饰的对象 */
        // stu2 声明和初始化分开
        final Student stu2;
        stu2 = null;
```

```
            // stu3 声明和初始化一体
            final Student stu3 = new Student();
            stu3.name = " 小黄 ";
            stu3.name = " 小白 ";
            // 下面是错误的示例
            stu2 = new Student();
            stu2 = null;
            stu3 = new Student();
            // 声明和初始化一体
            final char ch = 'c';
            //num = 7;        // 错误，不可以再更改 num 的值
        }
    }
    class Student{
        String name;
    }
```

首先对比没有 final 关键字修饰的 stu1 和 stu2 可知，final 修饰的对象一旦被初始化，它的值不可以再改变。由于类类型的变量存储的是一个内存地址，因此只需要保证对象不会被第二次赋值就可以了。通过观察 stu3 对象可知，final 对象的属性值是可以改变的，因为它没有改变对象存储的内存地址，而是改变了内存地址所在单元的存储值。

2. final 关键字修饰成员变量

final 关键字在修饰成员变量时，它要在所在类对象创建之前完成初始化，且只能被初始化一次。它的初始化方法有以下三种：

(1) 直接赋值，例如：

```
class PressStaff{
    final String PRESS = " 西安电子科技大学出版社 ";
}
```

(2) 在构造方法中将其初始化，例如：

```
class PressStaff {
    final String PRESS;
    public Editor(String press) {
        this.PRESS = press;
    }
}
```

(3) 在构造代码块中将其初始化，例如：

```
class PressStaff {
    final String PRESS;
    {
        PRESS = " 西安电子科技大学出版社 ";
    }
}
```

不论通过哪种方式初始化 final 成员变量，在使用中都不可以再修改它的值。通常，被 final 修饰的成员变量是所有对象共有的，也就是静态成员变量，它的定义方式为：

访问修饰符 static final 常量名 ;

这种成员变量如果被 public 修饰符修饰，那么它就是全局可见的静态常量，例如：

```
public static final String PRESS= " 西安电子科技大学出版社 ";
public static final double PI = 3.1415926;
```

全局静态常量可以直接使用类名访问，不可修改，在 Java 程序中经常用到。它可以在创建的时候直接初始化，也可以通过静态代码块对其进行初始化，代码如下：

```
/** 静态成员常量 **/
/* 第一种初始化方式 */
public static final String COUNTRY;
static {
    COUNTRY = "CHINA";
}
/* 第二种初始化方式 */
//public static final String COUNTRY = "CHINIA";
```

4.4.2 final 关键字修饰方法

当 final 关键字用来修饰方法时，该方法不允许在派生类中进一步被重写。例 4-4-3 是一个非法的示例。

【例 4-4-3】final 方法不允许被重写。

代码如下：

```
package chapter4.section4.demos;
public class FinalMethodDemo {
    public static void main(String[] args) {
        // TODO Auto-generated method stub
    }
}
class Computer{
    final void start() {
        System.out.println( " 启动开机项，请等待 ...");
    }
}
class Laptop extends Computer{
    //void start() {}      // 错误，start 不可被重写
}
```

此时编译不通过，报出如图 4-4-2 所示的错误。

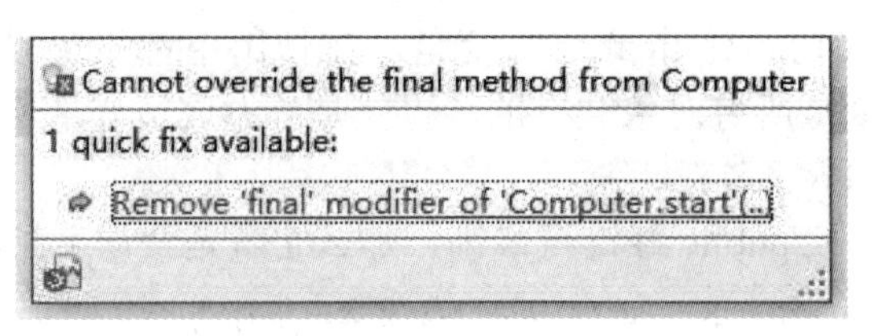

◆ 图 4-4-2　示例 4-4-3 的运行结果

4.4.3　final 关键字修饰类

当 final 关键字修饰一个类时，则该类会成为最终类，即该类不能被继承，但是该类可以有父类。例如，下面的示例是非法的：

```
final class FinalClass{}
class Usr extends FinalClass{}        //错误，不可继承 final 类
```

final 类在官方定义的类库中出现得比较多，如 String 类、Integer 类等。

4.5　抽象类和接口

4.5.1　抽象类

在 Java 编程中，父类的方法经常被子类重写，以实现更加具体化的功能。有时候不需要创建父类的对象，只是使用子类的对象编写程序，那么在父类中被重写的方法只需要给出方法的声明即可，方法的主体没有存在的价值。在 Java 语言中，这种只有声明、没有主体的方法被称为抽象方法（abstract method）。例如：

```
public abstract void work();
```

需要注意的是，类的构造方法不可以被声明为抽象方法。当一个类中包含了抽象方法时，那么这个类就是抽象类（abstract class），在类声明的时候，关键字 class 之前必须用 abstract 修饰。例如：

```
abstract class Farmer{
    public abstract void work();
}
public abstract class Teacher{
    public abstract void teach();
}
```

抽象类具有以下几个特点：

(1) 抽象类中可以没有抽象方法，但有抽象方法的类必须声明为抽象类；

(2) 抽象类中可以定义成员变量、成员方法和构造方法；

(3) 可以声明抽象类的对象，该对象可以被赋值为 null，但该对象不可以被实例化；

(4) 抽象类可以继承一个类，抽象类的父类可以是抽象类也可以是非抽象类。

通常，抽象类主要用作父类使用，子类通过 extends 关键字继承抽象类。抽象类的子类必须实现父类中的抽象方法，除非该子类也是一个抽象类。

【例 4-5-1】水的抽象类。

代码如下：

```
package chapter4.section5.demos;
public class WaterDemo {
    public static void main(String[] args) {
        // TODO Auto-generated method stub
        PureWater pureWater = new PureWater(120f,0.99f);
        pureWater.pure();
    }
}
abstract class Water{
    private float weight;
    public abstract void pure() ;
    public Water(float weight) {
        this.weight = weight;
        System.out.println( " 水的重量输入完毕 ...");
    }
    public float getWeight() {
        return weight;
    }
}
class PureWater extends Water{
    private float purity;
    public PureWater(float weight, float purity) {
        super(weight);
        this.purity = purity;
        System.out.println( " 水的纯度输入完毕 ...");
    }
    @Override
    public void pure() {
        // TODO Auto-generated method stub
        System.out.println( " 对 " + super.getWeight() + " 公斤的水进行了提纯，当前水的纯度为 "
+ this.purity);
    }
}
```

运行结果如图 4-5-1 所示。

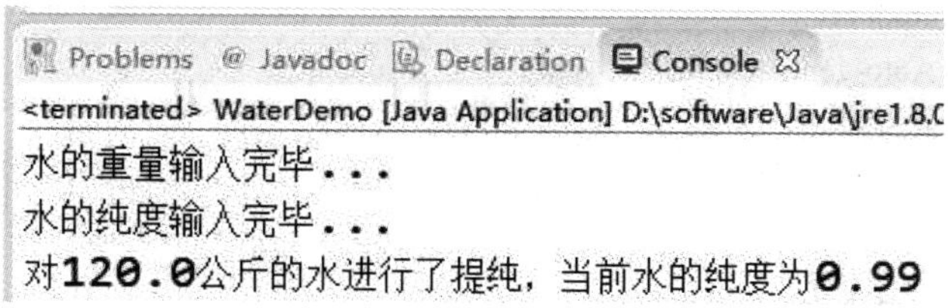

```
Problems @ Javadoc Declaration Console
<terminated> WaterDemo [Java Application] D:\software\Java\jre1.8.0
水的重量输入完毕...
水的纯度输入完毕...
对120.0公斤的水进行了提纯，当前水的纯度为0.99
```

◆ 图 4-5-1　示例 4-5-1 的运行结果

【例 4-5-2】抽象类的继承。

代码如下：

```
package chapter4.section5.demos;
import java.util.Scanner;
public class AbstractClassInheritDemo {
    public static void main(String[] args) {
        // TODO Auto-generated method stub
        Scanner scan = new Scanner(System.in);
        int a;
        int b;
        int c;
        FindMaxValue findMaxValue = new FindMaxValue();
        findMaxValue.introduce();
        System.out.println( " 请输入三个整数，以空格或者回车间隔开：");
        a = scan.nextInt();
        b = scan.nextInt();
        c = scan.nextInt();
        System.out.println( " 最大值为：\t" + findMaxValue.findMax(a, b, c));
        scan.close();
    }
}
abstract class Method{
    public abstract void introduce();
}
abstract class FindMax extends Method{
    public abstract int findMax(int a, int b, int c);
}
class FindMaxValue extends FindMax{
    @Override
    public int findMax(int a, int b, int c) {
        // TODO Auto-generated method stub
        int tmp = a>b ? a:b;
        tmp = tmp>c ? tmp:c;
        return tmp;
    }
    @Override
    public void introduce() {
        // TODO Auto-generated method stub
        System.out.println( " 这是一个找最大值的算法 ");
    }
}
```

运行结果如图 4-5-2 所示。

```
Problems  @ Javadoc  Declaration  Console
<terminated> AbstractClassInheritDemo [Java Application]
这是一个找最大值的算法
请输入三个整数，以空格或者回车间隔开：
8 12 6
最大值为： 12
```

◆ 图 4-5-2 示例 4-5-2 的运行结果

在 FindMaxValue 类中实现抽象方法时，可以手动编码，也可以使用 Eclipse 快捷方式。具体操作为：首先定义好 FindMaxValue 类，此时软件会在 FindMaxValue 类名上提示一个错误；将鼠标移动到类名上停留一两秒，则会显示错误的详细信息和推荐的解决方案。其中第一个解决方案就是“Add unimplemented methods”，如图 4-5-3 所示。

```
11
12 abstract class Method{
13     public abstract void introduce();
14 }
15
16 abstract class FindMax extends Method{
17     public abstract int findMax(int a, int b, int c);
18 }
19
20 class FindMaxValue extends FindMax{
21
22 }
```

```
The type FindMaxValue must implement the inherited abstract method FindMax.findMax(int, int, int)
2 quick fixes available:
  Add unimplemented methods
  Make type 'FindMaxValue' abstract
```

◆ 图 4-5-3 Eclipse 软件提示实现抽象父类的抽象方法

单击“Add unimplemented methods”按钮，则 Eclipse 软件会在 FindMaxValue 类中自动生成以下代码：

```
@Override
public int findMax(int a, int b, int c) {
    // TODO Auto-generated method stub
    return 0;
}
@Override
public void introduce() {
    // TODO Auto-generated method stub
}
```

编程人员在方法中编写自己的代码即可。

4.5.2 接口

相比 C++ 语言而言，Java 类是单继承的，这种特性极大简化了语法规则和编程。然而现实生活中类之间的关系往往都是多继承的。例如，儿女的基因来自父亲和母亲两个个体；一个人在社会中扮演的角色是多重的，在单位是一个员工，在家里是儿女或者父母，在超市是一位消费者，等等。这种多继承的关系在 Java 语言中该如何描述呢？为了解决这个问题，Java 语言引入了接口（interface）的概念。Java 接口是一种抽象类型，是抽象方法和静态常量的集合。Java 接口除了抽象方法和静态常量之外不可以再定义其他类型的成员。例如，非静态成员变量、非抽象方法、代码块和内部类等都不允许在 Java 接口中定义。此外，Java 接口可以声明一个对象，但不可以对其直接进行实例化，即使该接口中没有定义抽象方法。一个类只能继承一个父类，但可以同时实现多个接口。接口使用 Java 关键字 interface 来声明，其语法格式为：

```
[public/default] interface 接口名 [extends 接口 1，接口 2...]{
    [public] [static] [final] 数据类型 常量名 = 常量值;
    [public] [abstract] 返回类型 方法名（参数列表）;
}
```

其中，中括号内的修饰符都可以省略，编译器会默认加上。例如：

```
interface Method{
    double PI = 3.1415926d;
    void sort(int [] a);
}
/* 下面的这段代码与上面的代码等效 */
interface Method{
    public static final double PI = 3.1415926d;
    public abstract void sort(int [] a);
}
```

接口里面可以只有静态常量或者抽象方法，也可以是空的。接口与类之间存在很多相似之处，主要有以下几点：

(1) 接口文件和类文件均保存在“.java”为扩展名的文件中；

(2) 接口和类的编译文件（字节码文件）均保存在后缀名为“.class”的文件中；

(3) 接口和类的编译文件同样也必须放在与包名相匹配的目录结构中；

(4) 接口和抽象类中均可定义抽象方法及静态常量。

虽然接口与类有相类似的地方，但是它们属于不同的概念。类描述对象的属性和方法，接口则规定其实现类要实现的抽象方法及使用的静态常量。表 4-5-1 描述了接口与抽象类之间的主要区别。

表 4-5-1　Java 接口与抽象类的主要区别

<table>
<tr><th>比较项目</th><th>抽　象　类</th><th>接　口</th></tr>
<tr><td>定义关键字</td><td>abstract class</td><td>interface</td></tr>
<tr><td>组成</td><td>常量、变量、抽象方法、普通方法、构造方法</td><td>全局常量、抽象方法</td></tr>
<tr><td>权限</td><td>可以使用各种权限</td><td>只能是public</td></tr>
<tr><td>关系</td><td>一个抽象类可以实现多个接口</td><td>接口不能够继承抽象类，却可以继承多接口</td></tr>
<tr><td rowspan="2">使用</td><td>子类使用extends继承抽象类</td><td>子类使用implements实现接口</td></tr>
<tr><td colspan="2">抽象类和接口的对象都是利用对象多态性的向上转型，进行接口或抽象类的实例化操作</td></tr>
<tr><td>设计模式</td><td>模板设计模式</td><td>工厂设计模式、代理设计模式</td></tr>
<tr><td>局限</td><td>一个子类只能够继承一个抽象类</td><td>一个子类可以实现多个接口</td></tr>
</table>

表 4-5-1 中提及的设计模式（design pattern）是软件开发人员从长期实践中总结出来的一种编程策略。目前主流的设计模式有 23 种，大致可以分为三大类，即创建型模式（5 种）、结构型模式（7 种）和行为型模式（11 种），分别用以解决不同场景中的问题。抽象类通常用于模板设计模式，而接口通常用于工厂设计模式和代理设计模式。

接口不能实例化，它主要用来被类实现，使用 implements 关键字。一个类可以同时实现多个接口，其语法格式为：

```
[<修饰符>] class <类名> [extends <父类名>] [implements <接口 1>，<接口 2>,…]{
    类的成员
}
```

【例 4-5-3】类实现单个接口。

代码如下：

```java
package chapter4.section5.demos;
public class SingleInterfaceImplementsDemo {
    public static void main(String[] args) {
        // TODO Auto-generated method stub
        BYD e5 = new BYD( "e5 450 新能源 ");
        e5.startCharge();
        System.out.println( " 经过漫长的 9 个小时 ....");
        e5.endCharge();
    }
}
interface ECharge {
    public abstract void startCharge();
    public abstract void endCharge();
}
class BYD implements ECharge{
    private String name;
    public BYD(String name) {
        this.name = name;
    }
    @Override
    public void startCharge() {
        // TODO Auto-generated method stub
        System.out.println(name+" 开始充电啦 ");
    }
    @Override
    public void endCharge() {
        // TODO Auto-generated method stub
        System.out.println(name+" 结束充电啦 ");
    }
}
```

运行结果如图 4-5-4 所示。

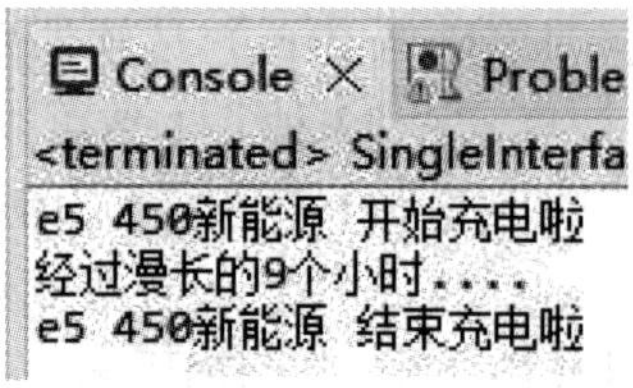

Console ✕ Proble
<terminated> SingleInterfa
e5 450新能源 开始充电啦
经过漫长的9个小时....
e5 450新能源 结束充电啦

◆ 图 4-5-4　示例 4-5-3 的运行结果

【例 4-5-4】类实现多个接口。

代码如下：

```
package chapter4.section5.demos;
public class MultiInterfaceImplementdsDemo {
    public static void main(String[] args) {
        // TODO Auto-generated method stub
        SmartPhone smartPhone = new SmartPhone();
        smartPhone.call();
        smartPhone.internet();
        smartPhone.play();
    }
}
interface Internet{
    String INTERNET_TYPE = "WiFi";
    void internet();
}
interface Game{
    String GAME_TYPE = "网游";
    void play();
}
interface Call{
    void call();
}
class SmartPhone implements Internet, Game, Call{
    @Override
    public void call() {
        // TODO Auto-generated method stub
        System.out.println("常给家里打电话。");
    }
    @Override
    public void play() {
        // TODO Auto-generated method stub
        System.out.println("手机可以玩" + GAME_TYPE + "，但一定要适度。");
    }
    @Override
    public void internet() {
```

```
        // TODO Auto-generated method stub
        System.out.println( " 手机可以连接 " + INTERNET_TYPE + " 进行上网。");
    }
}
```

运行结果如图 4-5-5 所示。

```
Console × Problems
<terminated> MultiInterfaceImp
常给家里打电话。
手机可以连接WiFi进行上网。
手机可以玩网游，但一定要适度。
```

◆ 图 4-5-5　示例 4-5-4 的运行结果

一个接口能继承另一个接口，和类之间的继承方式比较相似。接口的继承使用 extends 关键字，子接口继承父接口的方法。一个接口可以继承一个或多个接口。

【例 4-5-5】接口的继承。

代码如下：

```
package chapter4.section5.demos;
public class InterfaceExtendDemo {
    public static void main(String[] args) {
        // TODO Auto-generated method stub
        Person person = new Person( " 小明 ");
        String personLife = person.think()
                +person.action()
                +person.getMate()
                +person.gains();
        System.out.println(personLife);
    }
}
interface Idea{
    public static final String IDEA = " 不负韶华 ";
    public abstract String think();
}
interface Action extends Idea{
    public static final String ACTION = " 好好学习 , 天天向上 ";
    public abstract String action();
}
interface Mate{
    public static final String MATE_NAME = " 我的另一半 ";
    public abstract String getMate();
}
interface Gains extends Action, Mate{
    public static final String GAINS = " 身体健康，家庭幸福，事业有成 ";
    public abstract String gains();
```

```
}
class Person implements Gains{
    private String name;
    public Person(String name) {
        this.name = name;
    }
    @Override
    public String action() {
        // TODO Auto-generated method stub
        return ACTION + "\n";
    }
    @Override
    public String think() {
        // TODO Auto-generated method stub
        return IDEA + "\n";
    }
    @Override
    public String getMate() {
        // TODO Auto-generated method stub
        return MATE_NAME + "\n";
    }
    @Override
    public String gains() {
        // TODO Auto-generated method stub
        return GAINS + "\n";
    }
}
```

运行结果如图 4-5-6 所示。

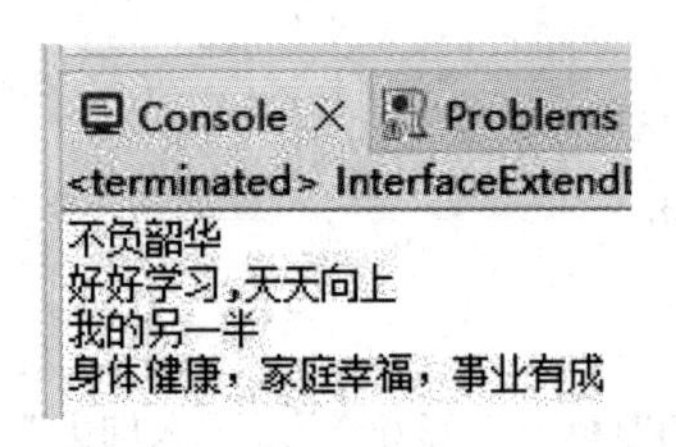

◆ 图 4-5-6　示例 4-5-5 的运行结果

【本章小结】

Java 语言支持单继承，一个类最多有一个父类，但可以有多个子类。使用关键字 extends 实现类的继承关系。

Java 语言的 super 关键字代表父类对象的引用，它可以用来调用父类的成员变量、成员方法和构造方法。当调用父类的构造方法时，只能在子类构造方法中使用。

子类的构造方法一定直接或间接地调用了父类的某个构造方法。

子类可以重写父类的成员方法，当子类对象调用该方法时，使用的是自定义的成员方法。可以在子类内部使用 super 关键字显式调用被重写的方法。

在 Java 语言中，final 关键字可以用来修饰变量、方法和类，当修饰变量时，该变量的值只能初始化一次；当修饰方法时，该方法不能被子类重写；当修饰类时，该类不能被继承。

Java 类如果含有抽象方法，那么这个类必须声明为抽象类，使用关键字 abstract。抽象类不可以实例化对象。一个类如果继承了抽象类，必须实现父类里面所有的抽象方法，除非该类也定义为抽象类。

Java 接口使用关键字 interface 定义，它的成员只有公有静态常量和公有抽象方法两种。接口不能被实例化。一个接口可以继承多个接口。一个类可以使用关键字 implements 同时实现多个接口。

综合训练　　习　题

第5章 多 态

“有一千个读者，就有一千个哈姆雷特。”在现实生活中，同样一件事情，不同的人可能会有不同的反应或者理解。类似地，对于同样一个行为，不同的事物表现也不同。例如，同样都是移动，鲸鱼是游走，苍鹰是飞行；又如，同样具有打印的功能，彩色打印机打印输出的是彩色图片，而黑白打印机打印输出的是黑白图片。像这样的例子在客观世界中比比皆是。在编程中，把允许不同类型的对象对同一行为作出不同的响应称为多态。本章重点介绍 Java 多态的特性和使用方法。

本章资源

5.1 多态的概念和使用

多态是面向对象程序的重要特征。它是同一个行为具有多个不同表现形式或形态的能力。在 Java 语言中，多态可分为编译时多态和运行时多态。如果在编译时能够确定代码的执行逻辑，称为编译时多态。方法的重载就是典型的编译时多态。在编译器检查语法时，会通过调用时传入的形参列表来确定到底执行哪个重载方法，该过程在编译阶段就能够确定好，因此方法重载是编译时多态。而运行时多态就是在程序运行到某一步的时候才能够确定代码的执行逻辑。例如，电脑在运行的时候，它的 USB 接口事先是不知道用户会接哪种设备的。只有用户的设备连接上以后，电脑才能检测出是一个 U 盘还是一个摄像头，然后进行复制文件或者打开摄像头；又如，核酸认证，事先不知道哪位用户来扫码认证，当小明进行核酸认证时，它会显示小明的核酸信息，当小黄进行核酸认证时，它会显示小黄的核酸信息。还有很多其他的应用实例，它们具有相同的一个特征，即代码在运行过程中不能确定接下来接收到的对象是哪个类型，只有当真正接收到对象时程序才能确定后续的执行逻辑。由于确定代码执行逻辑的节点是在程序运行时，因此称为运行时多态。运行时多态可以消除类型之间的耦合关系，具有可替换性、可扩充性、接口性、灵活性和简化性的特征。本章重点介绍 Java 语言的运行时多态。

在 Java 语言中，多态的实现需要以下三个必要条件：

(1) 具有类的继承关系；

(2) 在子类中重写父类的方法；

(3) 父类引用指向子类对象。

其中前两个条件之前已经介绍过。第三个条件指的是子类对象可以赋值给父类对象。例如，定义如下三个类，其中 Aircraft 类是另外两个类的父类。

```
class Aircraft{}
class Plane extends Aircraft{}
class Helicopter extends Aircraft{}
```

在 Java 语言中以下赋值语句是合法的：

```
/* 初始化本类的对象 */
Aircraft aircraft = new Aircraft();
Plane plane = new Plane();
Helicopter helicopter = new Helicopter();
/* 子类对象赋值给父类 */
aircraft = plane;
aircraft = helicopter;
Aircraft aircraft = new Plane();
Aircraft aircraft = new Helicopter();
```

接口实现类的对象同样可以赋值给接口的声明变量。例如：

```
interface Call{}
class Phone implements Call{}
Call call = new Phone();
```

当一个类实现了多个接口时，可以将实现类的对象赋值给每个父接口的声明变量。例如：

```
interface Call{}
interface Internet{}
class Phone implements Call, Internet{}
Call call = new Phone();
Internet internet = new Phone();
```

在 Java 语言中，这种子对象赋值给父类对象或者接口对象的运算称为“向上转型”。读者可以这样通俗地理解向上转型：除了构造方法之外，子类拥有了父类中所有的成员，此外还可能有新定义的成员。因此子类对象赋值给父类对象时，完全能够“供给”父类对象的需求。就好比老人只需要家人的陪伴，而家人同时给予了老人陪伴和生活费，老人当然知足常乐了。因此可以实现子类对象赋值给父类。

当上述三个条件同时满足时，就可以使用多态了。多态在使用时多以方法的形式使用。即把父类(接口)对象声明为方法形参，在方法中使用父类(接口)对象调用被子类(实现类)重写的方法。方法在使用时，传入不同的子类(实现类)对象，就可以实现不同的代码逻辑。在多层继承关系中，也可以跨层进行向上转型，此时同样可以使用多态。下面通过四个完整的示例展示多态的使用。

【例 5-1-1】在类中使用多态。

代码如下：

```
package chapter5.section1.demos;
public class ClassPolymorphismDemo {
    public static void main(String[] args) {
        // TODO Auto-generated method stub
        Aircraft aircraft = new Aircraft();
        Plane plane = new Plane();
        Helicopter helicopter = new Helicopter();
        fly(aircraft);
        fly(plane);
        fly(helicopter);
    }
    public static void fly(Aircraft aircraft) {
        aircraft.fly();
    }
}
class Aircraft{
    public void fly() {
        System.out.println( " fly in the sky " );
    }
}
class Plane extends Aircraft{
    public void fly() {
        System.out.println( " a plane is flying in the sky " );
    }
}
class Helicopter extends Aircraft{
    public void fly() {
        System.out.println( " a helicopter is flying in the sky");
    }
}
```

运行结果如图 5-1-1 所示。

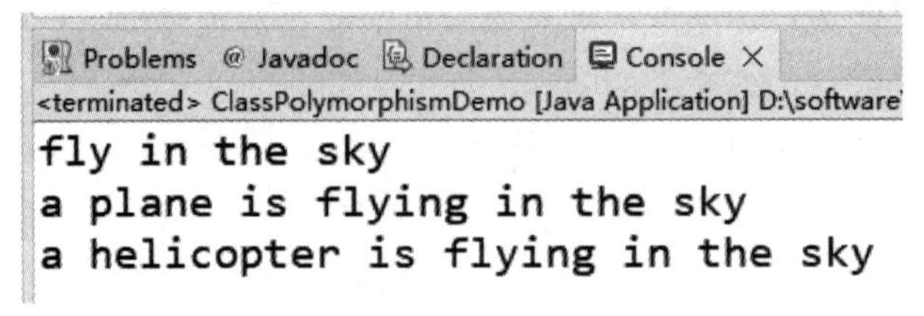

◆ 图 5-1-1　示例 5-1-1 的运行结果

在这个示例中，fly 方法的形参是 Aircraft 类的对象，则 Aircraft 类对象本身及其子类对象都可以传入 fly 方法中，传入不同类型的对象，就会调用相应对象的 fly 方法。

【例 5-1-2】在抽象类中使用多态。

代码如下：

```
package chapter5.section1.demos;
public class AbstractClassPolymorphismDemo {
    public static void main(String[] args) {
        // TODO Auto-generated method stub
        Book book = new JavaBook();
        readBook(book);
        book = new CBook();
        readBook(book);
    }
    public static void readBook(Book book) {
        book.read();
    }
}
abstract class Book{
    public abstract void read();
}
class JavaBook extends Book{
    @Override
    public void read() {
        // TODO Auto-generated method stub
        System.out.println( " 在 Java 编程语言中学习面向对象编程思想。 " );
    }
}
class Cbook extends Book{
    @Override
    public void read() {
        // TODO Auto-generated method stub
        System.out.println( " 在 C 编程语言中学习面向过程编程思想。");
    }
}
```

运行结果如图 5-1-2 所示。

```
Problems  @ Javadoc  Declaration  Console ×
<terminated> AbstractClassPolymorphismDemo [Java Applica
在Java编程语言中学习面向对象编程思想。
在C编程语言中学习面向过程编程思想。
```

◆ 图 5-1-2　示例 5-1-2 的运行结果

在该示例中将抽象类的对象作为方法形参，接收它的子类。这里需要注意的是抽象类的对象不可以实例化。

【例 5-1-3】单个接口被类实现时的多态。

代码如下：

```
package chapter5.section1.demos;
public class SingleInterfacePolymorphismDemo {
    public static void main(String[] args) {
        // TODO Auto-generated method stub
        Call call =new SmartPhone();
        contact(call);
        call = new SmartWatch();
        contact(call);
    }
    public static void contact(Call call) {
        call.call();
    }
}
interface Call{
    public abstract void call();
}
class SmartPhone implements Call{
    @Override
    public void call() {
        // TODO Auto-generated method stub
        System.out.println( " 使用手机打语音电话 " );
    }
}
class SmartWatch implements Call{
    @Override
    public void call() {
        // TODO Auto-generated method stub
        System.out.println( " 使用手表打视频电话 " );
    }
}
```

运行结果如图 5-1-3 所示。

```
Problems @ Javadoc
<terminated> SingleInterfaceP
使用手机打语音电话
使用手表打视频电话
```

◆ 图 5-1-3　例 5-1-3 的运行结果

在本示例中，将接口的对象作为方法形参，传入接口不同实现类的对象，运行相应类中的方法逻辑。

【例 5-1-4】多个接口被类实现时的多态。

代码如下：

```
package chapter5.section1.demos;
public class MultiInterfacePolymorphismDemo {
    public static void main(String[] args) {
        // TODO Auto-generated method stub
        Chat chat = new Computer();
        weChat(chat);
        chat = new Pad();
        weChat(chat);
        Internet internet = new Computer();
        searchInternet(internet);
        internet = new Pad();
        searchInternet(internet);
    }
    public static void weChat(Chat chat) {
        chat.chat();
    }
    public static void searchInternet(Internet internet) {
        internet.internet();
    }
}
interface Chat{
    public abstract void chat();
}
interface Internet{
    public abstract void internet();
}
class Computer implements Chat, Internet{
    @Override
    public void internet() {
        // TODO Auto-generated method stub
        System.out.println( " 使用电脑上网 " );
    }
    @Override
    public void chat() {
        // TODO Auto-generated method stub
        System.out.println( " 使用电脑聊天 " );
    }
}
class Pad implements Chat, Internet{
    @Override
    public void internet() {
        // TODO Auto-generated method stub
```

```
            System.out.println( " 使用平板上网 " );
        }
        @Override
        public void chat() {
            // TODO Auto-generated method stub
            System.out.println( " 使用平板聊天 " );
        }
}
```

运行结果如图 5-1-4 所示。

```
Problems  @ Ja
<terminated> MultiI
使用电脑聊天
使用平板聊天
使用电脑上网
使用平板上网
```

◆ 图 5-1-4　示例 5-1-4 的运行结果

【例 5-1-5】在多层继承中使用多态。

代码如下：

```
package chapter5.section1.demos;
public class MultiInheritPolymorphismDemo {
    public static void main(String[] args) {
        // TODO Auto-generated method stub
        Container container = new Cup();
        container.use();
        container =new VaccumCup();
        container.use();
        container = new ThermalInsulationKettle();
        container.use();
        KeepWarm keepWarm = new VaccumCup();
        keepWarm.keepWarm();
        keepWarm = new ThermalInsulationKettle();
        keepWarm.keepWarm();
    }
    public static void contain(Container container) {
        container.use();
    }
    public static void hotWater(KeepWarm keepWarm) {
        keepWarm.keepWarm();
    }
}
interface KeepWarm{
    void keepWarm();
}
```

```
class Container{
    public void use(){
        System.out.println( " Container 用来盛东西 " );
    }
}
class Cup extends Container{
    public void use(){
        System.out.println( " Cup 用来盛水 " );
    }
}
class VaccumCup extends Cup implements KeepWarm{
    public void use(){
        System.out.println( " VaccumCup 用来盛热水 " );
    }
    @Override
    public void keepWarm() {// 保温瓶
        // TODO Auto-generated method stub
        System.out.println( " VaccumCup 可以保温 " );
    }
}
class ThermalInsulationKettle extends Container implements KeepWarm{// 保温壶

    @Override
    public void keepWarm() {
        // TODO Auto-generated method stub
        System.out.println( " ThermalInsulationKettle 可以长时间的保温 " );
    }
    @Override
    public void use() {
        // TODO Auto-generated method stub
        System.out.println( " ThermalInsulationKettle 用来盛热水 " );
    }
}
```

运行结果如图 5-1-5 所示。

```
Problems @ Javadoc Declaration Console
<terminated> MultiInheritPolymorphismDemo [Java Application] D:\softw
Cup用来盛水
VaccumCup用来盛热水
ThermalInsulationKettle用来盛热水
VaccumCup可以保温
ThermalInsulationKettle可以长时间的保温
```

◆ 图 5-1-5　示例 5-1-5 的运行结果

在本示例中定义了三层继承的类，其中根类为Container，它的子类为Cup类和

ThermalInsulationKettle 类，Cup 类的子类为 VaccumCup 类。此外还定义了一个接口 KeepWarm，VoccumCup 类和 ThermalInsulationKettle 类也是该接口的实现类。在主类中定义了两个多态方法，一个 contain 方法接收 Container 类及其子类对象，一个 hotWater 方法接收 KeepWarm 接口的实现类对象。从这个示例中读者可以体会到 Java 多态的灵活性。

5.2 对象的类型转换

在 Java 多态中对象的向上转型起着至关重要的作用。向上转型不需要编程人员额外声明或者设置，因此它是类的自动类型转换，可类比 Java 基本数据类型的自动类型转换。当使用子类对象或者实现类的对象赋值给父类对象时，编译能够顺利通过。但此时存在一个限制条件，即向上转型后，父类对象只能访问被继承的成员，不能访问子类新定义的成员。

【例 5-2-1】父类对象的访问限制(错误示范)。

代码如下：

```
package chapter5.section2.demos;
public class AccessRestrictionDemo {
    public static void main(String[] args) {
        // TODO Auto-generated method stub
        Insect insect = new Bee();
        // 父类对象访问被继承的成员
        insect.name = " 小蜜蜂 ";
        insect.nest();
        insect.eat();
        // 父类对象访问子类特有的成员，报错
        insect.color;    // 报错
        insect.fly();    // 报错
    }
}
class Insect{       // 昆虫类
    String name;
    void nest() {
        System.out.println(name + " 筑巢。 ");
    }
    void eat() {
        System.out.println(name + " 寻找食物吃。 ");
    }
}
class Bee extends Insect{          // 昆虫类
    String color;
    void nest() {
        System.out.println(name + " 修建一个蜂巢。 ");
    }
```

```
    void fly() {
        System.out.println(name + " 在花丛中飞行。");
    }
}
```

上述代码创建了一个父类 Insect 和它的子类 Bee，在 main 方法中将子类 Bee 对象赋值给父类对象 insect。使用对象 insect 去访问被继承的成员时编译没问题，但使用对象 insect 去访问 Bee 类中特有的成员时就会编译不通过，报错信息如图 5-2-1 所示。

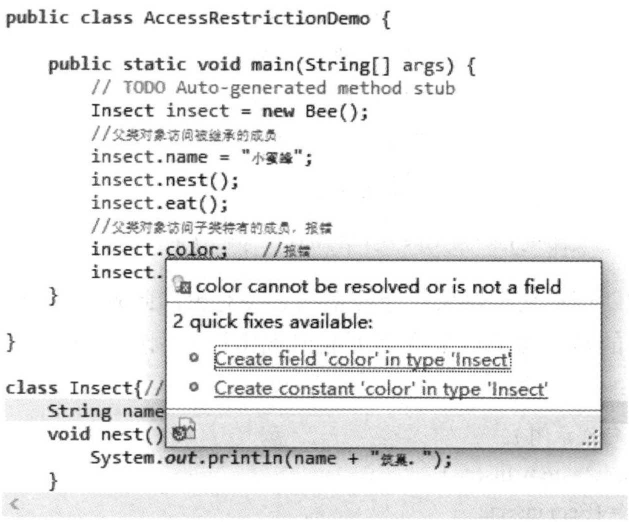

```
public class AccessRestrictionDemo {

    public static void main(String[] args) {
        // TODO Auto-generated method stub
        Insect insect = new Bee();
        //父类对象访问被继承的成员
        insect.name = "小蜜蜂";
        insect.nest();
        insect.eat();
        //父类对象访问子类特有的成员，报错
        insect.color;   //报错
        insect.
    }

}

class Insect{//
    String name
    void nest()
        System.out.println(name + "筑巢。");
    }
```

```
color cannot be resolved or is not a field
2 quick fixes available:
  Create field 'color' in type 'Insect'
  Create constant 'color' in type 'Insect'
```

◆ 图 5-2-1　父类对象不可以调用子类中特有的成员

这是由于父类对象本身的数据类型是 Insect 类，而 Insect 类中不存在 color 变量及 fly 方法，因此这两个成员不能被识别。

在实际程序开发中，往往需要父类对象既可以接收子类对象，也可以调用子类对象自定义的成员。这时就可以使用类的强制类型转换，也就是“向下转型”，即把父类的对象引用转换为子类类型。Java 类的向下转型语法格式为：

子类对象 = (子类类型) 父类对象;

例如，在上面的示例中，修改 main 方法中的代码，如下所示：

```
public static void main(String[] args) {
    // TODO Auto-generated method stub
    Insect insect = new Bee();
    // 父类对象访问被继承的成员
    insect.name = " 小蜜蜂 ";
    insect.nest();
    insect.eat();
    // 父类对象访问子类特有的成员，报错
    //insect.color;  // 报错
    //insect.fly();   // 报错

    // 向下转型
```

```
        Bee bee = (Bee) insect;
        bee.color = " 黄色 ";
        System.out.println(bee.name + '\t' + bee.color);
        bee.fly();
    }
```

运行结果如图 5-2-2 所示。

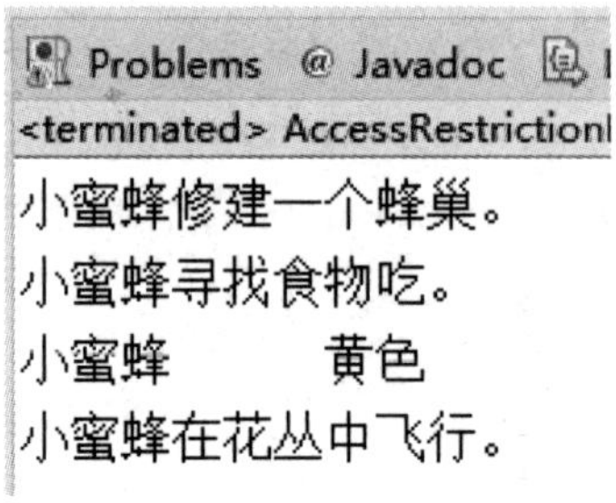

Problems @ Javadoc
<terminated> AccessRestrictionI
小蜜蜂修建一个蜂巢。
小蜜蜂寻找食物吃。
小蜜蜂　　　黄色
小蜜蜂在花丛中飞行。

◆ 图 5-2-2　示例 5-2-1 代码使用向下转型后的运行结果

通过向下转型即可将父类对象完全转换成子类对象，此时它的使用规则与其他子类对象一样。需要注意的是，向下转型也有可能出现错误。例如，在上述代码的 main 方法中编写如下几行代码：

```
    // 向下转型（错误示例）
        Insect insect2 = new Insect();
        Bee bee2 = (Bee) insect2;
        bee2.color = " 黄色 ";
        System.out.println(bee2.name + '\t' + bee2.color);
        bee2.fly();
```

由于类的类型转换属于运行时多态，编译器不能够检查出错误，但运行时就会报错，错误信息如下：

```
Exception in thread " main " java.lang.ClassCastException: class chapter5.section2.demos.Insect cannot
be cast to class chapter5.section2.demos.Bee
```

对比上述两段代码不难发现，它们的区别仅在于 Insect 类的对象在向下转型之前的值是什么。第一段代码中，insect 对象的值是由 Bee 类实例化的对象提供的，也就是说 insect 变量中存放的内存地址实际上是指向了 Bee 类对象的数据空间。在此基础上将 insect 对象向下转型为 Bee 类的对象 bee，就相当于将这个 Bee 类对象的数据空间重新被 bee 对象引用。就好比去超市购物时，把携带的物品临时存放到柜台前，在离开的时候物品完璧归赵。因此，这种情景的向下转型逻辑上是正确的。而第二段代码中，insect2 对象的值是由 Insect 类实例化的对象提供的，也就是说 insect 变量中存放的内存地址实际上是指向了 Insect 类对象的数据空间。在此基础上将 insect 对象向下转型为 Bee 类的对象 bee2，就相当于将当前 Insect 类对象的数据空间被 bee2 对象引用。但 Bee 类对象的数据空间内容可能比 Insect 类型更丰富，造成数据缺失的现象。就好比只把一个苹果装进水果礼盒，这个水果礼盒是没有装满的。因此这种情景就会报错。由此可知，向下转型的前提是向上转型。不难理解：如果向下转型和向上转型是针对不同的子类类型，那么运行时也会报错。

【例 5-2-2】向下转型（错误示范）。

代码如下：

```
package chapter5.section2.demos;
public class WrongDowncastDemo {
    public static void main(String[] args) {
        // TODO Auto-generated method stub
        Animal an =new Cat();
        Cat cat = (Cat) an;
    }
}
class Animal{}
class Cat extends Animal{}
class Dog extends Animal{}
```

运行时报错：

```
Exception in thread " main " java.lang.ClassCastException: class chapter5.section2.demos.Donkey cannot be cast to class chapter5.section2.demos.Horse
```

在该示例中，向上转型的子类是 Donkey，向下转型的子类是 Horse，确实是“驴唇不对马嘴”。

为了能够正确地使用向下转型，在 Java 语言中提供了 instanceof 关键字。该关键字的作用是判断一个对象是否为某个类或接口的实例及子类实例，结果返回一个布尔类型的值。它的语法格式为：

对象名 **instanceof** 类名（接口名）

在向下转型之前，先使用 instanceof 进行类型判断，如果判断结果为真，则可以进行向下转型，若判断结果为假，则不可以进行向下转型。这样就将运行时可能出现的错误类型转换提前在编译阶段进行了检查，使得代码更加健壮和稳定。

【例 5-2-3】instanceof 关键字的使用。

代码如下：

```
package chapter5.section2.demos;
public class InstanceofDemo {
    public static void main(String[] args) {
        // TODO Auto-generated method stub
        Screen screen =new TV();
        function(screen);
        screen = new Projector();
        function(screen);
    }
    public static void function(Screen screen) {
        if(screen instanceof TV) {
            TV tv = (TV)screen;
            tv.show();
            tv.connectToPC();
        }else if(screen instanceof Projector) {
```

```
            Projector projector = (Projector)screen;
            projector.show();
            projector.watchMovie();
        }else {
            System.out.println( " 您输入的类型有误，请重新输入 " );
        }
    }
}
abstract class Screen{
    abstract void show();
}
class TV extends Screen{
    public void connectToPC() {
        System.out.println( " 电视机可以连接电脑 " );
    }
    @Override
    void show() {
        // TODO Auto-generated method stub
        System.out.println( " 电视机播放电视节目 " );
    }
}
class Projector extends Screen{
    public void watchMovie() {
        System.out.println( " 投影仪观影效果很好 " );
    }
    @Override
    void show() {
        // TODO Auto-generated method stub
        System.out.println( " 投影仪可以将图像或视频投射到幕布上 " );
    }
}
```

运行结果如图 5-2-3 所示。

```
Problems @ Javadoc Declaration Console X
<terminated> InstanceofDemo [Java Application] D:\software
电视机播放电视节目
电视机可以连接电脑
投影仪可以将图像或视频投射到幕布上
投影仪观影效果很好
```

◆ 图 5-2-3　示例 5-2-3 的运行结果

在该示例中定义了抽象类 Screen 类及其两个子类 TV 类和 Projector 类。子类中实现了父类中的抽象方法 show，同时也各自定义了自己特有的方法。在主类中定义了 function

方法，其形参为 Screen 类的对象，可以接收它子类的对象。在方法中首先判断传入的子类对象是 TV 还是 Projector，然后进行对象的向下转型和方法调用。该示例是一个典型的多态应用实例。

5.3 Object 类

在 Java 语言中定义了一个特殊的类—— Object 类，它是所有 Java 类的根基类，所有的 Java 类都直接或者通过多层继承的方式间接继承了 Object 类。Java 对象都拥有 Object 类的属性和方法。Object 类通常被称为超类、根基类或根类。例如，在 Eclipse 中创建一个新的类，弹出的窗口如图 5-3-1 所示。

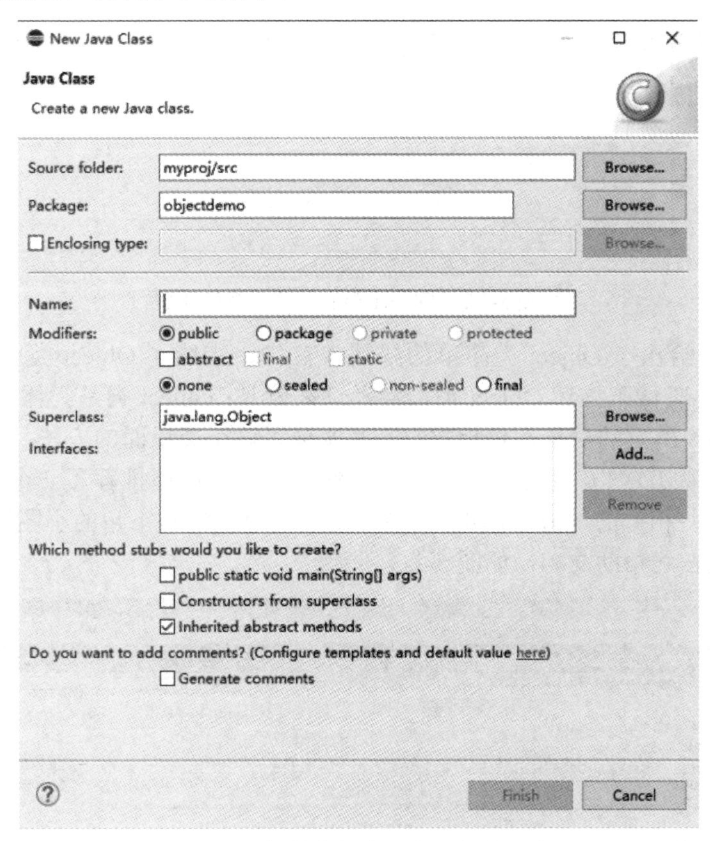

◆ 图 5-3-1 在 Eclipse 软件中创建一个新类默认继承了 Object 类

细心的读者就会发现，在 Superclass 一栏里面，默认已经填写了 " java.lang.Object " ，即若用户不显式地声明该类的父类，那么就将 Object 类作为该类的父类。由此可知，下面两行代码是等效的：

```
class Student{}
class Student extends Object{}
```

再比如常用的 String 和 Scanner 类，它们也直接继承了 Object 类。有些类在定义的时候已经继承了某个类，如 FileInputStream 类是文件输入流类，在第 9 章会重点介绍。

FileInputStream 类直接继承了 InputStream 类，而 InputStream 类直接继承了 Object 类。由此可知，在 Java 语言中，除了 Object 类本身之外，所有的类都直接或者间接地继承了 Object 类。而 Object 类没有父类。Object 类在 Java 类库中的 java.lang 包里面。由于每个 Java 文件都会默认地导入 java.lang 包，因此 Java 文件中不用显式地导入此包。下面内容将介绍如何通过阅读帮助文档和源代码的形式使读者深入理解 Object 类，同时介绍学习帮助文档和源代码的使用方法。

在 main 方法中声明一个 Object 类的对象 object，然后将鼠标停留在 Object 类名上一两秒，单击弹出的对话框，对话框会悬停在界面中，如图 5-3-2 所示。

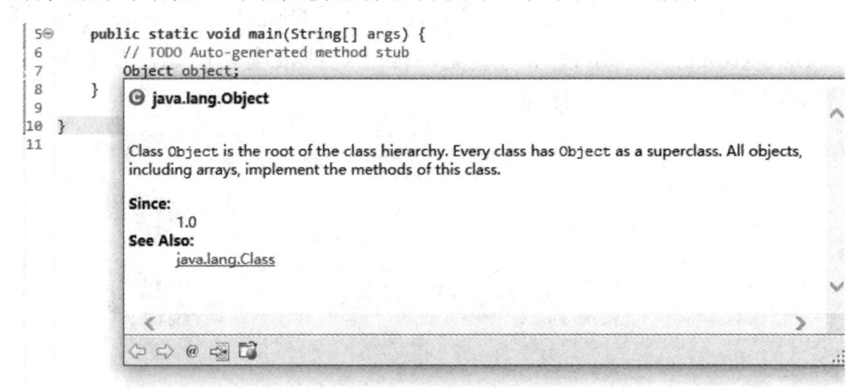

◆ 图 5-3-2　Object 类的帮助文档悬浮框

在对话框中给出了 Object 类简单的描述。首先，指明了 Object 类所在的包为 java.lang；然后，有一段话来描述 Object 类，翻译过来就是：Object 类是类体系中的根类，它是所有类的父类，所有的对象，包括数组，都实现了这个类里面的方法；再往下的一段信息指明 Object 类从 JDK1.0 就已经存在了。此外，注释文档还推荐了一个 Class 类，该类与 Object 存在某些相似的地方。单击图 5-3-2 所示的对话框右下角的小图标，使用浏览器打开 Object 类的在线帮助文档，如图 5-3-3 所示。

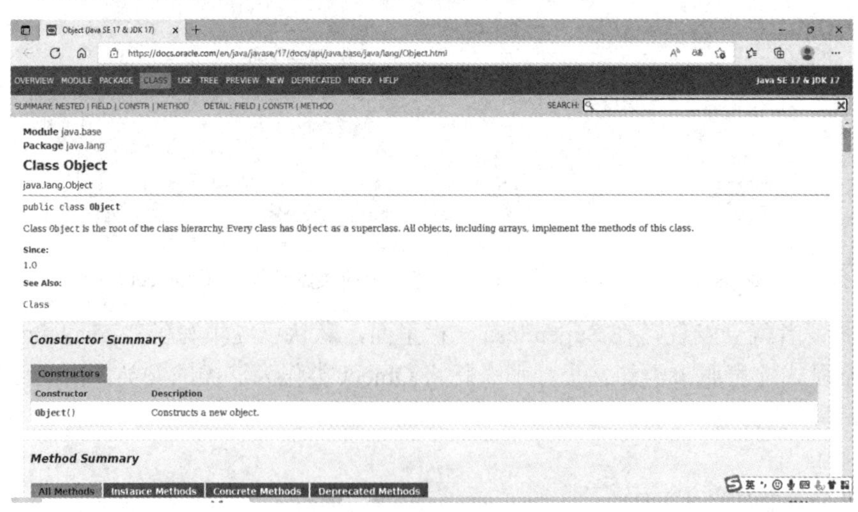

◆ 图 5-3-3　Object 类的在线帮助

为了便于阅读，读者可以通过浏览器翻译功能将网页内容翻译成中文，翻译工具所在位置如图 5-3-4 所示，但翻译内容仅作参考，这里仍使用原始英文版查看。

◆ 图 5-3-4　浏览器的英文翻译中文功能

最前面的几段内容与图 5-3-2 所示的对话框中的注释内容基本一致，只是多出了一句说明 " public class Object "，表明 Object 类是全局可见的，且它不是抽象类，其他不再赘述。

接下来在 Constructor Summary 的表格中描述的是 Object 类的构造方法。在该列表中只有一个无参的构造方法，左侧是构造方法的形参列表形式，右侧是构造方法的功能描述。由此可知，Object 在创建对象时只有一种形式，即：

```
Object object = new Object();
```

再往下是 Object 类成员方法的简单描述，该部分完整截图如图 5-3-5 所示。

Method Summary

All Methods　Instance Methods　Concrete Methods　Deprecated Methods

Modifier and Type	Method	Description
protected Object	clone()	Creates and returns a copy of this object.
boolean	equals(Object obj)	Indicates whether some other object is "equal to" this one.
protected void	finalize()	**Deprecated.** The finalization mechanism is inherently problematic.
final Class<?>	getClass()	Returns the runtime class of this Object.
int	hashCode()	Returns a hash code value for the object.
final void	notify()	Wakes up a single thread that is waiting on this object's monitor.
final void	notifyAll()	Wakes up all threads that are waiting on this object's monitor.
String	toString()	Returns a string representation of the object.
final void	wait()	Causes the current thread to wait until it is awakened, typically by being *notified* or *interrupted*.
final void	wait(long timeoutMillis)	Causes the current thread to wait until it is awakened, typically by being *notified* or *interrupted*, or until a certain amount of real time has elapsed.
final void	wait(long timeoutMillis, int nanos)	Causes the current thread to wait until it is awakened, typically by being *notified* or *interrupted*, or until a certain amount of real time has elapsed.

◆ 图 5-3-5　在线帮助文档中 Object 类的成员方法描述信息

在该图所显示的成员方法描述 (Method Summary) 表中有四个选项卡，它们的含义如表 5-3-1 所示。

表 5-3-1　在线帮助文档中成员方法描述表格的选项卡含义

选项卡名称	含　义
all methods	所有的方法
concrete methods	非抽象方法
instance methods	非静态方法
deprecated methods	废弃的方法

Object 类不是抽象类，因此它所有的方法都是非抽象方法，它所有的方法也都是非静

态方法。目前 JDK 17 已经不推荐使用 finalize 方法，其他的方法都正常使用。在图 5-3-5 所示的表中，第一列描述了方法的修饰符和返回值类型，第二列描述了方法名，第三列是对方法功能的简单描述。这些方法并非按重要性排序，而仅仅按照方法名的字母顺序排序。例如，第一个方法为：

```
protected Object clone();
```

该方法的访问权限符是保护的，返回类型是 Obejct 类，功能是创建并返回此对象的副本。图 5-3-5 所示帮助文档的下文是对 Object 所有成员的详细说明。如果读者希望学习某个方法的具体说明，可以直接用鼠标左键单击表格中的方法名即可跳转到该方法的详细描述，图 5-3-6 显示的是 clone 方法的详细说明。

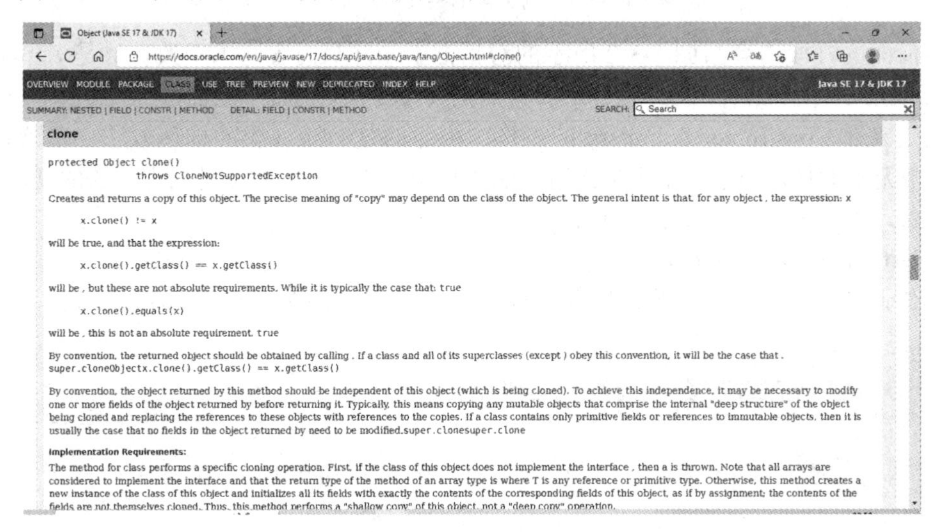

◆ 图 5-3-6 在线帮助文档对 clone 方法的详细描述

至此，读者对 Java 语言在线帮助文档的使用方法已经有所掌握，后续读者在学习新的 Java 类时会反复使用。下面重点介绍 Object 类常用的成员方法。Object 类中的常用方法及方法说明如表 5-3-2 所示。

表 5-3-2 Object 类常用方法

方 法 名	功 能 描 述
equals	形参对象是否与此对象相等
getClass	返回正在运行的对象所属的类
hashCode	返回此对象的哈希码值
toString	返回该对象的字符串表示

下面结合示例代码和源代码对这些方法进行介绍。

【例 5-3-1】创建 Object 对象，调用上述四个方法，打印输出方法的返回值。

代码如下：

```
package chapter5.section3.demos;
public class ObjectClassDemo {
    public static void main(String[] args) {
```

```
        // TODO Auto-generated method stub
        Object object = new Object();
        Object anotherObject = new Object();
        System.out.println(object.equals(anotherObject));
        System.out.println(object.getClass());
        System.out.println(object.hashCode());
        System.out.println(object.toString());
    }
}
```

运行结果如图 5-3-7 所示。

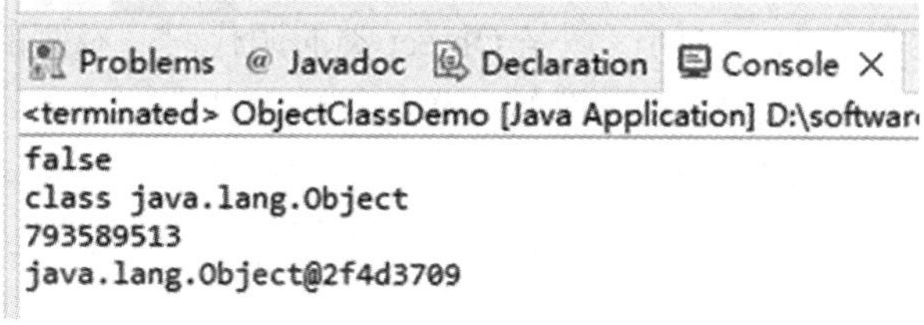

```
Problems  @ Javadoc  Declaration  Console ×
<terminated> ObjectClassDemo [Java Application] D:\softwar
false
class java.lang.Object
793589513
java.lang.Object@2f4d3709
```

◆ 图 5-3-7　示例 5-3-1 的运行结果

本例中创建了一个 Object 类的对象，调用了四个常用方法并打印输出了方法的返回值。下面通过查看 Object 类的源代码来理解输出的内容。鼠标在 Object 类上停留一两秒，单击弹出的对话框，然后单击该对话框底部一栏中由箭头和文本组成的小图标，就可打开 Object 类的源代码。另一种快捷方式是：在按下“ctrl”键的同时鼠标左击 Object 类即可跳转到 Object 类的源代码中。弹出的界面如图 5-3-8 所示。

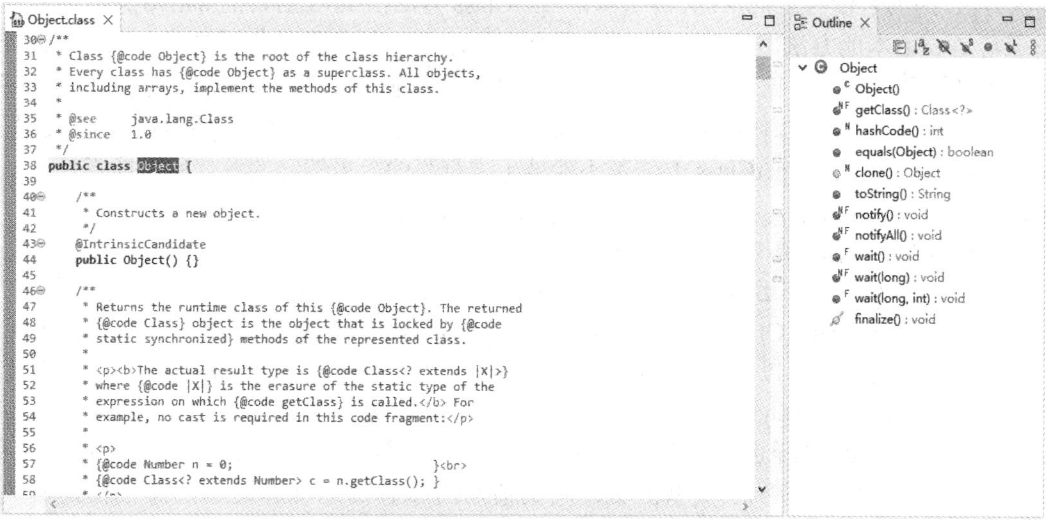

```
Object.class ×
30 /**
31  * Class {@code Object} is the root of the class hierarchy.
32  * Every class has {@code Object} as a superclass. All objects,
33  * including arrays, implement the methods of this class.
34  *
35  * @see     java.lang.Class
36  * @since   1.0
37  */
38 public class Object {
39
40     /**
41      * Constructs a new object.
42      */
43     @IntrinsicCandidate
44     public Object() {}
45
46     /**
47      * Returns the runtime class of this {@code Object}. The returned
48      * {@code Class} object is the object that is locked by {@code
49      * static synchronized} methods of the represented class.
50      *
51      * <p><b>The actual result type is {@code Class<? extends |X|>}
52      * where {@code |X|} is the erasure of the static type of the
53      * expression on which {@code getClass} is called.</b> For
54      * example, no cast is required in this code fragment:</p>
55      *
56      * <p>
57      * {@code Number n = 0;                             }<br>
58      * {@code Class<? extends Number> c = n.getClass(); }

Outline ×
Object
  Object()
  getClass() : Class<?>
  hashCode() : int
  equals(Object) : boolean
  clone() : Object
  toString() : String
  notify() : void
  notifyAll() : void
  wait() : void
  wait(long) : void
  wait(long, int) : void
  finalize() : void
```

◆ 图 5-3-8　Object 类的源代码

如果读者发现自己的界面布局有些凌乱，或者找不着对应的源代码界面，可以依次单击菜单栏中的“Window”→“Perspective”→“Reset Perspective...”选项，一键重置窗口的布局，如图 5-3-9 所示。

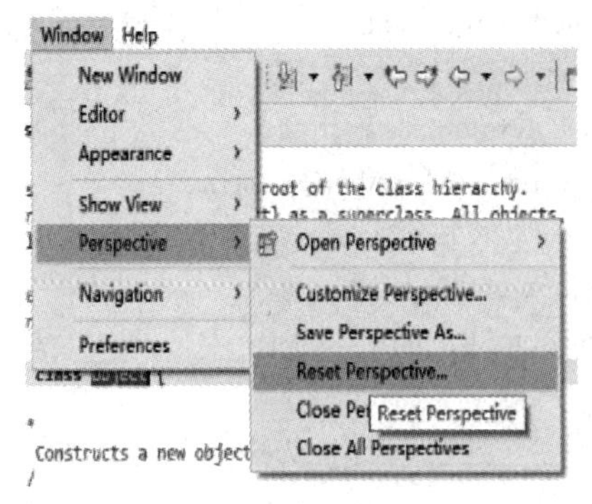

◆ 图 5-3-9　恢复窗口默认布局的菜单项

在弹出的源代码界面中，中间区域是 Object 类的源代码，右侧的 Outline 是 Object 类的总览。单击 Outline 中的 equals 方法跳转到该方法的源代码：

```
public boolean equals(Object obj) {
    return (this == obj);
}
```

这里 Object 类中的 equals 方法直接比较了两个对象引用的地址。由于代码中的 object 对象和 anotherObject 对象是两个独立的对象，它们引用的地址是存放各自属性值的内存单元地址，因此 this==obj 条件不成立，返回 false，屏幕打印输出 false。单击 Outline 中的 getClass 方法，跳转到该方法的源代码，如下所示：

```
public final native Class<?> getClass();
```

该方法的源代码只有一个方法声明。请注意 getClass 方法虽然只有声明，但它并不是抽象方法，因为它没有 abstract 关键字修饰。getClass 方法由 Java 语言的 native 关键字修饰，表示它是一个本地方法。所谓本地方法是指这个方法的逻辑代码并不是用 Java 语言实现的，而是用其他语言，比如 C 或 C++ 语言实现的。本地方法被封装在了底层，在 Java 源代码中不可查看（Java 源代码只展示由 Java 语言编写的代码）。此外，getClass 方法使用了 final 关键字修饰，说明 getClass 方法是不能被子类重写的。虽然它的源代码不能直接看到，但该方法上方的注释语句描绘了 getClass 方法的功能：

```
Returns the runtime class of this {@code Object}.
```

该方法返回了正在运行的对象所属的类。由于 getClass 方法是由 object 对象调用的，因此它返回了 java.lang.Object，屏幕打印输出“class java.lang.Object”。

使用同样的方法可以查看 hashCode 方法的源代码，其源代码如下所示：

```
public native int hashCode();
```

可知 hashCode 同样也是一个本地方法，它返回的是对象的 hashCode(哈希码，又称哈希值)。哈希码是一个 int 类型的数，它的值与对象存储地址和对象的属性值均有关。hashCode 可以用在集合中，这部分知识在第 8 章介绍。

查看 toString 方法的源代码如下：

```
public String toString() {
    return getClass().getName() + "@" + Integer.toHexString(hashCode());
}
```

这里使用到了包装类 Integer 及它的方法 toHexString，该方法的功能是将一个整数转换成十六进制形式的字符串。由源代码可知，toString 方法将对象的类名、"@" 符号与对象哈希码的十六进制数拼接在一起，返回了一个字符串，所以在屏幕中打印输出“java.lang.Object@2f4d3709”，其中 0x2f4d3709 与 793589513 相等。

在实际项目开发中，开发者可以自定义 Java 类，重写除了 final 方法之外的成员方法，实现自己的代码。此外 Object 类在 Java 多态中的作用也举足轻重，它能够接收所有 Java 类的对象，实现了更广泛的多态。下面通过两个示例来演示如何使用 Object 类。

【例 5-3-2】创建 String 对象，调用 Object 类的四种常用方法，观察输出结果。

代码如下：

```java
package chapter5.section3.demos;
public class StringChapter5.section3.demos {
    public static void main(String[] args) {
        // TODO Auto-generated method stub
        String [] str = new String[3];
        str[0] = new String( " I love my Country! " );
        str[1] = new String( " I love my Country! " );
        str[2] = new String( " I love my Country,too! " );
        System.out.println( " str[0].equals(str[0]) 的结果：" + str[0].equals(str[0]));
        System.out.println( " str[0].equals(str[1]) 的结果：" + str[0].equals(str[1]));
        System.out.println( " str[0].equals(str[2]) 的结果：" + str[0].equals(str[2]));
        for(int i=0;i<str.length;i++) {
            System.out.println(str[i]+ " getClass 方法的输出：" +str[i].getClass());
            System.out.println(str[i]+ " hashCode 方法的输出：" +str[i].hashCode());
            System.out.println(str[i]+ " toString 方法的输出：" +str[i].toString());
        }
    }
}
```

运行结果如图 5-3-10 所示。

```
Problems  @ Javadoc  Declaration  Console ×
<terminated> StringObjectDemo [Java Application] D:\software\Java\jdk-17.0.4.1
str[0].equals(str[0])的结果：true
str[0].equals(str[1])的结果：true
str[0].equals(str[2])的结果：false
I love my Country! getClass函数的输出：class java.lang.String
I love my Country! hashCode函数的输出：-1057651032
I love my Country! toString函数的输出：I love my Country!
I love my Country! getClass函数的输出：class java.lang.String
I love my Country! hashCode函数的输出：-1057651032
I love my Country! toString函数的输出：I love my Country!
I love my Country,too! getClass函数的输出：class java.lang.String
I love my Country,too! hashCode函数的输出：-1462542720
I love my Country,too! toString函数的输出：I love my Country,too!
```

◆ 图 5-3-10　示例 5-3-2 的运行结果

在上述代码中定义了一个 String 类型的数组 str，包含三个元素，其中下标为 0 和 1 的元素值相等，与下标为 2 的元素值不等。下面结合 String 类的帮助文档来理解输出的结果。打开 String 类的在线帮助文档，查看这四个方法的功能描述如下。

(1) equals 方法的功能描述：Compares this string to the specified object. The result is true if and only if the argument is not null and is a String object that represents the same sequence of characters as this object.

Overrides: equals(...) in Object

由此可知 String 类重写了 Object 类的 equals 方法。String 类的 equals 方法比较了两个字符串对象的字符串值是否完全相等，若相等才返回真，否则返回假。由于 str[0] 和 str[1] 的字符串内容完全相同，因此打印输出 true，而 str[0] 与 str[2] 字符串内容不相同，因此打印输出 false。

(2) getClass 方法的功能描述：Returns the runtime class of this Object. The returned Class object is the object that is locked by static synchronized methods of the represented class.

由于 getClass 方法在 Object 类中被 final 关键字修饰，因此 String 类只能使用 Object 类中的 getClass 方法被 final 关键字修饰而不能重写，因此功能描述与 Object 类中给出的描述一致，即打印输出当前运行的对象所属类的名称。由于这三个对象都属于 String 类，因此均打印输出“class java.lang.String”。

(3) hashCode 方法的功能描述：Returns a hash code for this string. The hash code for a String object is computed as

s[0]*31^(n-1) + s[1]*31^(n-2) + ... + s[n-1]

using int arithmetic, where s[i] is the ith character of the string, n is the length of the string, and ^ indicates exponentiation.(The hash value of the empty string is zero.)

Overrides: hashCode() in Object

由此可知在 String 类中重写了 Object 类的 hashCode 方法。String 类的哈希方法按照一定的数学运算规则得到对象的哈希值。在运算中充分使用了字符串的内容信息。从数学上可以证实，这种计算规则保证了不同的字符串内容对应了不同的哈希值。只有当两个字符串的内容信息一致时，计算结果才会相等。由于 str[0] 和 str[1] 的字符串内容一致，因此它们的哈希值相同，均为 -1057651032，而 str[2] 的哈希值为 -1462542720。因此 str[0] 与自身、str[1] 和 str[2] 的比较结果分别为 true、true 和 false。

(4) toString 方法的功能描述：This object (which is already a string!) is itself returned.

Overrides: toString() in Object

由此可知 String 类重写了 Object 类的 toString 方法。String 类的 toString 方法将字符串的内容直接返回。因此打印输出的是字符串对象的字符串内容。

下面通过 string 类的源代码演示如何在自定义类中重写或者使用 Object 类的常用方法。其中 getClass 方法不能被重写，它的源代码即为 Object 类中的源代码，在此不再赘述。打开 String 类的源代码，在 Outline 中找到对应的方法，也可以直接通过“ctrl+ 鼠标左键 ”单击代码中的方法名的方式打开源代码。

(1) equals 方法源代码如下：

```
public boolean equals(Object anObject) {
```

```
        if (this == anObject) {
            return true;
        }
        return (anObject instanceof String aString) && (!COMPACT_STRINGS || this.coder == aString.coder)
    && StringLatin1.equals(value, aString.value);
    }
```

在 equals 源代码中，首先判断方法形参是否与调用该方法的对象相等，即是否为同一个对象，或者引用了同一个内存空间。若是，则直接返回 true，方法执行完毕；如果不是，则代码跳过 if 语句的实体，继续往下执行。

下面代码直接使用 return 语句返回一个布尔表达式，该表达式是三个逻辑运算表达式进行短路与运算，即当这三个逻辑表达式同时满足时才会返回真，如果某一个不满足则返回假。需要注意的是这里面使用的是短路与运算，只有当第一个逻辑表达式为真时才会计算第二个，依次类推，实现了一个递进式的判断。该表达式等效于如下代码。

```
if(anObject instanceof String aString)
    if(!COMPACT_STRINGS || this.coder == aString.coder)
        if(StringLatin1.equals(value, aString.value))
            return true;
```

① 在第一个 if 语句中，使用 instanceof 关键字判断 equals 方法的形参 anObject 是否为一个字符串对象。若是，则将 anObject 进行向下转型为 String 对象。第一个 if 语句中的表达式与下面的代码是等效的。

```
if(anObject instanceof String){
    String aString = (String)anObject;
}
```

② 在第二个 if 语句逻辑表达式中，COMPACT_STRINGS 是 String 类的一个静态常量，它在 String 类的声明和初始化源码如下：

```
static final boolean COMPACT_STRINGS;
    static {
        COMPACT_STRINGS = true;
    }
```

可知 COMPACT_STRINGS 的值默认为真，那么取反后就为假。此时要求 this.coder == aString.coder 表达式必须成立，整个表达式才返回真。查看 coder 的声明语句为：

```
private final byte coder;
```

该语句表明 coder 是 String 类的一个 byte 类型的常量。在注释语句中描述了该常量的作用，如下所示。

```
    /**
     * The identifier of the encoding used to encode the bytes in
     * {@code value}. The supported values in this implementation are
     *
     * LATIN1
     * UTF16
     *
```

```
        * @implNote This field is trusted by the VM, and is a subject to
        * constant folding if String instance is constant. Overwriting this
        * field after construction will cause problems.
    */
```

由此可知 String 类的常量 coder 代表了字符串的编码格式，它的值只有 LATIN1 和 UTF16 两种。其中 LATIN1 和 UTF16 是 String 类中定义的两个静态常量，它们的声明语句如下：

```
    @Native static final byte LATIN1 = 0;
    @Native static final byte UTF16  = 1;
```

由此可知，通过常量 coder 的值比较了两个对象的编码格式是否都为 LATIN1 或 UTF16，若是，则逻辑表达式为真，继续下一个逻辑表达式的判断。

③ 在第三个 if 语句逻辑表达式中，StringLatin1.equals(value, aString.value) 是 StringLatin1 类调用了本类的 equals 静态方法 (从方法的调用格式上可以推断)。其中，equals 方法的形参为待比较的两个 String 对象的 value 值，而 value 是 String 类中的成员变量，它的声明语句为：

```
    @Stable
private final byte[] value;
```

关于 value 的注释语句中有一句描述：

```
    /* The value is used for character storage.
    */
```

由此可知 value 存储的是字符串的字符数组内容。进一步查看 StringLatin1 类的 equals 方法源代码，如下所示：

```
    @IntrinsicCandidate
public static boolean equals(byte[] value, byte[] other)
{
    if (value.length == other.length) {
        for (int i = 0; i < value.length; i++) {
            if (value[i] != other[i]) {
                return false;
            }
        }
        return true;
    }
    return false;
}
```

该方法比较了两个 byte 数组是否相等，其逻辑为：若两个数组的长度相等，则依次比较数组中每个元素的大小是否相等。当遍历完整个数组，只有在没有发现不相等的元素时，才返回真，其他情况均返回假。由此可知 equals 方法是将字符串的内容进行了逐位比较，只有完全相同的字符串才会为真。

综上可知，String 类的 equals 方法先比较两个对象的引用地址是否相等。若相等，则返回真；若不等，则通过三个递进层次比较两个对象是否相等，分别为：是否同为 String

类型、是否为同一种编码格式、字符串内容是否完全相同。当这些条件都为真时，equals方法才返回真，否则返回假。

(2) hashCode 方法源代码如下：

```
public int hashCode() {
    int h = hash;
    if (h == 0 && !hashIsZero) {
        h = isLatin1() ? StringLatin1.hashCode(value)
                       : StringUTF16.hashCode(value);
        if (h == 0) {
            hashIsZero = true;
        } else {
            hash = h;
        }
    }
    return h;
}
```

哈希码是一个 int 类型的数。在 String 类中的 hashCode 方法中使用到了本类的成员变量 hash、hashIsZero 和 value。value 的定义已在前面介绍过。其中 hash 的声明语句为：

```
/** Cache the hash code for the string */
private int hash; // Default to 0
```

可知，hash 变量存储的即是对象的哈希码，默认值为 0。hashIsZero 变量的声明语句为：

```
/**
 * Cache if the hash has been calculated as actually being zero, enabling
 * us to avoid recalculating this.
 */
private boolean hashIsZero;      // Default to false;
```

由此可知 hashIsZero 是一个布尔类型的值，代表对象的哈希码是否已经计算过。若该值为假，则代表对象的哈希值还没有计算；若为真，则代表对象的哈希值已经计算过；其缺省值为假。

在 hashCode 方法中，首先将 hash 的值赋值给局部变量 h，然后判断 h 是否为零，且 hashIsZero 是否为假。若两者都满足，则说明调用 hashCode 的对象是第一次计算哈希码，然后计算哈希值；否则直接返回 h 的值，即第一次已经计算得到的哈希值。由此可知一个 String 对象的哈希值只计算一次。如果是第一次计算哈希值，则进入 if 语句主体执行三目运算符，结果赋值给 h。该三目运算符首先调用了一个本类的成员方法 isLatin1，它的源代码为：

```
boolean isLatin1() {
    return COMPACT_STRINGS && coder == LATIN1;
}
```

由此可知 isLatin1 方法用于判断这个对象的编码格式是否为 LATIN1。若是则返回真；若不是则返回假，此时字符串对象的编码格式为 UTF16(Java 字符串只有这两种编码格式）。

当它为真时，字符串对象的编码格式为 LATIN1，则执行 StringLatin1 类的 hashCode 方法，将对象的字符数组传入该方法。该方法的源代码为：

```
public static int hashCode(byte[] value) {
    int h = 0;
    for (byte v : value) {
        h = 31 * h + (v & 0xff);
    }
    return h;
}
```

在该方法中使用了增强 for 循环计算 h 的值并返回。其数学逻辑即为 hashCode 方法帮助文档中说明的计算逻辑。

当它为假时，字符串对象的编码格式为 UTF16，则执行 StringUTF16 类的 hashCode 方法，将对象的字符数组传入该方法。该方法的源代码为：

```
public static int hashCode(byte[] value) {
    int h = 0;
    int length = value.length >> 1;
    for (int i = 0; i < length; i++) {
            h = 31 * h + getChar(value, i);
    }
    return h;
}
```

对比 StringLatin1 类的 hashCode 方法代码可知，在 StringUTF16 类的 hashCode 方法代码中，除了将表示字符的 byte 变量转换成 int 变量的方式不同外，其他逻辑代码基本相同。

综上可知，String 类的 hashCode 方法首先判断该对象是否已经计算过哈希码，如果已经计算过，则返回该值，否则计算该字符串对象的哈希值。计算过程为：先判断该字符串的编码格式是 Latin1 还是 UTF16；然后使用对应编码格式类的 hashCode 方法计算字符串的哈希值，计算逻辑依照帮助文档中的数学表达式进行；计算完哈希值之后，对 hashIsZero 和 hash 的值进行更新，最后返回哈希值。

(3) toString 方法源代码如下：

```
public String toString() {
    return this;
}
```

String 类的 toString 方法源代码很简单，直接返回对象的字符串内容。

以上便是 Objec 类中常用的三个方法的源代码解析。有些读者可能初次接触源代码的解析，确实有些困难。但读者不用太担心，所谓“一回生二回熟”，多操练几遍，先掌握源代码的阅读方法和技巧。此外初学者对源代码中的一些变量、方法及符号比较陌生，有些细节不清楚或不理解可以先跳过，先了解它的大体作用和整个代码的逻辑结构，然后在后续章节的学习中再慢慢去了解细节内容。

下面通过一个示例来介绍自定义类中如何使用 Object 类的常用方法。

【例 5-3-3】创建学生类，重写 Object 类的三种常用方法。

代码如下：

```
package chapter5.section3.demos;
public class StudentOverrideObjectFunDemo {
    public static void main(String[] args) {
        // TODO Auto-generated method stub
        Student stu1 = new Student( " 小明 ",20);
        Student stu2 = new Student( " 小明 ",20);
        Student stu4 = new Student( " 小明 ",23);
        Student stu3 = new Student( " 小黄 ",20);
        /* 调用 equals 方法 */
        System.out.println( " stu1 与 stu2 相等吗？ \t " + stu1.equals(stu2));
        System.out.println( " stu1 与 stu3 相等吗？ \t " + stu1.equals(stu3));
        System.out.println( " stu1 与 stu4 相等吗？ \t " + stu1.equals(stu4));
        /* 调用 getClass 方法 */
        System.out.println( " stu1.getClass() 输出：\t " + stu1.getClass());
        System.out.println( " stu2.getClass() 输出：\t " + stu2.getClass());
        System.out.println( " stu3.getClass() 输出：\t " + stu3.getClass());
        System.out.println( " stu4.getClass() 输出：\t " + stu4.getClass());
        /* 调用 hashCode 方法 */
        System.out.println( " stu1.hashCode() 输出：\t " + stu1.hashCode());
        System.out.println( " stu2.hashCode() 输出：\t " + stu2.hashCode());
        System.out.println( " stu3.hashCode() 输出：\t " + stu3.hashCode());
        System.out.println( " stu4.hashCode() 输出：\t " + stu4.hashCode());
        /* 调用 toString 方法 */
        System.out.println( " stu1.toString() 输出：\t " + stu1.toString());
        System.out.println( " stu2.toString() 输出：\t " + stu2.toString());
        System.out.println( " stu3.toString() 输出：\t " + stu3.toString());
        System.out.println( " stu4.toString() 输出：\t " + stu4.toString());
        System.out.println( " stu4 直接输出：\t " + stu4);
        System.out.println(stu4);
    }
}
class Student{
    private String name;
    private int age;
    public Student(String name, int age) {
        this.name = name;
        this.age = age;
    }
    @Override
    public int hashCode() {
```

```
        // TODO Auto-generated method stub
        return name.hashCode() + age;
    }
    @Override
    public boolean equals(Object obj) {
        // TODO Auto-generated method stub
        if(this == obj) {
            return true;
        }
        return (obj instanceof Student aStudent) && (this.name.equals(aStudent.name) && this.age ==
aStudent.age);
    }
    @Override
    public String toString() {
        // TODO Auto-generated method stub
        return name.toString()+ " \t " +age;
    }
}
```

运行结果如图 5-3-11 所示。

在该示例中，重写 Object 类的方法可以手写编程，也可以通过 Eclipse 软件自动生成。自动生成重写父类代码的方式为：在子类大括号里面右击鼠标，在弹出的悬浮框中选择 Source → Override/implement Methods 选项，如图 5-3-12 所示。

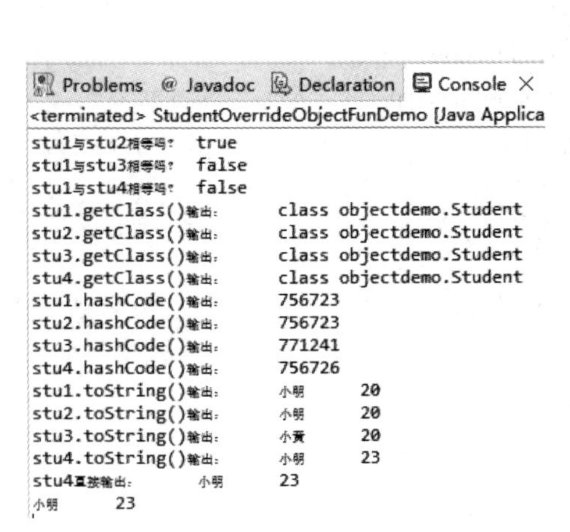

◆ 图 5-3-11 示例 5-3-11 的运行结果

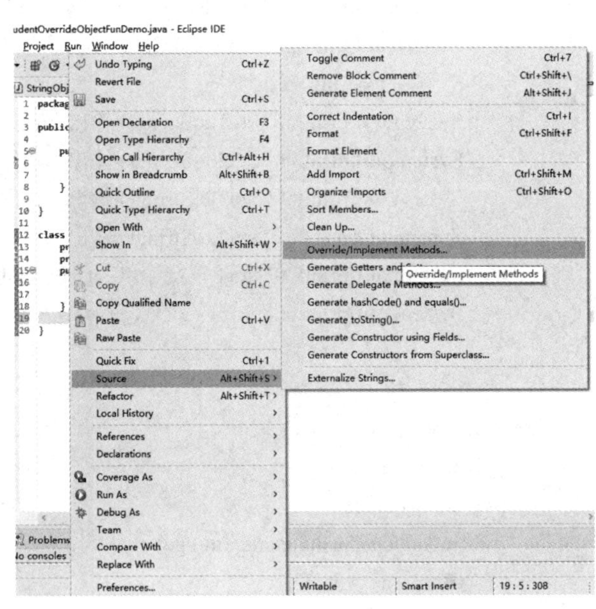

◆ 图 5-3-12 Eclipse 软件中自动生成重写方法的菜单项

单击 Override/implement Methods 选项确认后，在弹出的窗口中勾选需要重写的方法，如图 5-3-13 所示。

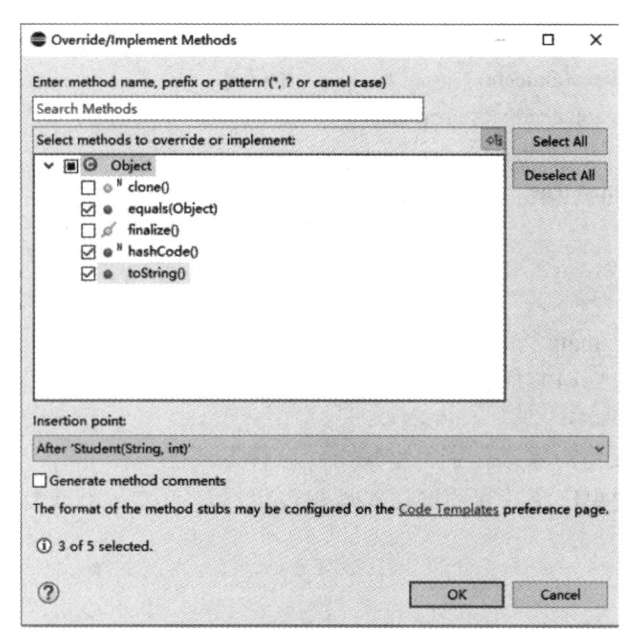

◆ 图 5-3-13　重写父类方法的设置框

按下“OK ”按钮后，在该子类的大括号中就会生成下面的代码。重写的成员方法默认直接调用了父类方法然后返回。修改方法中的代码实现自己的逻辑即可。

```
@Override
public int hashCode() {
    // TODO Auto-generated method stub
    return super.hashCode();
}
@Override
public boolean equals(Object obj) {
    // TODO Auto-generated method stub
    return super.equals(obj);
}
@Override
public String toString() {
    // TODO Auto-generated method stub
    return super.toString();
}
```

在重写 equals 方法时，可以直接模仿 String 类中的 equals 方法。首先比较调用者与形参的引用地址是否相同，然后判断对象的姓名和年龄是否同时相等。equals 方法的实现方式比较灵活，例如，下面的代码也是有效的。

```
@Override
public boolean equals(Object obj) {
    // TODO Auto-generated method stub
    if(this == obj) {
        return true;
```

```
        }
        if(obj instanceof Student) {
            Student aStudent = (Student)obj;
            if(this.name.equals(aStudent.name) && this.age == aStudent.age)
                return true;
        }
        return false;
    }
```

此外，需要注意 main 方法中的最后两行代码，如下所示：

```
System.out.println( " stu4 直接输出：\t " + stu4);
System.out.println(stu4);
```

这两行代码直接将对象当作字符串输出，这种方式也是正确的，比调用 toString 方法更方便，因此使用得更广泛。它的底层实现机理仍然是通过调用该类的 toString 方法将对象转换成了字符串。

5.4 内 部 类

在现实生活中，有些事物是由若干部分有机组成的，组成部分相对独立，但联系密切，作为一个整体不可分割。例如，人体的五脏六腑相对独立，但又是一个不可分割的整体。在使用编程语言来描述它时，可以定义若干单独的类，然后将这些类的对象作为成员变量封装到一个大类里面。这样做只是在私有化数据传输和共享方面不是非常的方便。针对类似的应用场景，Java 语言提供了内部类的概念来更方便地描述。所谓的内部类就是在一个类的内部又定义了另一个类。内部类具有以下几个优势：

(1) 方便将存在一定逻辑关系的类组织在一起，又可以对外界隐藏；

(2) 方便编写事件驱动程序；

(3) 方便编写线程代码；

(4) 内部类使得多继承的解决方案变得完整。

Java 内部类按照类的定义位置和修饰符可以分为：成员内部类、局部内部类、匿名内部类和静态内部类。

5.4.1 成员内部类

成员内部类是在一个类的大括号内，且在所有成员方法之外定义的类。成员内部类具有以下几个特点：

(1) 成员内部类可以无条件地访问外部类的所有成员；

(2) 在成员内部类中若存在与外部类同名的成员时，在内部类中默认使用自己的成员；如果需要访问外部类的同名成员，可以使用如下语法格式来访问：

```
外部类 .this. 成员名;
```

(3) 成员内部类是依附外部类而存在的，如果要创建成员内部类的对象，前提是必须存在一个外部类的对象，所以在外部类访问内部类的时候必须先实例化外部类对象；

(4) 成员内部类可以使用四种权限修饰符进行修饰；
(5) 成员内部类的内部不能定义静态成员。

【例 5-4-1】成员内部类。

代码如下：

```
package chapter5.section4.demos;
public class InnerClassDemo {
    String name =" 小白 ";
    static int age = 20;
    public static void main(String[] args) {
        // TODO Auto-generated method stub
        // 成员内部类对象的创建步骤
        // 第一步需要实例化外部类对象
        // 第二步正常实例化内部类对象但是 new 关键字要改成 外部类对象名 .new
        InnerClassDemo innerClassDemo = new InnerClassDemo();
        Inner inner = innerClassDemo.new Inner();
        inner.innerDisplay();
    }
    public static void display() {
        System.out.println(" 外部类的 display 方法被调用啦 ");
    }
    // 成员内部类 可以使用权限修饰符进行修饰
    public class Inner{
        //static int age =18;     // 错误，成员内部类中不能使用 static 修饰变量和方法
        Stringname=" 小黄 ";
        // 成员内部类可以直接访问外部类的属性和方法
        public void innerDisplay() {
            display();
            System.out.println(age);
            System.out.println(" 我的名字叫 "+name);
            System.out.println(" 我的名字叫 "+InnerClassDemo.this.name);
            // 进行特指访问时使用类名 .this. 变量名进行访问
        }
    }
}
```

运行结果如图 5-4-1 所示。

```
Problems  @ Javadoc  Declaration  Console ×
<terminated> InnerClassDemo [Java Application] D:\software
外部类的display函数被调用啦
20
我的名字叫  小黄
我的名字叫  小白
```

◆ 图 5-4-1　示例 5-4-1 的运行结果

在本示例中定义了一个类 InnerClassDemo 和它的成员内部类 Inner。在成员内部类的 innerDisplay 方法中使用了外部类 InnerClassDemo 的成员。这里尤其需要注意的是内部类与外部类都有一个名为 name 的成员变量。在内部类中使用变量 name 时，默认使用的是内部类的成员变量的值，如果希望访问外部类的 name 变量，则需要使用下面的代码实现：

```
InnerClassDemo.this.name
```

5.4.2 局部内部类

Java 语言的局部内部类就是编写在方法内部的类。它具有以下几个特点：

(1) 局部内部类可以访问其外部类的所有成员；

(2) 局部内部类的对象与局部变量一样，仅限于在该类所在的方法内创建和使用，也不可使用静态修饰符进行修饰；

(3) 在成员内部类中若存在与外部类同名的成员时，在内部类中默认使用自己的成员；如果需要访问外部类的同名成员，可以使用如下语法格式来访问：

外部类 .this. 成员名；

(4) 局部内部类只能使用 default 权限修饰符进行修饰。

【例 5-4-2】局部内部类。

代码如下：

```
package chapter5.section4.demos;
public class LocalClassDemo {
    String name = " 小白 ";
    static int age = 20;
    public static void main(String[] args) {
        LocalClassDemo localClassDemo = new LocalClassDemo();
        localClassDemo.demo();
    }
    public static void display() {
        System.out.println(" 外部类的 display 方法被调用啦 ");
    }
    public void demo() {
        String name = " 小白 ";
        double height = 1.72;
        // 编写在方法的内部的类称之为局部内部类
        // 局部内部类不可使用权限修饰符 静态修饰符进行修饰 同局部变量相同
        // 局部内部类与局部变量使用范围一样 在此方法内部
        // 局部内部类可以直接访问方法中的属性 重名时使用参数传递完成访问
        // 局部内部类 可以访问方法外部类中属性和方法
        class Inner{
            String name = " 小兰 ";
            public void showInner(String name) {
                display();
                System.out.println(age + "\t" + height);
```

```
                System.out.println(" 我的名字叫 "+LocalClassDemo.this.name);
                System.out.println(" 我的名字叫 "+name);
                System.out.println(" 我的名字叫 "+this.name);
            }
        }
        // 局部内部类 创建对象 要在方法内部 局部内部类的外部声明
        Inner inner=new Inner();
        inner.showInner(name);
    }
}
```

运行结果如图 5-4-2 所示。

```
Problems @ Javadoc Declaration Console
<terminated> LocalClassDemo [Java Application] D:\software
外部类的show函数被调用啦
外部类的printf函数被调用啦
20
3.14
这是:小白
这是：小白
这是：李四
```

◆ 图 5-4-2　示例 5-4-2 的运行结果

在本示例中，创建了一个 LocalClassDemo 类和它的成员，其中在成员方法 demo 内定义了一个局部内部类 Inner。在 Inner 类内的方法中调用了 LocalClassDemo 类的成员，若出现内部类和外部类成员重名，同样默认采用内部类的成员，可以使用“外部类类名 .this. 成员”的形式调用外部类的成员。

5.4.3　匿名内部类

匿名内部类就是没有变量名的局部内部类。它不能定义任何静态成员、方法和类。一个匿名内部类一定是在 new 的后面，它其实是一个对象的实例化部分，可以当作对象使用，例如：

```
class Student{}
Student stu = new Student();
```

其中“new Student()”若单独存在就是一个匿名内部类。由于匿名内部类在使用时没有对象的引用，因此它实例化之后只能用一次，再想用的时候就找不到它的位置了。如果匿名内部类被连续使用两次，相当于创建了两个相互独立的对象。匿名内部类在事件监听设置中应用比较多。

【例 5-4-3】类的匿名内部类。

代码如下：

```
package chapter5.section4.demos;
public class AnonymousInnerClassDemo1 {
    public static void main(String[] args) {
        // TODO Auto-generated method stub
```

```
        new Actor(" 小明 ").show(" 路人甲 ");
        new Actor(" 小蓝 ").show(" 路人乙 ");
    }
}
class Actor{
    String name;
    public Actor(String name) {
      this.name = name;
    }
    public void show(String actor) {
        System.out.println(" 我是 " + actor + " 的扮演者：" + name);
    }
}
```

运行结果如图 5-4-3 所示。

```
Problems  @ Javadoc  Decla
<terminated> AnonymousInnerClassI
我是路人甲的扮演者：小明
我是路人乙的扮演者：小蓝
```

◆ 图 5-4-3　示例 5-4-3 的运行结果

在本示例中定义了一个 Actor 类，在 main 方法中通过匿名内部类的形式创建了两个 Actor 类的对象并调用了 show 方法。

【例 5-4-4】接口的匿名内部类。

代码如下：

```
package chapter5.section4.demos;
public class AnonymousInnerClassDemo2 {
    public static void main(String[] args) {
        // TODO Auto-generated method stub
        new Student(){
            @Override
            public void introduce(String name) {
                // TODO Auto-generated method stub
                System.out.println(" 我的名字是 " + name);
            }
            @Override
            public void study(String book) {
                // TODO Auto-generated method stub
            }}.introduce(" 阿欣 ");
            new Student(){
                @Override
                public void introduce(String name) {
                    // TODO Auto-generated method stub
```

```
            }
            @Override
            public void study(String book) {
                // TODO Auto-generated method stub
                System.out.println(" 我正在学习的课本是 " + book);
            }}.study("Java");
    }
}
interface Student{
    void introduce(String name);
    void study(String book);
}
```

运行结果如图 5-4-4 所示。

```
Problems @ Javadoc Declaration Console ×
<terminated> AnonymousInnerClassDemo2 [Java Application]
我的名字是阿欣
我正在学习的课本是Java
```

◆ 图 5-4-4　示例 5-4-4 的运行结果

在本示例中定义了一个 Student 接口，包含两个公有的抽象方法。在 main 方法中定义了两个接口的匿名内部类，并分别调用了接口中被实现的方法。其中第一个匿名内部类调用了 introduce 方法，第二个匿名内部类调用了 study 方法。创建接口的匿名内部类的格式为：

```
new 接口名 (){
    抽象方法的实现
}
```

例如，上述示例中的代码：

```
new Student(){
        @Override
    public void introduce(String name) {
        // TODO Auto-generated method stub
        System.out.println(" 我的名字是 " + name);
    }
        @Override
    public void study(String book) {
        // TODO Auto-generated method stub
    }
};
```

然后将上述整个代码块作为一个对象使用，直接调用重写的某个方法。这里有几个注意事项。首先匿名内部类的方法重写可以手动编写，也可以通过 Eclipse 软件实现。具体实现方法为：先将匿名内部类的大括号空着，写完整行代码后，会提示错误，如图 5-4-5 所示。

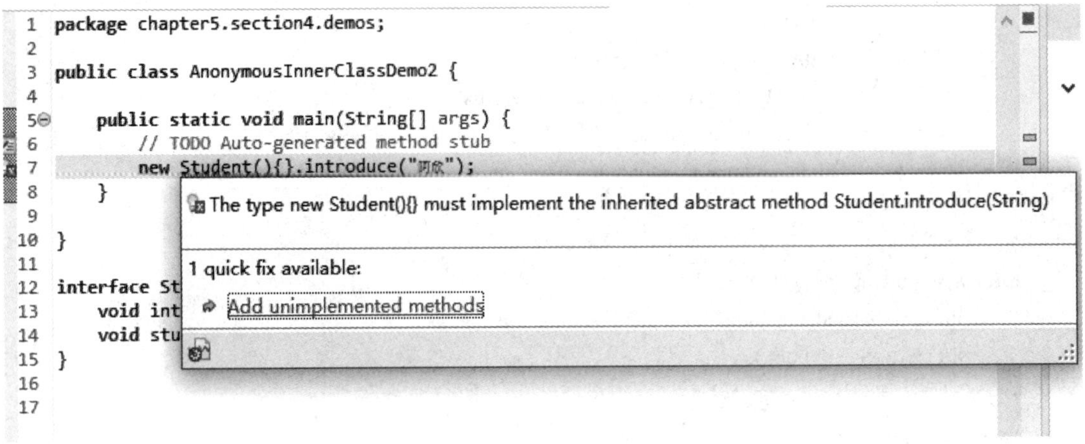

```
1  package chapter5.section4.demos;
2
3  public class AnonymousInnerClassDemo2 {
4
5      public static void main(String[] args) {
6          // TODO Auto-generated method stub
7          new Student(){}.introduce("阿欣");
8      }
9
10 }
11
12 interface St
13     void int
14     void stu
15 }
16
17
```

The type new Student(){} must implement the inherited abstract method Student.introduce(String)

1 quick fix available:

Add unimplemented methods

◆ 图 5-4-5　在匿名内部类中使用 Eclipse 软件自动实现接口的抽象方法

单击选项“Add unimplemented methods”实现所有的抽象方法，系统会默认在匿名内部类的大括号里面添加如下所示的代码：

```
new Student() {
    @Override
public void introduce(String name) {
        // TODO Auto-generated method stub
}
    @Override
public void study(String book) {
        // TODO Auto-generated method stub
}}.introduce(" 阿欣 ");
```

默认实现的抽象方法都是空的，在里面填写自己的逻辑代码即可。其次，每次创建接口的匿名内部类时，抽象方法的重写逻辑可以不同，根据需求编写。如本示例中两个匿名内部类对接口抽象方法的实现逻辑各不相同。再者，本例中两个匿名内部类是没有任何关联的，它们用一次之后就丢失了（垃圾回收器处理了）。

5.4.4　静态内部类

静态内部类就是使用 Java 关键字 static 修饰的内部类。它具有如下几个特点：

(1) 静态内部类不需要依赖于外部类，且它不能直接使用外部类的非静态成员，这点和类的静态成员相类似；

(2) 静态内部类中既可以声明静态成员也可以声明非静态成员。

【例 5-4-5】静态内部类。

代码如下：

```
package chapter5.section4.demos;
public class StaticInnerClassDemo {
```

```
    static String name=" 小青 ";
    public static void main(String[] args) {
        // TODO Auto-generated method stub
        Inner inner = new Inner();
        inner.display();
    }
    public static class Inner{// 四种权限修饰符可以修饰静态内部类
        // 静态内部类中不能访问外部类非静态成员
        Stringname=" 小李 ";
        static int age=20;
        float height=1.72f;
        public void display() {
            // 重名时 访问外部类的静态变量使用类名 . 属性名访问
            System.out.println(" 我的名字叫 "+name);
            System.out.println(" 我的名字叫 "+StaticInnerClassDemo.name);
            System.out.println(" 年龄 " + age + "\t" + " 身高 " + height);
        }
    }
}
```

运行结果如图 5-4-6 所示。

```
Problems @ Javadoc Decl
<terminated> StaticInnerClassDemc
我的名字叫 小李
我的名字叫 小青
年龄 20   身高 1.72
```

◆ 图 5-4-6　示例 5-4-5 的运行结果

在这个示例中定义了一个 StaticInnerClassDemo 类和它的静态内部类 Inner。在静态内部类中调用了自有的成员变量和外部类 StaticInnerClassDemo 中的成员变量。

【本章小结】

多态是面向对象编程的重要特性，它描述的是同一个接口，传入不同的实例会执行不同的操作。

在 Java 语言中，多态的实现需要以下三个必要条件：具有类的继承关系、在子类中重写父类的方法、父类引用指向子类对象 (向上转型)。

Java 类提供了类之间的向上转型和向下转型。其中向下转型需要先使用 instanceof 关键字判断该对象是否属于某个类或接口的实例，只有返回真才可进行转型。

Object 类是所有 Java 类的根基类，所有的 Java 类都直接或者间接继承自 Object 类。

Java 内部类按照类的定义位置和修饰符可以分为成员内部类、局部内部类、匿名内部类和静态内部类。

综合训练

习　题

第 6 章 异 常

人食五谷杂粮，再加上一些不当的饮食和生活习惯，难免会有各种不适的时候。除了身体偶尔不适外，在生活中也经常遇到一些状况，如手机碎屏、电脑蓝屏和自行车掉链子等。大部分状况通过想一些办法或者请求别人帮助就能得到解决，也有小部分突发情况甚至会危及人身和财产安全，处理起来可能也很棘手。类似地，程序在运行过程中也会遇到一些状况，如存储文件时磁盘不足、网络连接突然断开或找不着需要的文件路径等。为了描述程序可能遇到的各种状况，同时为这些状况提供解决的方法，Java 语言引入了异常（Exception）的概念。本章围绕 Java 异常的体系、处理方法和自定义异常几个方面进行介绍。

本章资源

6.1 Java 异常的作用和分类

首先，通过一个简单示例了解什么是异常。

【例 6-1-1】InputMismatchException 异常（错误示例）。

代码如下：

```
package chapter6.section1.demos;
import java.util.Scanner;
public class InputMismatchExceptionDemo {
    public static void main(String[] args) {
        System.out.println(" 请输入您的需要购买几张门票：（一人最多购买三张）");
        Scanner scan = new Scanner(System.in);
        int ticketNum = scan.nextInt();
        switch (ticketNum) {
        case 1:
            System.out.println("1 张门票 ");
            break;
        case 2:
```

```
                System.out.println("2 张门票 ");
                break;
            case 3:
                System.out.println("3 张门票 ");
                break;
            default:
                System.out.println(" 超出范围，请重试 ");
                break;
            }
            scan.close();
        }
    }
```

当输入“abc”时，程序会报错，运行结果的错误信息如下：

```
Exception in thread "main" java.util.InputMismatchException
    at java.base/java.util.Scanner.throwFor(Scanner.java:939)
    at java.base/java.util.Scanner.next(Scanner.java:1594)
    at java.base/java.util.Scanner.nextInt(Scanner.java:2258)
    at java.base/java.util.Scanner.nextInt(Scanner.java:2212)
    at myproj/chapter6.section1.demos.InputMismatchException.main (InputMismatch
Exception.java:10)
```

错误信息的中文意思是“输入类型不匹配异常”。在错误信息的最后一句指明了当前代码的第 10 行出现了问题。第 10 行的代码为：

```
int ticketNum = scan.nextInt();
```

这行代码要求用户输入一个 int 类型的数值，而用户却输入了一个 String 类型的值，数据类型不匹配，因此报错。此时，程序不再继续往下执行，而是直接退出。这就是一个典型的 Java 异常。示例中的异常是否会产生取决于用户的使用正当与否，即使软件很优秀，用户也不可避免会偶尔输入不匹配的数据类型。试想如果有这样一个商务软件，用户输入不对就立马报错或死机，估计用户下一次再也不买这款软件产品了。因此，出现异常并不可怕，只要想办法解决掉它，让程序正常运行就可以了。比如，在这个示例中可以提示用户再次输入直到类型匹配。因此，目前大多流行的编程语言都会存在对异常的处理机制，Java 语言也不例外。

为了能够更精确地识别异常情况并处理，Java 语言构建了一套由类组成的异常体系，并对其进行分门别类，图 6-1-1 显示了 Java 语言的异常体系架构。

Java 异常体系中的根类是 Throwable 类，它位于 Java.lang 包里面，是一个公有的非抽象的类。Throwable 类直接继承了 Object 类，实现了 Serializable 接口。该接口是 java.io 包里面的一个接口，主要服务于类的序列化及对象的文件读写。Throwable 类提供了五种构造方法，具体如表 6-1-1 所示。

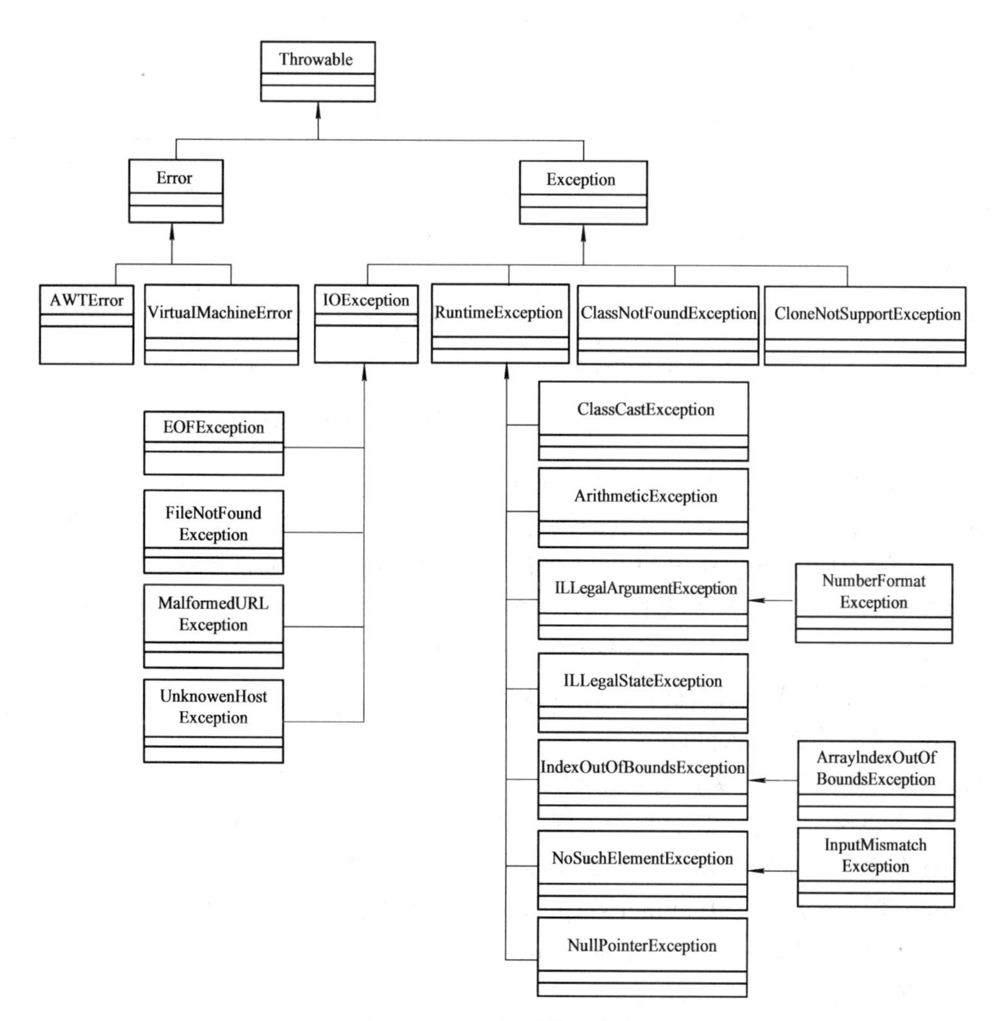

◆ 图 6-1-1 Java 异常体系的主要内容

表 6-1-1 Throwable 类的构造方法

构造方法	功能描述
Throwable()	构造一个详细信息为null的对象
Throwable(String message)	构造具有指定详细信息的对象
Throwable(String message, Throwable cause)	构造具有指定详细信息和原因的对象
protected Throwable(String message, Throwable cause, boolean enableSuppression, boolean writableStackTrace)	构造具有指定详细信息、原因、启用或禁用抑制以及启用或禁用可写堆栈跟踪的对象
Throwable(Throwable cause)	构造具有指定原因和详细信息的对象

表 6-1-1 中，前两种构造方法比较常用，其功能分别为创建一个 Throwable 对象和创建一个 Throwable 对象并指明它的详细信息。Throwable 提供了 Java 异常和错误最基本的

信息输出方法，包含 getMessage 方法、printStackTrace 方法和 toString 方法，它们的基本信息如表 6-1-2 所示。

表 6-1-2　Throwable 类常用方法的功能

方法修饰符和返回类型	方 法 名	基 本 功 能
String	getMessage	返回Throwable对象的详细描述
void	printStackTrace	将Throwable对象及其追踪打印到标准错误流
void	printStackTrace(PrintStreams)	将Throwable对象及其追踪打印到制定的输出流
String	toString	返回Throwable对象的简短描述

Throwable 类具有两个重要的子类，分别为 Error 类（错误类）和 Exception 类（异常类）。Error 类包含了很多子类，表示 Java 程序运行时产生的系统内部错误或资源耗尽错误，如注释语法错误、断言错误和 JVM 错误等。这些错误都是非常严重的，通常仅靠修改程序本身仍不能恢复执行，需要进行较大的代码改动。好比一个人得了非常严重的疾病，不能轻易治愈。例如，使用 Java 命令去运行一个不存在的类就会出现 Error。大多时候，Error 往往是由于编程人员自身的技术瓶颈或知识储备不足而造成的，本书对 Error 类暂不做深入讨论，重点介绍 Exception 类。

Exception 类称为异常类，它表示程序本身可以处理的错误，类比一个人偶然感冒，是可以找大夫快速治愈的。在开发 Java 程序中进行的异常处理都是针对 Exception 类及其子类。程序在编译时报出的异常称为编译时异常，在运行时报出的异常，称为运行时异常。在 Exception 类的子类中仅 RuntimeExecption 类（运行时异常类）及其子类属于运行时异常，其他类均属于编译时异常。在示例 6-1-1 中报出的 java.util.InputMismatchException 异常就是运行时异常的子类。编译时异常出现时代码不能通过编译，很容易被发现，编程人员必须对其进行处理；而运行时异常能够通过编译，只是不处理的话会影响代码的健壮性，因此编程人员在编程时应尽可能地考虑到各种情景，使用代码逻辑来规避或处理运行时异常。

Java 运行时异常是开发者需重点关注的内容，它包含了非常丰富的类库，但不需要初学者记住每一种异常的名字及产生条件，一下子也很难记得过来。其实大部分异常类的名字都可以直观地反映出它的异常信息，建议初学者可以先快速地浏览一下运行时异常的类有哪些，有一个大致的印象。在后续编程时使用到哪个类，再回到帮助文档看它的详细说明。

Java 异常类的使用比较简单，实际上大部分异常类只是继承了 Throwable 类的方法，没有重写父类的方法，也没有再定义新的方法，在使用时除了异常描述内容不同之外，其他基本是一样的。例如，Exception 类里面同样定义了五种重载的构造方法，它的形参类别与 Throwable 类的构造方法一一对应。在 Exception 类中，除了直接继承自 Throwable 类和 Object 类原有的方法之外，没有再自定义新的成员变量及成员方法，也没有对 Throwable 类的成员方法进行重写，如表 6-1-3 所示。

表 6-1-3 Exception 类的构造方法

构造方法名	功能描述
Exception()	构造一个详细信息为null的异常
Exception(String message)	构造具有指定详细信息的异常
Exception(String message, Throwable cause)	构造具有指定详细信息和原因的异常
protected Exception(String message, Throwable cause, boolean enableSuppression, boolean writableStackTrace)	构造具有指定详细信息、原因、启用或禁用抑制以及启用或禁用可写堆栈跟踪的异常
Exception(Throwable cause)	构造具有指定原因和详细信息的异常

6.2 Java 异常处理

6.2.1 Java 异常处理的方式

Java 异常处理的方式分为两种：捕获异常和抛出异常。

(1) 捕获异常：将可能发生异常的语句 (含编译时异常和运行时异常) 包含在一个 try-catch 或 try-catch-finally 代码块中进行捕获处理。

(2) 抛出异常：在方法声明时，声明该方法抛出异常，在该方法被调用的位置接收并处理异常。

由于方法可以调用另一个方法，形成多层方法的调用，因此方法的异常理论上可以不停地向它的调用者抛出，直到抛给了 main 方法。如果 main 方法不作处理继续向外抛出，就会把异常抛给 JVM。当 JVM 接收到异常时，程序会结束运行。因此，抛出异常虽然是 Java 异常处理的一种方式，但通常抛出的异常总会在抛给 JVM 之前被捕获处理。

6.2.2 捕获异常

Java 捕获异常通过关键字 try、catch 和 finally 组合成 try-catch 或者 try-catch-finally 代码块。它的语法格式为：

```
try{
    // 一些可能会抛出异常的代码
}catch(Exception1 e1){
    // 处理异常 1 的代码块
}catch(Exceptioin2 e2){
    // 处理 Exception2 的代码块
}...(n 个 catch 代码块 )...{
    // 处理 ExceptionN 的代码块
}finally{
    // 最终要执行的一些代码
}
```

上面的语法格式中，try 代码块有且仅有一个，catch 代码块可以有一个或者多个，finally 代码块可以没有。

【例 6-2-1】try-catch 捕获异常。

代码如下：

```
package chapter6.section2.demos;
import java.util.InputMismatchException;
import java.util.Scanner;
public class TryCatchDemo {
    public static void main(String[] args) {
        // TODO Auto-generated method stub
        Scanner scan = new Scanner(System.in);
        System.out.println(" 两个整数相除 ");
        int a;
        int b;
        try {
            System.out.println(" 请输入两个整数，以空格或回车隔开：");
            a = scan.nextInt();
            b = scan.nextInt();
            System.out.println("a/b = " + a/b);
        }catch(InputMismatchException e) {
            e.printStackTrace();
            System.out.println(" 请输入两个整数，以空格或回车隔开。");
        }catch(ArithmeticException e) {
            e.printStackTrace();
            System.out.println(" 除数不可以为零 ");
        }catch(Exception e) {
            e.printStackTrace();
            System.out.println(" 其他未知异常 ");
        }
        System.out.println(" 运算执行完毕，再见！ ");
        scan.close();
    }
}
```

运行结果如图 6-2-1 ～图 6-2-3 所示。

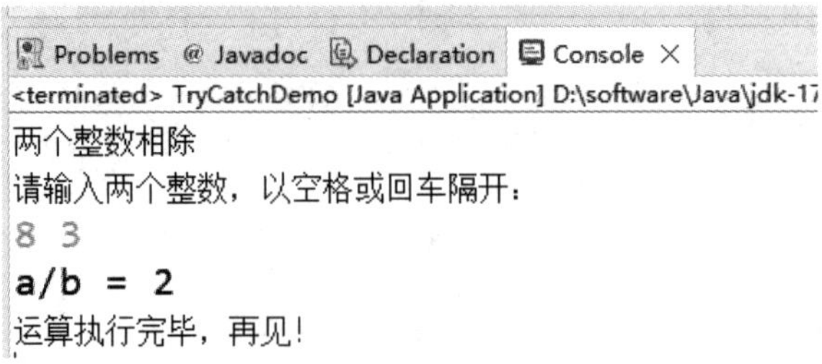

```
Problems @ Javadoc Declaration Console ×
<terminated> TryCatchDemo [Java Application] D:\software\Java\jdk-17
两个整数相除
请输入两个整数，以空格或回车隔开：
8 3
a/b = 2
运算执行完毕，再见！
```

◆ 图 6-2-1　示例 6-2-1 的运行结果 1

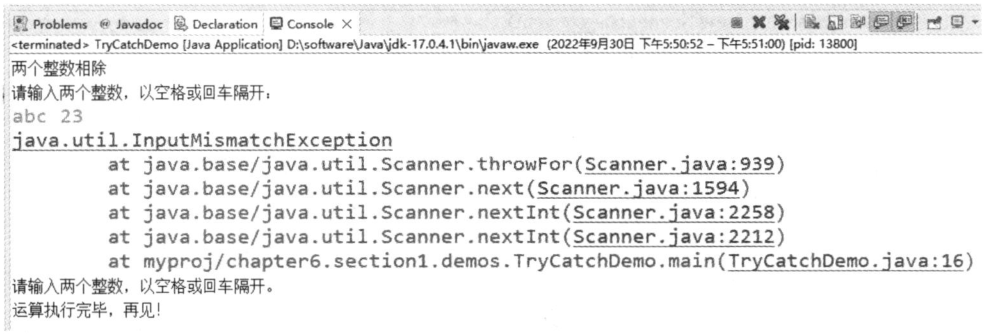

```
Problems @ Javadoc Declaration Console ×
<terminated> TryCatchDemo [Java Application] D:\software\Java\jdk-17.0.4.1\bin\javaw.exe (2022年9月30日 下午5:50:52 – 下午5:51:00) [pid: 13800]
两个整数相除
请输入两个整数，以空格或回车隔开：
abc 23
java.util.InputMismatchException
        at java.base/java.util.Scanner.throwFor(Scanner.java:939)
        at java.base/java.util.Scanner.next(Scanner.java:1594)
        at java.base/java.util.Scanner.nextInt(Scanner.java:2258)
        at java.base/java.util.Scanner.nextInt(Scanner.java:2212)
        at myproj/chapter6.section1.demos.TryCatchDemo.main(TryCatchDemo.java:16)
请输入两个整数，以空格或回车隔开。
运算执行完毕，再见!
```

◆ 图 6-2-2　示例 6-2-1 的运行结果 2

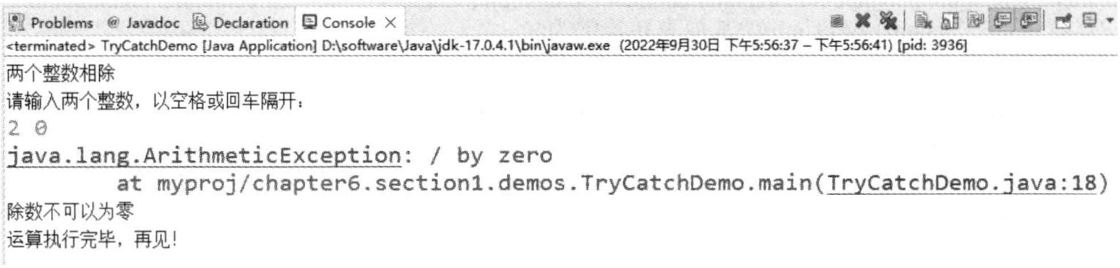

```
Problems @ Javadoc Declaration Console ×
<terminated> TryCatchDemo [Java Application] D:\software\Java\jdk-17.0.4.1\bin\javaw.exe (2022年9月30日 下午5:56:37 – 下午5:56:41) [pid: 3936]
两个整数相除
请输入两个整数，以空格或回车隔开：
2 0
java.lang.ArithmeticException: / by zero
        at myproj/chapter6.section1.demos.TryCatchDemo.main(TryCatchDemo.java:18)
除数不可以为零
运算执行完毕，再见!
```

◆ 图 6-2-3　示例 6-2-1 的运行结果 3

在该示例当中，用户随机输入两个数。运行结果随着用户输入的不同可能不同。若用户输入的值符合计算规则，没有异常产生时，程序只运行 try 代码块中的语句，然后直接跳出 try-catch 代码块，继续执行下面的代码。当输入的数不是整数时，try 代码块中的赋值语句就会报出 InputMismatchException 异常，产生一个该异常类的对象。该对象会被 catch 语句捕获，具体过程为：产生的异常对象首先使用 instanceof 关键字判断离它最近的 catch 形参变量是否为同一类型。若是，则将异常对象赋值给这个 catch 形参，执行该 catch 代码块，然后直接跳出 try-catch 语句；若不是，则对比下一个 catch 形参是否为同类型，若是，则对象赋值给 catch 形参，执行该 catch 代码块，然后跳出 try-catch 语句。按照这个顺序依次对比，假如都没有匹配的类型，则程序直接报出异常，终止执行。依照上述逻辑，在设计 try-catch 代码块时，通常将异常类的子类放在靠前的 catch 语句中，异常类中的父类放在靠后的 catch 语句中，这样在捕获异常时能够更精确地获取异常信息。此外，为了保证异常一定会被捕获到，通常在最后一句 catch 形参中使用 Exception 类型。由于所有异常类都是 Exception 类的子类，因此通过向上转型可以获取所有的异常类对象，保证异常对象在 try-catch 代码块中一定能够被捕获。有时候设计的程序对不同类型的异常做的处理是相同的，则可以简化该示例中的代码，只用一个 catch 语句，形参类型为 Exception 即可。注意，这里面使用到了 Java 类的多态。

简化代码如下：

```
package chapter6.section2.demos;
import java.util.InputMismatchException;
import java.util.Scanner;
public class TryCatchDemo {
    public static void main(String[] args) {
        // TODO Auto-generated method stub
```

```
        Scanner scan = new Scanner(System.in);
        System.out.println(" 两个整数相除 ");
        int a;
        int b;
        try {
            System.out.println(" 请输入两个整数，以空格或回车隔开：");
            a = scan.nextInt();
            b = scan.nextInt();
            System.out.println("a/b = " + a/b);
        }catch(Exception e) {
            e.printStackTrace();
            System.out.println(" 其他未知异常 ");
        }
        System.out.println(" 运算执行完毕，再见！ ");
        scan.close();
    }
}
```

运行结果如图 6-2-4 所示。

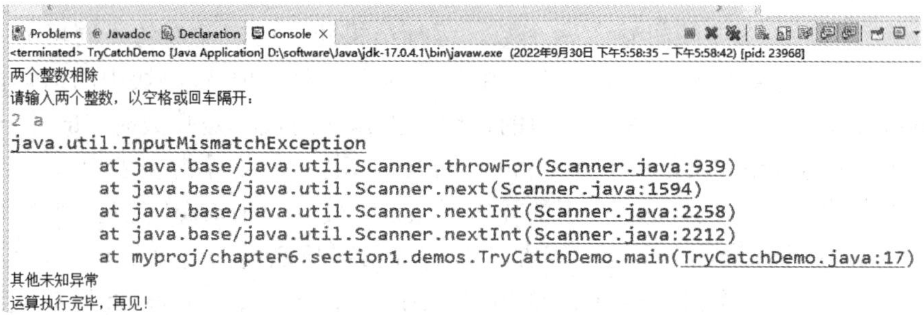

```
Problems @ Javadoc Declaration Console
<terminated> TryCatchDemo [Java Application] D:\software\Java\jdk-17.0.4.1\bin\javaw.exe (2022年9月30日 下午5:58:35 – 下午5:58:42) [pid: 23968]
两个整数相除
请输入两个整数，以空格或回车隔开：
2 a
java.util.InputMismatchException
	at java.base/java.util.Scanner.throwFor(Scanner.java:939)
	at java.base/java.util.Scanner.next(Scanner.java:1594)
	at java.base/java.util.Scanner.nextInt(Scanner.java:2258)
	at java.base/java.util.Scanner.nextInt(Scanner.java:2212)
	at myproj/chapter6.section1.demos.TryCatchDemo.main(TryCatchDemo.java:17)
其他未知异常
运算执行完毕，再见！
```

◆ 图 6-2-4　示例 6-2-1 单个 catch 语句的运行结果

当出现异常时，在运行结果中使用 printStackTrace 方法在屏幕中打印输出了异常信息。可以看到首先指明了异常的类型，然后倒序给出了产生异常的位置。其中真正产生异常的语句来自 Scanner 类的 throwFor 方法，它位于 Scanner 类源代码的第 939 行，单击错误信息中的“Scanner.java:939”就可以直接跳转到源代码报错的位置，如图 6-2-5 所示。

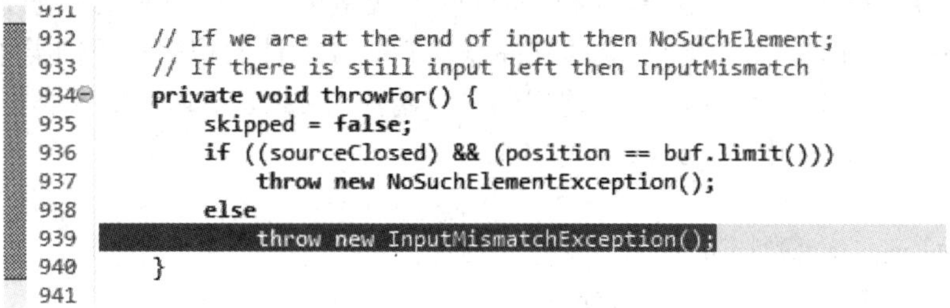

```
931
932     // If we are at the end of input then NoSuchElement;
933     // If there is still input left then InputMismatch
934     private void throwFor() {
935         skipped = false;
936         if ((sourceClosed) && (position == buf.limit()))
937             throw new NoSuchElementException();
938         else
939             throw new InputMismatchException();
940     }
941
```

◆ 图 6-2-5　Scanner 类的 throwFor 方法抛出异常的代码位置

在第 939 行代码中显式地抛出了一个异常。throwFor 方法被 Scanner 类的 next 方法调用，next 方法位于 Scanner 类源代码的第 1594 行，因此也显示出 next 方法的错误信息。

同样，next 方法被 Scanner 类源代码第 2258 行的 nextInt 方法调用，而 2258 行的 nextInt 方法被 2212 行的 nextInt 方法调用，最终 Scanner 类源代码第 2212 行的 nextInt 方法在 main 方法中的第 17 行被调用，如图 6-2-6 所示，所以依次打印出了出错代码行的信息。Throwable 类的 printStackTrace 追踪功能非常有用，可以快速地帮助开发者确定出错的位置。尤其是在自定义类的方法中嵌套调用多个自定义的方法，可以直接追踪到引起逻辑报错的最终代码位置。

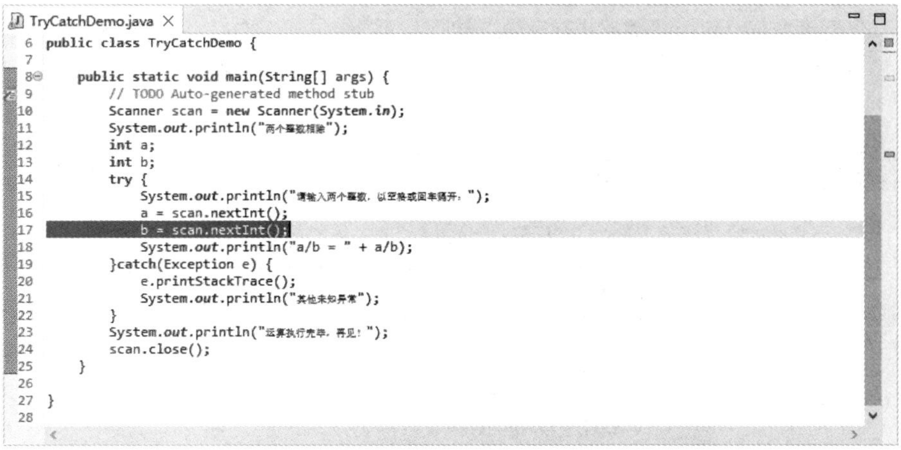

```
TryCatchDemo.java
 6 public class TryCatchDemo {
 7
 8     public static void main(String[] args) {
 9         // TODO Auto-generated method stub
10         Scanner scan = new Scanner(System.in);
11         System.out.println("两个整数相除");
12         int a;
13         int b;
14         try {
15             System.out.println("请输入两个整数，以空格或回车隔开：");
16             a = scan.nextInt();
17             b = scan.nextInt();
18             System.out.println("a/b = " + a/b);
19         }catch(Exception e) {
20             e.printStackTrace();
21             System.out.println("其他未知异常");
22         }
23         System.out.println("运算执行完毕，再见！");
24         scan.close();
25     }
26
27 }
28
```

◆ 图 6-2-6 示例 6-2-1 抛出异常的代码位置

还需要注意的是，如果 try 和 catch 语句中执行到了 return 语句，那么直接退出整个方法，不再执行下面的代码。

在捕获语句中还可以使用 finally 代码块，它的特点是除非在 try-catch 代码块中执行了 System.exit(0) 退出 JVM，否则 finally 代码块一定会被执行，即使在 try-catch 语句中执行到了 return 语句。

【例 6-2-2】finally 代码块示例 1。

代码如下：

```
package chapter6.section2.demos;
import java.util.InputMismatchException;
import java.util.Scanner;
public class TryCatchFinallyDemo1 {
    public static void main(String[] args) {
        // TODO Auto-generated method stub
        Scanner scan = new Scanner(System.in);
        System.out.println(" 两个整数相除 ");
        int a;
        int b;
        try {
            System.out.println(" 请输入两个整数，以空格或回车隔开：");
            a = scan.nextInt();
            b = scan.nextInt();
            System.out.println("a/b = " + a/b);
```

```
        }catch(Exception e) {
            e.printStackTrace();
            System.out.println(" 其他未知异常 ");
            return ;
        }finally {
            System.out.println(" 知错能改，善莫大焉 ");
        }
        System.out.println(" 运算执行完毕，再见！ ");
        scan.close();
    }
}
```

运行结果如图 6-2-7 和图 6-2-8 所示。

```
Problems  @ Javadoc  Declaration  Console ×
<terminated> TryCatchDemo [Java Application] D:\software\Ja
两个整数相除
请输入两个整数，以空格或回车隔开：
6 2
a/b = 3
知错能改，善莫大焉
运算执行完毕，再见！
```

◆ 图 6-2-7　示例 6-2-2 的运行结果 1

```
Problems  @ Javadoc  Declaration  Console ×
<terminated> TryCatchDemo [Java Application] D:\software\Java\jdk-17.0.4.1\bin\javaw.exe (2022年9月30日 下午6:16:49 – 下午6:16:55) [pid: 13176]
请输入两个整数，以空格或回车隔开：
6 0
java.lang.ArithmeticException: / by zero
	at myproj/chapter6.section1.demos.TryCatchDemo.main(TryCatchDemo.java:18)
其他未知异常
知错能改，善莫大焉
```

◆ 图 6-2-8　示例 6-2-2 的运行结果 2

本示例展示了 finally 代码块的作用。从中可以看出不论 try 代码块是否产生异常，finally 代码块都会执行。当 return 语句执行之后，位于它后面的 finally 代码块仍会执行，而 return 语句之后的其他代码就不再执行了。

【例 6-2-3】finally 代码块示例 2。

代码如下：

```
package chapter6.section2.demos;
import java.util.InputMismatchException;
import java.util.Scanner;
public class TryCatchFinallyDemo {
    public static void main(String[] args) {
        // TODO Auto-generated method stub
        Scanner scan = new Scanner(System.in);
        System.out.println(" 两个整数相除 ");
        int a;
```

```
        int b;
        try {
            System.out.println(" 请输入两个整数，以空格或回车隔开：");
            a = scan.nextInt();
            b = scan.nextInt();
            System.out.println("a/b = " + a/b);
        }catch(Exception e) {
            e.printStackTrace();
            System.out.println(" 其他未知异常 ");
            System.exit(0);
        }finally {
            System.out.println(" 知错能改，善莫大焉 ");
        }
        System.out.println(" 运算执行完毕，再见！ ");
        scan.close();
    }
}
```

运行结果如图 6-2-9 和图 6-2-10 所示。

```
Problems @ Javadoc Declaration Console ×
<terminated> TryCatchDemo [Java Application] D:\software\Jav
两个整数相除
请输入两个整数，以空格或回车隔开：
2 1
a/b = 2
知错能改，善莫大焉
运算执行完毕，再见！
```

◆ 图 6-2-9　示例 6-2-3 的运行结果 1

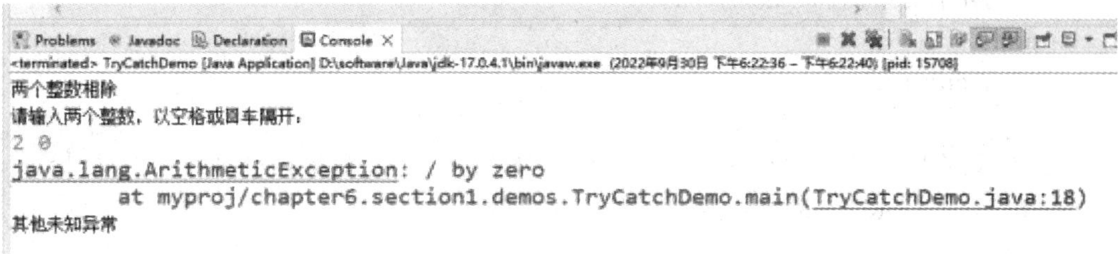

```
Problems @ Javadoc Declaration Console ×
<terminated> TryCatchDemo [Java Application] D:\software\Java\jdk-17.0.4.1\bin\javaw.exe (2022年9月30日 下午6:22:36 – 下午6:22:40) [pid: 15708]
两个整数相除
请输入两个整数，以空格或回车隔开：
2 0
java.lang.ArithmeticException: / by zero
	at myproj/chapter6.section1.demos.TryCatchDemo.main(TryCatchDemo.java:18)
其他未知异常
```

◆ 图 6-2-10　示例 6-2-3 的运行结果 2

在本示例中，如果出现异常，则会运行 System.exit(0)，它的作用是退出 JVM，此时 finally 代码块也不会再执行了。通常，finally 代码块主要用于释放一些重要的资源，例如释放 I/O 流对象。这部分内容将在第 9 章详细介绍。

6.2.3　抛出异常

在 6.2.2 节的示例中有一个小的细节，就是 Scanner 类中的 throwFor 方法在方法体内使用了 Java 关键字 throw 抛出了一个异常，它的源代码为：

```
// If we are at the end of input then NoSuchElement;
// If there is still input left then InputMismatch
private void throwFor() {
    skipped = false;
    if ((sourceClosed) && (position == buf.limit()))
        throw new NoSuchElementException();
    else
        throw new InputMismatchException();
}
```

在官方定义的类库中存在着很多抛出异常的成员方法。开发者也可以在自定义方法中抛出异常。在 Java 语言中抛出异常的方法有三种。第一种是系统自动抛出异常，也就是运行时异常。第二种是使用 throw 关键字在方法内显式地抛出一个异常对象，它的语法格式为：

```
throw 异常对象;
```

通常使用匿名内部类的形式创建异常对象，例如：

```
throw new Exception();
```

第三种是方法向它的调用者抛出一个异常，使用throws关键字。它的语法格式为：

```
修饰符 方法名(形参列表) throws 异常类名 {
    执行语句;
}
```

例如：

```
public int division(int a, int b) throws ArithmeticException {
    return a/b;
}
```

通常，第二种抛出语句和第三种抛出语句会配合使用，例如：

```
public int division(int a, int b) throws ArithmeticException {
    if (b == 0)
        return new ArithmeticException();
    else
        return a/b;
}
```

为了代码的稳健性，通常这些抛出的异常都会在某个位置捕获处理。

【例 6-2-4】throw 和 throws 关键字的使用。

代码形式一：

```
package chapter6.section2.demos;
import java.util.Scanner;
public class ThrowDemo {
private static int [] arr;
    public static void main(String[] args) {
        // TODO Auto-generated method stub
        arr = new int[6];
        for(int i = 0; i<arr.length; i++)
```

```
            arr[i] = i+1;
        Scanner scan = new Scanner(System.in);
        System.out.println(" 请输入要访问的数组元素下标：");
        int index = scan.nextInt();
        try {
            System.out.println(" 该元素的值为："+getElement(index));
        }catch(Exception e) {
            e.printStackTrace();
        }
        scan.close();
        System.out.println(" 程序执行完毕 ");
    }
    public static int getElement(int index) {
        if(index<0 || index >arr.length)
            throw new ArrayIndexOutOfBoundsException();
        return arr[index];
    }
}
```

代码形式二：

```
package chapter6.section2.demos;
import java.util.Scanner;
public class ThrowsDemo {
private static int [] arr;
    public static void main(String[] args) {
        // TODO Auto-generated method stub
        arr = new int[6];
        for(int i = 0; i<arr.length; i++)
            arr[i] = i+1;
        Scanner scan = new Scanner(System.in);
        System.out.println(" 请输入要访问的数组元素下标：");
        int index = scan.nextInt();
        try {
            System.out.println(" 该元素的值为："+getElement(index));
        }catch(Exception e) {
            e.printStackTrace();
        }
        scan.close();
        System.out.println(" 程序执行完毕 ");
    }
    public static int getElement(int index) throws ArrayIndexOutOfBoundsException{
        return arr[index];
    }
}
```

代码形式三：

```
package chapter6.section2.demos;
import java.util.Scanner;
public class ThrowAndThrowsDemo {
private static int [] arr;
    public static void main(String[] args) {
        // TODO Auto-generated method stub
        arr = new int[6];
        for(int i = 0; i<arr.length; i++)
            arr[i] = i+1;
        Scanner scan = new Scanner(System.in);
        System.out.println(" 请输入要访问的数组元素下标：");
        int index = scan.nextInt();
        try {
            System.out.println(" 该元素的值为："+getElement(index));
        }catch(Exception e) {
            e.printStackTrace();
        }
        scan.close();
        System.out.println(" 程序执行完毕 ");
    }
    public static int getElement(int index) throws ArrayIndexOutOfBoundsException{
        if (index<0 || index >arr.length)
            throw new ArrayIndexOutOfBoundsException();
        return arr[index];
    }
}
```

运行结果如图 6-2-11 和图 6-2-12 所示。

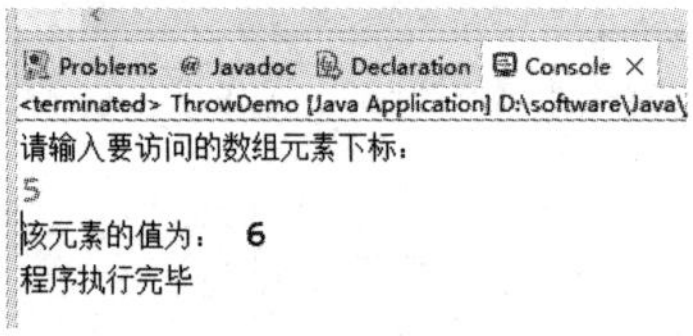

```
Problems  @ Javadoc  Declaration  Console ×
<terminated> ThrowDemo [Java Application] D:\software\Java\
请输入要访问的数组元素下标：
5
该元素的值为： 6
程序执行完毕
```

◆ 图 6-2-11　示例 6-2-4 的运行结果 1

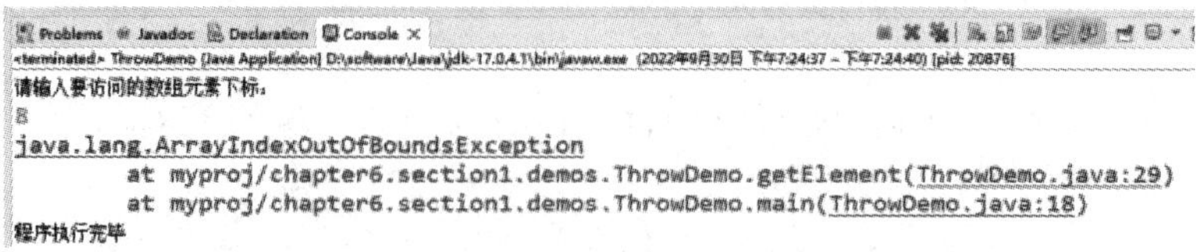

```
Problems  @ Javadoc  Declaration  Console ×
<terminated> ThrowDemo [Java Application] D:\software\Java\jdk-17.0.4.1\bin\javaw.exe (2022年9月30日 下午7:24:37 – 下午7:24:40) [pid: 20876]
请输入要访问的数组元素下标：
8
java.lang.ArrayIndexOutOfBoundsException
	at myproj/chapter6.section1.demos.ThrowDemo.getElement(ThrowDemo.java:29)
	at myproj/chapter6.section1.demos.ThrowDemo.main(ThrowDemo.java:18)
程序执行完毕
```

◆ 图 6-2-12　示例 6-2-4 的运行结果 2

本示例展示了 throw 和 throws 的使用方法，建议采用第三种方法，也就是 throw 和 throws 搭配使用。

6.3 自定义异常

如果 Java 语言提供的异常类不能满足程序设计的需求，可以自定义 Java 异常类。自定义异常类的基本步骤如下：

(1) 创建一个类继承 Exception 类或其子类；

(2) 定义该类的构造方法，调用父类的构造方法；

(3) 如有需要，重写父类中的方法，实现自己的代码逻辑。

自定义的异常类在使用时与官方定义的异常类基本相同。

【例 6-3-1】自定义异常类。

代码如下：

```
package chapter6.section3.demos;
import java.util.Scanner;
public class CustomExceptionDemo {
    public static void main(String[] args) {
        // TODO Auto-generated method stub
        System.out.println(" 欢迎进入购票系统 !");
        Scanner scan = new Scanner(System.in);
        System.out.println(" 请输入票数 ( 不超过 3 张 )：");
        int num;
        try {
            num = scan.nextInt();
            sellTickets(num);
        }catch(ExteedsMaxValue e) {
            e.printStackTrace();
        }catch(OutOfRange e) {
            e.printStackTrace();
        }
        System.out.println(" 谢谢惠顾，再见！ ");
        scan.close();
    }
    public static void sellTickets(int num) throws ExteedsMaxValue, OutOfRange{
            if(num>3)
           throw new ExteedsMaxValue();
        else if(num<0)
            throw new OutOfRange();
        else
            System.out.println(" 您成功购买了 "+num+" 张票。");
    }
```

```
    }
    class ExteedsMaxValue extends Exception{
    public ExteedsMaxValue() {}
    public ExteedsMaxValue(String message) {
        super(message);
    }
    @Override
    public void printStackTrace() {
        // TODO Auto-generated method stub
        super.printStackTrace();
        System.out.println(" 超出最大购票数 ");
    }
}
    class OutOfRange extends Exception{
    public OutOfRange() {}
    public OutOfRange(String message) {
        super(message);
    }
    @Override
    public void printStackTrace() {
        // TODO Auto-generated method stub
        super.printStackTrace();
        System.out.println(" 票数不能小于 1");
    }
}
```

运行结果如图 6-3-1～图 6-3-3 所示。

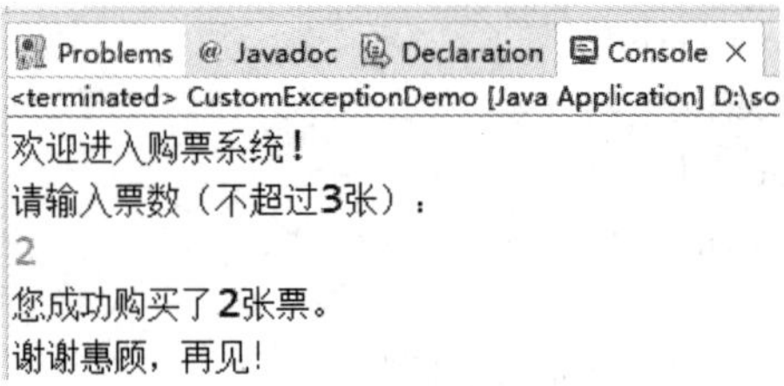

```
Problems  @ Javadoc  Declaration  Console ×
<terminated> CustomExceptionDemo [Java Application] D:\so
欢迎进入购票系统！
请输入票数（不超过3张）：
2
您成功购买了2张票。
谢谢惠顾，再见！
```

◆ 图 6-3-1　示例 6-3-1 的运行结果 1

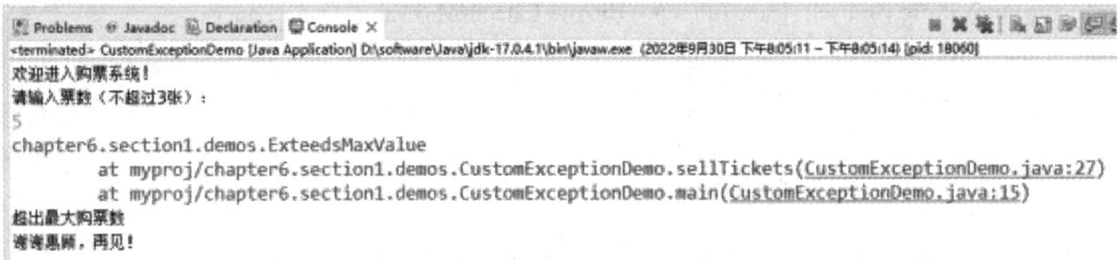

```
Problems  @ Javadoc  Declaration  Console ×
<terminated> CustomExceptionDemo [Java Application] D:\software\Java\jdk-17.0.4.1\bin\javaw.exe (2022年9月30日 下午8:05:11 – 下午8:05:14) [pid: 18060]
欢迎进入购票系统！
请输入票数（不超过3张）：
5
chapter6.section1.demos.ExteedsMaxValue
        at myproj/chapter6.section1.demos.CustomExceptionDemo.sellTickets(CustomExceptionDemo.java:27)
        at myproj/chapter6.section1.demos.CustomExceptionDemo.main(CustomExceptionDemo.java:15)
超出最大购票数
谢谢惠顾，再见！
```

◆ 图 6-3-2　示例 6-3-2 的运行结果 2

```
Problems  Javadoc  Declaration  Console ×
<terminated> CustomExceptionDemo [Java Application] D:\software\Java\jdk-17.0.4.1\bin\javaw.exe (2022年9月30日 下午8:06:46 – 下午8:06:51) (pid: 27584)
欢迎进入购票系统！
请输入票数（不超过3张）：
-1
chapter6.section1.demos.OutOfRange
票数不能小于1
谢谢惠顾，再见！
	at myproj/chapter6.section1.demos.CustomExceptionDemo.sellTickets(CustomExceptionDemo.java:29)
	at myproj/chapter6.section1.demos.CustomExceptionDemo.main(CustomExceptionDemo.java:15)
```

◆ 图 6-3-3　示例 6-3-1 的运行结果 3

在该示例中，自定义了两个异常类，在每个异常类中定义了重载方法，分别调用了父类的构造方法，重写了 printStackTrace 方法，对其功能进一步扩展。本示例结合了异常的抛出和捕获。抛出和捕获的对象均为自定义的异常类对象。

【本章小结】

Java 异常分为编译时异常和运行时异常。

Java 异常处理有捕获异常和抛出异常两种方式，其中捕获异常使用到了 try-catch 和 try-catch-finally 代码块，抛出异常使用到了 throw 和 throws 关键字。

Java 语言支持自定义异常，创建一个类继承 Exception 类或其子类即可实现。

综合训练

习　题

第 7 章 Java 语言常用 API

前面几章主要针对 Java 面向对象的基础知识进行了系统介绍，比如如何定义一个类，如何使用对象等。但如果开发者想实现一个比较大的项目，所有的代码从零开始编写效率就会很低。科学巨匠牛顿曾经说过：“如果说我比别人看得更远些，那是因为我站在了巨人的肩上。”编程亦是如此。在具备了 Java 面向对象编程的基本技能之后，开发者就可以在项目开发中学习并使用别人的优秀代码。而官方为开发者提供的 Java 应用程序接口 (Application Program Interface，API) 绝对可以称得上是良品利器。本章重点介绍 Java 语言常用的 API，包括字符串类、日期时间类、Math 类与 Random 类、System 类与 Runtime 类、包装类等，以及 Java 语言常用的包。

本章资源

7.1 字符串类

字符串操作是 Java 编程设计中的重点，它的应用非常广。Java 语言中定义了 String 类、StringBuffer 类和 StringBuilder 类，这些类提供了一系列操作字符串的方法。下面结合官方帮助文档和源代码重点对 String 类进行详细介绍，同时介绍 StringBuffer 类和 StringBuilder 类的使用方法。

7.1.1 String 类

打开官方在线帮助文档，搜索 String 类。String 类的基本信息如图 7-1-1 所示。由图 7-1-1 可知，String 类在 java.lang 包里面，它直接继承了 Object 类，实现的接口包括 Serializable、CharSequence 和 Comparable<String> 等。其中，Serializable 用于对象的序列化，CharSequence 提供了字符序列基本操作的抽象方法，Comparable 用于比较两个对象的大小。String 类被 public final 修饰符修饰，因此它是全局可访问的，但不能够被继承。

Module java.base
Package java.lang

Class String

java.lang.Object
    java.lang.String

All Implemented Interfaces:

Serializable, CharSequence, Comparable<String>, Constable, ConstantDesc

```
public final class String
extends Object
implements Serializable, Comparable<String>, CharSequence, Constable,
ConstantDesc
```

The String class represents character strings. All string literals in Java programs, such as "abc", are implemented as instances of this class.

◆ 图 7-1-1　String 类的基本信息

1. String 类对象的实例化

String 类提供了丰富的构造方法。其中最基本的构造方法如表 7-1-1 所示，其他构造方法是这几种构造方法的扩展。

表 7-1-1　String 类最基本的构造方法

构造方法名	功能描述
String()	创建一个空字符串对象
String(String value)	根据指定的字符串内容创建对象
String(char[] value)	根据指定的字符数组创建对象
String(StringBuffer buffer)	使用StringBuffer类对象创建String对象
String(StringBuilder builder)	使用StringBuilder类对象创建String对象

表 7-1-1 中，第一个构造方法使用的是缺省值，第二个和第三个构造方法前文介绍过，第四个和第五个构造方法使用了字符缓存类对象来构建 String 对象，它的使用方法将在下文中介绍。此外，前文也使用过下面这种方式创建 String 对象：

```
String str = "abc";
```

这种方式与字符串构造方法的实例化方式具有较明显的区别，例 7-1-1 体现了这两种方式的区别。

【例 7-1-1】字符串对象的创建与比较。

代码如下：

```
package chapter7.section1.demos;
public class StringClassBuildAndEqualsDemo {
    public static void main(String[] args) {
        // TODO Auto-generated method stub
        String str1 = new String("abc");
        char [] charArr = {'a','b','c'};
        String str2 = new String(charArr);
        String str3 = "abc";
        String str4 = "abc";
```

```
        System.out.println("str1==str2 ?\t" + (str1==str2));
        System.out.println("str1==str3 ?\t" + (str1==str3));
        System.out.println("str3==str4 ?\t" + (str3==str4));
    }
}
```

运行结果如图 7-1-2 所示。

```
Problems  @ Javadoc  Declara
<terminated> StringClassBuildAndEqua
str1==str2 ?    false
str1==str3 ?    false
str3==str4 ?    true
```

◆ 图 7-1-2　示例 7-1-1 的运行结果

在前面的内容中已经介绍过，Java 对象属于引用数据类型，它们存储了一个内存地址，该地址代表这个对象属性值所在的内存单元。每个对象有自己独立的属性值空间。在使用“==”比较运算符比较两个对象时，比较的是对象属性值的存储地址，而非它们的属性值。因此示例 7-1-1 结果输出的前两句均为 false。但第三句的结果却是 true，说明 str3 和 str4 存储的内存地址相同，它们引用了同一个内存单元。这是由于 str3 和 str4 只是给出了声明，没有通过 new 关键字(即构造方法)进行实例化，这两个对象没有自己的属性值存储空间。同时，在 Java 语言中所有在程序中出现的字符串常量都会存储在一个特定的内存空间中，叫作字符串常量池(String Pool)。当一个字符串常量出现在程序代码中时，JVM 会先将该常量与字符串常量池中的常量作比较，看是否已经存在。若不存在，则将这个字符串常量存储到字符串常量池中；若已经存在，则直接使用字符串常量池中已有的这个常量地址给引用类型变量赋值。这样做的目的是提高程序对字符串常量的执行效率。在 Java 语言中，构造一个对象相对比较复杂，还需要进行垃圾回收，而字符串常量池可以缓解这个问题。就好比装修工人把工具都随身带着，需要用的时候非常方便。因此，str3 和 str4 使用比较运算符比较的结果相等。为了便于读者理解字符串常量池的工作机制，下面通过一个示例进行说明。

【例 7-1-2】字符串常量池。

代码如下：

```
package chapter7.section1.demos;
public class StringPoolDemo {
    public static void main(String[] args) {
        // TODO Auto-generated method stub
            String s0="I love China";
            String s1="I love China";
            String s2="I love " + "China";
            System.out.println( "s0==s1 ?\t" + (s0==s1) );      //true
            System.out.println( "s0==s2 ?\t" + (s0==s2) );      //true
    }
}
```

运行结果如图 7-1-3 所示。

```
Problems  @ Javadoc  Decla
<terminated> StringPoolDemo [Java
s0==s1 ?        true
s0==s2 ?        true
```

◆ 图 7-1-3　示例 7-1-2 的运行结果

在本示例中，创建了三个 String 对象的引用，使用字符串常量对其赋值。当使用"I love China"对 s0 赋值时，JVM 检测到它是一个字符串常量，将其存放在字符串常量池中。当再次使用"I love China"对 s1 赋值时，JVM 会先比对字符串常量池中是否存在与之完全相等的字符串，它的比较方法参看 String 类的 equals 方法。如果发现有，则直接将字符串常量池中的字符串存储地址赋值给 s1。当使用"I love "和"China"相加来赋值给 s2 时，JVM 也会检查"ab"和"c"是否在字符串常量池中存在，如果对比发现没有，则将这两个字符串常量也存放到字符串常量池中。然后将这两个常量拼接的值"I love China"作为一个新出现的字符串常量，再次在字符串常量池中比对，如果发现该值已经存在，则将已有的字符串常量的存储地址赋值给 s2。通过以上操作，最终 s0、s1 和 s2 都引用了字符串常量池中唯一的"I love China"常量。此时，字符串常量池中存储的常量包含"I love ""China"和"I love China"这三个常量值。

实际上，字符串常量池属于 Java 缓存池的一种。Java 缓存池不单用于字符串常量，还会用于字符、字节数等，如 JVM 会自动将 ASCII 码加载到内存单元，在使用它们时直接引用即可。如果希望比较两个字符串的内容是否相等，则可以通过 String 类中的 equals 方法。该方法前文已经介绍过，这里不再赘述。

2. String 类常用的方法

字符串类提供了丰富的方法，用以对字符串进行查找、分割和替换等操作。读者可以在帮助文档中快速浏览字符串类的方法。String 类常用的方法有 20 个，如表 7-1-2 所示。

表 7-1-2　String 类常用方法

方法声明	功能描述
int indexOf(int ch)	返回指定字符在字符串中第一次出现的索引位置
int lastIndexOf(int ch)	返回指定字符在字符串中最后一次出现的索引位置
int indexOf(String str)	返回指定字符串在当前字符串中第一次出现的索引位置
int lastIndexOf(String str)	返回指定字符串在当前字符串中最后一次出现的索引位置
char charAt(int index)	返回当前字符串指定索引处的字符
boolean endsWith(Strng suffix)	判断当前字符串是否以指定字符串结尾
int length()	返回字符串的长度
boolean equals(Object anObject)	比较两个字符串是否相等
boolean isEmpty()	若字符串长度为0，则返回true，否则返回false

续表

方法声明	功能描述
boolean startsWith(String prefix)	判断当前字符串是否以指定字符开始
boolean contains(CharSequence cs)	判断当前字符串是否包含指定的字符序列
String toLowerCase()	将字符串中所有大写字母改成小写字母，然后返回新的字符串
String toUpperCase()	将字符串中所有小写字母改成大写字母，然后返回新的字符串
static String valueOf(int i)	将指定整数转换成字符串并返回
char[] toCharArray()	将次字符串转换成一个字符数组并返回
String replace(CharSequence oldstr, CharSequence newstr)	将当前字符串中所有指定的子字符串替换为新的子字符串，并返回新的字符串
String[] split(String regex)	使用子字符串将当前字符串分割成字符串数组并返回
String substring(int beginIndex)	获取从当前字符串的指定索引处开始到字符串结尾的子字符串
String substring(int beginIndex,int endIndex)	获取从当前字符串的指定索引处起止的子字符串
String trim()	去除当前字符串的首位空格并返回

熟能生巧，初学者使用多了，自然能够熟练运用。偶尔有些功能方法在用的时候记不清楚了，可以打开帮助文档仔细查看。下面演示使用官方在线文档学习的一种方法。首先，打开 String 类的帮助文档，找到该类的方法列表。例如，需要查看 charAt 方法的使用方法，该方法传入一个 int 类型的数，返回一个 char 类型的值，它的功能描述为“Returns the char value at the specified index”。由此可知该方法是通过下标值的形式访问字符串中的某个字符。然后单击 charAt 方法名跳转到该方法的详细描述段落，如图 7-1-4 所示，这段描述从方法功能、方法的来源、形参、返回值和可能产生的异常五个方面详细介绍了 charAt 方法。

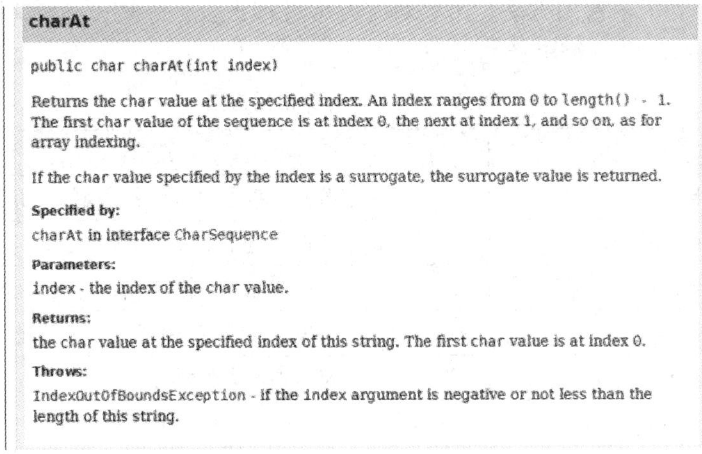

charAt

```
public char charAt(int index)
```

Returns the char value at the specified index. An index ranges from 0 to length() - 1. The first char value of the sequence is at index 0, the next at index 1, and so on, as for array indexing.

If the char value specified by the index is a surrogate, the surrogate value is returned.

Specified by:
charAt in interface CharSequence

Parameters:
index - the index of the char value.

Returns:
the char value at the specified index of this string. The first char value is at index 0.

Throws:
IndexOutOfBoundsException - if the index argument is negative or not less than the length of this string.

◆ 图 7-1-4　String 类 charAt 方法的详细说明

在使用 charAt 方法时，需要注意的是：下标的访问范围为 [0,length-1]，若传入的形参不在这个范围内，则抛出一个 IndexOutOfBoundsException 异常。在阅读完帮助文档后，还可以再深入了解该方法的实现代码。在 Eclipse 软件中打开 charAt 方法的源代码，如下所示：

```
/**
 * Returns the {@code char} value at the
 * specified index. An index ranges from {@code 0} to
 * {@code length() - 1}. The first {@code char} value of the sequence
 * is at index {@code 0}, the next at index {@code 1},
 * and so on, as for array indexing.
 *
 * <p>If the {@code char} value specified by the index is a
 * <a href="Character.html#unicode">surrogate</a>, the surrogate
 * value is returned.
 *
 * @param     index   the index of the {@code char} value.
 * @return    the {@code char} value at the specified index of this string.
 *            The first {@code char} value is at index {@code 0}.
 * @throws    IndexOutOfBoundsException  if the {@code index}
 *            argument is negative or not less than the length of this
 *            string.
 */
public char charAt(int index) {
    if (isLatin1()) {
        return StringLatin1.charAt(value, index);
    } else {
        return StringUTF16.charAt(value, index);
    }
}
```

在 charAt 方法中，首先调用了 isLatin1 方法判断该字符串的编码格式是 Latin1 还是 UTF16，然后针对不同编码类型分别使用相应的 charAt 方法进行检索。其中 isLatin1 方法和 value 变量已经介绍过。StringLatin1 也是一个 final 类，它的 charAt 方法源代码如下：

```
public static char charAt(byte[] value, int index) {
    if (index < 0 || index >= value.length) {
        throw new StringIndexOutOfBoundsException(index);
    }
    return (char)(value[index] & 0xff);
}
```

从上述代码可见，StringLatin1 的 charAt 方法首先判断下标值 index 是否在合法的范围内。如果不是，则抛出 StringIndexOutOfBoundsException 异常；若是，则读取字符值返回。StringUTF16 类的 charAt 方法代码也基本相同，只是在方法调用层次上更多一些，读者可以自行查看源代码。这两个方法是全局静态方法，因此可以直接使用类名调用。需要读者注意的是，上述源代码是 JDK 17 中的源代码，如果读者使用的是 JDK8，则与上面的代码有所不同，但基本逻辑是相同的。源代码是学习 Java 编程非常好的教程，开发者除了学习基本的语法及方法功能之外，在实际项目设计中还可以参考它的组织架构和基本逻辑。下面结合具体案例介绍 String 类的常用方法。

(1) 字符串的查询操作。字符串的查询操作包括获取字符串长度、查询某个下标的字符和查询某字符的下标，方法返回一个整数。

【例 7-1-3】字符串的查询操作。

代码如下：

```
package chapter7.section1.demos;
public class StringSearchDemo {
    public static void main(String[] args) {
        // TODO Auto-generated method stub
        String str = "I love my country so much!";
        p(" 字符串的长度：" + str.length());
        p(" 字符串中的第 4 个字符：" + str.charAt(3));
        p(" 字符串中下标为 6 的字符：" + str.indexOf(6));
        p(" 字符串中最后一次出现字母“o”的下标位置：" + str.lastIndexOf('o'));
        p(" 字符串中第一次出现“love”的起始下标位置：" + str.indexOf("love"));
        p(" 字符串最后一次出现空格的起始下标位置：" + str.lastIndexOf(" "));
    }

    public static void p(String str) {
        System.out.println(str);
    };
}
```

运行结果如图 7-1-5 所示。

```
Console ✕  Problems  @ Javadoc
<terminated> StringSearchDemo [Java Applica
字符串的长度：26
字符串中的第4个字符：o
字符串中下标为6的字符：-1
字符串中最后一次出现字母“o”的下标位置：19
字符串中第一次出现“love”的起始下标位置：2
字符串最后一次出现空格的起始下标位置：20
```

◆ 图 7-1-5　示例 7-1-3 的运行结果

在本示例中需要注意的是，在查询数组长度时使用的是数组的属性值 length，而查询 String 对象的长度时使用的是 length 方法，方法调用时有小括号。代码对比如下：

```
String str = "abc";
System.out.println(str.length());  // 打印输出 3
int [] arr = new int[5];
System.out.println(arr.length);    // 打印输出 5
```

此外，还需要注意 String 类中的 indexOf 及其相关联的方法。它们的功能是查找字符或子字符串在一个字符串中的位置。若没有查询到，则会返回 -1。

(2) 字符串的转换操作。字符串的转换操作包括将字符串转换成字符数组、字符大小写转换、非字符串数值转换成字符串等，方法返回一个转换后的字符数组或字符串。

【例 7-1-4】字符串的转换操作。

代码如下：

```
package chapter7.section1.demos;
public class StringTransferDemo {
    public static void main(String[] args) {
        // TODO Auto-generated method stub
        String str = "I love my Country so much!";
        System.out.println(" 转换前的字符串：\n"+str);
        char [] arr = str.toCharArray();
        System.out.println(" 转换成的字符数组：");
        for(char c:arr) {
            System.out.print(c+" ");
        }
        System.out.println(" 将原数组转换成大写的结果：\n" + str.toUpperCase());
        System.out.println("");
        System.out.println(" 将 "+ 60 +" 转换成字符串的结果：\n" + String.valueOf(60));
        System.out.println(" 将 "+ 3.14 +" 转换成字符串的结果：\n" + String.valueOf(3.14));
        System.out.println(" 将 "+ true +" 转换成字符串的结果：\n" + String.valueOf(true));
        System.out.println(" 将一个 Student 对象转换成字符串的结果：\n" + String.valueOf(new
    Student()));
    }
}
class Student{
    @Override
    public String toString() {
        // TODO Auto-generated method stub
        return "I am a student.";
    }
}
```

运行结果如图 7-1-6 所示。

```
Console × Problems @ Javadoc Declaration
<terminated> StringTransferDemo [Java Application] D:\software\Java\jdk-17.0.4.1\bin\jav
转换前的字符串:
I love my Country so much!
转换成的字符数组:
I   l o v e   m y   C o u n t r y   s o   m u c h ! 将原数组转换成大写的结果:
I LOVE MY COUNTRY SO MUCH!

将60转换成字符串的结果:
60
将3.14转换成字符串的结果:
3.14
将true转换成字符串的结果:
true
将一个Student对象转换成字符串的结果:
I am a student.
```

◆ 图 7-1-6　示例 7-1-4 的运行结果

在对字符串进行大小写转换时，只是对它内部的字母有效，对其他字符不做任何操作。

字符串的转换操作可以将非字符串类型转换成字符串，然后打印输出，这里包含了基本数据类型和类类型。对于类类型，它转换成的字符串等于该类中 toString 方法返回的字符串。

(3) 字符串的替换操作。字符串的替换操作包括去除空格，将某个子字符串替换为另一个子字符串等，方法返回替换后的字符串。

【例 7-1-5】字符串的替换操作。

代码如下：

```
package chapter7.section1.demos;
public class StringReplaceDemo {
    public static void main(String[] args) {
        // TODO Auto-generated method stub
        String str = "I love my country very much!";
        System.out.println(" 将 my country 替换成 China 的结果：\n"+str.replace("my country", "China"));
        str = "I love my country very much!";
        System.out.println(" 去除所有空格的结果：\n"+str.replace(" ", ""));
        str = " I love my country very much!  ";
        System.out.println(" 去除首位空格的结果：\n"+str.trim());
        str = "I love my country very much!";
        System.out.println(" 在字符串缝隙中添加 + 号的结果：\n"+str.replace("", "+"));
    }
}
```

运行结果如图 7-1-7 所示。

```
Console × Problems @ Javadoc Declaration
<terminated> StringReplaceDemo [Java Application] D:\software\Java\
将 my country替换成China的结果:
I love China very much!
去除所有空格的结果:
Ilovemycountryverymuch!
去除首位空格的结果:
I love my country very much!
在字符串缝隙中添加+号的结果:
+I+ +l+o+v+e+ +m+y+ +c+o+u+n+t+r+y+ +v+e+r+y+ +m+u+c+h+!+
```

◆ 图 7-1-7　示例 7-1-5 的运行结果

这里需要注意的是，Java 语言认为 " " 也是一个字符串，可以将其替换为其他的字符或字符串。

(4) 字符串的判断操作。字符串的判断操作包括字符串是否为空、是否包含某个子字符串、是否与指定字符串相等等操作，这些操作的方法返回值均为一个布尔类型的值。

【例 7-1-6】字符串的判断操作。

代码如下：

```
package chapter7.section1.demos;
public class StringJudgeDemo {
    public static void main(String[] args) {
        // TODO Auto-generated method stub
        String str = "I love my Country so much! ";
```

```
        System.out.println(" 判断字符串是否以 love 开头：\n" + str.startsWith("love"));
        System.out.println(" 判断字符串是否以 ch! 结尾：\n" + str.endsWith("ch! "));
        System.out.println(" 判断字符串是否包含 love 子字符串：\n" + str.contains("love"));
        System.out.println(" 判断字符串是否相等：\n" + str.equals("I am here"));
        System.out.println(" 判断字符串是否为空：\n" + str.isEmpty());
        System.out.println(" 判断字符串是否为空：\n" + str.isBlank());
        str = "  ";
        System.out.println(" 判断字符串是否为空：\n" + str.isEmpty());
        System.out.println(" 判断字符串是否为空：\n" + str.isBlank());
    }
}
```

运行结果如图 7-1-8 所示。

这里需要注意的是 String 类的 empty 方法和 blank 方法的区别。前者只有在字符串长度为 0 时返回 true，而后者只要字符串内都为空格或者长度为 0 都返回 true。

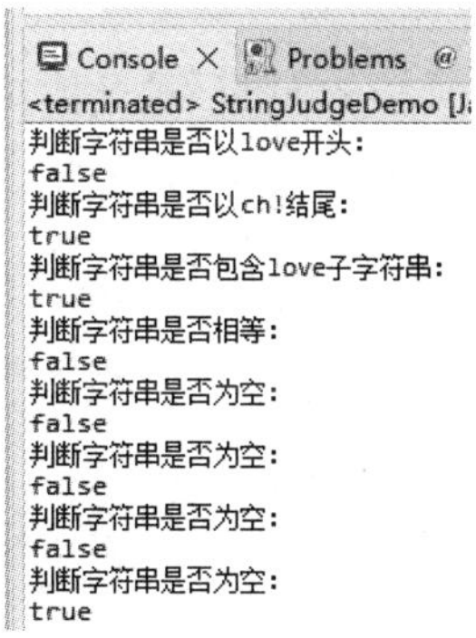

(5) 字符串的截取和分割操作。字符串的截取和分割操作主要包括 substring 方法和 split 方法，它们将字符串中的某个字符作为分隔符，将字符串分割成一个字符串数组并返回。这里尤其要注意的是空字符也可以分割字符串。

```
Console × Problems @
<terminated> StringJudgeDemo [J
判断字符串是否以love开头:
false
判断字符串是否以ch!结尾:
true
判断字符串是否包含love子字符串:
true
判断字符串是否相等:
false
判断字符串是否为空:
false
判断字符串是否为空:
false
判断字符串是否为空:
false
判断字符串是否为空:
true
```

◆ 图 7-1-8　示例 7-1-6 的运行结果

【例 7-1-7】字符串的截取和分割操作。

代码如下：

```
package chapter7.section1.demos;
public class StringSplitDemo {
public static void main(String[] args) {
        // TODO Auto-generated method stub
        String str = " 天大地大何处是我家 aa 随 - 遇 - 而 - 安。";
        System.out.println(" 取字符串的第 6 位到第 10 位：\n" + str.substring(5, 9));
        System.out.println(" 取字符串的第 6 位到最末位：\n" + str.substring(5));

        System.out.println(" 使用 - 分割字符串，得到的结果为：");
        String []arr = str.split("-");
        if(arr != null) {
            for(String s : arr) {
                System.out.println(s);
            }
        }
        System.out.println();
        System.out.println(" 使用 "" 分割字符串，得到的结果为：");
        arr = str.split("");
        if(arr != null) {
```

```
            for(String s : arr) {
                System.out.println(s);
            }
        }
        System.out.println();
        System.out.println(" 使用 "a" 分割字符串，得到的结果为：");
        arr = str.split("a");          // 会产生运行时异常
        if(arr != null) {
            for(String s : arr) {
                System.out.println(s);
            }
        }
    }
}
```

运行结果如图 7-1-9 所示。

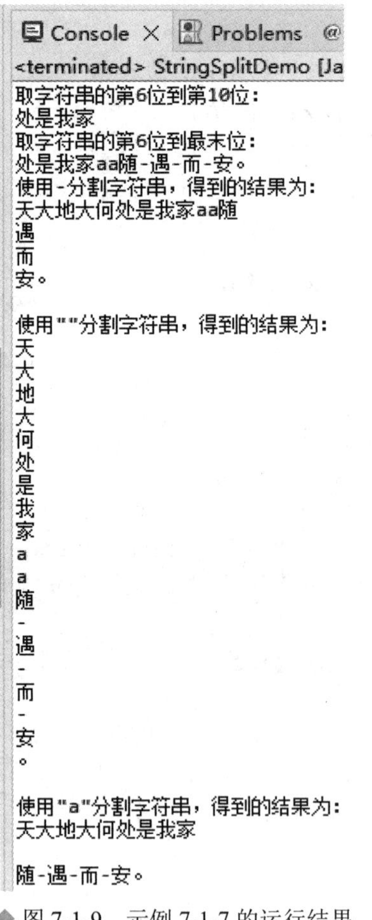

◆ 图 7-1-9　示例 7-1-7 的运行结果

需要注意的是，split 方法也可以使用空字符来分割字符串，此时得到的是包含字符串中每个字符的数组。此外，还需要注意的是分割得到的字符串数组中允许有空字符。

【例 7-1-8】在用户输入的字符串中找到一个正整数。

代码如下：

```
package chapter7.section1.demos;
import java.util.Scanner;
public class FindPositiveFloatInStringDemo {
    public static void main(String[] args) {
     // TODO Auto-generated method stub
     Scanner scan = new Scanner(System.in);
     String str;
     boolean flag = false;
     while(true) {
         System.out.println(" 请随机输入一个字符串：");
       str = scan.nextLine();
       if(str.isBlank())
           continue;
       int startIndex=0;
       int endIndex;
       char c;
       while(startIndex<str.length()) {
           c = str.charAt(startIndex);
           if(c>='1' && c<='9') {
              flag = true;
              break;
           }
           startIndex++;
       }
       if(flag == false)
           continue;
       endIndex = startIndex;
       while(str.charAt(endIndex)>='0' && str.charAt(endIndex)<='9' && endIndex<str.length()) {
           endIndex++;
       }
       String ubstring = str.substring(startIndex,endIndex);
       System.out.println(ubstring);
       break;
     }
     scan.close();
     System.out.println(" 程序结束 ");
  }
}
```

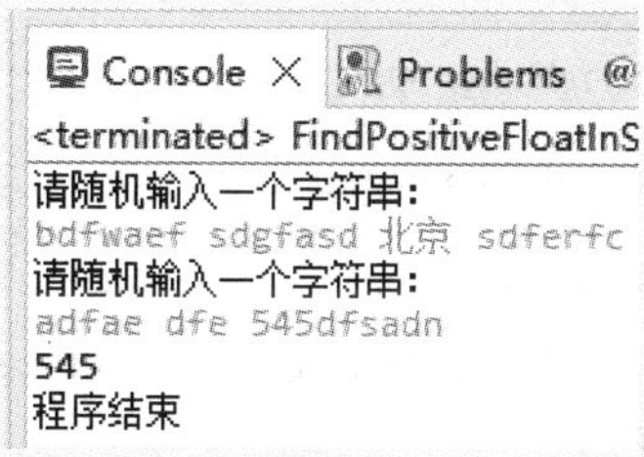

```
Console × Problems @
<terminated> FindPositiveFloatInS
请随机输入一个字符串:
bdfwaef sdgfasd 北京 sdferfc
请随机输入一个字符串:
adfae dfe 545dfsadn
545
程序结束
```

◆ 图 7-1-10　示例 7-1-8 的运行结果

运行结果如图 7-1-10 所示。

7.1.2　StringBuffer 类

Java 语言中的 String 类虽然提供了丰富的操作方法，但在删除和增加字符串内容时效率会比较低。为此，Java 语言提供了 StringBuffer 类（字符串缓冲类），它是一种可变字符串类，类似一个字符容器，其长度和内容可以随时动态地改变。当需要增加或者删除字符时，StringBuffer 类也不会产生新的对象，因此可以高效地处理字符串。StringBuffer 也是一个 public final 修饰的类，在 java.lang 包里面，它直接继承了 Object 类。在该类中提供了四种构造方法，如表 7-1-3 所示。

表 7-1-3　StringBuffer 类的构造方法

构 造 方 法	功 能 描 述
StringBuffer()	构造一个初始容量为16字符、内容为空的字符串缓冲类对象
StringBuffer(int capacity)	构造一个指定初始容量、内容为空的字符串缓冲类对象
StringBuffer(CharSequence seq)	构造一个指定内容为字符序列对象的字符串缓冲类对象
StringBuffer(String str)	构造一个指定内容为字符串的字符串缓冲类对象

其中，第一种构造方法即默认形参的构造方法创建一个初始存储空间为 16 个字符的 StringBuffer 对象，第二种构造方法指定了初始存储空间的大小，第三种和第四种构造方法分别使用一个字符序列和字符串填充到对象的存储空间。在 StringBuffer 类中同样提供了丰富的方法来对字符串进行增加、删除、修改、查找和比较操作。表 7-1-4 列举了常用的方法。

表 7-1-4　StringBuffer 类的常用方法

方　法	功 能 描 述
StringBuffer append(boolean b)	将布尔参数的字符串表示形式追加到序列中
StringBuffer append(char c)	将字符参数的字符串表示形式追加到序列中
StringBuffer append(char[] str)	将字符数组参数的字符串表示形式追加到序列中
StringBuffer append(char[] str, int offset, int len)	将字符数组指定下标范围的字符追加到序列中
StringBuffer append(double d)	将双浮点型参数的字符串表示形式追加到序列中
StringBuffer append(float f)	将单浮点型参数的字符串表示形式追加到序列中
StringBuffer append(int i)	将整型参数的字符串表示形式追加到序列中
StringBuffer append(long lng)	将长整型参数的字符串表示形式追加到序列中
StringBuffer append(CharSequence s)	将字符序列参数的字符串表示形式追加到序列中
StringBuffer append(CharSequence s, int start, int end)	将字符序列指定索引范围的字符追加到序列中
StringBuffer append(Object obj)	将指定对象的字符串表示形式追加到序列中
StringBuffer append(String str)	将指定的字符串追加到此字符序列

续表

方　法	功 能 描 述
StringBuffer append(StringBuffer sb)	将指定的字符缓存类对象追加到此序列
capacity()	返回当前序列容量
char charAt(int index)	返回指定索引处序列中的字符
int compareTo(StringBuffer another)	按字典顺序比较两个字符缓存类的实例
StringBuffer delete(int start, int end)	删除此序列指定索引范围的字符
StringBuffer deleteCharAt(int index)	删除此序列中指定索引的字符
void getChars(int srcBegin, int srcEnd, char[] dst, int dstBegin)	将此序列指定索引范围的字符复制到指定字符数组的指定索引处
int indexOf(String str)	返回此序列中指定子字符串的第一个匹配项的索引
StringBuffer insert(int offset, boolean b)	将布尔变量插入到序列指定索引处
StringBuffer insert(int offset, char c)	将字符变量插入到序列指定索引处
StringBuffer insert(int offset, char[] str)	将字符数组插入到序列指定索引处
StringBuffer insert(int index, char[] str, int offset, int len)	将字符数组指定下标范围的字符集插入到序列指定索引处
StringBuffer insert(int offset, double d)	将双精度浮点型变量插入到序列指定索引处
StringBuffer insert(int offset, float f)	将单精度浮点型变量插入到序列指定索引处
StringBuffer insert(int offset, int i)	将整型变量插入到序列指定索引处
StringBuffer insert(int offset, long l)	将长整型变量插入到序列指定索引处
StringBuffer insert(int dstOffset, CharSequence s)	将字符序列插入到序列指定索引处
StringBuffer insert(int dstOffset, CharSequence s, int start, int end)	将字符序列指定索引范围的字符集插入到序列指定索引处
StringBuffer insert(int offset, Object obj)	将对象插入到序列指定索引处
StringBuffer insert(int offset, String str)	将字符串插入到序列指定索引处
int lastIndexOf(String str)	返回此字符串中指定子字符串的最后一次出现的索引
int lastIndexOf(String str, int fromIndex)	返回此字符串中指定子字符串最后一次出现的索引，从指定索引开始向后搜索
int length()	返回长度(字符计数)
StringBuffer replace(int start, int end, String str)	将序列指定索引范围的字符集替换为指定的字符串
StringBuffer reverse()	将序列反序然后返回
void setCharAt(int index, char ch)	设置序列指定索引处的字符
void setLength(int newLength)	设置字符序列的长度
CharSequence subSequence(int start, int end)	返回序列指定索引范围的字符序列
String substring(int start)	返回从序列指定索引处到尾部的字符串
String substring(int start, int end)	返回序列指定索引范围的字符串
String toString()	将序列转换为字符串并返回

上面列举的方法很多都是重载的形式，它们的功能与 String 类中的操作方法类似，也比较好理解。下面几个示例演示了 StringBuffer 类的用法。

【例 7-1-9】StringBuffer 类的增加操作。

代码如下：

```
package chapter7.section2.demos;
public class StringBufferAppendAndInsertDemo {
    public static void main(String[] args) {
        // TODO Auto-generated method stub
        StringBuffer sb=new StringBuffer();
        int a1=10000;
        char ch1='年';
        Stringstr1="只争朝夕!";
        sb.append(a1).append(ch1).append("太久，").append(str1);
        System.out.println(sb);
        sb = new StringBuffer("love");
        sb.insert(0, "I ").insert(6, " China");
        System.out.println(sb);
    }
}
```

运行结果如图 7-1-11 所示。

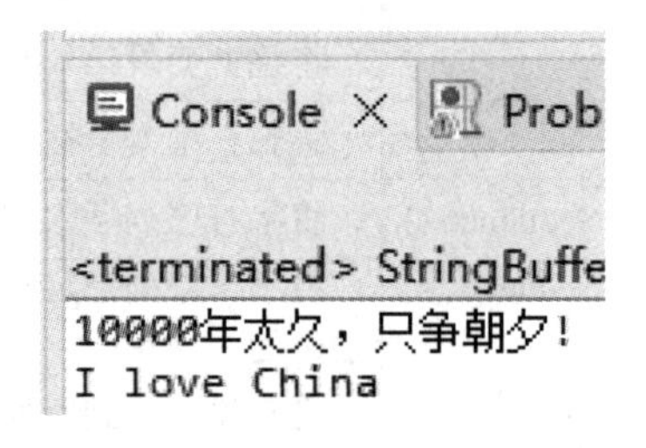

◆ 图 7-1-11　示例 7-1-9 的运行结果

本示例中 append 是在字符串尾部追加内容，它是重载方法，支持基本数据类型变量、char 数组和对象作为方法形参。insert 方法同样也支持多样的数据类型。与 append 不同的是 insert 的使用更加灵活，可以在指定位置插入内容。此外，append 和 insert 方法的返回类型就是 StringBuffer，方法调用后又返回了对象本身，因此可以连续地调用方法。需要注意的是，String 类的对象是可以使用“+”运算拼接字符串，而 StringBuffer 类是不允许这样操作的，只能通过类的成员方法来实现拼接。

【例 7-1-10】StringBuffer 类的删除操作。

代码如下：

```
package chapter7.section2.demos;
public class StringBufferDeleteDemo {
    public static void main(String[] args) {
        // TODO Auto-generated method stub
        StringBuffer sb = new StringBuffer("这是一个很好很好的故事！大家都喜欢。");
```

```
        System.out.println(" 删除下标 4 到 6 的字符：\n"+ sb.delete(4, 6));
        System.out.println(" 删除下标为 0 的字符：\n"+ sb.deleteCharAt(0));
        System.out.println(" 清空字符：\n"+ sb.delete(0,sb.length()));
    }
}
```

运行结果如图 7-1-12 所示。

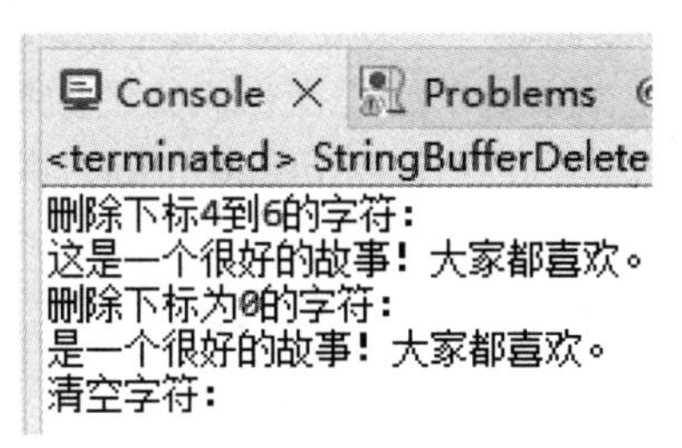

◆ 图 7-1-12　示例 7-1-10 的运行结果

本示例中需要注意的是，Java 语言在查询、替换或删除一个范围内的元素时遵循“左闭右开”的范围，用数学表示即 [start, end)，即包含 start 指向的元素，不包含 end 指向的元素。

【例 7-1-11】StringBuffer 类的替换和反转操作。

代码如下：

```
package chapter7.section2.demos;
public class StringBufferReplaceAndReverseDemo {
    public static void main(String[] args) {
        // TODO Auto-generated method stub
        StringBuffer sb = new StringBuffer();
        sb.append(" 学习 C++ 编程 ");
        sb.replace(2, 5, "Java");
        System.out.println(sb);
        sb.setCharAt(0, ' 练 ');
        System.out.println(sb);
        sb.reverse();
        System.out.println(sb);
    }
}
```

运行结果如图 7-1-13 所示。

◆ 图 7-1-13　示例 7-1-11 的运行结果

7.1.3 StringBuilder 类

在 Java 语言中，除了 StringBuffer 类是可变长度的字符串类之外，还提供了 StringBuilder 类。这两个类的对象在使用的时候都能够被多次修改，而且不产生新的对象。这两个类的成员方法名和功能也几乎相同。它们的区别在于：StringBuffer 是在 JDK1.0 提出的，它是可变字符串，执行效率相对较低，但线程安全；StringBuilder 是在 JDK5.0 提出的，它是可变字符序列，执行效率高，但线程不安全。因此在使用时，如果要操作少量的数据，可以直接使用 String 类；如果是单线程操作大量的数据，则推荐使用 StringBuilder；如果是多线程操作大量的数据，则推荐使用 StringBuffer。关于线程的概念将在第 11 章介绍。示例 7-1-2 演示了 StringBuilder 类的使用。

【例 7-1-12】StringBuilder 类的使用。

代码如下：

```
package chapter7.section2.demos;
public class StringBuilderDemo {
    public static void main(String[] args) {
        // TODO Auto-generated method stub
        StringBuilder sb = new StringBuilder(" 美丽的中国 ");
        sb.insert(0, " 我爱你， ").append("!");
        System.out.println(sb);
        sb.replace(3, 4, "--");
        System.out.println(sb);
        System.out.println(sb.lastIndexOf(" 美丽 "));
        System.out.println(sb.charAt(2));
        System.out.println(sb.deleteCharAt(3));
        System.out.println(sb.length());
        System.out.println(sb.equals(" 美丽中国 "));
        System.out.println(sb.reverse().reverse());
        String str = sb.toString();
        System.out.println(str);
    }
}
```

运行结果如图 7-1-14 所示。

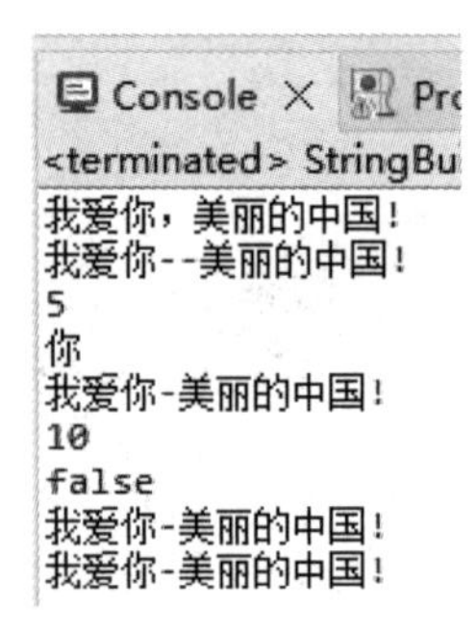

◆ 图 7-1-14　示例 7-1-12 的运行结果

7.2 日期时间类

在程序设计中经常会用到时间的显示、格式的转换和时差的计算等问题。为了满足日期和时间相关的操作需求，Java 语言提供了 java.util.Date 类、java.text.SimpleDateFormat 类和 java.util.Calendar 类。其中 Data 类中的大部分方法现在已经不建议使用，目前推荐使用 Calendar 类和 SimpleDateFormat 类。

7.2.1 Calendar 类

Calendar 类也叫日历类，它是一个抽象类，直接继承自 Object 类。Calendar 类的主要功能是把一个特定的时间节点与一组日历字段 (如年、月、日和时等) 进行相互转换，以及实现具体日历系统的字段和方法。其中某一时间节点的值是一个毫秒值，是从纪元 1970 年 1 月 1 日 00:00:00.000 GMT(公历) 开始的偏移量。Calendar 类定义的字段非常丰富，每个日历字段都是静态的成员变量，并且是 int 类型的。Calendar 类常用的字段如表 7-2-1 所示。

表 7-2-1 Calendar 类常用字段

常　量	含　义
YEAR	当前年
MONTH	当前月(从0开始)
DAY_OF_MONTH	当前日
DATE	当前日(与DAY_OF_MONTH相同)
HOUR_OF_DAY	当前小时(24小时制)
HOUR	当前小时(12小时制)
MINUTE	当前分钟
SECOND	当前秒
DAY_OF_WEEK	当前星期几(用数字1～7表示星期日至星期六)
AM_PM	当前是上午还是下午(0表示上午；1表示下午)
WEEK_OF_YEAR	当前年的第几周
WEEK_OF_MONTH	当前年月的星期数
DAY_OF_WEEK_IN_MONTH	当前月的第几个星期

Calendar 类本身定义了构造方法，但由于它是一个抽象类，不能直接实例化对象，因此在方法列表中提供了 getInstance 的重载方法来创建一个对象。

【例 7-2-1】创建一个 Calendar 类的对象。

代码如下：

```
package chapter7.section2.demos;
import java.util.Calendar;
public class CalendarGetInstanceDemo {
```

```
    public static void main(String[] args) {
        // TODO Auto-generated method stub
            // 其日历字段已由当前日期和时间初始化:
            Calendar rightNow = Calendar.getInstance();                // 子类对象
            // 获取年
            int year = rightNow.get(Calendar.YEAR);
            // 获取月
            int month = rightNow.get(Calendar.MONTH);
            // 获取日
            int date = rightNow.get(Calendar.DATE);
            System.out.println(year + " 年 " + (month + 1) + " 月 " + date + " 日 ");
    }
}
```

运行结果如图 7-2-1 所示。

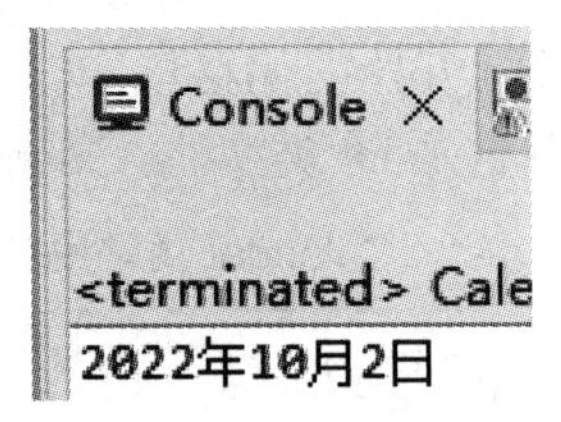

◆ 图 7-2-1　示例 7-2-1 的运行结果

在该示例中展示了 Calendar 类对象的实例化，并通过 Calendar 类的字段和 get 方法获取了当前时间戳对应的日历信息。除了能够获取时间戳信息外，Calendar 类还提供了丰富的方法来查询和设置时间信息，表 7-2-2 列出了一些常用的方法。

表 7-2-2　Calendar 类的常用方法

方　法	功 能 描 述
abstract void add(int field, int amount)	根据日历的规则，对给定日历字段field添加或减去指定的时间量amount
boolean after(Object when)	判断该日历表示的时间是否在指定时间when之后
boolean before(Object when)	判断该日历表示的时间是否在指定时间when之前
final void clear()	清空日历中的日期时间值
int compareTo(Calendar anotherCalendar)	比较两个日历对象对应时间戳的大小，若调用者大则返回1，若调用者小则返回-1，相等返回0
int get(int field)	返回给定日历字段的值
int getActualMaximum(int field)	返回指定的日历字段可能具有的最大值
int getActualMinimum(int field)	返回指定的日历字段可能具有的最小值
String getCalendarType()	返回此日历的类型
int getFirstDayOfWeek()	获取一星期的第一天。不同的国家地区，返回值可能不同

续表

方　法	功 能 描 述
static Calendar getInstance()	获取使用默认时区和区域设置的日历
static Calendar getInstance(Locale aLocale)	获取使用默认时区和指定区域设置的日历
static Calendar getInstance(TimeZone zone)	获取使用指定时区和默认区域设置的日历
static Calendar getInstance(TimeZone zone, Locale aLocale)	获取具有指定时区和区域设置的日历
final Date getTime()	返回一个表示此日历时间戳的Date对象
long getTimeInMillis()	返回此日历的时间值(以ms为单位)
TimeZone getTimeZone()	获取时区
void set(int field, int value)	将给定的日历字段设置为指定的值
final void set(int year, int month, int date)	设置日历字段YEAR、MONTH和DAY_OF_MONTH的值
final void set(int year, int month, int date, int hourOfDay, int minute)	设置日历字段YEAR、MONTH、DAY_OF_MONTH、HOUR_OF_DAY和MINUTE的值
void setFirstDayOfWeek(int value)	设置一星期的第一天是哪一天
final void setTime(Date date)	使用给定的日期设置此日历的时间
void setTimeInMillis(long millis)	从给定的长整型值设置此日历的当前时间
void setTimeZone(TimeZone value)	使用给定的时区值设置时区
String toString()	返回此日历的字符串表示形式

【例 7-2-2】使用 Calendar 类处理日期时间。

代码如下：

```
package chapter7.section2.demos;
import java.util.Calendar;
import java.util.Date;
public class CalendarHandleDataAndTimeDemo {
    public static void main(String[] args) {
        // TODO Auto-generated method stub
        Calendar calendar = Calendar.getInstance();       // 如果不设置时间，则默认为当前时间
        calendar.setTime(new Date());                      // 将系统当前时间赋值给 Calendar 对象
        System.out.println(" 现在时刻：" + calendar.getTime());          // 获取当前时间
        int year = calendar.get(Calendar.YEAR);                          // 获取当前年份
        System.out.println(" 现在是 "+ year + " 年 ");
        int month = calendar.get(Calendar.MONTH) + 1;    // 获取当前月份 ( 月份从 0 开始，所以加 1)
        System.out.print(month + " 月 ");
        int day = calendar.get(Calendar.DATE);                // 获取日
        System.out.print(day + " 日 ");
        int week = calendar.get(Calendar.DAY_OF_WEEK) -1;  // 获取今天星期几 ( 以星期日为第一天 )
```

```
        System.out.print(" 星期 " + week);
        int hour = calendar.get(Calendar.HOUR_OF_DAY);            // 获取当前小时数 (24 小时制 )
        System.out.print(hour + " 时 ");
        int minute = calendar.get(Calendar.MINUTE);                 // 获取当前分钟
        System.out.print(minute + " 分 ");
        int second = calendar.get(Calendar.SECOND);                 // 获取当前秒数
        System.out.print(second + " 秒 ");
        int millisecond = calendar.get(Calendar.MILLISECOND);       // 获取毫秒数
        System.out.print(millisecond + " 毫秒 ");
        int dayOfMonth = calendar.get(Calendar.DAY_OF_MONTH); // 获取今天是本月第几天
        System.out.println(" 今天是本月的第 " + dayOfMonth + " 天 ");
        int dayOfWeekInMonth = calendar.get(Calendar.DAY_OF_WEEK_IN_MONTH);
        // 获取今天是本月第几周
        System.out.println(" 今天是本月第 " + dayOfWeekInMonth + " 周 ");
        int many = calendar.get(Calendar.DAY_OF_YEAR);              // 获取今天是今年第几天
        System.out.println(" 今天是今年第 "+ many + " 天 ");
        Calendar c = Calendar.getInstance();
        c.set(2030, 10, 1);                    // 设置年月日，时分秒将默认采用当前值
        System.out.println(" 设置日期为 2030-10-1 后的时间："+ c.getTime());            // 输出时间
    }
}
```

运行结果如图 7-2-2 所示。

```
Console × Problems @ Javadoc Declaration
<terminated> CalenderHandleDataAndTimeDemo [Java Application]
现在时刻: Sun Oct 02 22:04:14 CST 2022
现在是2022年
10月2日星期022时4分14秒415毫秒今天是本月的第 2 天
今天是本月第 1 周
今天是今年第 275 天
设置日期为 2030-10-1 后的时间: Fri Nov 01 22:04:14 CST 2030
```

◆图 7-2-2　示例 7-2-2 的运行结果

在本示例中，Calendar 类的 setTime 方法使用到了 Date 类的对象，该对象代表了当前的时间戳，也就是从纪元 1970 年 1 月 1 日 00:00:00.000 GMT(公历) 开始的偏移量，单位为 ms。

【例 7-2-3】打印日历。

代码如下：

```
package chapter7.section2.demos;
import java.util.Scanner;
public class PrintCalendarDemo {
    public static void main(String[] args) {
        Scanner scan = new Scanner(System.in);
        System.out.println(" 请输入年份：");
        int year = scan.nextInt();
```

```
        System.out.println(" 请输入月份：");
        int month = scan.nextInt();
        Calendar(year,month);
        scan.close();
    }
    // 计算所输入月份的天数
    public static int dayss(int year,int month){
        switch (month){
            case 2:
                if(isLeapYear(year))
                    return 29;
                else
                    return 28;
            case 4:
            case 6:
            case 9:
            case 11:
                    return 30;
            default:
                    return 31;
        }
    }
    public static boolean isLeapYear(int year){
        boolean bool = false;
        if(year%4 == 0 && year%100 != 0 || year%400 == 0){
            bool = true;
        }
        return bool;
    }
    public static void Calendar(int year,int month){
        int days = 0;
        for(int i = 1900; i < year;i++){
            if(isLeapYear(i)){
                days += 366;
            }else{
                days += 365;
            }
        }
        for(int i = 1;i < month;i++){
            days += dayss(year,i);                    //1900.1.1 到指定月份相差的天数
        }
        //System.out.println((days+1)%7);             // 指定月份 1 号是星期几
        System.out.println(" 星期日 \t\t 星期一 \t\t 星期二 \t\t 星期三 \t\t 星期四 \t\t 星期五 \t\t 星期六 ");
```

```
            for(int j = 0;j < (days+1)%7;j++){
                System.out.print("\t\t");
            }
            for(int i = 1;i <= dayss(year,month);i++){
                System.out.print(i+"\t\t");
                if((i-(7-(days+1)%7))%7 == 0){
                    System.out.println();
                }
            }
        }
    }
```

运行结果如图 7-2-3 所示。

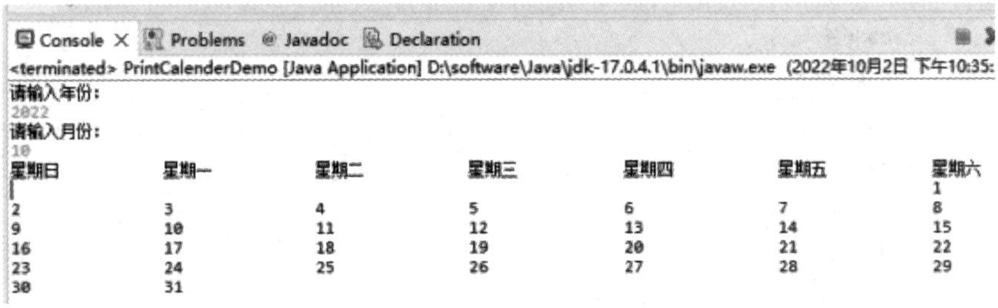

```
Console × Problems @ Javadoc Declaration
<terminated> PrintCalenderDemo [Java Application] D:\software\Java\jdk-17.0.4.1\bin\javaw.exe (2022年10月2日 下午10:35:
请输入年份：
2022
请输入月份：
10
星期日		星期一		星期二		星期三		星期四		星期五		星期六
												1
2		3		4		5		6		7		8
9		10		11		12		13		14		15
16		17		18		19		20		21		22
23		24		25		26		27		28		29
30		31
```

◆ 图 7-2-3　示例 7-2-3 的运行结果

7.2.2　SimpleDateFormat 类

SimpleDateFormate 类提供对日期类进行格式化和解析的功能。其中格式化是将日期转换成指定格式的字符串，解析是将符合一定规范的字符串转换成日期。格式化和解析需要按照一定的规则进行，如表 7-2-3 中给出的描述。

表 7-2-3　SimpleDateFormate 类的时间和日期格式

时间和日期格式	示　例
"yyyy.MM.dd G 'at' HH:mm:ss z"	2001.07.04 AD at 12:08:56 PDT
"EEE, MMM d, ''yy"	Wed, Jul 4, '01
"h:mm a"	12:08 PM
"hh 'o' 'clock' a, zzzz"	12 o'clock PM, Pacific Daylight Time
"K:mm a, z"	0:08 PM, PDT
"yyyyy.MMMMM.dd GGG hh:mm aaa"	02001.July.04 AD 12:08 PM
"EEE, d MMM yyyy HH:mm:ss Z"	Wed, 4 Jul 2001 12:08:56 -0700
"yyMMddHHmmssZ"	010704120856-0700
"yyyy-MM-dd'T'HH:mm:ss.SSSZ"	2001-07-04T12:08:56.235-0700
"yyyy-MM-dd'T'HH:mm:ss.SSSXXX"	2001-07-04T12:08:56.235-07:00
"YYYY-'W'ww-u"	2001-W27-3

下面几个示例演示了 SimpleDateFormate 类的使用方法。

【例 7-2-4】将日期转换为文本。

代码如下：

```
package chapter7.section2.demos;
import java.text.SimpleDateFormat;
import java.util.Date;
import java.util.Locale;
public class SimpleDatFormatDataToTextDemo {
    public static void main(String[] args) {
        // TODO Auto-generated method stub
        Date date = new Date();
        SimpleDateFormat simpleDateFormat = new SimpleDateFormat("yyyy-MM-dd HH:mm:ss",
Locale.getDefault());
        String time = simpleDateFormat.format(date);
        System.out.println("→ 格式化后的日期为 : "+time);
        System.out.println("----------------------------------");
    }
}
```

运行结果如图 7-2-4 所示。

```
<terminated> SimpleDatFormatDataToTextDemo [Ja
----> 格式化后的日期为: 2022-10-02 22:54:30
----------------------------------
```

◆ 图 7-2-4　示例 7-2-4 的运行结果

本示例中使用到的 Locale.getDefault() 是获取本地默认的区域信息。

【例 7-2-5】将文本转换为日期。

代码如下：

```
package chapter7.section2.demos;
import java.text.SimpleDateFormat;
import java.util.Date;
import java.util.Locale;
public class SimpleDataFormatTextToDataDemo {
    public static void main(String[] args) {
        // TODO Auto-generated method stub
        test();
    }
    public static void test() {
        try {
                String day = "2050 年 07 月 12 日 22:50:30";
                SimpleDateFormat simpleDateFormat = new SimpleDateFormat("yyyy 年 MM 月 dd 日
    HH:mm:ss", Locale.getDefault());
```

```
            Date date = simpleDateFormat.parse(day);
        System.out.println("→ 格式化后的日期为 : "+date);
        day = "2030-10-1 05:00:00";
        simpleDateFormat = new SimpleDateFormat("yyyy-MM-dd HH:mm:ss", Locale.getDefault());
        date = simpleDateFormat.parse(day);
        System.out.println("→ 格式化后的日期为 : "+date);
         day = "20301001053000";
         simpleDateFormat = new SimpleDateFormat("yyyyMMddHHmmss", Locale.getDefault());
         date = simpleDateFormat.parse(day);
         simpleDateFormat = new SimpleDateFormat("yyyy-MM-dd HH:mm:ss", Locale.getDefault());
         String time = simpleDateFormat.format(date);
         System.out.println("→ 时间文本为 : "+time);
         System.out.println("----------------------------------");
      } catch (Exception e) {
      System.out.println("→ Exception: "+e.toString());
      }
   }
}
```

运行结果如图 7-2-5 所示。

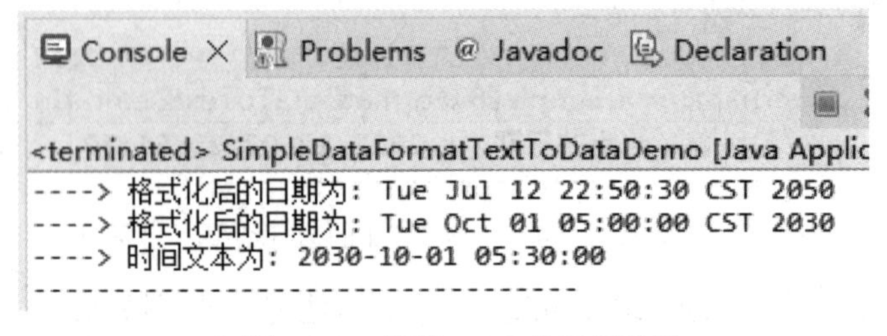

◆ 图 7-2-5　示例 7-2-5 的运行结果

7.3　Math 类与 Random 类

Math 类和 Random 类是 Java 类库提供的数学工具。比如，使用 Math 类求绝对值，使用 Random 类生成一个随机浮点数等，有些功能在前面已经使用过。本节将系统地介绍这两个类的功能方法。

7.3.1　Math 类

Math 类直接继承自 Object 类，在 java.lang 包里面，是一个由 public final 修饰的类。在 Math 类中定义了两个静态常量 E 和 PI，它们分别是数学中自然常数和圆周率的近似值。它们的源代码如下所示，由此可知它们均是一个 double 类型的值。

```
public static final double E = 2.7182818284590452354;
public static final double PI = 3.14159265358979323846;
```

在 Math 类中构造方法是不可见的，Math 类中所有的成员方法和成员常量均为静态成员。因此，Math 类在使用的时候直接通过类名调用成员即可。Math 类中常用的方法如表 7-3-1 所示。

表 7-3-1 Math 类的常用方法

方 法 名	功 能
abs	求绝对值
pow	求幂
cell	向上取整：返回该参数的最小整数
floor	向下取整：返回该参数的最大整数
round	四舍五入
sqrt	求开方
random	产生一个0～1的随机小数
max	返回两个数之间的最大值
min	返回两个数之间的最小值

几乎所有的 Math 类方法都对 float 和 double 数据类型进行了重载，有些也提供了 int 和 long 类型的重载格式。同时方法的返回值类型大多与形参类型保持一致。例如，min 方法的重载形式有以下几种，这里只给出了方法的声明。

```
public static double min(double a, double b);
public static float min(float a, float b);
public static long min(long a, long b);
public static int min(int a, int b);
```

也可以使用 Math 类产生一个随机小数，如果需要产生一个 [a，b] 的随机整数，可以使用下面的代码实现：

```
int num=(int)(Math.random()*(b-a)+a));
```

下面通过一个示例来演示 Math 类的使用。

【例 7-3-1】Math 类的使用。

代码如下：

```
package chapter7.section3.demos;
public class MathClassDemo {
    public static void main(String[] args) {
        //1.abs 绝对值
        int abs=Math.abs(-120);
        System.out.println("Math.abs(-120) = " + abs);
        //2.pow 求幂
        double pow=Math.pow(4,3);
        System.out.println("Math.pow(4,3) = " + pow);
        //3.cell 向上取整：返回该参数的最小整数
```

```
            double cell=Math.ceil(6.024);
            System.out.println("Math.ceil(6.024) = " + cell);
            cell=Math.ceil(-6.924);
            System.out.println("Math.ceil(-6.924) = "+ cell);
            //4.floor 向下取整：返回该参数的最大整数
            double floor=Math.floor(7.92);
            System.out.println("Math.floor(7.92) = " + floor);
            floor=Math.floor(-7.92);
            System.out.println("Math.floor(-7.92) = " + floor);
            //5.round 四舍五入
            long round=Math.round(3.02);
            System.out.println("Math.round(3.02) = " + round);
            round=Math.round(3.68);
            System.out.println("Math.round(3.68) = " + round);
            //6.sqrt 求开方
            double sqrt=Math.sqrt(36.0);
            System.out.println("Math.sqrt(36.0) = " + sqrt);
            System.out.println("-------------");
            //7.round 随机数
            //random 返回的是 0 ～ 1 的随机小数
            // 获取 a 与 b 之间的一个随机数整数
            //int num=(int)(Math.random()*(b-a+1))    0-10
            for (int i=0;i<10;i++){
                System.out.println("(int)(Math.random()*(10-0+1)) = " + (int)(2+Math.random()*(10-0+1)));
            }
            System.out.println("---------------");
            //8.max 返回两个数之间的最大值
            int max=Math.max(30,5);
            System.out.println("Math.max(30,5) = " + max);
            //9.min 返回两个数之间的最小值
            int min=Math.min(6,2);
            System.out.println("Math.min(6,2) = " + min);
            //10. 自然对数 e
            double e = Math.E;
            System.out.println("Math.E = " + e);
            //11.PI 的值
            double PI = Math.PI;
            System.out.println("Math.PI = " + PI);
        }
    }
```

运行结果如图 7-3-1 所示。

```
Console × Problems @ Javadoc
<terminated> MathClassDemo [Java Applica
Math.abs(-120) = 120
Math.pow(4,3) = 64.0
Math.ceil(6.024) = 7.0
Math.ceil(-6.924) = -6.0
Math.floor(7.92) = 7.0
Math.floor(-7.92) = -8.0
Math.round(3.02) = 3
Math.round(3.68) = 4
Math.sqrt(36.0) = 6.0
-------------
(int)(Math.random()*(10-0+1)) = 12
(int)(Math.random()*(10-0+1)) = 10
(int)(Math.random()*(10-0+1)) = 4
(int)(Math.random()*(10-0+1)) = 4
(int)(Math.random()*(10-0+1)) = 6
(int)(Math.random()*(10-0+1)) = 11
(int)(Math.random()*(10-0+1)) = 10
(int)(Math.random()*(10-0+1)) = 4
(int)(Math.random()*(10-0+1)) = 3
(int)(Math.random()*(10-0+1)) = 7
---------------
Math.max(30,5) = 30
Math.min(6,2) = 2
Math.E = 2.718281828459045
Math.PI = 3.141592653589793
```

◆ 图 7-3-1 示例 7-3-1 的运行结果

7.3.2 Random 类

Random 类 (伪随机数生成器) 可以在指定的取值范围内随机产生数字。它直接继承自 Object 类，位于 java.util 包里面。Random 类是公有的非 final 修饰的类，它的方法都不是静态的，因此在使用时需要创建对象。相比于 Math 类的随机数，Random 类的随机数更加灵活和强大。Random 类中有两个构造方法，如表 7-3-2 所示。

表 7-3-2 Random 类的构造方法

方 法	功 能 描 述
Random()	创建一个伪随机数生成器
Random(long seed)	使用一个长整型的数作为种子创建伪随机数生成器

这里需要注意的是第二种构造方法。它提供了一个 long 类型的参数，用来设置伪随机数的种子。当需要在不同代码位置生成一个相同的伪随机数时，只要设置的随机数种子相同那么这两个伪随机数也是相同的，这也是为什么 Random 类被称为伪随机数生成器。伪随机数的种子也可以通过类内的方法 seed 来设置。第一种构造方法没有形参，它的伪随机数种子也是随机的。

Random 类常用的方法如表 7-3-3 所示。与 Math 类中的随机数相比，Random 类提供了数据类型更丰富的随机数。例如，Random 类的 nextDouble 方法返回的是 0 和 1 之间 double 类型的值，nextFloat 方法返回的是 0 和 1 之间 float 类型的值。需要注意的是，nextInt(int n) 返回的是 0(包括) 和指定值 n(不包括) 之间的值，它在取值范围上也符合 Java 语言的“左闭右开”原则。

表 7-3-3　Random 类的常用方法

方　法	功 能 描 述
boolean nextBoolean()	生成一个布尔类型的随机数并返回
double nextDouble()	生成一个double类型的随机数并返回
float nextFloat()	生成一个float类型的随机数并返回
int nextInt()	生成一个int类型的随机数并返回
int nextInt(int n)	生成一个[0,n)之间int类型的随机数并返回
long nextLong()	生成一个long类型的随机数并返回
void setSeed(long seed)	设置伪随机数生成器的种子

【例 7-3-2】Random 类的使用。

代码如下：

```
package chapter7.section3.demos;
import java.util.Random;
public class RandomClassDemo {
    public static void main(String[] args) {
        Random random =new Random();
        System.out.println(" 生成 boolean 类型的随机数："+random.nextBoolean());
        System.out.println(" 生成 [0,1.0) 区间的 double 类型的随机数："+random.nextDouble());
        System.out.println(" 生成 float 类型的随机数："+random.nextFloat());
        System.out.println(" 生成 int 类型的随机数："+random.nextInt());
        System.out.println(" 生成 0 到 10 之间 int 类型的随机数："+random.nextInt(10));
        System.out.println(" 生成 long 类型的随机数："+random.nextLong());
        System.out.println(" 生成 [0,5.0) 区间的小数："+random.nextDouble() * 5);
    }
}
```

运行结果如图 7-3-2 所示。

```
Console × Problems @ Javadoc Declaration
<terminated> RandomClassDemo [Java Application] D:\softwa
生成boolean类型的随机数: true
生成[0,1.0)区间的double类型的随机数: 0.8114184723136068
生成float类型的随机数: 0.86692584
生成int类型的随机数: -822862609
生成0到10之间int类型的随机数: 3
生成long类型的随机数: 8994732087964845051
生成[0,5.0)区间的小数: 3.7978786652162477
```

◆ 图 7-3-2　示例 7-3-2 的运行结果

7.4　System 类与 Runtime 类

7.4.1　System 类

System 类在编程中经常用到，它可以在屏幕上打印输出内容。其实 System 类中定义了一些与系统相关的方法和属性，它们都是由 public static 修饰的公有静态成员。System 类中的常用方法如表 7-4-1 所示。

表 7-4-1　System 类的常用方法

方　法	功 能 描 述
static void exit(int status)	终止当前正在运行的JVM，其中status表示状态码，若状态码为0，则表示正常终止；若非零，则表示异常终止
static void gc()	运行垃圾回收器，对垃圾进行回收
static void currentTimeMillis()	返回当前的时间戳(以ms为单位)
static void arraycopy(Object src,int srcPos,Object dest,int destPos,int length)	从src引用的源数组复制到dest引用的目标数组的指定下标位置
static Properties getProperties()	获取当前的系统属性
static String getProperty(String key)	获取指定系统属性名的属性值

【例 7-4-1】System 类获取当前系统的属性。

代码如下：

```
package chapter7.section4.demos;
import java.util.Properties;
import java.util.Set;
public class SystemClassDemo1 {
    public static void main(String[] args) {
        // TODO Auto-generated method stub
        // 获取当前系统属性
        Properties properties = System.getProperties();
        System.out.println(properties);
        // 获取所有系统属性的 key( 属性名 )，返回 set 对象
        Set<String> propertyName = properties.stringPropertyNames();
        for(String key : propertyName){
            // 获取当前键 key( 属性名 ) 所对应的值
            String value =System.getProperty(key);
            System.out.println(key+"--->"+value);
        }
    }
}
```

运行结果如图 7-4-1 所示。

```
Console × Problems @ Javadoc Declaration
<terminated> SystemClassDemo1 [Java Application] D:\software\Java\jdk-17.0.4.1\bin\javaw.exe (2022年10月3日 上午8:
java.runtime.version--->17.0.4.1+1-LTS-2
user.name--->LI
path.separator--->;
os.version--->10.0
java.runtime.name--->Java(TM) SE Runtime Environment
file.encoding--->UTF-8
java.vm.name--->Java HotSpot(TM) 64-Bit Server VM
java.vendor.url.bug--->https://bugreport.java.com/bugreport/
java.io.tmpdir--->C:\Users\LI\AppData\Local\Temp\
java.version--->17.0.4.1
user.dir--->D:\software workspace\eclipse-workspace\myproj
os.arch--->amd64
java.vm.specification.name--->Java Virtual Machine Specification
sun.os.patch.level--->
native.encoding--->GBK
java.library.path--->D:\software\Java\jdk-17.0.4.1\bin;C:\WINDOWS\Sun\Java\bin;C:\WINDOWS\system32;
java.vm.info--->mixed mode, sharing
java.vendor--->Oracle Corporation
java.vm.version--->17.0.4.1+1-LTS-2
sun.io.unicode.encoding--->UnicodeLittle
java.class.version--->61.0
```

◆ 图 7-4-1　示例 7-4-1 的运行结果

系统属性都以键值对的形式存储，例如：

```
java.runtime.version--->17.0.4.1+1-LTS-2
user.name--->LI
```

在 Java 语言中存储键值对使用到了 Set 类，初学者可以简单认为该类对象存储了两个变量即可，这部分内容将在第 8 章详细介绍。

【例 7-4-2】System 类的其他常用方法。

代码如下：

```
package chapter7.section4.demos;
public class SystemClassDemo2 {
    public static void main(String[] args) {
        // TODO Auto-generated method stub
        //System 类获取当前的时间戳
        long startTime = System.currentTimeMillis();
        int tick = 1000000;
        while(tick>-1000000) {
            tick--;
        }
        long endTime = System.currentTimeMillis();
        System.out.println(" 算法的时间差为 : " + (endTime – startTime) + "ms");
        // System 类复制数组
        int[] sourceArray = {1,2,3,4,5};    // 原数组
        int[] DestArray = {11,12,13,14,15};          // 目标数组
        System.arraycopy(sourceArray, 2, DestArray, 2, 3);
        // 打印目标数组
        for(int i=0 ; i<DestArray.length; i++){     // 遍历复制后的数组 toArray 的元素
            System.out.println(I + ":"+ DestArray[i]);
        }
        // System 类退出 JVM
        for(int i=0;i<10;i++) {
            if(i==3) {
                System.exit(0);
            }
            System.out.println("I = " + i);
        }
    }
}
```

```
Console ✕  Pr
<terminated> SystemC
算法的时间差为: 3ms
0:11
1:12
2:3
3:4
4:5
i = 0
i = 1
i = 2
```

◆ 图 7-4-2　示例 7-4-2 的运行结果

运行结果如图 7-4-2 所示。

7.4.2 Runtime 类

Runtime 类用来描述 Java 虚拟机的运行状态，它封装了 JVM 进程。Runtime 类在 java.lang 包里面，它直接继承自 Object 类，由 public 修饰符修饰。由于 Java 程序在运行时只能有一个 JVM，因此在 Runtime 类中隐藏了构造方法，通过单例设计模式对外提供唯一的实例对象。创建 Runtime 类的对象使用如下代码：

```
Runtime runtime = Runtime.getRuntime();
```

Runtime 类常用的方法如表 7-4-2 所示。

表 7-4-2　Runtime 类常用的方法

方　法	功 能 描 述
getRuntime()	该方法用于返回当前应用程序的运行环境对象
exec(String command)	该方法用于根据指定的路径执行对应的可执行文件
freeMemory()	该方法用于返回Java虚拟机中的空闲内存量，以字节为单位
maxMemory()	该方法用于返回Java虚拟机试图使用的最大内存量
totalMemory()	该方法用于返回Java虚拟机中的内存总量
availableProcessors()	该方法用于返回Java虚拟机可使用的处理器个数

【例 7-4-3】Runtime 类的使用。

代码如下：

```
package chapter7.section4.demos;
import java.io.IOException;
public class RuntimeClassDemo {
    public static void main(String[] args){
        Runtime runtime = Runtime.getRuntime();
        System.out.println("Java 虚拟机可用的 CPU 个数 :" + runtime.availableProcessors());
        System.out.println("Java 虚拟机中的空闲内存量 :"+runtime.freeMemory());
        System.out.println("Java 虚拟机试图使用的最大内存量 :"+ runtime.maxMemory());
        System.out.println(" 返回 Java 虚拟机中的内存总量 :"+ runtime.totalMemory());
        try {
            Process process = runtime.exec("C:\\Windows\\notepad.exe");
            // 打开记事本程序，并返回一个进程
            Thread.sleep(3000);            // 让当前程序停止 3 s
            process.destroy();
        } catch (IOException e) {
            // TODO Auto-generated catch block
            e.printStackTrace();
        } catch (InterruptedException e) {
```

```
                // TODO Auto-generated catch block
                e.printStackTrace();
            }
        }
}
```

运行结果如图 7-4-3 所示。

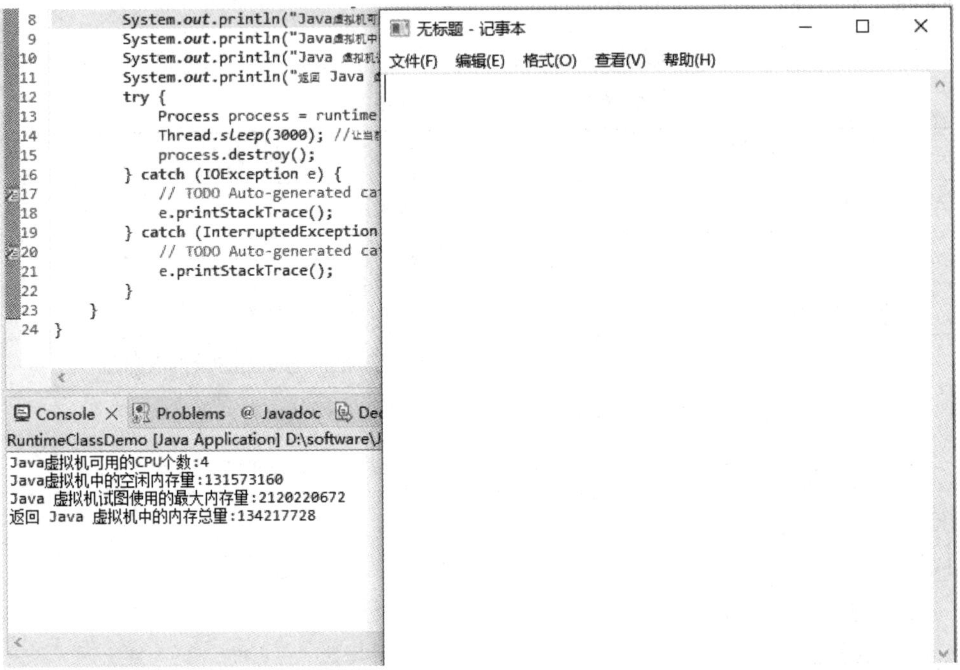

◆ 图 7-4-3　示例 7-4-3 的运行结果

在 Java 语言中使用 Process 类来描述进程。在本示例中，首先使用 Process 类的 exec 方法打开一个记事本，相对应地就开启了一个进程。然后使用 sleep 方法等待 3 s 后关闭该进程。这两个方法的源代码如下所示。exec 和 sleep 方法都会抛出异常，因此需要使用 try-catch 代码块对异常进行处理。进程和 Thread 类将在第 11 章详细介绍。

```
public Process exec(String command) throws IOException {
    return exec(command, null, null);
}
public static native void sleep(long millis) throws InterruptedException;
```

7.5 包　装　类

在 Java 语言中为了能够把基本数据类型和引用数据类型统一起来，都可以作为方法的形参、集合的元素和泛型的类型，以支持更加广泛的多态，提出了包装类的概念。包装类的作用就是把八种基本数据类型的变量包装成引用数据类型的对象。表 7-5-1 中给出了

Java 基本数据类型对应的包装类。其中除了 Character 和 Integer 包装类之外，其他包装类的名称与基本数据类型保持一致，只是首字母变成了大写字母。

表 7-5-1 基本数据类型的包装类

基本数据类型	对应的包装类
byte	Byte
char	Character
int	Integer
short	Short
long	Long
float	Float
double	Double
boolean	Boolean

包装类都在 java.lang 包里面，它们的用法很相似，下面以 Integer 类为例进行介绍。Integer 类提供了两种构造方法，它们的形参分别为整数和字符串。但目前已经不推荐使用这两种构造方法来创建整型类的对象，而是使用下面的代码来创建。

```
Integer integer = 56;
```

这种方式直接将一个 int 类型的数或者变量赋值给 Integer 类的对象，称作“自动装箱”。也可以将一个 Integer 类的对象直接赋值给一个 int 类型的变量，称作“自动拆箱”。代码如下：

```
int x = integer;                //integer 是 Integer 类的对象
```

自动装箱和自动拆箱使得包装类对象与基本数据类型变量之间的转换非常简单。需要注意的是，Integer 类的对象不可以像 int 变量那样参与运算。例如，下面的代码是不合法的。

```
int x = integer1 + integer2;    // integer1 和 integer2 均是 Integer 类的对象
```

Integer 类常用的操作方法如表 7-5-2 所示，主要包括整数与字符串之间的相互转换以及打印输出数据时进制的设置。其中一些方法会抛出异常，在使用时需要注意。

表 7-5-2 Integer 类的常用方法

方　法	功 能 描 述
static String toBinaryString(int i)	将指定的整数转换为二进制无符号整数形式的字符串并返回
static String toHexString(int i)	将指定的整数转换为十六进制无符号整数形式的字符串并返回
static String toOctalString(int i)	将指定的整数转换为八进制无符号整数形式的字符串并返回
static Integer valueOf(int i)	将指定的整数转换为整数类对象并返回
static Integer valueOf(String s)	将指定的字符串转换为整数类对象并返回
static int parseInt(String s)	将指定的整数转换为整数并返回
int intValue()	返回当前整数类对象的整数值

【例 7-5-1】Integer 类的使用。

代码如下：

```
package chapter7.section5.demos;
public class IntegerDemo {
    public static void main(String[] args) {
        // TODO Auto-generated method stub
        // 自动装箱和自动拆箱
        Integer integerValue = 20;
        System.out.println("integerValue = " + integerValue);
        System.out.println("integerValue.intValue() = " + integerValue.intValue());
        int a = integerValue;
        System.out.println("a = " + a);
        // 静态方法创建 Integer 类的对象
        integerValue = Integer.valueOf(30);
        System.out.println("Integer.valueOf(30) = " + integerValue);
        integerValue = Integer.valueOf("123");
        System.out.println("Integer.valueOf(\"123\") = " + integerValue);
        //int 变量或数转换成指定格式的字符串
        String content = Integer.toBinaryString(345);
        System.out.println("Integer.toBinaryString(345) = " + content);
        content = Integer.toHexString(345);
        System.out.println("Integer.toHexString(345) = " + content);
        content = Integer.toOctalString(345);
        System.out.println("Integer.toOctalString(345) = " + content);
        // 将字符串解析成 int 数
        int b = Integer.parseInt("789");
        System.out.println("Integer.parseInt(\"789\") = " + b);
    }
}
```

运行结果如图 7-5-1 所示。

```
Console ×  Problems  @ Javadoc
<terminated> IntegerDemo [Java Application] D:
integerValue = 20
integerValue.intValue() = 20
a = 20
Integer.valueOf(30) = 30
Integer.valueOf("123") = 123
Integer.toBinaryString(345) = 101011001
Integer.toHexString(345) = 159
Integer.toOctalString(345) = 531
Integer.parseInt("789") = 789
```

◆ 图 7-5-1　示例 7-5-1 的运行结果

除了上面展示的方法，Integer 类的方法还有重载的形式，以及比较和求最值等方法，读者可以在帮助文档中查阅学习。其他的包装类与 Integer 类的用法基本相同，不再一一赘述。需要初学者注意的是，首先，包装类都重写了 Object 类的 toString 方法，因此可以直接打印输出；其次，唯独 Character 类没有 valueOf 和 parse*** 方法，其他的包装类都有这两个方法；再者，包装类中的有些方法声明有抛出异常，比如 parseInt 方法，它的源代码如下：

```
public static int parseInt(String s) throws NumberFormatException {
    return parseInt(s,10);
}
```

在使用时，需要用户传入的字符串在字面上是一个整型数，否则会抛出运行时异常。因此，开发者可以使用 try-catch 代码块对其进行封装，以提高代码的健壮性。

7.6 Java 语言常用的包

Java 语言采用包结构来组织管理类与接口文件，以避免命名冲突，同时结构清晰且富有条理。在之前的章节中已经使用了 java.lang 包和 java.util 包等。实际上，Java 语言的 API 都是以包的形式来组织的，每个包提供了丰富的功能类、接口和异常处理类，这些包的集合就是 Java 语言的类库。Java 类库分为 Java 核心包 (Java Core Package) 和 Java 扩展包 (Java Extension Package) 两类。其中 Java 核心包的包名以 java 开头，Java 扩展包的包名以 javax 开头。常用的核心包和扩展包简要介绍如表 7-6-1 所示。

表 7-6-1 Java 语言常用的核心包和扩展包

类别	包 名	功 能 描 述
核心包	java.lang包	Java编程语言的基本类库
	java.applet包	创建applet需要的所有类
	java.awt包	创建用户界面以及绘制和管理图形、图像的类
	java.io包	通过数据流、对象序列以及文件系统实现的系统输入、输出
	java.net包	用于实现网络通信应用的所有类
	java.util包	集合类、时间处理模式、日期时间工具等各类常用工具包
	java.sql包	访问和处理来自 Java 标准数据源数据的类
	java.test包	以一种独立于自然语言的方式处理文本、日期、数字和消息的类和接口
	java.security包	设计网络安全方案需要的一些类
	java.beans包	开发Java Beans需要的所有类
	java.math包	简明的整数算术以及十进制算术的基本方法
	java.rmi包	与远程方法调用相关的所有类
扩展包	javax.accessibility包	定义了用户界面组件之间相互访问的一种机制
	javax.naming包	为命名服务提供了一系列类和接口
	javax.swing包	提供了一系列轻量级的用户界面组件，是目前Java语言用户界面常用的包

在编写代码时，java.lang 包是自动导入的。例如，通过 System 类打印输出时不需要手动导入包。其他包在使用时都需要使用关键字 import 手动导入包。例如，使用 Scanner 类对象获取键盘输入时，需要手动导入 java.util 包。

【本章小结】

Java 语言采用包结构来组织和管理类与接口文件。Java 类库分为 Java 核心包和 Java 扩展包，常见的包有 java.lang 包、java.util 包和 java.io 包等，每一个包针对某一种或几种功能需求提供了相关的 Java 类及接口。

Java 类库非常丰富，例如：用来对字符串进行操作的 String 类、StringBuffer 类和 StringBuilder 类；对日期和时间进行操作的 Date 类、Calendar 类和 SimpleDateFormat 类；提供数学运算工具的 Math 类、Random 类；提供系统相关属性和方法的 System 类；用于标识虚拟机运行时状态的 Runtime 类以及八种基本数据类型的包装类等。

综合训练

习　题

第 8 章 集 合

Java 数组可以帮助编程人员高效地处理一组数据，如排序、求和和查找元素等。但是，数组一旦创建好，它的长度是固定的，在很多场合应用受限。例如，常用的微信好友名单就存在这个问题。刚注册一个微信的时候是不确定以后会有多少个微信好友的，如果使用数组来存放微信好友，数组长度设置得太大，会有很长一段时间造成存储空间浪费；数组长度设置得太小，过一段时间可能存储空间不够用。如果数组的长度可以自由动态改变，那使用就方便了。为此，Java 语言提供了一种叫集合的类库，它具有数组的功能，同时长度还可以动态地改变。实际上，Java 集合的优势远不止于此，例如，集合中的有些类可以实现元素去重和自动排序等功能。本章重点针对集合的概念、常用集合类和泛型进行介绍。

本章资源

8.1 集合概述

Java 语言中的集合提供了一个表示和操作对象集的统一构架，包括丰富的集合接口，以及这些接口的实现类和操作方法。Java 集合类与数组有许多相似的地方，比如，它们都是一种容器，可以存储一组数据，对数据进行遍历等。同时 Java 集合类与数组也有显著不同的地方，主要体现在以下几点：

(1) 数组的长度固定不变，而集合的长度可以动态改变。数组在创建好之后长度就是一个定值，而集合类的对象创建好之后有一个默认的 (或指定的) 空间大小，它会随着元素个数的增减而动态地改变。

(2) 数组可以存放基本数据类型和引用数据类型，而集合只能存放引用数据类型。可以将基本数据类型对应的包装类对象存入集合。

(3) 数组采用了单一的顺序表方式存储，元素的物理地址连续，可以通过下标来访问元素。而集合的存储方式多样，比如有顺序表存储、链式存储和二叉树存储等方式，适用的应用场景更广。

(4) 集合以类的形式存在，具有封装、继承和多态等类的特性，通过简单的方法和属性调用即可实现各种复杂操作，大大提高了软件的开发效率。

当然，与集合相比，数组并非一无是处。数组的执行效率要高于集合，在能满足程序设计功能的前提下优先考虑使用数组。其实，集合中有些类的底层实现就是基于数组的。

Java 集合都定义在 java.util 包里面。它按照数据的存储结构可以分为两大类：单列集合和双列集合。通俗地讲，单列集合就是一个存储单元存储一个对象；而双列集合就是一个存储单元存储一个映射对（两个对象），这两个对象是相互绑定、成对出现的，分别叫作键 (Key) 和值 (Value)。例如，单列集合可以用来存储班级同学的姓名，而双列集合可以用来同时存储班级同学的姓名和学号。这里所讲的单列集合和双列集合并不是两个具体的类，而是两种集合类的家族。图 8-1-1 给出了这两个集合类家族中最常用的接口和类。图中 Collection、List、Set 和 Map 为接口，其他为类。

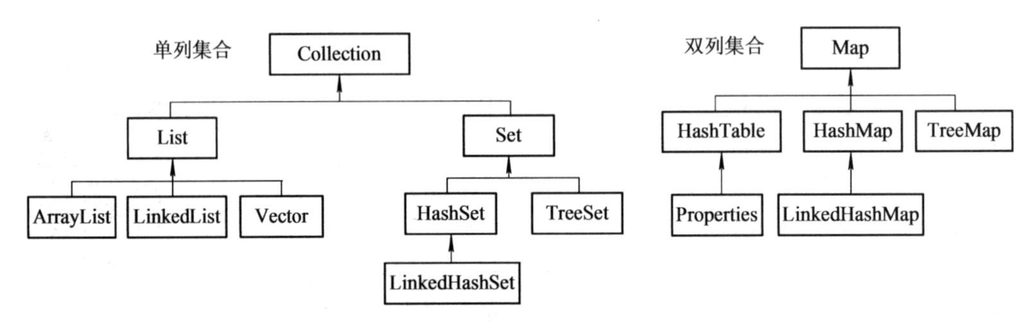

◆ 图 8-1-1　Java 集合最常用的接口和类

1. Collection 接口

Collection 接口是单列集合的根接口，它由 public 修饰符修饰，继承了 Iterable 迭代器接口。关于迭代器的概念在 8.4 节介绍。Collection 接口提供了对单列数据进行增加、删除、修改、查找和转换成数组等最基本的操作方法。Collcetion 接口的常用方法如表 8-1-1 所示。

表 8-1-1　Collcetion 接口的常用方法

方　法	功 能 描 述
boolean add(Ee)	在集合中添加一个元素，添加成功返回true，否则返回false
boolean addAll(Collection<? extends E > c)	在集合中添加一个指定集合的所有元素，添加成功返回true，否则返回false
void clear()	从此集合中删除所有元素
boolean contains(Object o)	如果此集合包含指定的元素，则返回true，否则返回false
boolean containsAll(Collection<?> c)	如果此集合包含指定集合中的所有元素，则返回true，否则返回false
boolean equals(Object o)	比较两个集合是否相等
int hashCode()	返回此集合的哈希码值
boolean isEmpty()	如果此集合不包含任何元素，则返回true，否则返回false
Iterator<E> iterator()	返回此集合元素的迭代器
default Stream<E> parallelStream()	返回一个可能并行的流对象
boolean remove(Object o)	从此集合中删除指定元素，若删除成功则返回true，否则返回false

续表

方 法	功 能 描 述
boolean removeAll(Collection<?> c)	从此集合中删除指定集合的所有元素，若删除成功则返回true，否则返回false
default boolean removeIf(Predicate<? super E> filter)	删除此集合中满足给定谓词的所有元素
boolean retainAll(Collection<?> c)	仅保留此集合中包含在指定集合中的元素
int size()	返回此集合中的元素数
default Spliterator<E> spliterator()	获取集合元素的拆分器
default Stream<E> stream()	返回一个流对象
Object[] toArray()	返回包含此集合中所有元素的数组
Default <T> T[] toArray(IntFunction<T[]> generator)	通过指定的方法使接口返回集合元素数组
<T> T[] toArray(T[] a)	返回包含此集合中所有元素的数组；返回数组的运行时类型是指定数组的运行库类型

由于 Collection 是接口，因此上述方法均为抽象方法。在上述方法中，有些地方使用到了字母“E”和符号“？”及“<>”，这些都是泛型符号，读者可简单认为它是一种类型。关于泛型在 8.3 节进行介绍。

Collection 集合有两个重要的子集合：List 集合（又称列表）和 Set 集合（又称集）。List 集合和 Set 集合都有各自特点，它们的使用场景不同。List 集合是最常用的集合，它存储的数据是有序的、可重复的，它可以像数组那样通过索引值来访问、插入和删除某个元素，也可以使用迭代器遍历元素；而 Set 集合存储的数据是无序的，不可重复的；在遍历 Set 集合元素时只能借助迭代器进行。这里的“有序”指的是数据存入集合的顺序与遍历集合打印输出的顺序一致；“可重复”指的是允许集合中存在两个相等的对象。List 集合的父接口是 List 接口，Set 集合的父接口是 Set 接口。它们除了继承 Collection 接口的方法之外，又各自定义了一些新的抽象方法。由于接口不能被实例化，因此主要使用的是它们的实例类。

List 集合的常用集合类包括 ArrayList、LinkedList 和 Vector。其中，ArrayList 类的底层是由数组实现的，它的最大特点就是存储元素的方式与数组基本一致，即元素存储的物理地址是连续的，具有检索效率高、插入和删除元素效率低的特点。LinkedList 类的底层是双向循环链表，相比于 ArrayList 集合，LinkedList 集合具有检索效率低、插入和删除元素效率高的特点。Vector 类与 ArrayList 类很相似，它们最大的不同在于 ArrayList 类是线程不同步的，主要用于单线程编程；而 Vector 类是线程同步的，多用于多线程编程。关于线程的知识在第 11 章进行介绍。

Set 集合的常用集合类包括 HashSet 和 TreeSet。其中，HashSet 类的底层是基于哈希表实现的。TreeSet 类的底层是基于二叉树实现的。它们的最大区别表现在：HashSet 没有排序功能，但执行效率相对较高；而 TreeSet 具有自动排序功能，但执行效率相对较低。

2. Map 接口

Map 集合是双列集合，也称映射。Map 接口是双列集合的根接口，它由 public 修饰符修饰，也继承了 Iterable 迭代器接口。Map 接口提供了针对映射对的增加、删除、修改、查找和提取单列数据等最基本的操作方法。它的典型操作方法如表 8-1-2 所示，这些方法都是公有抽象方法。

表 8-1-2　Map 接口的常用方法

方　法	功 能 描 述
void clear()	从此集合中删除所有映射
boolean containsKey(Object key)	如果此集合包含指定键的映射，则返回true，否则返回false
boolean containsValue(Object value)	如果此集合包含指定值的映射，则返回true，否则返回false
boolean equals(Object o)	比较两个集合是否相等
default void V get(Object key)	通过键获取映射的值，若不存在，则返回null
int hashCode()	返回此集合的哈希码值
boolean isEmpty()	如果此集合不包含任何键值映射，则返回true，否则返回false
Set<K> keySet()	返回此集合中所有键的 Set 集合
default V put(K key, V value)	在集合中添加一对映射，并返回该映射的值
void putAll(Map<? extends K,? extends V> m)	将指定Map集合中的所有映射复制到当前集合中
V remove(Object key)	删除指定键的键值对，并返回该键值对的值，若没有则返回null
default boolean remove(Object key, Object value)	删除集合中指定的键值对，成功返回true，否则返回false
default V replace(K key, V value)	仅当指定键当前映射到某个值时，才替换该项的条目
default Boolean replace(K key, V oldValue, V newValue)	通过指定的键找到对应的值并替换，成功则返回true，否则返回false
int size()	返回此集合中的映射对数
Collection<V> values()	返回此集合中所有值的单列集合

Map 接口有三个常用的集合类：HashMap、TreeMap 和 Properties。类似地，HashMap 基于哈希表，具有自动去除重复元素的功能；TreeMap 基于红黑树，能够实现元素的自动升序排序；Properties 集合继承自 HashTable，它主要用于存储字符串类型的键值对。

3. Iterable 接口

由于 Collection 接口与 Map 接口同时继承了 Iterable 接口，因此 Java 语言的集合类均实现了 Iterable 接口。该接口提供了获取集合元素迭代器 (Iterator) 的方法 iterator，用以遍历所有的集合类。此外，集合中还提供了 Collections 工具类来对集合进行排序等操作。实际上，Java 语言中的集合家族非常庞大，针对不同的应用场景及需求提供了不同特点的集合类。本章主要介绍常用的集合接口和实例类。

8.2 List 集合

List 集合(又称列表)是 Collection 集合家族中最常用的集合。它的最大特点是允许保存相同的元素，以及元素有序性(元素添加顺序与遍历输出顺序一致)。List 集合中的 List 接口继承了 Collection 接口，并额外增加了使用索引值来增加、删除、修改和查找元素的抽象方法。List 接口中自定义的常用方法如表 8-2-1 所示。

表 8-2-1 List 接口中自定义的常用方法

方 法	功能描述
void add(int index, E element)	在此列表中的指定位置插入指定的元素
boolean addAll(int index, Collection<? extends E> c)	将指定集合中的所有元素插入到此列表中的指定位置
E get(int index)	返回此列表中指定位置处的元素
int lastIndexOf(Object o)	返回此列表中指定元素的最后一次出现的索引，如果此列表不包含该元素，则返回 -1
ListIterator<E> listIterator()	返回此列表中元素的列表迭代器(按正确的顺序)
ListIterator<E> listIterator(int index)	返回此列表中元素的列表迭代器(按正确的顺序)，从列表中的指定位置开始
E remove(int index)	删除此列表中指定位置的元素
E set(int index, E element)	将此列表中指定位置处的元素替换为指定的元素
List<E> subList(int fromIndex, int toIndex)	返回此列表指定索引范围内的子列表

8.2.1 ArrayList 集合

List 集合中最常见的是 ArrayList 集合(又称动态数组)。它是一个用数组实现的集合类，能进行快速的随机访问，效率高而且实现了可变大小的数组。

ArrayList 类继承自 AbstractList 类，具有三种重载的构造方法，它们的方法声明如下所示：

```
public ArrayList();
public ArrayList(int initialCapacity);
public ArrayList(Collection<? extends E> c);
```

第一种构造方法的功能是创建一个初始存储空间为 10 的对象。第二种构造方法的功能是创建一个指定初始存储空间大小的对象。第三种构造方法的功能是使用一个单列集合创建一个对象。其中，第三种构造方法的形参里面使用了泛型(在 8.4 节详细介绍)。ArrayList 集合实现了 List、Serializable、Cloneable 和 RandomAccess 接口的抽象方法，同时还增加了一些新的方法。ArrayList 的常用方法如表 8-2-2 所示。

表 8-2-2　ArrayList 集合的常用方法

方法类别	方　法	功 能 描 述
增加和修改元素的方法	void add(int index,E element)	在此列表中的索引值index位置插入指定元素
	boolean addAll(int index, Collection<? extends E> c)	按指定列表的迭代器返回的顺序将其所有元素追加到此列表的索引值index位置，操作成功返回true，否则返回false
	void set(int index,E element)	用指定的元素替换此列表中索引值index位置的元素
删除元素的　方法	E remove(int index)	删除该列表中指定索引值位置的元素并返回该元素，该索引值后面的元素(若有)依次左移
	boolean removeRange(int fromIndex,int toIndex)	从列表中删除所有索引在fromindex(含)和toIndex(不含)之间的元素，若删除成功则返回true，否则返回false
查看元素及列表状态的方法	E get(int index)	返回指定索引值index位置的元素
	List<E> subList(int fromIndex,int toIndex)	返回列表中指定的fromIndex(含)和toIndex(不含)之间的子列表
迭代器	ListIterator<E> listIterator()	返回该列表的ListIterator迭代器，可用于顺序循环遍历列表、获取元素索引、修改元素等

ArrayList 集合的方法很多，这里限于篇幅不能一一举例。但每个成员方法的学习方式都是相通的。下面通过几个示例来介绍 ArrayList 集合最基本的方法，其他方法读者可参考示例及帮助文档来学习。

【例 8-2-1】神舟飞船和嫦娥探测器。

代码如下：

```
package chapter8.section2.demos;
import java.util.ArrayList;
import java.util.List;
public class ArrayListBasicOperationDemo {
    public static void main(String[] args) {
    // TODO Auto-generated method stub
    // 创建一个 ArrayList 类的对象
    ArrayList arrayList = new ArrayList();
    for(int i=0; i<13;i++) {
        arrayList.add(" 神舟 "+(i+1)+ " 号飞船 ");
        System.out.println(arrayList.get(i));
    }
    System.out.println("arrayList.isEmpty() ?\t " + arrayList.isEmpty());
    System.out.println();
    // 使用多态的形式赋值，这种方式只能使用 List 中的方法
    List list = new ArrayList(6);
    for(int i=0; i<6;i++) {
        list.add(" 嫦娥 "+(i+1)+ " 号探测器 ");
        System.out.println(list.get(i));
```

```
        }
        System.out.println();
        char c;
        arrayList = new ArrayList();
        for(int i = 0;i<10;i++) {
            c = (char) ("a "+i);
            arrayList.add(c);    // 自动装箱
            System.out.print(arrayList.get(i) + "\t ");
        }
        System.out.println();
        System.out.println("arrayList.contains("d ") ?\t " + arrayList.contains("d "));
        System.out.println("arrayList.indexOf("d ") = " + arrayList.indexOf("d "));
        arrayList.add(6, "d ");
        System.out.println("arrayList.lastIndexOf("d ") = " + arrayList.lastIndexOf("d "));
        System.out.println("arrayList.indexOf("d ") = "+ arrayList.indexOf("d "));
        System.out.println(arrayList);
        List newList = arrayList.subList(2, 6);
        System.out.println(newList);
        System.out.println("arrayList.equals(newList) ?\t " + arrayList.equals(newList));
        System.out.println("arrayList.containsAll(newList) ?\t " + arrayList.containsAll(newList));
        arrayList.addAll(2, newList);
        System.out.println(arrayList);
        arrayList.clear();
        System.out.println(arrayList);
    }
}
```

运行结果如图 8-2-1 所示。

◆ 图 8-2-1 示例 8-2-1 的运行结果

该示例中使用了多态的形式，将 ArrayList 类的对象向上转型为 List 接口对象使用，此时只可以调用 List 中的方法。也可以把 ArrayList 实例化的对象赋值给本类对象引用，此时可以使用 ArrayList 类中的所有方法。在程序开发中，这两种使用方式都比较常见。由此示例可知，ArrayList 集合在存储元素时的顺序与遍历集合打印输出元素的顺序相同，即具有“有序”的特点。ArrayList 集合类支持普通 for 循环遍历、foreach 循环遍历。8.4 节还会介绍使用迭代器遍历。此外，只要集合元素对应的类重写了 Object 类的 toString 方法，就可以直接通过 print 方法打印输出每个集合元素的值。

【例 8-2-2】ArrayList 集合存储教师对象。

代码如下：

```
package chapter8.section2.demos;
import java.util.ArrayList;
import java.util.List;
public class ArrayListTeacherDemo {
    public static void main(String[] args) {
        // TODO Auto-generated method stub
        List list = new ArrayList();
        list.add(new Teacher("li ",1L));
        list.add(new Teacher("wang ",1L));
        list.add(new Teacher("zhang ",1L));
        list.add(new Teacher("li ",1L));
        System.out.println(list.get(0).equals(list.get(1)));
        System.out.println(list.get(0).equals(list.get(2)));
        System.out.println(list.get(0).equals(list.get(3)));
    }
}
class Teacher {
    private String name;
    private long id;
    public Teacher() {
        super();
        this.name= "-";
        this.id = 0L;
    }
    public Teacher(String name, long id) {
        this.name = name;
        this.id = id;
    }
    public boolean equals(Object obj) {
        if(obj == this) {
            return true;
        }
        if(obj==null) {
```

```
            return false;
        }
        if(obj instanceof Teacher) {
            Teacher tea = (Teacher)obj;
            if(tea.id == this.id && tea.name.equals(this.name)) {
                return true;
            }
        }
        return false;
    }
}
```

运行结果如图 8-2-2 所示。

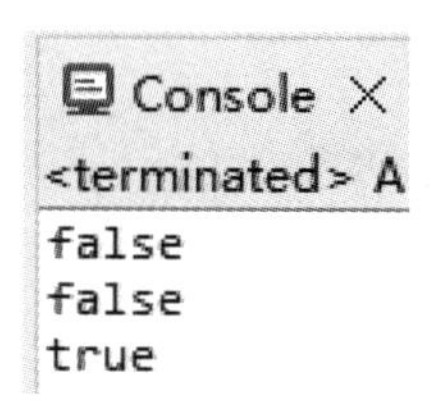

◆ 图 8-2-2　示例 8-2-2 的运行结果

本示例展示了如何使用 ArrayList 集合存储自定义类的对象。这里使用了 add 方法添加 Teacher 类的匿名内部类。同时在 Teacher 类中重写了 Object 类，实现了比较两个教师对象是否相等的逻辑。可以观察到 ArrayList 集合允许两个相同的对象同时存在。

【例 8-2-3】ArrayList 集合存储不同类型的对象。

代码如下：

```
package chapter8.section2.demos;
import java.util.ArrayList;
import java.util.List;
public class ArrayListDefferentTypeClassDemo {
    public static void main(String[] args) {
        // TODO Auto-generated method stub
        List list = new ArrayList();
        // 存储 null
        list.add(null);
        list.add(0, null);
        // 存储包装类，自动装箱，指定位置插入
        byte byteValue = 12;
        short shortValue = 120;
        int intValue = 1200;
        long longValue = 12000L;
        float floatValue = 1.2f;
        double doubleValue = 1.20d;
        char charValue = 'c';
```

```
        boolean booleanValue = true;
        list.add(1,byteValue);
        list.add(1,shortValue);
        list.add(1,intValue);
        list.add(1,longValue);
        list.add(1,floatValue);
        list.add(1,doubleValue);
        list.add(1,charValue);
        list.add(1,booleanValue);
        // 存储 String
        list.add("Java 编程 ");
        // 存储另一个 ArrayList 集合
        List list2 = new ArrayList();
        list2.add("I love China!");
        list2.add("China is my Country.");
        list.add(list2);
        // 存储自定义类的对象
        list.add(new Noodle());
        // 删除索引值为 0 的元素
        list.remove(0);
        // 删除元素值为 null 的元素
        list.remove(null);
        //foreach 循环打印输出
        System.out.println("foreach 循环打印输出 ");
        for(Object object : list) {
            System.out.println(object);
        }
        // 直接使用 print 方法打印输出
        System.out.println();
        System.out.println(" 直接使用 print 方法打印输出 ");
        System.out.println(list.toString());
        list.set(0, false);
        Character ch = 'c';
        list.remove(ch);
        System.out.println("list.contains(ch) ?\t" + list.contains(ch));
        System.out.println(list);
        System.out.println("list 的元素个数：" + list.size());
    }
}
class Noodle{
    @Override
    public String toString() {
        // TODO Auto-generated method stub
```

```
        return " 我最喜欢吃面条！ ";
    }
}
```

运行结果如图 8-2-3 所示。

```
Console × Problems @ Javadoc Declaration
<terminated> ArrayListDefferentTypeClassDemo [Java Application] D:\software\Java\jdk-17.0.4.1\bin\javaw.exe (2022年10月4日
foreach循环打印输出
true
c
1.2
1.2
12000
1200
120
12
Java编程
[I love China!, China is my Country.]
我最喜欢吃面条!

直接使用print函数打印输出
[true, c, 1.2, 1.2, 12000, 1200, 120, 12, Java编程, [I love China!, China is my Country.], 我最喜欢吃面条! ]
list.contains(ch) ?     false
[false, 1.2, 1.2, 12000, 1200, 120, 12, Java编程, [I love China!, China is my Country.], 我最喜欢吃面条! ]
list的元素个数: 10
```

◆ 图 8-2-3　示例 8-2-3 的运行结果

本示例展示了 ArrayList 集合元素的多态性。集合类的 add 方法形参如果不显式地声明，默认为 Object 类对象，所有的 Java 对象都可以传进去，包括包装类的对象 (基本数据类型变量可以自动装箱)。

【例 8-2-4】ArrayList 集合元素的向下转型。

代码如下：

```
package chapter8.section2.demos;
import java.util.ArrayList;
import java.util.List;
public class ArrayListElementDownwardTransferDemo {
    public static void main(String[] args) {
        // TODO Auto-generated method stub
        List list = new ArrayList();
        list.add(new Student(" 小兰 ",123));
        list.add(new Student(" 小鱼 ",456));
        list.add(new Librarian(" 小兰 ",123));
        list.add(new Librarian(" 小青 ",789));
        System.out.print("Student(\" 小兰 \",123) == Librarian(\" 小兰 \",123) ?\t");
        System.out.println(list.get(0).equals(list.get(2)));
        print(list);
            }
    private static void print(List list) {
        // TODO Auto-generated method stub
        for(Object obj : list) {
            System.out.print(obj + "\t");
            if(obj instanceof Student) {
```

```
                ((Student) obj).study();
            }else if(obj instanceof Librarian) {
                ((Librarian) obj).manage();
            }else;
        }
    }
}
class Student {
    private String name;
    private int id;
    public Student() {}
    public Student(String name, int id) {
        this.name = name;
        this.id = id;
    }
    @Override
    public boolean equals(Object obj) {
        // TODO Auto-generated method stub
        if(obj==this) {
            return true;
        }
        if(! (obj instanceof Student)) {
            return false;
        }
        Student stu = (Student)obj;
        if(this.name.equals(stu.name)) {
            return true;
        }
        return false;
    }
    @Override
    public String toString() {
        // TODO Auto-generated method stub
        return " 我是一名学生："+this.name+"\t"+this.id;
    }
    public void study() {
        System.out.println(" 好好学习，天天向上 ");
    }
}
class Librarian {
    private String name;
    private long id;
    public Librarian() {
```

```
        super();
        this.name="--";
        this.id = 0L;
    }
    public Librarian(String name, long id) {
        this.name = name;
        this.id = id;
    }
    public boolean equals(Object obj) {
        if(obj == this) {
            return true;
        }
        if(obj==null) {
            return false;
        }
        if(obj instanceof Librarian) {
            Librarian tea = (Librarian)obj;
            if(tea.id == this.id) {
                return true;
            }
        }
        return false;
    }
    @Override
    public String toString() {
        // TODO Auto-generated method stub
        return " 我是一名图书管理员： "+this.name+"\t"+this.id;
    }
    public void manage() {
        System.out.println(" 管理图书馆，兢兢业业 ");
    }
}
```

运行结果如图 8-2-4 所示。

```
Console × Problems @ Javadoc Declaration
<terminated> ArrayListElementDownwardTransferDemo [Java App
Student("小兰",123) == Librarian("小兰",123) ?   false
我是一名学生： 小兰        123     好好学习，天天向上
我是一名学生： 小鱼        456     好好学习，天天向上
我是一名图书管理员： 小兰  123     管理图书馆，兢兢业业
我是一名图书管理员： 小青  789     管理图书馆，兢兢业业
```

◆ 图 8-2-4　示例 8-2-4 的运行结果

在本示例中定义了两个类 Student 和 Librarian。它们各自重写了 Object 类的比较方法，同时又有各自特有的方法。在 ArrayList 集合中存储了属性值完全相同的 Student 类对象和 Librarian 类对象，在比较是否相等时由于数据类型不同，所以返回 false。在使用 foreach

循环遍历输出元素信息时，通过关键字 instanceof 判别元素的数据类型，并将 Object 类对象引用向下转型，调用各自的特有方法。

在使用集合存储对象时，往往会指定元素的数据类型，以方便管理和维护。下面通过示例 8-2-5 介绍定义集合元素数据类型的方法。

【例 8-2-5】ArrayList 指定元素类型。

代码如下：

```
package chapter8.section2.demos;
import java.util.ArrayList;
import java.util.List;
public class ArrayListSpecifyElementTypeDemo {
    public static void main(String[] args) {
        // TODO Auto-generated method stub
        // 指定为 String 类型
        List<String> list = new ArrayList<String>();
        list.add(null);
        list.add(" 我的家乡在河南 ");
        list.add(" 那是一个美丽的地方 ");
        System.out.println(list);
        // list.add(35); // 不合法的语句
        System.out.println();
        // 指定为 Tree 类型
        List<Tree> list2 = new ArrayList<Tree>();
        list2.add(null);
        list2.add(new Tree());
        list2.add(new Tree());
        list2.add(new Willow());
        System.out.println(list2);
    }
}
class Tree{
    @Override
    public String toString() {
        // TODO Auto-generated method stub
        return " 这是一棵普通的树 ";
    }
}
class Willow extends Tree{
    @Override
    public String toString() {
        // TODO Auto-generated method stub
        return " 这是一棵柳树 ";
    }
}
```

运行结果如图 8-2-5 所示。

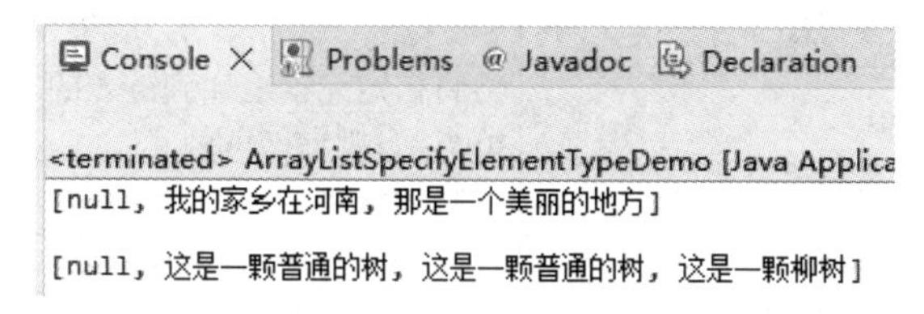

◆ 图 8-2-5　示例 8-2-5 的运行结果

本示例中定义了两个 ArrayList 集合 list 和 list2。其中 list 集合限定了集合元素为 String 类型，list2 限定了集合元素为 Tree 类型。限定集合对象元素类型的方式是在集合对象声明语句中添加三角括号，在三角括号内给出该集合对象的元素类型，它的代码格式如下：

```
集合类类型<元素类型>        集合对象名 = new 集合类类型<元素类型>(形参);
```

上面语句的声明和实例化也可以分开写。在显式指定元素类型时，要求声明语句与实例化语句的三角括号中内容完全一致。此时可以存储限定类型的对象或其子类的对象，但其他的数据类型就不支持。如果添加了不同的数据类型，那么就会编译不通过，如图 8-2-6 所示。

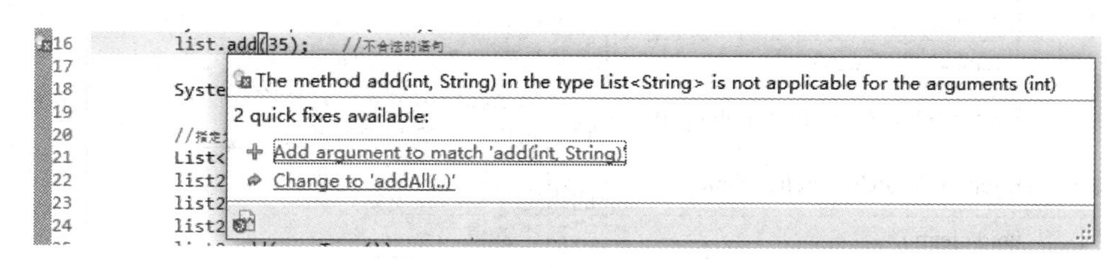

◆ 图 8-2-6　集合元素类型限定后不可再添加其他的数据类型

在实际程序开发中建议开发人员显式地指定集合的存储元素类型，方便代码的维护，同时提高代码的可读性。

8.2.2 LinkedList 集合

LinkedList 集合（又称链表）继承自 AbstractSequentialList 类，它实现了 List、Seriablizable、Cloneable、Deque 和 Queue 接口。其中，Queue 是 Java 语言提供的队列实现，有点类似于 List；Deque 是 Queue 的一个子接口，为双向队列。与 ArrayList 集合不同的是，LinkedList 集合的底层维护着一个双向循环链表，使得 LinkedList 类中的方法与 ArrayList 类的方法有所区别。LinkedList 集合类提供了两个重载的构造方法，它们的形式如下所示：

```
public LinkedList();
public LinkedList(Collection<? extends E> c);
```

第一种构造方法创建了一个空的集合，第二种构造方法使用已存在的单列集合创建一个 LinkedList 集合。LinkedList 集合同样提供了丰富的方法来对数据进行增加、删除、修改和查找等操作。它的常用方法如表 8-2-3 所示。

表 8-2-3　LinkedList 集合的常用方法

类别	方法	功能描述
增加和修改元素的方法	boolean add(E e)	将指定元素追加到链表的末尾，若操作成功则返回true，否则返回false
	void addLast(E e)	将指定元素追加到链表的末尾
	void addFirst(E e)	在链表首位插入指定元素
	void add(int index,E element)	在链表中的索引位置插入指定元素
	boolean addAll(Collection<? extends E> c)	按指定链表的迭代器返回的顺序将其所有元素追加到此链表的末尾，若操作成功则返回true，否则返回false
	boolean addAll(int index,Collection<? super E> c)	按指定链表的迭代器返回的顺序将其所有元素追加到此链表的索引值index位置，若操作成功则返回true，否则返回false
	void push(E e)	将指定元素追加到链表的末尾(入栈)
	E set(int index,E element)	用指定元素替换此链表中指定索引位置上的元素，并返回被替换的元素
删除元素的方法	E pop()	从链表中删除头部(第一个)元素并返回该元素(出栈)
	E remove()	从链表中删除头部(第一个)元素并返回该元素
	E removeFirst()	从链表中删除头部(第一个)元素并返回该元素
	E removeLast()	从链表中删除并返回最后一个元素
	E remove(int index)	从链表中删除指定索引位置的元素并返回该元素
	E removeFirstOccurrence(Object o)	从头到尾遍历链表时，删除此链表中第一次出现的指定元素，并返回该元素
	E removeLastOccurrence(Object o)	从头到尾遍历链表时，删除此链表中最后一次出现的指定元素，并返回该元素
	void clear()	清空链表
查看元素和获取链表迭代器的方法	E get(int index)	返回链表中指定索引位置的元素
	E getFirst()	返回链表中的第一个元素
	E getLast()	返回链表中的最后一个元素
	int indexof(Object o)	返回此链表中第一个指定元素的索引，如果此链表中不存在此元素，返回-1
	int lastindexof(Object o)	返回此链表中最后一个指定元素的索引，如果此链表中不存在此元素，返回-1
	boolean contains(Object o)	如果链表中包含指定元素，则返回true，否则返回false
	int size()	返回链表元素个数
	Object clone()	返回链表对象实例的浅拷贝
	Object[] toArray()	按照原有的存储顺序将链表所有元素存入数组并返回该数组
	<T> T[] toArray(T[] a)	按照原有的存储顺序将链表所有元素存入指定数据类型的数组并返回该数组
迭代器	Iterator<E> iterator()	以当前链表的顺序返回元素迭代器
	Iterator<E> descendingIterator	以当前链表的反序返回元素迭代器
	ListIterator<E> listIterator(int index)	从链表中的指定位置开始，返回此链表中元素的链表迭代器
	Spliterator<E> spliterator()	创建链表的分割迭代器

下面通过示例 8-2-6 来介绍 LinkedList 集合最基本的方法，其他方法读者可参考示例及帮助文档来学习。

【例 8-2-6】LinkedList 集合的常用操作。

代码如下：

```
package chapter8.section2.demos;
import java.util.ArrayList;
import java.util.LinkedList;
import java.util.List;
public class LinkedListBasicOperationDemo {
    public static void main(String[] args) {
        // TODO Auto-generated method stub
        LinkedList<Integer> list = new LinkedList<Integer>();
        for(int i=0;i<10;i++) {
            list.add(i+10);
        }
        System.out.println(list);
        list.add(3, 30);
        list.addFirst(101);
        list.addLast(1000);
        list.push(0);
        list.remove(2);
        Integer data = 15;
        list.remove(data);
        System.out.println(list);
        List subList = new ArrayList();
        for(int i=0;i<10;i++) {
            subList.add(-1*i);
        }
        list.addAll(0, subList);
        System.out.println(list);
        System.out.println("list.contains(subList)?\t" + list.containsAll(subList));
        list.removeAll(subList);
        System.out.println(list);
        System.out.println("list.contains(subList)?\t" + list.containsAll(subList));
        data = 19;
        System.out.println("list.contains(19)?\t" + list.contains(data));
        System.out.println("list.get(0) = " + list.get(0));
        System.out.println("list.getFirst() = " + list.getFirst());
        System.out.println("list.getLast() = " + list.getLast());
        System.out.println("list.element() = " + list.element());
        System.out.println(list);
        System.out.println("list.pop() = " + list.pop());
        System.out.println(list);
```

```
    }
}
```

运行结果如图 8-2-7 所示。

```
Console × Problems @ Javadoc Declaration
<terminated> LinkedListBasicOperationDemo [Java Application] D:\software\Java\jdk-17.0.4.1\bin\javaw.exe
[10, 11, 12, 13, 14, 15, 16, 17, 18, 19]
[0, 101, 11, 12, 30, 13, 14, 16, 17, 18, 19, 1000]
[0, -1, -2, -3, -4, -5, -6, -7, -8, -9, 0, 101, 11, 12, 30, 13, 14, 16, 17, 18, 19, 1000]
list.contains(subList)? true
[101, 11, 12, 30, 13, 14, 16, 17, 18, 19, 1000]
list.contains(subList)? false
list.contains(19)?      true
list.get(0) = 101
list.getFirst() = 101
list.getLast() = 1000
list.element() = 101
[101, 11, 12, 30, 13, 14, 16, 17, 18, 19, 1000]
list.pop() = 101
[11, 12, 30, 13, 14, 16, 17, 18, 19, 1000]
```

◆ 图 8-2-7　示例 8-2-6 的运行结果

8.3 泛　　型

在集合类的帮助文档及源代码中经常会看到一些符号。例如，ArrayList 类的声明语句中使用了一个用尖括号括起来一个字母。

```
public class ArrayList<E> extends AbstractList<E> implements List<E>, RandomAccess, Cloneable,
Serializable
```

此外，在类的方法中也有类似的用法，比如，ArrayList 类的 set 方法，将字母 E 作为方法的返回类型、形参类型和变量类型。

```
public E set(int index, E element) {
    Objects.checkIndex(index, size);
    E oldValue = elementData(index);
    elementData[index] = element;
    return oldValue;
}
```

这些用法属于 Java 泛型。其中，上述代码中的“E”代表了一个泛型参数，也称作类型变量，是用于指定一个泛型类型名称的标识符。Java 泛型 (generics) 是 JDK 5 中引入的一个新特性，泛型提供了编译时类型安全检测机制，该机制允许程序员在编译时检测到非法的类型。泛型的本质是参数化类型，也就是说所操作的数据类型被指定为一个类型参数，它是实际参数类型的占位符。当使用这个类进行编程时，如果显式地说明了这个类型参数的数据类型，那么编译器就使用这种数据类型将源代码中对应的类型参数进行替换。因此，Java 泛型只在编译阶段有效，它主要用于集合类。例如，下面的代码，在创建 ArrayList 集合对象的时候显式地声明参数类型为 String 类，此时 list 集合中只能存储 String 类型的对象。当没有显式声明参数类型时，它的参数类型默认为 Object 类。

```
List<String> list = new ArrayList<String>();
```

Java 泛型使得 Java 集合具有一定的泛化能力，与 C++ 语言中的模板有异曲同工之妙。编程人员也可以自定义一个泛型方法。当定义一个泛型方法时，该方法可以接收不同类型的参数，编译器会根据传入的形参类别适当地处理每一个方法调用。泛型也可以用在类声明中，此时类中的方法都可以使用泛型。泛型的定义规则如下：

(1) 泛型定义都在声明语句中。其中，泛型方法的类型参数声明位于方法返回类型之前，泛型类的类型参数声明位于类名后。

(2) 类型参数声明使用尖括号括起来。如果有多个类型参数声明，在尖括号内用逗号隔开。

(3) 类型参数能被用来声明为成员变量类型、方法的返回值类型、形参和局部变量类型。

(4) 类型参数只能代表引用数据类型，不能代表基本数据类型。

【例 8-3-1】泛型方法。

代码如下：

```
package chapter8.section3.demos;
public class GenericsMethodDemo{
    public static void main(String args[]){
        // 创建不同类型数组：Integer, Double 和 Character
        Integer[] intArray = {0,3,45,1};
        Double[] doubleArray = {0d,3.1,6.25,7.1,10d};
        Character[] charArray = {'a', 'b', 'c'};
        System.out.println( " 整型数组第 2 个元素为 :" + getElement(intArray,1) );
        System.out.println( "\n 双精度型数组第 2 个元素为 :" + getElement(doubleArray,1) );
        System.out.println( "\n 字符数组第 2 个元素为 :" + getElement(charArray,1) );
        // 报错，不支持基本数据类型
       //float [] floatArray = {1.2f,2.2f,3.2f,4.2f};
       //System.out.println( "\n 浮点型数组第 2 个元素为 :" + getElement(floatArray,2) );

    }
    public static < E > E getElement(E [] arr, int index) {
        return arr[index];
    }
}
```

运行结果如图 8-3-1 所示。

```
Console × Problems
<terminated> GenericsMetho
整型数组第2个元素为:3

双精度型数组第2个元素为:3.1

字符数组第2个元素为:b
```

◆ 图 8-3-1　示例 8-3-1 的运行结果

如果将 float 类型的数组传入 getElement 方法，那么将会编译错误，如图 8-3-2 所示。

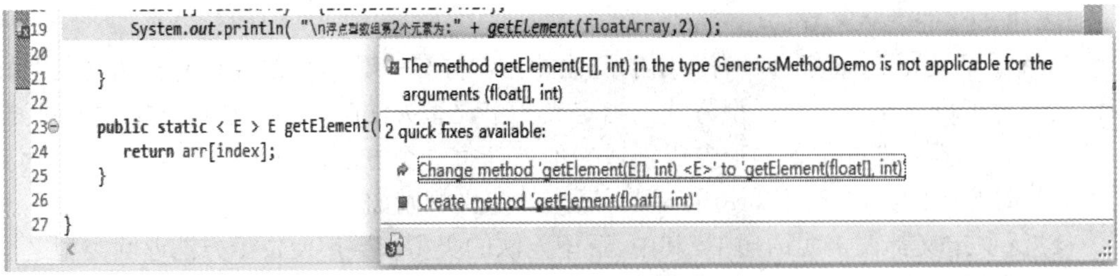

◆ 图 8-3-2　编译时检测到非法的类型

【例 8-3-2】泛型类。

代码如下：

```
package chapter8.section3.demos;
public class GenericsClassDemo {
    public static void main(String[] args) {
        // TODO Auto-generated method stub
        GenericsExample<Double, Integer> ex = new GenericsExample<Double, Integer>(12.5,50);
        ex.show();
    }
}
class GenericsExample <type1,type2>{
    private type1 t1;
    private type2 t2;
    public GenericsExample(type1 t1, type2 t2) {
        this.t1 = t1;
        this.t2 = t2;
    }
    public void show() {
        System.out.println(" 自定义的泛型类，它的两个成员变量值为: "+this.getT1()+"\t "+this.getT2());
    }
    public type1 getT1() {
        return t1;
    }
    public void setT1(type1 t1) {
        this.t1 = t1;
    }
    public type2 getT2() {
        return t2;
    }
    public void setT2(type2 t2) {
        this.t2 = t2;
    }
}
```

◆ 图 8-3-3　示例 8-3-2 的运行结果

运行结果如图 8-3-3 所示。

为了提高代码的可读性，Java 语言约定俗成了一些泛型标记符，如表 8-3-1 所示。

表 8-3-1 Java 泛型常用标记符

标记符	含 义
E	Element (在集合中使用，因为集合中存放的是元素)
T	Type(Java 类)
K	Key(键)
V	Value(值)
N	Number(数值类型)
?	表示不确定的 java 类型

在 Java 集合中，有时候需要集合能够存储指定类的对象及其子类对象，这时可以使用 Java 语言的上限通配符 <? extends E>。例如，List<? extends A> 代表的是一个可以存储 A 类对象及其子类对象的 List 集合。此外，Java 语言中还提供了下限通配符 <? super E>。例如，List<? super A> 代表的是一个可以存储 A 类对象及其父类对象的 List 集合。

8.4 迭 代 器

Java 语言的单列集合根接口 Collection 和双列集合根接口 Map 都继承了 Iterable 接口。该接口位于 java.lang 包里面，它有一个非常常用的抽象方法：

```
Iterator<T> iterator()
```

该方法为集合对象返回了一个迭代器，用以遍历集合。迭代器 Iterator 也是一个接口，它位于 java.util 包里面，它的声明为：

```
public interface Iterator<E>
```

迭代器使用了泛型，可以遍历并返回某一种指定的参数类型。迭代器提供了四种抽象方法，如表 8-4-1 所示。

表 8-4-1 Java 迭代器 Iterator 的抽象方法

方 法	功 能 描 述
default void forEachRemaining(Consumer<? super E> action)	对每个剩余元素执行给定的操作，直到处理完所有元素或操作引发异常
boolean hasNext()	如果迭代器所指位置的下一个存储单元非空，则返回true
E next()	返回迭代中的下一个元素
default void remove()	从基础集合中删除此迭代器返回的最后一个元素

表 8-4-1 中，最常用的是 hasNext 和 next 方法，它们常与 while 循环相结合来遍历集合。

【例 8-4-1】Iterator 遍历集合。

代码如下：

```
package chapter8.section4.demos;
import java.util.ArrayList;
import java.util.Iterator;
```

```
public class IteratorDemo {
    public static void main(String[] args) {
        // TODO Auto-generated method stub
        ArrayList<Student> arrayList = new ArrayList<Student>();
        arrayList.add(new Student(" 小芳 ",100));
        arrayList.add(new Student(" 小强 ",120));
        arrayList.add(new Student(" 小强 ",130));
        arrayList.add(new Student(" 小新 ",120));
        Student stu = new Student(" 小强 ",120);
        /**
         * 普通 for 循环
         * */
        System.out.println(" 普通 for 循环遍历列表 ");
        for(int i=0;i<arrayList.size();i++) {
            System.out.println(arrayList.get(i));
            if(stu.equals(arrayList.get(i))){
                System.out.println(" 第 "+(i+1)+" 个元素与 "+stu +" 相等 ");
            }
        }
        System.out.println();
        /**
         * 增强 for 循环
         * */
        System.out.println(" 增强 for 循环遍历列表 ");
        int i=0;
        for(Student tmp: arrayList) {
            System.out.println(tmp);
            if(stu.equals(tmp)){
                System.out.println(" 第 "+(i+1)+" 个元素与 "+stu +" 相等 ");
            }
            i++;
        }
        System.out.println();
        /**
         * 迭代器 iterator
         * */
        System.out.println(" 迭代器循环遍历列表 ");
        Iterator<Student> iter = arrayList.iterator();
        int j=0;
        while(iter.hasNext()) {
            Student tmp = iter.next();
            System.out.println(tmp);
            if(stu.equals(tmp)) {
```

```
                    System.out.println(" 第 "+(j+1)+" 个元素与 "+stu +" 相等 ");
                    System.out.println(" 删除第 "+(j+1)+" 个元素 ");
                    iter.remove();
                }
                j++;
            }
            System.out.println();
            iter = arrayList.iterator();
            while(iter.hasNext()) {
                System.out.println(iter.next());
            }
        }
    }
class Student {
    private String name;
    private int id;
    public Student() {}
    public Student(String name, int id) {
        this.name = name;
        this.id = id;
    }
    @Override
    public boolean equals(Object obj) {
        // TODO Auto-generated method stub
        if(obj==this) {
            return true;
        }
        if(! (obj instanceof Student)) {
            return false;
        }
        Student stu = (Student)obj;
        if(this.name.equals(stu.name)) {
            return true;
        }
        return false;
    }
    @Override
    public String toString() {
        // TODO Auto-generated method stub
        return this.name+"\t"+this.id;
    }
}
```

运行结果如图 8-4-1 所示。

本示例通过对比展示了使用普通 for 循环、增强 for 循环和迭代器遍历列表的方法与特点。其中，普通 for 循环和增强 for 循环只能用于遍历列表集合，不可以用于遍历其他类型的集合；此外，这两种 for 循环在遍历列表时也不可删除列表元素。相比而言，迭代器可以遍历任意类型的集合，在遍历过程中迭代器对象可以删除集合元素。一个迭代器创建好之后，迭代器的索引值位于第一个元素之前，不指向任何元素。每次使用 hasNext 方法询问的是迭代器索引值后面的单元。当执行一次 next 方法时，迭代器的索引值就往后移一位。当遍历结束时，迭代器的索引值位于集合最后一个元素。此时如果需要再次使用迭代器遍历集合，就需要重新实例化一个迭代器对象。

```
Console × Problems
<terminated> IteratorDemo [
普通for循环遍历列表
小芳	100
小强	120
第2 个元素与 小强 120相等
小强	130
第3 个元素与 小强 120相等
小新	120

增强for循环遍历列表
小芳	100
小强	120
第2 个元素与 小强 120相等
小强	130
第3 个元素与 小强 120相等
小新	120

迭代器循环遍历列表
小芳	100
小强	120
第2 个元素与 小强 120相等
删除第2个元素
小强	130
第3 个元素与 小强 120相等
删除第3个元素
小新	120

小芳	100
小新	120
```

◆ 图 8-4-1　示例 8-4-1 的运行结果

8.5　Set 集合

Set 集合也是单列集合，它存储的元素具有无序、不可重复的特点。Set 集合的根接口是 Set 接口。Set 接口继承了 Collection 接口中的抽象方法，没有再扩展新的抽象方法，只是比 Collection 接口更加严格。Set 接口有两个主要的实现类：HashSet 和 TreeSet。前者是基于哈希表实现的，逻辑简单且速度快；后者是基于二叉树实现的，能够实现元素的自动升序排序。

8.5.1　HashSet集合

HashSet 集合（又称哈希集）继承自 AbstractSet 类，实现了 Serializable、Cloneable、和 Set 接口。HashSet 类提供了四种构造方法，如表 8-5-1 所示。

表 8-5-1　HashSet 集合的构造方法

构 造 方 法	功 能 描 述
HashSet()	构造一个HashSet集合，初始容量为16，负载系数为0.75
HashSet(int initialCapacity)	构造一个HashSet集合，指定初始容量，负载系数为0.75
HashSet(int initialCapacity, float loadFactor)	构造一个HashSet集合，指定初始容量和负载系数
HashSet(Collection<? extends E> c)	使用一个单列集合来构造一个HashSet集合

这里的负载系数决定了集合容量扩容的条件。当元素个数超过容量与负载系数的乘积时，容量就会自动翻倍。例如，如果容量是 16，而负载系数是 0.75，那么当集合的长度达到 12(16 * 0.75 = 12) 时，容量将会翻倍到 32。比较高的负载系数会降低空间开销，但是会增加查找时间。通常情况下，默认的负载系数是 0.75，该默认值是在很好地权衡时间开销和空间开销后得出的。HashSet 集合常用的方法如表 8-5-2 所示。

表 8-5-2 HashSet 集合的常用方法

方 法	功 能 描 述
boolean add(E e)	将指定的元素添加到此集合(如果尚不存在)。添加成功返回true，否则返回false
void clear()	清空集合
Object clone()	返回集合的浅复制对象
boolean contains(Object o)	如果此集合包含指定的元素，则返回true，否则返回false
boolean isEmpty()	如果此集合不包含任何元素，则返回true，否则返回false
Iterator<E> iterator()	返回此集中元素的迭代器
boolean remove(Object o)	从此集中删除指定的元素(如果存在)。如果删除成功，则返回true，否则返回false
int size()	返回此集合中的元素个数
Spliterator<E> spliterator()	创建集合的分割迭代器
Object[] toArray()	返回包含此集合中所有元素的数组
<T> T[] toArray(T[] a)	返回包含此集合中所有元素的数组，返回数组的运行时类型是指定数组的运行时类型

HashSet 集合能够保证存储的元素不重复，是基于如图 8-5-1 所示的流程实现的。在添加元素时，首先获取该元素的哈希值，与已有元素的哈希值对比，若没有相同的项，则将该元素存入集合，否则继续比较两个对象是否相等。若不相等，则存入该元素；若相等，则认为是一个重复元素，直接放弃存储。编程人员可以在元素的类中重写 hashCode 方法和 equals 方法，以实现比较功能。

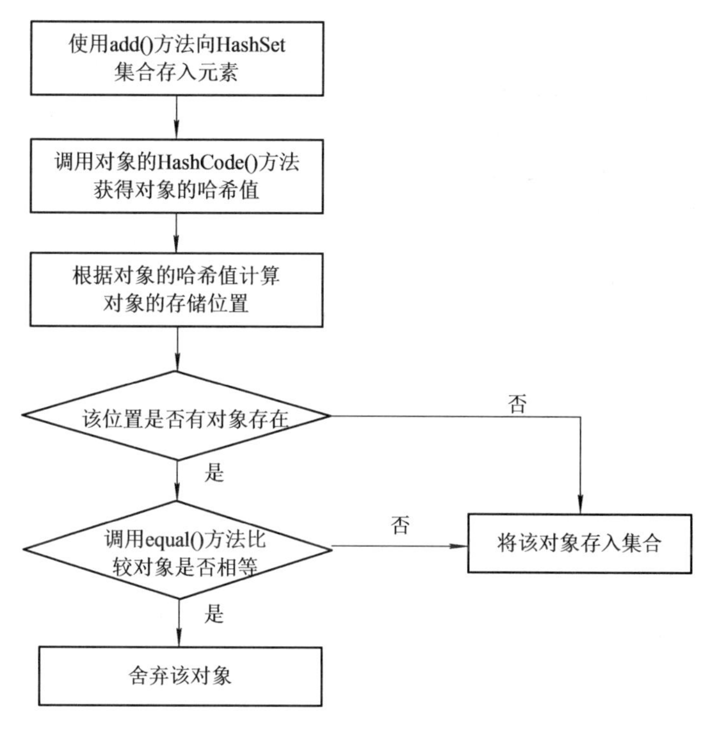

◆ 图 8-5-1 HashSet 集合存储元素的流程

【例 8-5-1】HashSet 集合的使用。

代码如下：

```
package chapter8.section5.demos;
import java.util.HashSet;
import java.util.Iterator;
import java.util.Set;
public class HashSetDemo {
    public static void main(String[] args) {
        // TODO Auto-generated method stub
        HashSet<Student> set = new HashSet<Student>();
        set.add(new Student(" 小芳 ",100));
        set.add(new Student(" 小强 ",120));
        set.add(new Student(" 小强 ",130));
        set.add(new Student(" 小新 ",120));
        set.add(new Student(" 小新 ",120));
        System.out.println("set.size() = "+set.size());
        System.out.println("set.isEmpty() ?\t"+set.isEmpty());
        System.out.println("set.contains(new Student(\" 小芳 \",100) = "+set.contains(new Student(" 小芳 ",100)));
        Iterator<Student> iter = set.iterator();
        while(iter.hasNext()) {
            System.out.println(iter.next());
        }
        set.remove(new Student(" 小芳 ",100));
        iter = set.iterator();
        while(iter.hasNext()) {
            System.out.println(iter.next());
        }
        HashSet set2 = (HashSet) set.clone();
        System.out.println(set2);
        Object [] stu = set2.toArray();
        for(Object s: stu) {
            System.out.println(s);
        }
        set.clear();
        System.out.println(set);
    }
}
class Student {
    private String name;
    private int id;
    public Student() {}
    public Student(String name, int id) {
        this.name = name;
```

```
            this.id = id;
        }
    @Override
    public boolean equals(Object obj) {
        // TODO Auto-generated method stub
        if(obj==this) {
            return true;
        }
        if(! (obj instanceof Student)) {
            return false;
        }
        Student stu = (Student)obj;
        if(this.name.equals(stu.name)) {
            return true;
        }
        return false;
    }
    @Override
    public int hashCode() {
        // TODO Auto-generated method stub
        Integer in = this.id;
        return in.hashCode();   // 与 return this.id; 完全等效
    }
    @Override
    public String toString() {
        // TODO Auto-generated method stub
        return " 该学生的信息为："+this.name+"\t"+this.id;
    }
}
```

运行结果如图 8-5-2 所示。

```
Console × Problems @ Javadoc Declaration
<terminated> HashSetDemo [Java Application] D:\software\Java\jdk-17.0.4.1\bin\javaw.exe (
set.size() = 4
set.isEmpty() = false
set.contains(new Student("小芳",100) = true
该学生的信息为: 小强	130
该学生的信息为: 小芳	100
该学生的信息为: 小强	120
该学生的信息为: 小新	120
该学生的信息为: 小强	130
该学生的信息为: 小强	120
该学生的信息为: 小新	120
[该学生的信息为: 小强	120, 该学生的信息为: 小新 120, 该学生的信息为: 小强 130]
该学生的信息为: 小强	120
该学生的信息为: 小新	120
该学生的信息为: 小强	130
[]
```

◆ 图 8-5-2　示例 8-5-1 的运行结果

本示例创建了一个 Student 类，在该类中重写了 hashCode 方法、equals 方法和

toString 方法。创建了一个 HashSet 集合，并存储了若干学生对象。观察输出结果可知，HashSet 集合存入元素的顺序与遍历输出元素的顺序不一致，表现出无序性。此外，如果有新的对象与已有元素相等，那么它不能够被存入集合，要满足元素的不可重复性。本示例使用迭代器来遍历集合。

8.5.2 TreeSet 集合

TreeSet 集合（又称树集）是一个有序的 Set 集合，它能够按照给定的比较逻辑进行自动升序排序。它的查询速度比 List 集合快，但比 HashSet 集合速度慢。TreeSet 类继承自 Abstract 类，实现了 Serializable、Cloneable、NavigableSet、Set 和 SortedSet 接口。TreeSet 类提供了四种重载的构造方法，如表 8-5-3 所示。

表8-5-3 TreeSet集合的构造方法

构 造 方 法	功 能 描 述
TreeSet()	构造一个新的空树集
TreeSet(Collection<? extends E> c)	使用一个单列集合构造一个新的树集，并根据其元素的大小进行排序
TreeSet(Comparator<? super E> comparator)	构造一个新的空树集，传入一个比较器，元素根据该比较器进行排序
TreeSet(SortedSet<E> s)	使用一个排序集构造一个新的树集，树集中的元素与排序集元素顺序一致

其中，比较常用的构造方法是第一种和第三种。第三种构造方法的形参是一个 Comparator 接口的实现类对象。Comparator 接口位于 java.util 包中，它定义了诸多用于比较两个对象的方法。其中最基础、最常用的是 compare 方法，其语法格式如下：

```
int compare(T o1, T o2)
```

该方法的形参使用了 Java 泛型。它实现的功能是比较两个对象的大小。如果第一个元素 o1 比第二个元素 o2 大，则返回一个正整数；如果两者相等，则返回 0；如果第一个元素比第二个元素小，则返回一个负整数。比较的规则由 compare 抽象方法的实现方法来定义。当使用树集的第三种构造方法创建树集时，每次添加一个元素，树集都会默认调用形参对象的 compare 方法，将待添加的对象与树集中已有的对象进行比较。若有相等的对象，则舍弃存储；若没有相等的对象，则按照比较结果将新对象按升序排列存入某个位置。

【例 8-5-2】TreeSet 和 Comparator 的使用。

代码如下：

```
package chapter8.section5.demos;
import java.util.Comparator;
import java.util.Iterator;
import java.util.TreeSet;
public class TreeSetAndComparatorDemo {
    public static void main(String[] args) {
        // TODO Auto-generated method stub
        TreeSet<Commodity> set = new TreeSet<Commodity>(new CommodityComparator());
        System.out.println("set.isEmpty() ?\t" + set.isEmpty());
```

```
        set.add(new Commodity(" 小白菜 ",3));
        set.add(new Commodity(" 大白菜 ",1));
        System.out.println("set.add(new Commodity(\" 白菜 \",1)) 添加成功 ?\t" +
    set.add(new Commodity(" 白菜 ",1)));
        System.out.println("set.add(new Commodity(\" 黄瓜 \",4)) 添加成功 ?\t" +
    set.add(new Commodity(" 黄瓜 ",4)));
        System.out.println(set);
        set.addAll(set);
        System.out.println("set.contains(new Commodity(\" 小白菜 \",3)) ?\t" + set.contains(new
    Commodity(" 小白菜 ",3)));
        Iterator<Commodity> iter = set.iterator();
        while(iter.hasNext()) {
            Commodity c = iter.next();
            System.out.println(c);
            if(c.getName().equals(" 大白菜 ")) {
                iter.remove();
            }
        }
        System.out.println(set);
    }
}
class Commodity{
    private String name;
    private double price;
    public Commodity() {}
    public Commodity(String name, double price) {
        this.name = name;
        this.price = price;
    }
    @Override
    public String toString() {
        // TODO Auto-generated method stub
        return name + '\t' + price;
    }
    public String getName() {
        return name;
    }
    public void setName(String name) {
        this.name = name;
    }
    public double getPrice() {
        return price;
```

```
    }
    public void setPrice(double price) {
        this.price = price;
    }
}
class CommodityComparator implements Comparator<Commodity>{
    @Override
    public int compare(Commodity c1, Commodity c2) {
        // TODO Auto-generated method stub
        if(c1.getPrice() > c2.getPrice()) {
            return 1;
        }else if(c1.getPrice() < c2.getPrice()) {
            return -1;
        }else
            return 0;
    }
}
```

运行结果如图 8-5-3 所示。

```
Console ×  Problems  @ Javadoc  Declaration
<terminated> TreeSetAndComparatorDemo [Java Application] D
set.isEmpty() ? true
set.add(new Commodity("白菜",1)) 添加成功?       false
set.add(new Commodity("黄瓜",4)) 添加成功?       true
[大白菜  1.0, 小白菜      3.0, 黄瓜        4.0]
set.contains(new Commodity("小白菜",3)) ?       true
大白菜   1.0
小白菜   3.0
黄瓜     4.0
[小白菜  3.0, 黄瓜        4.0]
```

◆ 图 8-5-3　示例 8-5-2 的运行结果

在本示例中定义的 CommodityComparator 类实现了 Comparator 接口，该类的泛型参数类型定义为 Commodity 类，在该类中重写了 compare 方法，以商品的价格为比较标准。在 main 方法中创建了树集的对象。可以看到添加到树集的元素顺序与它实际存储的顺序不一样，即元素无序性。此外，也不允许有相同的元素，即元素无重复性。这里需要注意的是，无序指的是元素存入顺序和存储顺序不同。实际上树集元素是按照 compare 方法中的比较逻辑排序的（按照商品的 price 由小到大排序）。此外这里的元素重复性检查并不是通过对象的 equals 方法来比较，而仍是通过 compare 方法中的逻辑进行比较，这是与哈希集显著不同的地方。因此，Commodity 中可以不用重写 equals 方法。

除了使用 Comparator 实现类来比较元素大小，还可以通过元素类自身实现 Comparable 接口来比较元素大小。Comparable 接口位于 java.lang 包里面，它只有一个抽象方法 compareTo，其方法声明的语法格式如下：

```
int compareTo(T o)
```

该方法是非静态的成员方法，因此参与比较的两个对象一个是形参对象，一个是调用该方法的对象。这里也使用了泛型。当实例化树集时没有传入 Comparator 接口的实例，那么树集在比较元素大小时就会默认调用元素类中的 compareTo 方法。compareTo 方法的返回值逻辑与比较器中的 compare 方法一致。即，如果调用者比形参大，则返回一个正整数；如果两者相等，则返回 0；如果调用者比形参小，则返回一个负整数。其中调用者指的是要添加的新元素。

【例 8-5-3】TreeSet 和 Comparable 的使用。

代码如下：

```
package chapter8.section5.demos;
import java.util.Comparator;
import java.util.Iterator;
import java.util.TreeSet;
public class TreeSetAndComparableDemo {
    public static void main(String[] args) {
        // TODO Auto-generated method stub
        TreeSet<Book> set = new TreeSet<Book>();
        System.out.println("set.isEmpty() ?\t" + set.isEmpty());
        set.add(new Book("Java 编程 ",50));
        set.add(new Book("C++",46));
        System.out.println("set.add(new Commodity(\"Python\",45)) 添加成功 ?\t" + set.add(new
Book("Python",45)));
        System.out.println("set.add(new Commodity(\"Java\",50)) 添加成功 ?\t" + set.add(new
Book("Java",50)));
        System.out.println(set);
        Iterator<Book> iter = set.iterator();
        while(iter.hasNext()) {
            Book c = iter.next();
            System.out.println(c);
            if(c.getName().equals("C++")) {
                iter.remove();
            }
        }
        System.out.println(set);
    }
}
class Book implements Comparable<Book>{
    private String name;
    private double price;
    public Book() {}
    public Book(String name, double price) {
        this.name = name;
        this.price = price;
    }
```

```
    @Override
    public String toString() {
        // TODO Auto-generated method stub
        return name + '\t' + price;
    }
    public String getName() {
        return name;
    }
    public void setName(String name) {
        this.name = name;
    }
    public double getPrice() {
        return price;
    }
    public void setPrice(double price) {
        this.price = price;
    }
    @Override
    public int compareTo(Book o) {
        // TODO Auto-generated method stub
        if(this.price > o.price) {
            return 1;
        }else if(this.price < o.price) {
            return -1;
        }else
        return 0;
    }
}
```

运行结果如图 8-5-4 所示。

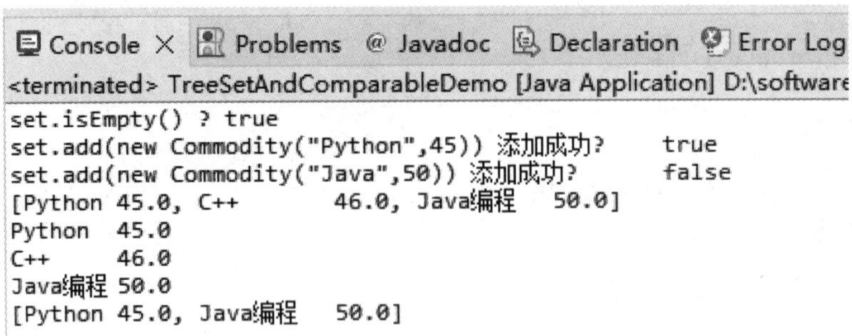

```
Console ×  Problems  @ Javadoc  Declaration  Error Log
<terminated> TreeSetAndComparableDemo [Java Application] D:\software
set.isEmpty() ? true
set.add(new Commodity("Python",45)) 添加成功?    true
set.add(new Commodity("Java",50)) 添加成功?      false
[Python 45.0, C++       46.0, Java编程    50.0]
Python  45.0
C++     46.0
Java编程 50.0
[Python 45.0, Java编程   50.0]
```

◆ 图 8-5-4　示例 8-5-3 的运行结果

树集除了实现 set 接口中的抽象方法外，还自定义了一些新的方法。表 8-5-4 列出了 TreeSet 常用的自定义方法。

表8-5-4 TreeSet集合自定义的常用方法

方 法	功 能 描 述
Iterator<E> descendingIterator()	按降序返回此集合中元素的迭代器
NavigableSet<E> descendingSet()	返回此集合中包含的元素的反向顺序视图
E first()	返回当前此集合中的第一个(最低)元素
E floor(E e)	返回此集合中小于或等于给定元素的最大元素，如果没有则返回null
SortedSet<E> headSet(E toElement)	返回此集合中元素严格小于指定元素的子树集
NavigableSet<E> headSet(E toElement, boolean inclusive)	返回此集合中其元素小于(或等于，如果为 true)的部分的视图
E higher(E e)	返回此集合中严格大于给定元素的最小元素，若无则返回null
E last()	返回当前此集合中的最后一个(最高)元素
E lower(E e)	返回此集合中严格小于给定元素的最大元素，若无则返回null
E pollFirst()	检索并删除第一个(最低)元素，如果此集合为空，则返回null
E pollLast()	检索并删除最后一个(最高)元素，如果此集合为空，则返回null
NavigableSet<E> subSet(E fromElement, boolean fromInclusive, E toElement, boolean toInclusive)	返回此集合中元素范围从fromElement到toElement的部分的视图
SortedSet<E> subSet(E fromElement, E toElement)	返回此集合中元素范围从fromElement(包含)到toElement(排除)部分的视图
SortedSet<E> tailSet(E fromElement)	返回此集合中元素大于或等于fromElement的部分的视图
NavigableSet<E> tailSet(E fromElement, boolean inclusive)	返回此集合中其元素大于(或等于，如果为true)fromElement的部分的视图

8.6 Map 集合

在现实生活中，有很多数据具有一一对应的映射关系，它们是绑定在一起的。例如，每个人都有唯一的身份证号、每台计算机都有唯一的出厂号、一把钥匙对应一把锁、我国是一夫一妻制等情况。此时使用单列集合难以满足设计需求，就要用到双列集合了。双列集合的每个元素都由两个相关联的对象组成。为了描述这两个对象之间的关系，通常使用键 (Key) 和值 (Value) 来称呼这两个关联的对象。在 Java 语言中 Map 集合是双列集合，Map 集合的根接口是 Map 接口，该接口位于 java.util 包里面，它的声明格式为：

```
public interface Map<K,V>
```

在 Map 接口的声明中使用了泛型，其中，K 代表键，V 代表值。在 Map 接口中定义了丰富的功能方法，对映射进行增加、删除、修改和查找操作。常用的方法和重要的实现类已介绍过，这里不再赘述。下面通过一些示例来演示 Map 集合的使用方法。

【例 8-6-1】HashMap 的使用。

代码如下：

```
package chapter8.section6.demos;
import java.util.HashMap;
import java.util.Iterator;
import java.util.Map;
import java.util.Set;
public class HashMapDemo {
    public static void main(String[] args) {
        // TODO Auto-generated method stub
        Map<Student, Bedroom> map = new HashMap<Student, Bedroom>();
        map.put(new Student(" 小芳 ",100),new Bedroom("A103",true));
        map.put(new Student(" 小强 ",100),new Bedroom("A103",true));
        map.put(new Student(" 小芳 ",120),new Bedroom("A103",true));
        System.out.println("A103 宿舍人数：" + map.size());
        map.put(new Student(" 小青 ",124),new Bedroom("A103",true));
        map.put(new Student(" 小营 ",125),new Bedroom("A103",true));
        map.put(new Student(" 小灵芳 ",126),new Bedroom("A103",true));
        System.out.println("map.containsKey(new Student(\" 小青 \",124)) ?\t" + map.containsKey(new
    Student(" 小青 ",124)));
        System.out.println("map.containsValue(new Bedroom(\"A103\",true)) ?\t" + map.containsValue
    (new Bedroom("A103",true)));
        System.out.println(map);
        map.remove(new Student(" 小青 ",124));
        map.replace(new Student(" 小芳 ",120), new Bedroom("A104",true));
        Set<Student> keySet = map.keySet();
        Iterator<Student> iter = keySet.iterator();
        while(iter.hasNext()) {
            Student stu = (Student) iter.next();
            System.out.print(stu);
            Bedroom bedroom = map.get(stu);
            System.out.println("\t" + bedroom);
            bedroom.clean();
        }
    }
}
class Bedroom {
    private String roomNum;
```

```
    private boolean isAvaiable;
    public Bedroom() {}
    public Bedroom(String roomNum,boolean isAvaiable) {
        this.roomNum = roomNum;
        this.isAvaiable = isAvaiable;
    }
    @Override
    public boolean equals(Object obj) {
        // TODO Auto-generated method stub
        if(obj==this) {
            return true;
        }
        if(! (obj instanceof Bedroom)) {
            return false;
        }
        Bedroom room = (Bedroom)obj;
        if(this.roomNum.equals(room.roomNum)) {
            return true;
        }
        return false;
    }
    @Override
    public String toString() {
        // TODO Auto-generated method stub
        return roomNum;
    }
    public void clean() {
        System.out.println("clean the bedroom!");
    }
}
class Student {
    private String name;
    private int id;
    public Student() {}
    public Student(String name, int id) {
        this.name = name;
        this.id = id;
    }
    @Override
    public boolean equals(Object obj) {
        // TODO Auto-generated method stub
        if(obj==this) {
            return true;
```

```
        }
        if(! (obj instanceof Student)) {
            return false;
        }
        Student stu = (Student)obj;
        if(this.name.equals(stu.name)) {
            return true;
        }
        return false;
    }
    @Override
    public int hashCode() {
        // TODO Auto-generated method stub
        return this.name.hashCode();
    }
    @Override
    public String toString() {
        // TODO Auto-generated method stub
        return " 该学生的信息为："+this.name+"\t"+this.id;
    }
}
```

运行结果如图 8-6-1 所示。

```
Console ✕  Problems  Javadoc  Declaration
<terminated> HashMapDemo [Java Application] D:\software\Java\jdk-17.0.4.1\bin\javaw.exe (2022年10月4日 下午9:04:05 – 下午9:04:05) [pid: 26972]
A103宿舍人数: 2
map.containsKey(new Student("小青",124)) ?      true
map.containsValue(new Bedroom("A103",true)) ?   true
{该学生的信息为: 小强    100=A103, 该学生的信息为: 小青    124=A103, 该学生的信息为: 小灵芳  126=A103, 该学生的信息为: 小营    125=A103, 该学生的信息为: 小芳
该学生的信息为: 小强    100     A103
clean the bedroom!
该学生的信息为: 小灵芳  126     A103
clean the bedroom!
该学生的信息为: 小营    125     A103
clean the bedroom!
该学生的信息为: 小芳    100     A104
clean the bedroom!
```

◆ 图 8-6-1　示例 8-6-1 的运行结果

本示例创建了学生类和宿舍类，两者的对象是成对出现的。其中，学生对象为键，宿舍对象为值，通过 put 方法存储到 HashMap 中。HashMap 判断元素是否相等仅依据键类中的 hashCode 方法和 equals 方法，比较逻辑同 HashSet 集合。可以通过迭代器来遍历双列集合，本示例中给出的是通过双列集合的键遍历整个集合，遍历过程中，通过键来获取值。从这个示例中也可以看到，双列集合允许元素的值相等，但不允许元素的键相同，即元素不重复性只针对键有约束。此外，元素的存储顺序是依据键的哈希码来存储的，它与元素存入的顺序不一定一致。

【例 8-6-2】TreeMap 的使用。

代码如下：

```
package chapter8.section6.demos;
import java.util.Iterator;
```

```
import java.util.Set;
import java.util.TreeMap;
public class TreeMapDemo {
    public static void main(String[] args) {
        // TODO Auto-generated method stub
        TreeMap<Host, Car> map = new TreeMap<Host, Car>();
        Host host = new Host(" 小张 ",13511111111L);
        Car car = new Car("BYD ");
        map.put(host, car);
        host = new Host(" 小明 ",13521111111L);
        car = new Car("benzi ");
        System.out.println("map.put(host, car) ? " + map.put(host, car));
        host = new Host(" 小李 ",13531111111L);
        car = new Car(" 长安 ");
        System.out.println("map.put(host, car) ? " + map.put(host, car));
        host = new Host(" 小王 ",13541111111L);
        car = new Car("QQ ");
        System.out.println("map.put(host, car) ? " + map.put(host, car));
        host = new Host(" 小王 ",13521111111L);
        car = new Car("QQ ");
        System.out.println("map.put(host, car) ? " + map.put(host, car));// 替换了 car，返回被替换掉的 car
        Set<Host> eyset = map.keySet();
        Iterator<Host> iter = eyset.iterator();
        while(iter.hasNext()) {
            Host h = iter.next();
            System.out.print(h);
            Car c = map.get(h);
            System.out.println("\t " + c);
        }
    }
}
class Host implements Comparable<Host>{
    private String name;
    private long phoneNumber;
    public Host() {}
    public Host(String name, long phoneNumber) {
        this.name = name;
        this.phoneNumber = phoneNumber;
    }
    @Override
    public int compareTo(Host o) {
        // TODO Auto-generated method stub
        if(this.phoneNumber > o.phoneNumber) {
```

```
            return 1;
        }else if(this.phoneNumber < o.phoneNumber) {
            return -1;
        }else
            return 0;
    }
    @Override
    public String toString() {
        // TODO Auto-generated method stub
        return name + phoneNumber;
    }
    public String getName() {
        return name;
    }
    public void setName(String name) {
        this.name = name;
    }
    public long getphoneNumber() {
        return phoneNumber;
    }
    public void setphoneNumber(long phoneNumber) {
        this.phoneNumber = phoneNumber;
    }
}
class Car{
    private String carName;
    public Car() {}
    public Car(String carName) {
        this.carName = carName;
    }
    @Override
    public String toString() {
        // TODO Auto-generated method stub
        return carName;
    }
    public String getCarName() {
        return carName;
    }
    public void setCarName(String carName) {
        this.carName = carName;
    }
}
```

运行结果如图 8-6-2 所示。

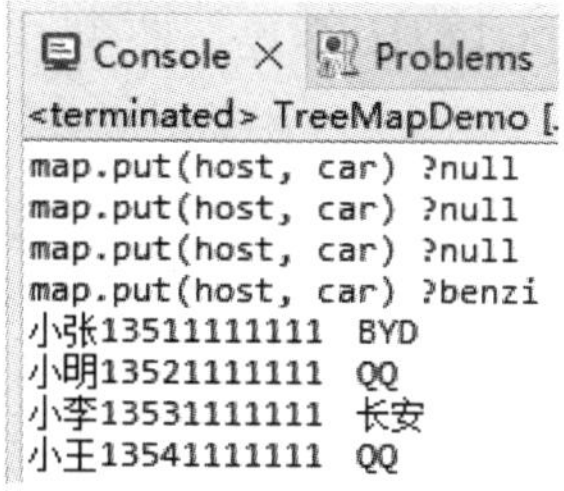

```
Console × Problems
<terminated> TreeMapDemo [
map.put(host, car) ?null
map.put(host, car) ?null
map.put(host, car) ?null
map.put(host, car) ?benzi
小张13511111111  BYD
小明13521111111  QQ
小李13531111111  长安
小王13541111111  QQ
```

◆ 图 8-6-2 示例 8-6-2 的运行结果

本示例创建了 Host 和 Car 类，两者的对象是成对出现的，使用 TreeMap 集合存储。在比较元素大小时，TreeMap 集合只比较键的大小，依据键类的 compareTo 方法的逻辑进行比较。在使用 put 方法添加元素时，如果发现有相同的元素，就进行替换，同时返回被替换元素的值对象。TreeMap 集合的遍历与 HashMap 集合的遍历方式相似，这里不再赘述。

【例 8-6-3】Properties 的使用。

代码如下：

```
package chapter8.section6.demos;
import java.util.Properties;
public class PropertiesDemo {
    public static void main(String[] args) {
        // TODO Auto-generated method stub
        Properties property = new Properties();
        property.setProperty(" 电脑品牌 ", " 联想 ");
        property.setProperty("CUP 型号 ", "Intel i10 ");
        property.setProperty(" 内存容量 ", "128G ");
        property.setProperty(" 操作系统 ", "Win10 ");
        System.out.println("property.getProperty(\" 电脑品牌 \ ")\t " + property.getProperty(" 电脑品牌 "));
        System.out.println("property.getProperty(\"CUP 型号 \ ")\t " + property.getProperty( "CUP 型号 "));
        System.out.println("property.getProperty(\" 内存容量 \ ")\t " + property.getProperty(" 内存容量 "));
        System.out.println("property.getProperty(\" 操作系统 \ ")\t " + property.getProperty(" 操作系统 "));
    }
}
```

运行结果如图 8-6-3 所示。

```
Console × Problems @ Javadoc Dec
<terminated> PropertiesDemo [Java Application] D:
property.getProperty("电脑品牌") 联想
property.getProperty("CUP型号") Intel i10
property.getProperty("内存容量") 128G
property.getProperty("操作系统") Win10
```

◆ 图 8-6-3 示例 8-6-3 的运行结果

Properties 集合通常用于存储配置信息，比如电脑的配置信息等。Properties 集合最常用的是 setProperties 方法和 getProperties 方法，这两个方法的形参都是 String 类型的变量。

8.7 Collections 工具类

Collections 是一个操作集合的工具类，它提供了丰富的静态方法对集合元素进行排序、查询和修改等操作。常用的方法如表 8-7-1 所示。

表8-7-1 Collcetions工具类的常用方法

类别	方　法	功能描述
排序操作	static void reverse(List<?> list)	反转List中元素的顺序
	static void shuffle(List<?> list)	随机打乱List集合元素
	static <T extends Comparable<? super T>> void sort(List<T> list)	根据元素的自然顺序对指定List集合元素按升序排序
	static <T> void sort(List<T> list, Comparator<? super T> c)	根据指定比较器的比较逻辑对List集合元素进行排序
替换和查找操作	static void swap(List<?> list, int i, int j)	根据指定比较器的比较逻辑对List集合元素进行排序
	static <T extends Object & Comparable<? super T>> T max(Collection<? extends T> coll)	根据元素的自然顺序，返回给定集合中的最大元素
	static <T> T max(Collection<? extends T> coll, Comparator<? super T> comp)	根据指定比较器的比较逻辑，返回指定集合中的最大元素
	static <T extends Object & Comparable<? super T>> T min(Collection<? extends T> coll)	根据元素的自然顺序，返回指定集合中的最小元素
	static <T> T min(Collection<? extends T> coll, Comparator<? super T> comp)	根据指定比较器的比较逻辑，返回给定集合中的最小元素
	static int frequency(Collection<?> c, Object o)	返回指定集合中指定元素的出现次数
	static <T> void copy(List<? super T> dest, List<? extends T> src)	将src中的内容复制到dest中。注意复制的目标集合的长度必须大于源集合，否则会抛出空指针异常
	static <T> boolean replaceAll(List<T> list, T oldVal, T newVal)	使用新值替换List对象的所有旧值

使用新值替换 List 对象的所有旧值。

【例 8-7-1】Collections 工具类的使用。

代码如下：

```
package chapter8.section7.demos;
import java.util.Collections;
import java.util.ArrayList;
import java.util.Comparator;
public class CollectionsDemo {
```

```
public static void main(String[] args) {
    ArrayList<String> list = new ArrayList<String>();
    list.add("Java");
    list.add("C++");
    list.add("Python");
    list.add("C#");
    list.add("Scratch");
    // reverse(List) 反转 List 中元素的顺序
    Collections.reverse(list);
    System.out.println(list);
    // shuffle(list) 随机打乱 List 集合元素
    Collections.shuffle(list);
    System.out.println(list);
    // sort 根据元素的自然顺序对指定 List 集合元素按升序排序
    System.out.println(" 自然顺序排序 ");
    Collections.sort(list);
    // sort(list , Comparator) 根据指定比较器的比较逻辑对 List 集合元素进行排序
    System.out.println("Comparator 制定排序 ");
    Collections.sort(list, new Comparator<String>() {
    @Override
    public int compare(String s1, String s2) {
        // TODO Auto-generated method stub
        return s1.compareTo(s2);
    }});
    System.out.println(list);
    // swap(List,int ,int) 根据指定比较器的比较逻辑对 List 集合元素进行排序
    Collections.swap(list,1,2);
    System.out.println(" 交换后的位置 ="+list);
    //Object max(Collection) 根据元素的自然顺序，返回给定集合中最大元素
    String max = Collections.max(list);
    System.out.println(" 自然排序后的最大值 max="+max);
    // Object max(Collection,Comparator) 根据元素的自然顺序，返回给定集合中的最大元素
    String max1 = Collections.max(list, new Comparator<String>() {
    @Override
    public int compare(String s1, String s2) {
        // TODO Auto-generated method stub
        return s1.compareTo(s2);
    }});
    System.out.println(" 指定排序规则的最大值 ="+max1);
    // Object min(Collection) 根据元素的自然顺序，返回指定集合中的最小元素
    // Object min(Collection , Comparator) 根据指定比较器的比较逻辑，返回给定集合中的最小元素
    // int frequency(Collection ,Object) 返回指定集合中指定元素的出现次数
    // Collection：集合  Object 该元素出现次数
```

```
        int tom = Collections.frequency(list, "Java");
        System.out.println("Java 出现的次数 ="+tom);
        // copy(List dest ,List src)：将 src 中的内容复制到 dest 中
        ArrayList dest = new ArrayList();
        for (int I = 0; I < list.size(); i++) {
            dest.add(i*10);
        }
        Collections.copy(dest,list);
        // 注意复制的目标集合的长度必须大于源集合，否则会抛出空指针异常
        System.out.println(" 复制后的集合 ="+dest);
        // boolean replaceAll(List list,Object oldVal ,Object newVal)：使用新值替换 List 对象的所有旧值
        Collections.replaceAll(list, "C#", "C");
        System.out.println(list);
    }
}
```

运行结果如图 8-7-1 所示。

```
Console × Problems @ Javadoc Declaratio
<terminated> CollectionsDemo [Java Application] D:\softw
[Scratch, C#, Python, C++, Java]
[Scratch, C#, Java, C++, Python]
自然顺序排序
Comparator制定排序
[C#, C++, Java, Python, Scratch]
交换后的位置=[C#, Java, C++, Python, Scratch]
自然排序后的最大值max=Scratch
指定排序规则的最大值=Scratch
Java出现的次数=1
复制后的集合=[C#, Java, C++, Python, Scratch]
[C, Java, C++, Python, Scratch]
```

◆ 图 8-7-1　示例 8-7-1 的运行结果

【本章小结】

Java 语言中的集合是一种存储引用数据类型元素的容器，可以对存储元素进行增加、删除、修改和查找等操作。它的长度可以动态改变。

Java 集合分为单列集合和双列集合。其中单列集合的根接口是 Collection，双列集合的根接口是 Map。

Collection 接口的重要子接口包含 List 和 Set 接口。List 集合是有序的、元素可重复的，而 Set 集合是无序的、元素不可重复的。List 集合的常用集合类包括 ArrayList、LinkedList 和 Vector。其中，ArrayList 查询快、增删慢；LinkedList 查询慢、增删快。Set 集合的常用集合类包括 HashSet 和 TreeSet。其中，HashSet 基于哈希码和 equals 方法实现元素去重；而 TreeSet 集合通过比较器接口中的比较方法实现元素的升序排序。

Map 接口的重要实现类包括 HashMap、TreeMap 和 Properties。双列集合的映射对由键和值组成，可以通过键来获取值。

Iterator 是 Java 集合的迭代器，它可以用来遍历集合元素，主要的方法包括 hasNext 方法和 next 方法。

Java 泛型提供了编译时类型安全检测机制，该机制允许程序员在编译时检测到非法的类型。

Collections 工具类提供了一系列的静态方法来对集合元素进行排序、查询和修改等操作。

综合训练

习　题

第 9 章 I/O 流

人们日常出行离不开交通工具。例如，小李从北京到河南，可以选择自驾、坐大巴、坐火车、坐飞机等交通方式。如果选择坐火车，那么基本流程就是买票(明确出发地和目的地)→ 进站 → 乘坐火车 → 到达目的地 → 出站。可能同行的还有许多人，大家乘坐同一趟车，听从乘务员的统一安排。其实，计算机内部以及设备之间的数据传输也离不开交通工具和乘务员，基本流程与小李出行类似。在计算机编程中，将数据传输抽象地表述为“流”(stream)，在硬件(可类比铁轨)连通的条件下，程序代码(可类比交通工具和乘务员)统一调度输入设备与输出设备之间的数据传输。用来进行输入/输出操作的流就称为 I/O 流 (iostream)。Java 语言提供了丰富的 I/O 流类型以支持多样化的数据传输，就好比多样化的交通工具一样。本章重点介绍 Java 语言中的 I/O 流概念、字节流、字符流以及文件工具类的基本使用方法。

本章资源

9.1 I/O 流概述

就像人们出行一样，I/O 流也是有方向的，数据从输入设备传输到输出设备。因此，在编程中需要明确哪个是输入设备，哪个是输出设备。在 Java 语言中输入和输出的概念是相对当前程序所在的内存空间来区分的。从外部设备读取数据到当前程序所在的内存空间就称为输入流 (istream)，比如，通过鼠标、键盘、麦克风、摄像头、触摸屏、U 盘和硬盘等输入设备获取数据存入当前程序所在的内存空间。从当前程序的内存空间向外写数据就称为输出流 (ostream)，比如，将程序缓存的数据存储到硬盘或 U 盘、显示在电脑或外围设备的屏幕上、通过音响设备播放声音等。

Java 语言中的 I/O 流根据操作的数据类型可分为字节流和字符流，它们的定义均位于 java.io 包里。字节流指的是数据传输时以字节 (byte) 为单位，它可以用来读写所有类型的文件。字符流指的是数据传输时以字符 (char) 为单位，它只能用于读写具有字符编码的文本文件。字节流又可分为字节输入流和字节输出流；字符流又可分为字符输入流和字符输出流。I/O 流的分类如图 9-1-1 所示。

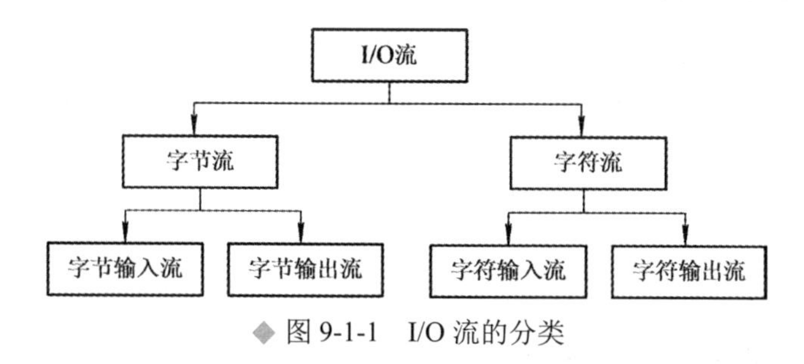

◆ 图 9-1-1　I/O 流的分类

Java 语言的 I/O 流比较占用内存资源，在使用完之后应及时关闭。因此 Java 语言中所有的 I/O 流均实现了 java.io.closeable 接口。该接口中只有一个抽象函数 close，其声明的语法格式如下：

```
void close() throws IOException
```

close 方法的功能就是关闭流，同时释放被它占用的所有系统资源。close 函数声明中抛出了 IOException 异常，因此需要用 try-catch 或 try-catch-finally 代码块来处理异常。实际上，由于数据传输时可能会遇到各种运行时异常，比如，文件资源找不到、存储空间已满等问题，因此几乎所有的流方法都显式地声明了抛出异常。

此外，Java 语言中的输出流均实现了 java.io.Flushable 接口。该接口中也仅定义了一个抽象方法 flush，其声明的语法格式如下：

```
void flush() throws IOException
```

flush 方法的功能就是将输出流缓存区的剩余数据全部刷新，防止在写操作过程中数据丢失。该方法也抛出了 IOException 异常。

9.2　字　节　流

在计算机及智能设备中存储的都是二进制数，存储的最小单元是 byte，因此可以使用字节流读写所有的文件，它的应用最为广泛。Java 字节流的常用类如图 9-2-1 所示。

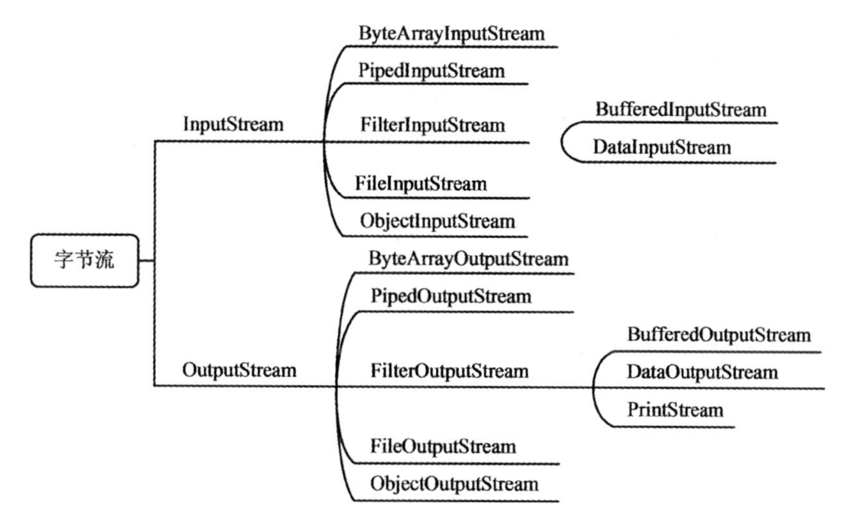

◆ 图 9-2-1　Java 字节流常用类

本章重点介绍 InputStream、OutputStream、FileInputStream、FileOutputStream、BufferedInputStream 和 BufferedOutputStream 六个类。其他类的学习方法和使用方式都很相似，读者可以参考本章的内容，结合帮助文档上机练习。下面分别介绍字节输入流和字节输出流的基本使用方法。

9.2.1 字节输入流

字节输入流的顶层父类是 InputStream 类，它是一个抽象类，直接继承自 Object 类。InputStream 类里面定义了读数据的基本操作方法，如表 9-2-1 所示。

表 9-2-1 InputStream 类的常用方法

方 法	功 能 描 述
int available()	预估并返回输入流中剩余数据的字节长度
void close()	关闭此输入流并释放与该流关联的所有系统资源
void mark(int readlimit)	标记此输入流中的当前位置
boolean markSupported()	测试此输入流是否支持使用 mark 方法和 reset 方法
static InputStream nullInputStream()	返回不读取任何字节的 InputStream 对象
abstract int read()	尝试从输入流中读取下一个字节的数据，转为 int 型数据后返回若没有读到则返回 –1
int read(byte[] b)	尝试从输入流中读取一定数量的字节，并将它们存储到缓冲数组 b 中。方法返回值为读取到的字节长度，如果没有读到返回 –1
int read(byte[] b, int off, int len)	尝试从输入流中请求读取字节长度为 len 的一组数据，将其存储在缓存数组 b 的下标 off 处。返回值为实际读到的字节长度。若没有读到则返回 –1
byte[] readAllBytes()	从输入流中读取所有剩余字节并返回
int readNBytes(byte[] b, int off, int len)	尝试从输入流中请求读取字节长度为 len 的一组数据，将其存储在缓存数组 b 的下标 off 处。返回值为实际读到的字节长度。若没有读到则返回 –1。（内存管理上作了优化）
byte[] readNBytes(int len)	从输入流中读取最多指定数量的字节并返回
void reset()	将此流重新定位到上次在此输入流上调用 mark 方法时的位置
long skip(long n)	尝试跳过并丢弃此输入流中的 n 个字节数据，返回实际跳过的字节数
void skipNBytes(long n)	尝试跳过并丢弃此输入流中的 n 个字节数据。（内存管理上作了优化）
long transferTo(OutputStream out)	从此输入流中读取所有字节，并按读取顺序将字节写入给定的输出流

由于 InputStream 类是抽象类，不能直接实例化，因此主要使用它的子类来创建流对象。文件输入流 FileInputStream 类作为 InputStream 类的子类流专门用于读取文件中的数据，应用非常广泛。下面重点介绍 FileInputStream 类的使用方法。该类提供了三种构造方法，如表 9-2-2 所示。

表 9-2-2 FileInputStream 类的构造方法

构造方法	功能描述
public FileInputStream(String name) throws FileNotFoundException	通过源文件地址创建文件输入流
public FileInputStream(File file) throws FileNotFoundException	通过 File 类对象创建文件输入流
FileInputStream FileInputStream(FileDescriptor fdObj)	通过使用 File 描述符创建对象，该描述符表示与文件系统中实际文件的现有连接

需要注意的是，字节输入流的前两个构造函数会抛出异常，需要使用 try-catch 代码块处理。第一种构造方法需要传入一个描述文件地址的字符串，通过源文件地址创建文件输入流。在计算机中文件地址分为相对路径和绝对路径。相对路径就是相对当前项目所在路径的子路径，绝对路径就是从根目录 (盘符) 开始的完整描述文件位置的路径。例如，当前 Eclipse 项目所在的路径为：

```
D:\software workspace\myproj
```

那么，以这个项目路径为根目录的 Example.java 文件的相对路径为：

```
\src\chapter9\section2\demos\Example.java
```

以盘符为根目录的 Example.java 文件的绝对路径为：

```
D:\software workspace\myproj\src\chapter9\section2\demos\Example.java
```

当通过文件路径为形参的构造函数实例化一个文件输入流时，系统就建立了一个从硬盘指定位置 (Example.java 的存储位置) 到当前程序所在内存单元的联结，也就是输入流管道。然后就可以通过流方法读取数据到内存单元了。FileInputStream 类中最常用的方法有 read 重载方法、available、skip 和 close 方法。下面通过一些示例演示这些方法的使用。

【例 9-2-1】使用 FileInputStream 逐字节读取 txt 文件。

代码如下：

```
package chapter9.section2.demos;
import java.io.FileInputStream;
import java.io.FileNotFoundException;
import java.io.IOException;
public class FileInputStreamDemo1 {
    public static void main(String[] args) {
        // TODO Auto-generated method stub
        FileInputStream in = null;     // 一定要初始化
        try {
            in = new FileInputStream("D:\\read.txt");
            System.out.println("in.available() = " + in.available());
            System.out.println("in.read() =" + in.read());
            System.out.println("in.read() =" + in.read());
            System.out.println("in.skip(2)=" + in.skip(2));
            System.out.println("in.read() =" + in.read());
            System.out.println("in.skip(10)=" + in.skip(10));
```

```
                System.out.println("in.read() =" + in.read());
            } catch (FileNotFoundException e) {
                // TODO Auto-generated catch block
                e.printStackTrace();
            } catch (IOException e) {
                // TODO Auto-generated catch block
                e.printStackTrace();
            }finally {
                if(in!=null) {
                    try {
                        in.close();
                    } catch (IOException e) {
                        // TODO Auto-generated catch block
                        e.printStackTrace();
                    }
                }
            }
        }
    }
```

该示例的运行结果根据程序运行条件的不同而不同。

(1) 如果“D:\read.txt”不存在，运行结果如图 9-2-2 所示。

```
Problems  @ Javadoc  Declaration  Console ×
<terminated> FileInputStreamDemo1 [Java Application] D:\software\Java\jdk-17.0.4.1\bin\javaw.exe (2022年10月5日 上午11:34:44 – 上午11:34:45) [pid: 1160
java.io.FileNotFoundException: D:
ead.txt (文件名、目录名或卷标语法不正确。)
        at java.base/java.io.FileInputStream.open0(Native Method)
        at java.base/java.io.FileInputStream.open(FileInputStream.java:216)
        at java.base/java.io.FileInputStream.<init>(FileInputStream.java:157)
        at java.base/java.io.FileInputStream.<init>(FileInputStream.java:111)
        at chapter9.section2.demos.FileInputStreamDemo1.main(FileInputStreamDemo1.java:14)
Exception in thread "main" java.lang.NullPointerException: Cannot invoke "java.io.FileInputStream.close()" because "in" is null
        at chapter9.section2.demos.FileInputStreamDemo1.main(FileInputStreamDemo1.java:31)
```

◆ 图 9-2-2　读取文件时文件不存在报出运行时异常

(2) 如果文本文件“D:\read.txt”(其内容如图 9-2-3 所示) 存在，程序运行结果如图 9-2-4 所示。

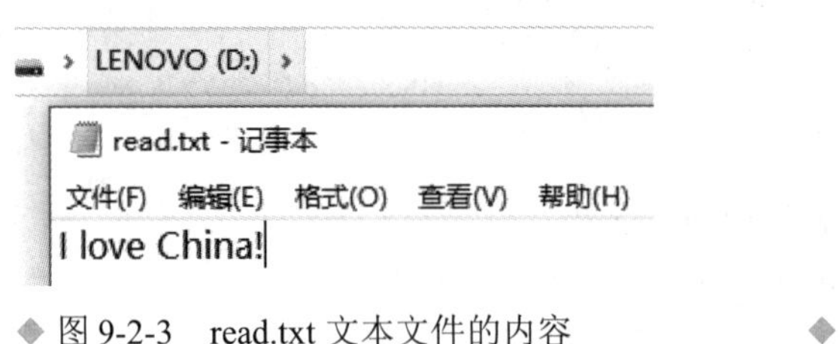

◆ 图 9-2-3　read.txt 文本文件的内容

```
Console ×  Prob
<terminated> FileInputSt
in.available() = 13
in.read() =73
in.read() =32
in.skip(2)=2
in.read() =118
in.skip(10)=10
in.read() =-1
```

◆ 图 9-2-4　示例 9-2-1 的运行结果

该示例的功能是从 read.txt 文本文件中读取数据到当前程序，并打印输出。需要注意的是，在 Java 程序中的“\”是转义符号，如果希望使用一个反斜杠，则需要使用“\\”，即反斜杠的转义字符是它本身，这点在书写文件路径时需要格外注意。该示例使用 read 方法逐个读取文件字节，还使用了 available 和 skip 方法。可以看到，如果文件不存在，则会报出运行时异常；当文件存在时，read 方法一次读取一个字节，返回该字节的 int 型数值，当读到文档末尾 (空字节) 时，返回 -1。这里有几点需要注意：

(1) 空格、回车和制表符都不是空字节，它们的值是对应的 ASCII 码。比如，空格的 ASCII 码为 32。

(2) read 方法与集合中迭代器的 next 方法非常相似，每次执行一次 read 方法，读取字节的索引值就加 1，直到文件被读完，此时再使用 read 方法就会返回 -1。因此可以使用 read 方法读到的值与 -1 相比较来判读文件是否读完。

(3) 本示例中使用到的 I/O 流方法均会抛出异常，因此将这些代码使用 try-catch-finally 代码块括起来。在 I/O 流操作中，经常使用 finally 代码块来关闭流对象。由于流对象的关闭方法也会抛出异常，因此在 finally 代码块内用 try-catch 代码块将其括起来。本例中给出的代码是一种比较流行的写法。即变量的声明与实例化分开，将读写操作放在 try-catch 代码块中，在 finally 代码块中关闭流对象。

在编写代码时，开发人员可以手动编写 try-catch 代码块，也可以借助 Eclipse 软件自动生成。具体实现步骤如下：

(1) 将需要括起来的代码段选中，鼠标右击弹出的悬浮框，选择“Surround With”→“Try/catch Block”菜单项，如图 9-2-5 所示。

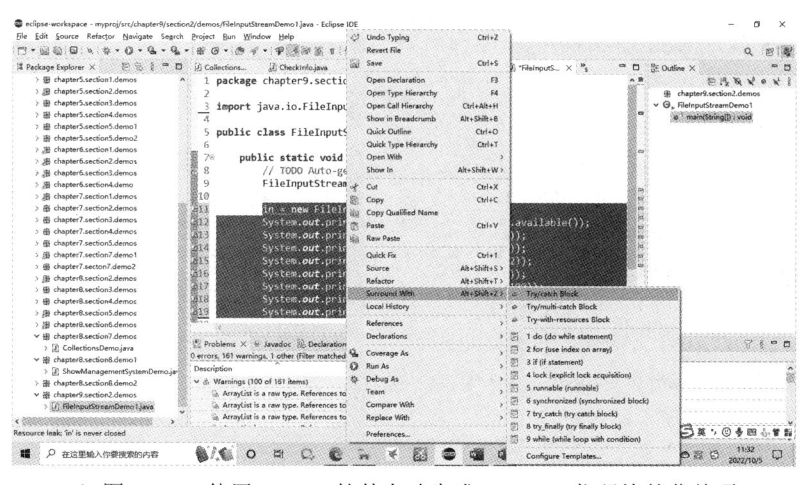

◆ 图 9-2-5　使用 Eclipse 软件自动生成 try-catch 代码块的菜单项

(2) 单击“Try/catch Block”菜单项，即可生成如下所示的 try-catch 代码。

```
try {
        in = new FileInputStream("D:\\read.txt");
        System.out.println("in.available() = " + in.available());
        System.out.println("in.read() =" + in.read());
        System.out.println("in.read() =" + in.read());
        System.out.println("in.skip(2)=" + in.skip(2));
        System.out.println("in.read() =" + in.read());
        System.out.println("in.skip(10)=" + in.skip(10));
        System.out.println("in.read() =" + in.read());
```

```
        } catch (FileNotFoundException e) {
            // TODO Auto-generated catch block
            e.printStackTrace();
        } catch (IOException e) {
            // TODO Auto-generated catch block
            e.printStackTrace();
        }
```

(3) 编写 finally 代码块及流对象关闭代码。在代码提示框中选择“Add throws declaration”菜单项，即可生成关闭方法的 try-catch 代码块，如图 9-2-6 所示。

```
}finally {
    if(in!=null) {
        in.close();
    }
}
```

Unhandled exception type IOException
2 quick fixes available:
Add throws declaration
Surround with try/catch

◆ 图 9-2-6　通过错误提示框生成 try-catch 代码块

【例 9-2-2】使用循环语句读取文件内容。

代码如下：

```
package chapter9.section2.demos;
import java.io.FileInputStream;
import  java.io.FileNotFoundException;
import java.io.IOException;
public class FileInputStreamDemo2 {
    public static void main(String[] args) {
        // TODO Auto-generated method stub
        FileInputStream in = null;      // 一定要初始化
        int tmp;
        try {
            in = new FileInputStream("D:\\read.txt");
            while((tmp = in.read())!=-1) {
                System.out.println("in.read() =" + (char)tmp);
            }
        } catch (FileNotFoundException e) {
            // TODO Auto-generated catch block
            e.printStackTrace();
        } catch (IOException e) {
            // TODO Auto-generated catch block
            e.printStackTrace();
        }finally {
            if(in!=null) {
```

```
                try {
                    in.close();
                } catch (IOException e) {
                    // TODO Auto-generated catch block
                    e.printStackTrace();
                }
            }
        }
    }
}
```

```
Console
<terminated> File
in.read() =I
in.read() =
in.read() =l
in.read() =o
in.read() =v
in.read() =e
in.read() =
in.read() =C
in.read() =h
in.read() =i
in.read() =n
in.read() =a
in.read() =!
```

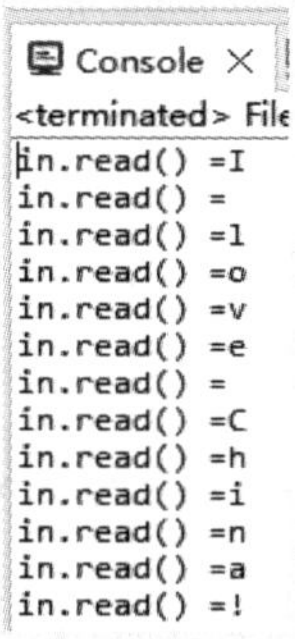

◆ 图 9-2-7 示例 9-2-2 的运行结果

运行结果如图 9-2-7 所示。

本示例使用 while 循环语句读取文件信息。当 read 方法读到文件结尾时返回 -1，循环结束。

【例 9-2-3】FileInputStream 以数组形式一次性读取文件字节。

代码如下：

```
package chapter9.section2.demos;
import java.io.FileInputStream;
import java.io.FileNotFoundException;
import java.io.IOException;
public class FileInputStreamDemo3 {
    public static void main(String[] args) {
        // TODO Auto-generated method stub
        FileInputStream in = null;          // 一定要初始化
        byte [] cachArr = null;
        try {
            in = new FileInputStream("D:\\read.txt");
            cachArr = new byte[in.available()];
            System.out.println(" 读到的字节长度：" + in.read(cachArr));
            System.out.println(" 读到的内容：" + new String(cachArr));
            System.out.println(" 读到的字节长度：" + in.read(cachArr));
        } catch (FileNotFoundException e) {
            // TODO Auto-generated catch block
            e.printStackTrace();
        } catch (IOException e) {
            // TODO Auto-generated catch block
            e.printStackTrace();
        }finally {
            if(in!=null) {
                try {
                    in.close();
                } catch (IOException e) {
                    // TODO Auto-generated catch block
```

```
                    e.printStackTrace();
                }
            }
        }
    }
}
```

Console × Problems
<terminated> FileInputStreamD
读到的字节长度： 13
读到的内容： I love China!
读到的字节长度： -1

图 9-2-8　示例 9-2-3 的运行结果

运行结果如图 9-2-8 所示。

本示例使用字节数组作为 read 方法的形参读取文件。此时，read 方法返回的是实际读到的字节长度。如果读到的字节数为 0，即文件已经读完了，则返回 -1。本示例中创建的字节数组大小刚好等于文件字节数目，但通常需要读入的文件会很大，甚至有几十、上百兆，此时字节数组的长度可能小于文件长度，在读取的时候可以通过 while 循环遍历文件字节，每次读一部分存入数组。当 read 方法返回 –1 时，说明文件已经读完，退出循环。下面通过示例演示以数组形式分批读取文件字节的方法。

【例 9-2-4】FileInputStream 以数组形式分批读取文件字节。

代码如下：

```
package chapter9.section2.demos;
import java.io.FileInputStream;
import  java.io.FileNotFoundException;
import  java.io.IOException;
public class FileInputStreamDemo4 {
    public static void main(String[] args) {
        // TODO Auto-generated method stub
        FileInputStream in = null;              // 一定要初始化
        byte [] cachArr = new byte[4];
        int length;
        try {
            in = new FileInputStream("D:\\read.txt");
            // 也可以写成 while((length = in.read(cachArr,0,cachArr.length))!=-1){
            while((length = in.read(cachArr,0,cachArr.length))!=-1) {
                System.out.println(" 读到的字节长度："+ length);
                System.out.println(" 读到的内容：" + new String(cachArr,0,length));
            }
        } catch (FileNotFoundException e) {
            // TODO Auto-generated catch block
            e.printStackTrace();
        } catch (IOException e) {
            // TODO Auto-generated catch block
            e.printStackTrace();
        }finally {
            if(in!=null) {
                try {
                    in.close();
```

```
                } catch (IOException e) {
                    // TODO Auto-generated catch block
                    e.printStackTrace();
                }
            }
        }
    }
}
```

运行结果如图 9-2-9 所示。

```
Console ×  Pr
<terminated> FileInput
读到的字节长度: 4
读到的内容: I lo
读到的字节长度: 4
读到的内容: ve C
读到的字节长度: 4
读到的内容: hina
读到的字节长度: 1
读到的内容: !
```

◆ 图 9-2-9　示例 9-2-4 的运行结果

9.2.2　字节输出流

字节输出流的顶层父类是 OutputStream 类，它是一个抽象类，直接继承自 Object 类。OutputStream 类里面定义了写数据的基本操作方法，如表 9-2-3 所示。

表 9-2-3　OutputStream 类的常用方法

方　法	功 能 描 述
void close()	关闭此输出流并释放与此流关联的所有系统资源
void flush()	刷新此输出流并强制写出任何缓冲的输出字节
static OutputStream nullOutputStream()	返回一个丢弃所有字节的新输出流对象
void write(byte[] b)	将指定字节数组中的字节写入此输出流
void write(byte[] b, int off, int len)	从指定字节数组中的偏移量 lenoff 开始将长度为 len 的字节数据写入此输出流
abstract void write(int b)	将指定的字节写入此输出流

由于 OutputStream 类是抽象类，不能直接实例化，因此主要使用它的子类来创建流对象。文件输出流 FileOutputSream 类作为 OutputSream 类的子类专门用于将数据写入文件，应用非常广泛。下面重点介绍 FileOutputSream 类的使用方法。该类提供了五种构造方法，如表 9-2-4 所示。

表 9-2-4　FileOutputStream 类的构造方法

构 造 方 法	功 能 描 述
FileOutputStream(String name)	使用描述文件路径的字符串创建文件输出流，默认不使用追加模式
FileOutputStream(String name, boolean append)	使用描述文件路径的字符串创建文件输出流，并确定是否为追加模式
FileOutputStream(File file)	使用 File 类对象创建文件输出流
FileOutputStream(File file, boolean append)	使用 File 类对象创建文件输出流，写入方式为追加模式
FileOutputStream(FileDescriptor fdObj)	使用文件描述符对象创建文件输出流，该描述符表示与文件系统中实际文件的现有连接

需要注意的是，文件输出流的前四个构造方法会抛出异常，需要使用 try-catch 代码块处理。FileOutputSream 类中最常用的是 write 重载方法、flush 方法和 close 方法。下面几个示例演示了这些方法的使用。

【例 9-2-5】FileOutputStream 以逐个字节的形式写入文件。

代码如下：

```
package chapter9.section2.demos;
import java.io.FileNotFoundException;
import  java.io.FileOutputStream;
import  java.io.IOException;
public class FileOutputStreamDemo1 {
    public static void main(String[] args) {
        // TODO Auto-generated method stub
        FileOutputStream out = null;
        String tmp = "One world, one dream!";
        byte [] content = tmp.getBytes();
        try {
            out = new FileOutputStream("write.txt");          // 使用相对路径
            for(int i=0;i<content.length;i++) {
                out.write(content[i]);
            }
            out.flush();
        } catch (FileNotFoundException e) {
            // TODO Auto-generated catch block
            e.printStackTrace();
        } catch (IOException e) {
            // TODO Auto-generated catch block
            e.printStackTrace();
        }finally {
            if(out!=null) {
                try {
                    out.close();
                } catch (IOException e) {
                    // TODO Auto-generated catch block
                    e.printStackTrace();
                }
            }
        }
        System.out.println(" 写操作完成，请查阅 ");
    }
}
```

运行结果如图 9-2-10 所示：

本示例中使用到了相对路径，也就是项目所在的路径。当创建文件输出流时，如果当前路径中没有 write.txt，则会自动生成这个文件，具体方法为：通过鼠标右击项目名，在弹出的悬浮框中单击“Refresh”选项，即可在项目中看到 write.txt 文件，如图 9-2-11 所示。

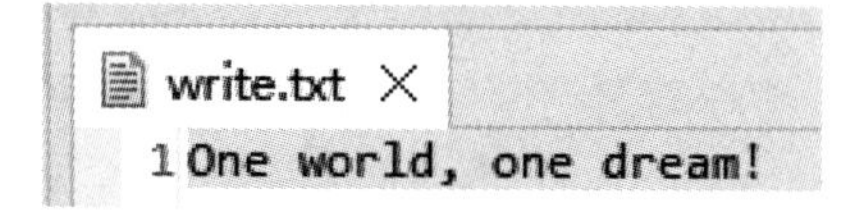

◆ 图 9-2-10　示例 9-2-5 的运行结果

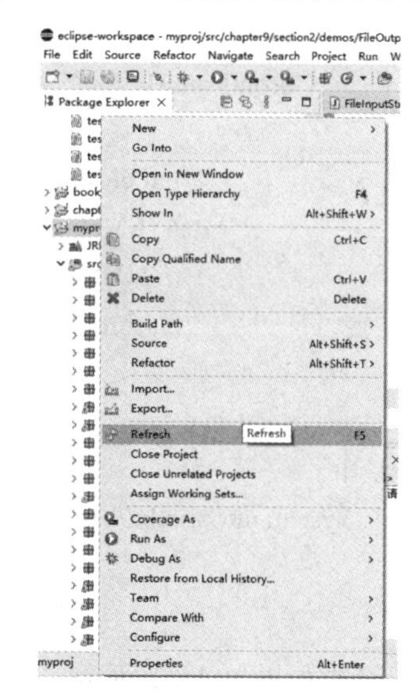

◆ 图 9-2-11　刷新项目的菜单项

读者也可以直接到项目所在路径中查看生成的 write.txt 文件。在示例中使用了 flush 方法，以保证 while 循环写完之后在缓存区没有遗漏的待写数据。

【例 9-2-6】FileOutputStream 的追加模式。

代码如下：

```
package chapter9.section2.demos;
import java.io.FileNotFoundException;
import java.io.FileOutputStream;
import java.io.IOException;
public class FileOutputStreamDemo2 {
    public static void main(String[] args) {
        // TODO Auto-generated method stub
        FileOutputStream out = null;
        String tmp = "\r\nLet life be beautiful like summer flowers "+ "and death like autumn leaves.";
        byte [] content = tmp.getBytes();
        try {
            out = new FileOutputStream("write.txt",true);    // 使用相对路径
            for(int i=0;i<content.length;i++) {
                out.write(content[i]);
            }
            out.flush();
        } catch (FileNotFoundException e) {
            // TODO Auto-generated catch block
            e.printStackTrace();
        } catch (IOException e) {
            // TODO Auto-generated catch block
```

```
                e.printStackTrace();
            }finally {
                if(out!=null) {
                    try {
                        out.close();
                    } catch (IOException e) {
                        // TODO Auto-generated catch block
                        e.printStackTrace();
                    }
                }
            }
            System.out.println(" 写操作完成，请查阅 ");
        }
    }
```

运行结果如图 9-2-12 所示。

```
write.txt ×
1 One world, one dream!
2 Let life be beautiful like summer flowers and death like autumn leaves.
```

◆ 图 9-2-12 示例 9-2-6 的运行结果

本示例在示例 9-2-12 的基础上继续对 write.txt 文本进行写操作。如果不显式指明写操作的追加模式，那么默认是直接进行文本覆盖。在本例中设置追加模式为 true，则在不改变原有文本内容的基础上添加了新的内容。这里需要注意的是，在文本文件中写回车符是通过“\r\n”实现的。

【例 9-2-7】FilieOutputStream 以字节数组的形式写入文件。

代码如下：

```
package chapter9.section2.demos;
import java.io.FileNotFoundException;
import java.io.FileOutputStream;
import java.io.IOException;
public class FileOutputStreamDemo3 {
    public static void main(String[] args) {
        // TODO Auto-generated method stub
        FileOutputStream out = null;
        String tmp = "Let life be "+"\r\nLet life be beautiful like summer flowers "
                        + "and death like autumn leaves.";
        byte [] content = tmp.getBytes();
        try {
            out = new FileOutputStream("write_byteArray.txt");          // 使用相对路径
            out.write(content, 12, content.length-12);
            out.flush();
```

```
            } catch (FileNotFoundException e) {
                // TODO Auto-generated catch block
                e.printStackTrace();
            } catch (IOException e) {
                // TODO Auto-generated catch block
                e.printStackTrace();
            }finally {
                if(out!=null) {
                    try {
                        out.close();
                    } catch (IOException e) {
                        // TODO Auto-generated catch block
                        e.printStackTrace();
                    }
                }
            }
            System.out.println(" 写操作完成，请查阅 ");
        }
    }
```

运行结果如图 9-2-13 所示。

```
Let life be beautiful like summer flowers and death like autumn leaves.
```

◆ 图 9-2-13　示例 9-2-7 的运行结果

本示例使用 write(byte[] b, int off, int len) 方法对数组进行批量写入。其中 off 指定了从数组下标第几位开始写，len 代表了写入文件的字节长度。

上面这几个例子都是对 txt 文本文件进行操作。实际上，字节流可以读写任何类型的文件。此外，很多时候内存作为临时中转站，将数据写入后立马写出。例如，在计算机中把一个文件从 C 盘复制到 D 盘，这个过程需要两个 I/O 流，即文件输入流和文件输出流。示例 9-2-8 介绍了具体实现方法。

【例 9-2-8】单字节形式实现文件的复制。

代码如下：

```
package chapter9.section2.demos;
import java.io.FileInputStream;
import java.io.FileNotFoundException;
import java.io.FileOutputStream;
import java.io.IOException;
public class CopyPandaDemo1 {
    //file copy without buffer
    public static void main(String[] args) {
```

```
        // TODO Auto-generated method stub
        FileInputStream input = null;
        FileOutputStream output = null;
        long time1;
        long time2;
        try {
            input = new FileInputStream("D:\\Panda.jpeg");
            output = new FileOutputStream("Panda_copy.jpeg");
        } catch (FileNotFoundException e) {        // TODO: handle exception
            System.out.println(" 无法找到或打开文件！ ");
        }
        try {
            int b =0;
            time1 = System.currentTimeMillis();
            while((b=input.read())!=-1) {
                output.write(b);
            }
            time2 = System.currentTimeMillis();
            System.out.println(" 用时： "+(time2-time1) + "ms");
        } catch (IOException e) {
            // TODO Auto-generated catch block
            e.printStackTrace();
        }finally {
            if(input!=null) {
                try {
                    input.close();
                } catch (IOException e) {        // TODO Auto-generated catch block
                    e.printStackTrace();
                }
            }
            if(output!=null) {
                try {
                    output.close();
                } catch (IOException e) {        // TODO Auto-generated catch block
                    e.printStackTrace();
                }
            }
        }
    }
}
```


◆ 图 9-2-14　示例 9-2-8 在控制台的输出结果

该示例在控制台的输出结果如图 9-2-14 所示；在目标目录下生成的文件如图 9-2-15

所示；复制的图片打开效果如及图 9-2-16 所示。

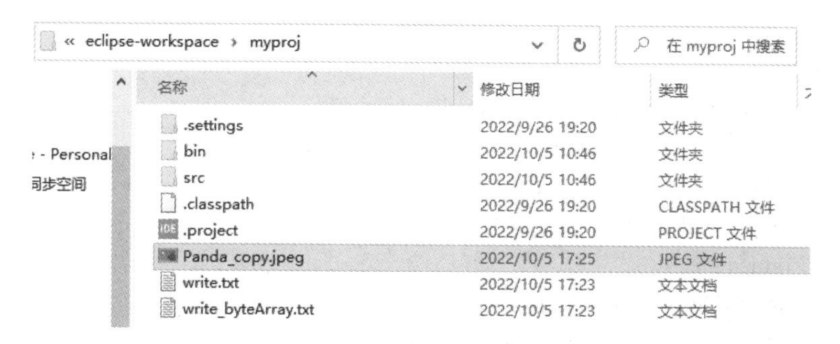

◆ 图 9-2-15　示例 9-2-8 在目标目录下生成的 Panda_copy.jpeg 文件

◆ 图 9-2-16　打开示例 9-2-8 复制的图片

本示例创建了一个文件输入流和文件输出流，将 D 盘中的 Panda.jpeg 文件逐个字节地复制到了当前项目所在路径，打开图片可以看到可爱的小熊猫。这里请注意，如果 D 盘没有名为 Panda.jpeg 的文件，程序会报出运行时异常。程序中使用了 System 类获取时间戳，以计算复制图片的使用时间。细心的读者会发现，通过这种方式复制文件用了 3.3 s，比平时自己通过“复制”“粘贴”操作慢得多。这是由于文件在复制时是逐个字节地传输，效率低。就好比一个班同学要去异地实习，同学们逐个轮流坐火车到达目的地，效率当然低了。为了提高效率，可以让同学们一起坐上火车，一趟就可以运送完成。类似地，使用数组来批量地读取和写入数据也能够提高读写效率，下面通过一个示例介绍具体实现方法。

【例 9-2-9】以字节数组形式实现文件的复制。

代码如下：

```
package chapter9.section2.demos;
import java.io.FileInputStream;
import java.io.FileOutputStream;
import java.io.IOException;
//copy with buffer
public class CopyPandaDemo2 {
    public static void main(String[] args) {
        // TODO Auto-generated method stub
        FileInputStream input = null;
        FileOutputStream output = null;
```

```
        long time1;
        long time2;
        try {
            input = new FileInputStream("D:\\Panda.jpeg");
            output = new FileOutputStream("Panda_copy2.jpeg");
            // byte [] buffer = new byte[8192];
            byte [] buffer = new byte[1024];
            int length;
            time1 = System.currentTimeMillis();
            while((length = input.read(buffer))!=-1) {
                output.write(buffer,0,length);
            }
            output.flush();
            time2 = System.currentTimeMillis();
            System.out.println(" 耗时： "+(time2-time1) + "ms");
        } catch (Exception e) {        // TODO: handle exception
            e.printStackTrace();
        }finally {
            if(input!=null) {
                try {
                    input.close();
                } catch (IOException e) {        // TODO Auto-generated catch block
                    e.printStackTrace();
                }
            }
            if(output!=null) {
                try {
                    output.close();
                } catch (IOException e) {        // TODO Auto-generated catch block
                    e.printStackTrace();
                }
            }
        }
    }
}
```

运行结果如图 9-2-17 所示。

同一台计算机，同一张图片 Panda.jpeg，本示例复制用时仅为 4 ms，时间缩短了约 80 倍。可见批量读和批量写的效率要比逐个字节读写快很多。本示例定义了一个 1 KB 大小的缓存数组，如果将它增大或许可以再缩短时间。但增大到一定值之后，它的运行时间基本不会再变，甚至会增大。例如，编者在自用的计算机上测试，

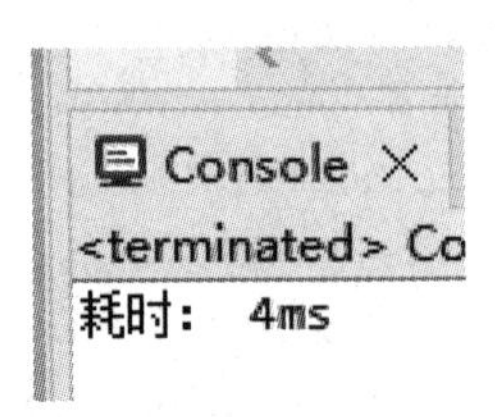

◆ 图 9-2-17　示例 9-2-9 的运行结果

缓存数组为 10 KB 时用时 1 ms；缓存数组为 100 KB 时用时 0 ms(用时小于 1 ms，小于系统时钟的最小计时单位)；缓存数组为 1000 KB 时用时 1 ms，用时反而增加了。这是由于系统需要清理出与数组长度相同的连续内存单元，如果缓存数组太长，用时会增加。通常，缓存数组的长度取 KB 量级，如 1 KB、8 KB 和 16 KB 等。

9.2.3 字节缓冲流

在 9.2.2 节中，使用了缓存数组来提升文件复制的速度。其实，Java 语言的字节流中已经为开发者提供了字节缓冲流，包括字节输入缓冲流 (BufferedInputStream) 和字节输出缓冲流 (BufferedOutputStream)。实际上，字节缓冲流使用了装饰者设计模式。装饰者设计模式是在不改变现有对象结构的情况下，动态地给该对象增加一些额外功能的程序设计模式。在字节缓冲流类的内部维护了一个字节流对象，通过该字节流对象为字节缓冲流提供了读或写文件的操作方法。因此，在创建字节缓冲流时需要传入一个字节流对象。在使用时，缓冲流的读写方法与字节流方法一致。

BufferedInputStream 类提供了两个重载的构造函数，如表 9-2-5 所示。

表 9-2-5 BufferedInputStream 类的构造方法

构 造 方 法	功 能 描 述
BufferedInputStream(InputStream in)	使用字节流对象创建缓存流
BufferedInputStream(InputStream in, int size)	使用字节流对象创建缓存流，同时指定缓存数组的大小

在 BufferedInputStream 类的源代码中可以看到，如果创建流对象时没有指明缓存数组的长度，默认设置为 8K，源代码如下：

```
private static int DEFAULT_BUFFER_SIZE = 8192;
```

观察 BufferedInputStream 类第二个构造函数的源代码可知，缓存数组是 byte 类型，因此缓存容量的单位一般是 byte。比如，需要开辟 1 KB 大小的缓存数组，则传入的 size 值应设置为 1024。

```
public BufferedInputStream(InputStream in, int size) {
    super(in);
    if (size <= 0) {
        throw new IllegalArgumentException("Buffer size <= 0");
    }
    buf = new byte[size];
}
```

类似地，BufferedOutputStream 类的构造方法也有两种，如表 9-2-6 所示。

表 9-2-6 BufferedOutputStream 类的构造方法

构 造 方 法	功 能 描 述
BufferedOutputStream(OutputStream out)	使用字节流对象创建缓存流
BufferedOutputStream(OutputStream out, int size)	使用字节流对象创建缓存流，同时指定缓存数组的大小

BufferedOutputStream 类的构造方法与 BufferedOutputStream 类很相似，这里不再赘述。示例 9-2-10 通过实现一个文件的复制演示字节缓冲流的使用方法。

【例 9-2-10】使用字节缓冲流拷贝文件。

代码如下：

```
package chapter9.section2.demos;
import java.io.BufferedInputStream;
import java.io.BufferedOutputStream;
import java.io.FileInputStream;
import java.io.FileOutputStream;
import java.io.IOException;
public class BufferedStreamDemo {
    // file copy using BufferedInputStream ? ? BufferedOutputStream
    public static void main(String[] args) {
        // TODO Auto-generated method stub
        BufferedInputStream bufferIn = null;
        BufferedOutputStream bufferOut = null;
        long startTime;
        long endTime;
        try {
            bufferIn = new BufferedInputStream(new FileInputStream("D:\\Panda.jpeg"));
            bufferOut = new BufferedOutputStream(new FileOutputStream("Panda_buffer_copy.jpg"));
            int b;
            startTime = System.currentTimeMillis();
            while((b = bufferIn.read())!=-1) {
                bufferOut.write(b);
            }
            bufferOut.flush();
            endTime = System.currentTimeMillis();
            System.out.println(" 拷贝文件用时："+(endTime – startTime) + "ms");
        } catch (Exception e) {        // TODO: handle exception
            System.out.println("error");
        }finally {
            if(bufferIn!=null) {
                try {
                    bufferIn.close();
                } catch (IOException e) {        // TODO Auto-generated catch block
                    e.printStackTrace();
                }
            }
            if(bufferOut!=null) {
                try {
                    bufferOut.close();
                } catch (IOException e) {        // TODO Auto-generated catch block
```

```
                    e.printStackTrace();
                }
            }
        }
    }
}
```

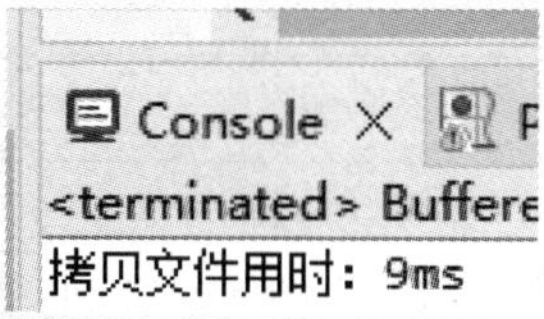

◆ 图 9-2-18　示例 9-2-10 运行结果

运行结果如图 9-2-18 所示。

9.3 字　符　流

计算机中的文本文件（扩展名为 .txt、.java 和 .docx 等）可以通过文本阅读软件打开浏览，里面存储的是具有一定编码规则的字符或字符串。虽然字节流能够读写文本文件，但它是以 byte 为单位进行数据传输的，如果需要读一个字符，或者读一行文字，这时候字节流就显得不灵活方便了。为此，Java 语言提供了字符流，专门用于对文本文件进行操作。Java 字符流包括字符输入流和字符输出流，它的常用类如图 9-3-1 所示。

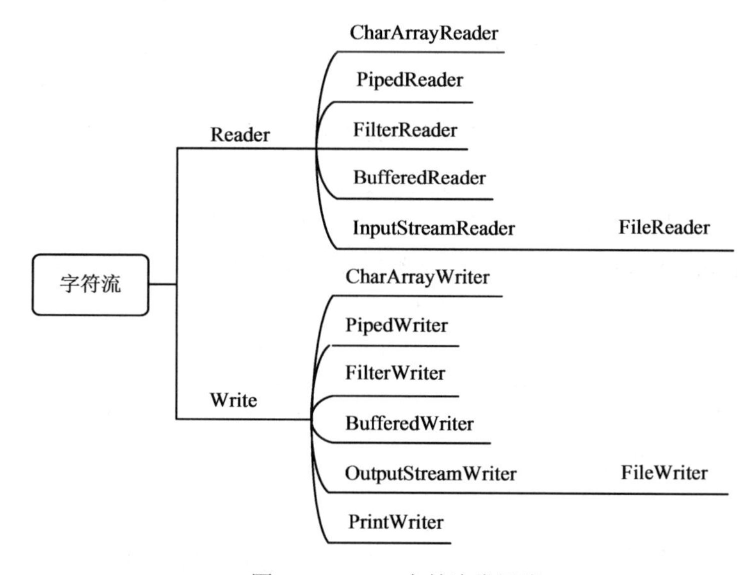

◆ 图 9-3-1　Java 字符流常用类

本章重点介绍 Reader、Writer、FileReader、FileWriter、BufferedReader、Buffered Reader、InputStreamReader 和 OutputStreamWriter 八个类。其他类的学习方法和使用方式都很相近，读者可以参考本章的内容，结合帮助文档上机练习。

9.3.1　字符输入流

字符输入流的顶层父类是 Reader 类，它是一个抽象类，直接继承自 Object 类。Reader 类里面定义了读字符数据的基本操作方法，如表 9-3-1 所示。

表 9-3-1　Reader 类的常用方法

方　法	功 能 描 述
abstract void close()	关闭流并释放与其关联的任何系统资源
void mark(int readAheadLimit)	标记流中的当前位置
boolcan markSupportcd()	返回此流是否支持 mark 方法操作
static Reader nullReader()	返回不读取任何字符的新 Reader 流对象
int read()	尝试从输入流中读取下一个字符，转为 int 型数据后返回。若没有读到则返回 −1
int read(char[] cbuf)	尝试从输入流中读取一定数量的字符，并将它们存储到缓冲数组 cbuf 中。方法返回值为读取到的字符长度，如果没有读到返回 −1
abstract int read(char[] cbuf, int off, int len)	尝试从输入流中读取字符长度为 len 的一组字符，将其存储在缓存数组 cbuf 的下标 off 处。返回值为实际读到的字符长度。若没有读到则返回 −1
int read(CharBuffer target)	尝试将字符读入指定的字符缓冲区，返回实际读到的字符长度。若没有读到则返回 −1
boolean ready()	返回此输入流是否已准备好读取
void reset()	重置流
long skip(long n)	尝试跳过并丢弃此输入流中的 n 个字节数据，返回实际跳过的字节数
long transferTo(Writer out)	读取此字符输入流中所有字符，并按照读取的顺序将字符写入给定的编写器

由于 Reader 类是抽象类，不能直接实例化，因此主要使用它的子类来创建流对象。文本文件输入流 FileReader 类作为 Reader 类的子类专门用于读取文件中的字符，应用非常广泛。该类提供了五种构造方法，如表 9-3-2 所示。

表 9-3-2　FileReader 类的构造方法

构 造 方 法	功 能 描 述
public FileReader(String fileName) throws FileNotFoundException	通过源文件地址创建本文文件输入流
public FileReader(String fileName,Charset charset) throws IOException	通过源文件地址和字符集创建文本文件输入流
public FileReader(File file) throws FileNotFoundException	使用文件类对象创建文本文件输入流
public FileReader(File file,Charset charset) throws IOException	通过文件类对象和字符集创建文本文件输入流
public FileReader(FileDescriptor fd)	通过使用 File 描述符创建对象，该描述符表示与文件系统中实际文件的现有连接

需要注意的是，文本文件输入流的前四种构造函数会抛出异常，需要使用 try-catch 代码块处理。第一种构造函数比较常用，它需要传入一个描述文件地址的字符串，通过源文

件地址创建文本文件输入流。FileReader 类中最常用的是 read 重载方法、skip 和 close 方法。这些操作方法的使用方式与字节流基本相同。下面通过一些示例来演示 FileReader 类的使用方法。

【例 9-3-1】使用 FileReader 逐字符读取 txt 文件。

代码如下：

```
package chapter9.section3.demos;
import java.io.FileNotFoundException;
import java.io.FileReader;
import java.io.IOException;
public class FileReaderDemo1 {
    public static void main(String[] args) {
        // TODO Auto-generated method stub
        FileReader in = null; // 一定要初始化
        try {
            in = new FileReader("D:\\read_char.txt");
            System.out.println("in.read() ="+ (char)in.read());
            System.out.println("in.read() ="+ (char)in.read());
            System.out.println("in.read() =" + (char)in.read());
            System.out.println("in.skip(10)="+ in.skip(10));
            System.out.println("in.read() =" + (char)in.read());
        } catch (FileNotFoundException e) {
            // TODO Auto-generated catch block
            e.printStackTrace();
        } catch (IOException e) {
            // TODO Auto-generated catch block
            e.printStackTrace();
        }finally {
            if(in!=null) {
                try {
                    in.close();
                } catch (IOException e) {
                    // TODO Auto-generated catch block
                    e.printStackTrace();
                }
            }
        }
    }
}
```

```
Console ×
<terminated> FileRe
in.read() =我
in.read() =们
in.read() =共
in.skip(10)=10
in.read() =。
```

◆ 图 9-3-2 示例 9-3-1 的运行结果

运行结果如图 9-3-2 所示。

本示例通过文本文件输入流每次读取一个字符，比如汉字 (Unicode 字符) 和标点符号，并打印输出。而使用文件输入流读取字节时，汉字是不能打印输出来的，这是因为一个汉字在 Unicode 字符编码中占用了两个字节。

【例 9-3-2】使用循环语句读取文本文件内容。

代码如下：

```java
package chapter9.section3.demos;
import java.io.FileNotFoundException;
import java.io.FileReader;
import java.io.IOException;
public class FileReaderDemo2 {
    public static void main(String[] args) {
        // TODO Auto-generated method stub
        FileReader in = null; // 一定要初始化
        int tmp;
        try {
            in = new FileReader("D:\\read_char.txt");
            while((tmp = in.read())!=-1) {
                System.out.println("in.read() =" + (char)tmp);
            }
        } catch (FileNotFoundException e) {
            // TODO Auto-generated catch block
            e.printStackTrace();
        } catch (IOException e) {
            // TODO Auto-generated catch block
            e.printStackTrace();
        }finally {
            if(in!=null) {
                try {
                    in.close();
                } catch (IOException e) {
                    // TODO Auto-generated catch block
                    e.printStackTrace();
                }
            }
        }
    }
}
```

```
Console ×
<terminated> FileI
in.read() =我
in.read() =们
in.read() =共
in.read() =有
in.read() =一
in.read() =个
in.read() =家
in.read() =，
in.read() =名
in.read() =字
in.read() =叫
in.read() =中
in.read() =国
in.read() =。
```

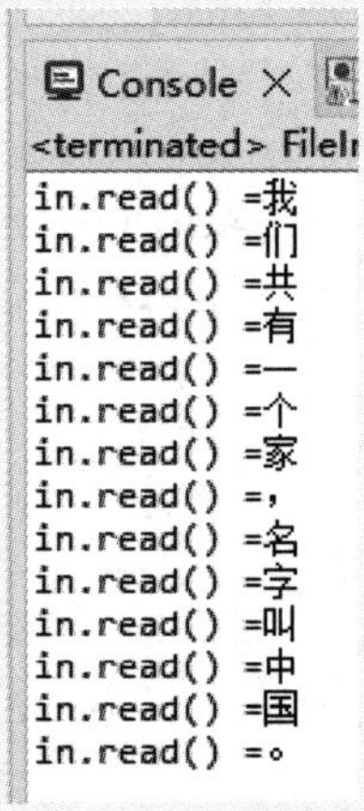

◆ 图 9-3-3　示例 9-3-2 的运行结果

运行结果如图 9-3-3 所示。

【例 9-3-3】FileReader 以数组形式一次性读取文件字符。

代码如下：

```java
package chapter9.section3.demos;
import java.io.FileNotFoundException;
import java.io.FileReader;
import java.io.IOException;
public class FileReaderDemo3 {
```

```
    public static void main(String[] args) {
        // TODO Auto-generated method stub
        FileReader in = null; // 一定要初始化
        char [] cachArr = new char[50];
        try {
            in = new FileReader("D:\\read_char.txt");
            System.out.println(" 读到的字符字节长度： " + in.read(cachArr));
            System.out.println(" 读到的内容： " + new String(cachArr));
            System.out.println(" 读到的字符长度： " + in.read(cachArr));
        } catch (FileNotFoundException e) {
            // TODO Auto-generated catch block
            e.printStackTrace();
        } catch (IOException e) {
            // TODO Auto-generated catch block
            e.printStackTrace();
        }finally {
            if(in!=null) {
                try {
                    in.close();
                } catch (IOException e) {
                    // TODO Auto-generated catch block
                    e.printStackTrace();
                }
            }
        }
    }
}
```

Console × Problems @ Javadoc
<terminated> FileInputStreamDemo3 (1) [J
读到的字符字节长度： 14
读到的内容： 我们共有一个家，名字叫中国。
读到的字符长度： -1

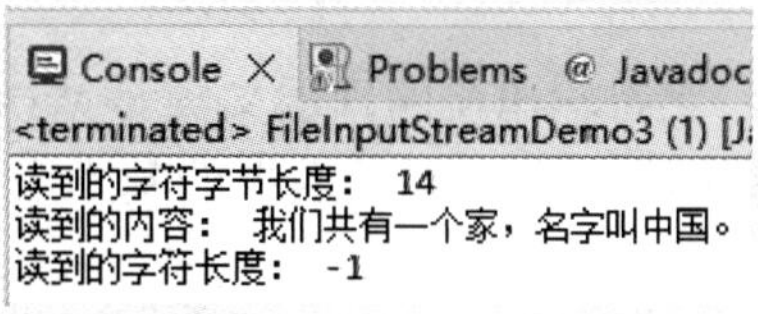

◆ 图 9-3-4 示例 9-3-3 的运行结果

运行结果如图 9-3-4 所示。

【例 9-3-4】FileReader 以数组形式分批次读取文件字符。

代码如下：

```
package chapter9.section3.demos;
import java.io.FileNotFoundException;
import java.io.FileReader;
import java.io.IOException;
public class FileReaderDemo4 {
    public static void main(String[] args) {        // TODO Auto-generated method stub
        FileReader in = null; // 一定要初始化
        char [] cachArr = new char[5];
        int length;
        try {
            in = new FileReader("D:\\read_char.txt");
            // 也可以写成 while((length = in.read(cachArr,0,cachArr.length))!=-1){
            while((length = in.read(cachArr,0,cachArr.length))!=-1) {
```

```
                System.out.println(" 读到的字节长度：" + length);
                System.out.println(" 读到的内容：" + new String(cachArr,0,length));
            }
        } catch (FileNotFoundException e) {          // TODO Auto-generated catch block
            e.printStackTrace();
        } catch (IOException e) {          // TODO Auto-generated catch block
            e.printStackTrace();
        }finally {
            if(in!=null) {
                try {
                    in.close();
                } catch (IOException e) {          // TODO Auto-generated catch block
                    e.printStackTrace();
                }
            }
        }
    }
}
```

运行结果如图 9-3-5 所示。

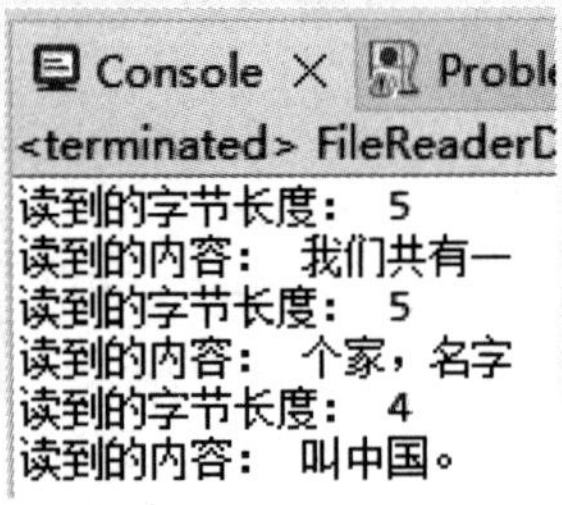

```
Console × Probl
<terminated> FileReaderD
读到的字节长度： 5
读到的内容： 我们共有一
读到的字节长度： 5
读到的内容： 个家，名字
读到的字节长度： 4
读到的内容： 叫中国。
```

◆ 图 9-3-5　示例 9-3-4 的运行结果

9.3.2　字符输出流

字符输出流的顶层父类是 Writer 类，它是一个抽象类，直接继承自 Object 类。Writer 类里面定义了写字符数据的基本操作方法，如表 9-3-3 所示。

表 9-3-3　Writer 类的常用方法

方　法	功 能 描 述
Writer append(char c)	将指定的字符追加到此输出流
Writer append(CharSequence csq)	将指定的字符序列追加到此输出流
Writer append(CharSequence csq, int start, int end)	将指定字符序列的指定索引范围的子序列追加到此输出流
abstract void close()	刷新并关闭流
abstract void flush()	刷新此输出流并强制写出任何缓冲的输出字符
static Writer nullWriter()	返回丢弃所有字符的新的字符输出流
void write(char[] cbuf)	将指定字符数组中的字节写入此输出流
abstract void write(char[] cbuf, int off, int len)	从指定字符数组中的偏移量 off 开始将长度为 len 的字符数据写入此输出流
void write(int c)	将指定的字符写入此输出流
void write(String str)	将指定的字符串写入此输出流
void write(String str, int off, int len)	从指定字符串中的偏移量 off 开始将长度为 len 的字符数据写入此输出流

由于 Writer 类是抽象类，不能直接实例化，因此主要使用它的子类来创建流对象。文本文件输出流 FileWriter 类是 Writer 类的子类，专门用于将数据写入文件，应用非常广泛。接下来重点学习 FileWriter 类的使用方法。该类提供了九种构造函数，如表 9-3-4 所示。

表 9-3-4 FileWriter 类的构造方法

构造方法	功能描述
FileWriter(File file)	使用 File 类对象创建文本文件输出流
FileWriter(FileDescriptor fd)	使用文件描述符对象创建文本文件输出流，该描述符表示与文件系统中实际文件的现有连接
FileWriter(File file, boolean append)	使用 File 类对象创建文本文件输出流，并指定是否为追加模式
FileWriter(File file, Charset charset)	使用 File 类对象和字符集对象创建文本文件输出流
FileWriter(File file, Charset charset, boolean append)	使用 File 类对象和字符集对象创建文本文件输出流，并指定是否为追加模式
FileWriter(String fileName)	使用描述文件路径的字符串创建文本文件输出流
FileWriter(String fileName, boolean append)	使用描述文件路径的字符串创建文本文件输出流，并指定是否为追加模式
FileWriter(String fileName, Charset charset)	使用描述文件路径的字符串和字符集对象创建文本文件输出流
FileWriter(String fileName, Charset charset, boolean append)	使用描述文件路径的字符串和字符集对象创建文本文件输出流，并指定是否为追加模式

FileWriter 类中最常用的方法是 write 重载方法和 close 方法。由于 FileWriter 类的 close 方法中已经调用了 flush 方法，所以在编写代码时可以不用再调用 flush 方法。下面通过一些示例演示这些方法的使用。

【例 9-3-5】FileWriter 以逐个字符的形式写入文件。

代码如下：

```
package chapter9.section3.demos;
import java.io.FileNotFoundException;
import java.io.FileWriter;
import java.io.IOException;
public class FileWriterDemo1 {
    public static void main(String[] args) {
        // TODO Auto-generated method stub
        FileWriter out = null;
        String tmp = "One world, one dream!";
        byte [] content = tmp.getBytes();
        try {
            out = new FileWriter("write_char.txt");      // 使用相对路径
            for(int i=0;i<content.length;i++) {
                out.write(content[i]);
            }
```

```
            out.flush();
        } catch (FileNotFoundException e) {
            // TODO Auto-generated catch block
            e.printStackTrace();
        } catch (IOException e) {
            // TODO Auto-generated catch block
            e.printStackTrace();
        }finally {
            if(out!=null) {
                try {
                    out.close();
                } catch (IOException e) {
                    // TODO Auto-generated catch block
                    e.printStackTrace();
                }
            }
        }
        System.out.println(" 写操作完成，请查阅 ");
    }
}
```

运行结果如图 9-3-6 所示。

```
write_char.txt × | FileWriterDemo1.java
1 One world, one dream!
```

◆ 图 9-3-6　示例 9-3-5 的运行结果

【例 9-3-6】FileWriter 的追加模式。

代码如下：

```
package chapter9.section3.demos;
import java.io.FileNotFoundException;
import java.io.FileWriter;
import java.io.IOException;
public class FileWriterDemo2 {
    public static void main(String[] args) {
        // TODO Auto-generated method stub
        FileWriter out = null;
        String tmp = "\r\nLet life be beautiful like summer flowers "+ "and death like autumn leaves.";
        byte [] content = tmp.getBytes();
        try {
            out = new FileWriter("write_char.txt",true);        // 使用相对路径
            for(int i=0;i<content.length;i++) {
                out.write(content[i]);
            }
```

```
            // out.flush();          // 在 close 方法中调用，可以省略
        } catch (FileNotFoundException e) {
            // TODO Auto-generated catch block
            e.printStackTrace();
        } catch (IOException e) {
            // TODO Auto-generated catch block
            e.printStackTrace();
        }finally {
            if(out!=null) {
                try {
                    out.close();
                } catch (IOException e) {
                    // TODO Auto-generated catch block
                    e.printStackTrace();
                }
            }
        }
        System.out.println(" 写操作完成，请查阅 ");
    }
}
```

运行结果如图 9-3-7 所示。

```
FileWriterDemo2.java    write_char.txt ×
1 One world, one dream!
2 Let life be beautiful like summer flowers and death like autumn leaves.
```

◆ 图 9-3-7　示例 9-3-6 的运行结果

【例 9-3-7】FileWriter 以字符数组的形式写入文件。

代码如下：

```
package chapter9.section3.demos;
import java.io.FileNotFoundException;
import java.io.FileWriter;
import java.io.IOException;
public class FileWriterDemo3 {
    public static void main(String[] args) {
        // TODO Auto-generated method stub
        FileWriter out = null;
        String tmp = "Let life be "+"\r\nLet life be beautiful like summer flowers "
                        + "and death like autumn leaves.";
        char [] content = tmp.toCharArray();
        try {
            out = new FileWriter("write_charArray.txt");        // 使用相对路径
            out.write(content, 10, content.length-10);
            out.flush();
```

```
        } catch (FileNotFoundException e) {
            // TODO Auto-generated catch block
            e.printStackTrace();
        } catch (IOException e) {
            // TODO Auto-generated catch block
            e.printStackTrace();
        }finally {
            if(out!=null) {
                try {
                    out.close();
                } catch (IOException e) {
                    // TODO Auto-generated catch block
                    e.printStackTrace();
                }
            }
        }
        System.out.println(" 写操作完成，请查阅 ");
    }
}
```

运行结果如图 9-3-8 所示。

FileWriterDemo3.java	write_charArray.txt ×
1 Let life be beautiful like summer flowers and death like autumn leaves.	

◆ 图 9-3-8　示例 9-3-7 的运行结果

【例 9-3-8】文本文件的复制。

代码如下：

```
package chapter9.section3.demos;
import java.io.FileReader;
import java.io.FileWriter;
import java.io.IOException;
import java.io.Reader;
import java.io.Writer;
public class TxtFileCopyDemo {
        //对文件进行操作
    public static void main(String[] args) {
        // TODO Auto-generated method stub
        Reader reader = null;
        Writer writer = null;
        long time1;
        long time2;
        try {
```

```
            reader = new FileReader("D:\\test.txt");
            writer = new FileWriter("test_copy.txt");
            int b;
            time1 = System.currentTimeMillis();
            while((b = reader.read())!=-1) {
                writer.write(b);
            }
            time2 = System.currentTimeMillis();
            System.out.println(" 用时："+(time2-time1) + "ms");
        } catch (Exception e) {
            // TODO: handle exception
            System.out.println("error");
        }finally {
            if(reader!=null) {
                try {
                    reader.close();
                } catch (IOException e) {
                    // TODO Auto-generated catch block
                    e.printStackTrace();
                }
            }
            if(writer!=null) {
                try {
                    writer.close();
                } catch (IOException e) {
                    // TODO Auto-generated catch block
                    e.printStackTrace();
                }
            }
        }
    }
}
```

运行结果如图 9-3-9 所示。

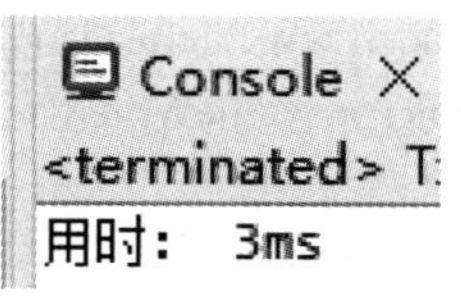

◆ 图 9-3-9　示例 9-3-8 的运行结果

9.3.3　字符缓冲流

Java 语言为字符流提供了缓冲流，分别为字符输入缓冲流 BufferedReader 和字符输出缓冲流 BufferedWriter。它们的使用方法与字节缓冲流很相似。

BufferedReader 类提供了两个重载的构造方法，如表 9-3-5 所示。

表 9-3-5 BufferedReader 类的构造方法

构造方法	功能描述
BufferedReader(Reader in)	使用字符流对象创建缓存流，输入缓冲区的大小采用默认值8 KB
BufferedReader(Reader in, int sz)	使用字符流对象创建缓存流，同时指定缓存数组的大小

类似地，BufferedWriter 类的构造方法也有两种，如表 9-3-6 所示。

表 9-3-6 BufferedWriter 类的构造方法

构造方法	功能描述
BufferedWriter(Writer out)	使用字符流对象创建缓存流，输入缓冲区的大小采用默认值8 KB
BufferedWriter(Writer out, int sz)	使用字符流对象创建缓存流，同时指定缓存数组的大小

示例 9-3-9 通过一个文本文件的复制演示了字符缓冲流的使用方法。

【例 9-3-9】使用字符缓冲流复制文本文件。

代码如下：

```
package chapter9.section3.demos;
import java.io.BufferedReader;
import java.io.BufferedWriter;
import java.io.FileReader;
import java.io.FileWriter;
import java.io.IOException;
public class BufferedReaderBufferedWriterDemo {
    public static void main(String[] args) {
        // TODO Auto-generated method stub
        BufferedReader reader = null;
        BufferedWriter writer = null;
        long time1;
        long time2;
        try {
            reader = new BufferedReader(new FileReader("D:\\test.txt"));
            writer = new BufferedWriter(new FileWriter("test_buffer.txt"));
            String str;
            time1 = System.currentTimeMillis();
            while((str = reader.readLine())!=null) {
                writer.write(str);
            }
            time2 = System.currentTimeMillis();
            System.out.println(" 用时： "+(time2-time1) + "ms");
```

```
            } catch (Exception e) {
                // TODO: handle exception
            }finally {
                if(reader!=null) {
                    try {
                        reader.close();
                    } catch (IOException e) {
                        // TODO Auto-generated catch block
                        e.printStackTrace();
                    }
                }
                if(writer!=null) {
                    try {
                        writer.close();
                    } catch (IOException e) {
                        // TODO Auto-generated catch block
                        e.printStackTrace();
                    }
                }
            }
        }
    }
```

运行结果如图 9-3-10 所示。

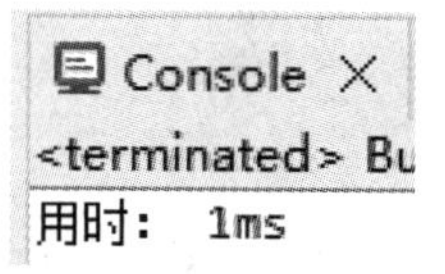

◆ 图 9-3-10 示例 9-3-9 的运行结果

在 BufferedReader 类中，有一个非常常用的方法，就是 readLine，它的声明代码如下：

```
public String readLine() throws IOException
```

它的功能是一次从文本文件中读一行并返回字符串。

【例 9-3-10】ReadLine 的使用。

代码如下：

```
package chapter9.section3.demos;
import java.io.BufferedReader;
import java.io.FileNotFoundException;
import java.io.FileReader;
import java.io.IOException;
public class ReadLineDemo {
    public static void main(String[] args) {
        // TODO Auto-generated method stub
```

```
        BufferedReader reader = null; // 一定要初始化
        String tmp;
        try {
            reader = new BufferedReader(new FileReader("test_copy.tx"));
            while((tmp = reader.readLine())!=null) {
                System.out.println("reader.readLine() =" + tmp);
            }
        } catch (FileNotFoundException e) {
            // TODO Auto-generated catch block
            e.printStackTrace();
        } catch (IOException e) {
            // TODO Auto-generated catch block
            e.printStackTrace();
        }finally {
            if(reader!=null) {
                try {
                    reader.close();
                } catch (IOException e) {
                    // TODO Auto-generated catch block
                    e.printStackTrace();
                }
            }
        }
    }
}
```

运行结果如图 9-3-11 所示。

```
Console ×  Problems  @ Javadoc  Declaration
<terminated> ReadLineDemo [Java Application] D:\software\Java\jdk-17.0.4.1
reader.readLine() =我的祖国
reader.readLine() =
reader.readLine() =一条大河波浪宽 风吹稻花香两岸
reader.readLine() =
reader.readLine() =我家就在岸上住 听惯了艄公的号子 看惯了船上的白帆
reader.readLine() =
reader.readLine() =这是美丽的祖国 是我生长的地方
reader.readLine() =
reader.readLine() =在这片辽阔的土地上 到处都有明媚的风光
reader.readLine() =
reader.readLine() =姑娘好像花儿一样 小伙儿心胸多宽广
reader.readLine() =
reader.readLine() =为了开辟新天地 唤醒了沉睡的高山 让那河流改变了模样
reader.readLine() =
reader.readLine() =这是英雄的祖国 是我生长的地方
reader.readLine() =
reader.readLine() =在这片古老的土地上 到处都有青春的力量
reader.readLine() =
reader.readLine() =好山好水好地方 条条大路都宽敞
reader.readLine() =
reader.readLine() =朋友来了有好酒 若是那豺狼来了 迎接它的有猎枪
reader.readLine() =
reader.readLine() =这是强大的祖国 是我生长的地方
reader.readLine() =
reader.readLine() =在这片温暖的土地上 到处都有和平的阳光
```

◆ 图 9-3-11　示例 9-3-9 的运行结果

9.4 转换流

在 Java 语言中，转换流也是字符流中的一种，它提供了在字节流与字符流之间相互转换的功能。可以使用转换流将字节流转成字符流以提高操作效率，或实现文本文件的编码和解码等功能。例如，一些文本文件的编码形式与应用需求中的编码形式不一致，就需要通过转换流进行文本编码形式的更改。Java 语言的转换流包括输入转换流 (InputStreamReader) 和输出转换流 (OutputStreamWriter)。前者是将字节流转换成字符流输入，后者是将字符流转换成字节流输出，如图 9-4-1 所示。

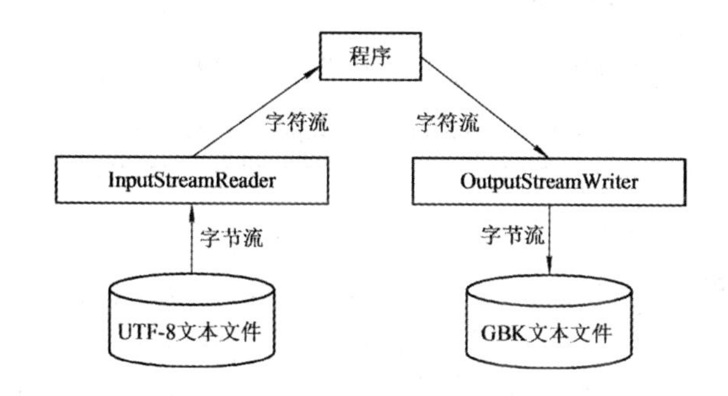

◆ 图 9-4-1 使用 Java 转换流修改文本文件编码格式示意图

9.4.1 字符编码格式

字符转换流可以用于文本文件的编码和解码。文本文件的编码就是将二进制文件存储的字节码按照一定的字符编码规则解译成字符。文本文件的解码实现相反的操作。常用的字符编码格式如下：

(1) ASCII：美国标准信息交换码。它用一个字节的低 7 位表示，首位规定为 0，用来表示英文字符、阿拉伯数字和常见的符号，一共可以表示 128 个字符。

(2) ISO-8859-1：也称拓展 ASCII 编码。它是单字节编码，一共可以表示 256 个字符，向下兼容 ASCII。其中，0x00 ～ 0x7F 之间完全和 ASCII 一致，0x80 ～ 0x9F 之间是控制字符，0xA0 ～ 0xFF 之间是文字符号，用以表示部分欧洲文字。

(3) GB2312：信息交换用汉字编码字符集。它是双字节编码，向下兼容 ASCII。GB2312 共收录 6763 个汉字，其中，一级汉字 3755 个，二级汉字 3008 个；同时，GB2312 收录了包括拉丁字母、希腊字母、日文平假名及片假名字母、俄语西里尔字母在内的 682 个全角字符。但 GB2312 不支持古汉语、人名等方面出现的罕用字。

(4) GBK：汉字内码扩展规范，也称作国标码。它使用双字节编码，向下与 GB2312 编码兼容，向上支持 ISO10646.1 国际标准，也与 Unicode 编码完全兼容。GBK 总计 23 940 个码位，共收入 21 886 个汉字和图形符号，其中汉字 (包括部首和构件)21 003 个，图形符号 883 个。

(5) GB18030：信息技术中文编码字符集，也称作国标 18030。它是变长多字节字符集，支持中文繁体字。GB18030 包含三种长度的编码：单字节的 ASCII、双字节的 GBK(略带扩展)以及用于填补所有 Unicode 码位的四字节 UTF 区块。

(6) Unicode：统一码，也称作万国码、单一码。它是国际组织制定的可以容纳世界上所有文字和符号的字符编码方案。Unicode 本质是一个符号集，与其他著名字符集可以精确转换，而不是一种新的编码方式。

(7) UTF-8：是 Unicode 字符的实现方式之一，它使用 1～4 个字符表示一个符号，根据不同的符号而变化字节长度。其中，ASCII 使用一个字节表示，与 ASCII 码兼容；带有变音符号的拉丁文、希腊文等字母使用两个字节编码；汉字、日韩文字等大部分常用字使用 3 字节编码；其他极少使用的语言字符使用 4 字节编码。

9.4.2 InputStreamReader 流

InputStreamReader 流继承自 Reader 类，提供了四种构造方法，如表 9-4-1 所示。

表 9-4-1 InputStreamReader 类的构造方法

构造方法	功能描述
InputStreamReader(InputStream in)	使用字节输入流和默认字符集UTF-8创建输入转换流对象
InputStreamReader(InputStream in, String charsetName)	使用字节输入流和指定字符集的字符串名称创建输入转换流对象
InputStreamReader(InputStream in, Charset cs)	使用字节输入流和指定字符集对象名称创建输入转换流对象
InputStreamReader(InputStream in, CharsetDecoder dec)	使用字节输入流和指定字符集解码器创建输入转换流对象

InputStreamReader 常用的方法包括 read 重载方法、close 方法和 ready 方法，以及自定义的 getEncoding() 方法。其中，getEncoding() 方法声明的语法格式如下所示：

```
public String getEncoding()
```

getEncoding() 方法的返回类型为 String，如果存在则获取文件的历史字符编码名称，否则返回规范编码名称，或者在关闭此流时返回 null。下面通过两个示例来演示输入转换流的使用方法。

【例 9-4-1】查看文本文件的字符编码格式。

代码如下：

```
package chaptr9.section4.demos;
import java.io.FileInputStream;
import java.io.IOException;
import java.io.InputStream;
import java.io.InputStreamReader;
public class InputStreamReaderGetEncodingDemo {
    public static void main(String[] args){
        InputStream in = null;
```

```
        InputStreamReader reader = null;
        String encoding;
        try {
            in = new FileInputStream("test_copy.txt");
            reader = new InputStreamReader(in);
            encoding = reader.getEncoding();
            System.out.println("txt 文件的 reader.getEncoding() = " + encoding);
            in = new FileInputStream(" 转换流测试文件 .docx");
            reader = new InputStreamReader(in);
            encoding = reader.getEncoding();
            System.out.println("docx 文件的 reader.getEncoding() = " + encoding);
            in = new FileInputStream(" 转换流测试文件 .pptx");
            reader = new InputStreamReader(in);
            encoding = reader.getEncoding();
            System.out.println("pptx 文件的 reader.getEncoding() = " + encoding);
            in = new FileInputStream(" 转换流测试文件 .java");
            reader = new InputStreamReader(in);
            encoding = reader.getEncoding();
            System.out.println("java 文件的 reader.getEncoding() = " + encoding);
        } catch (Exception ex) {
            ex.printStackTrace();
        } finally {
            if(in!=null) {
                try {
                    in.close();
                } catch (IOException e) {
                    // TODO Auto-generated catch block
                    e.printStackTrace();
                }
            }
            if(reader!=null) {
                try {
                    reader.close();
                } catch (IOException e) {
                    // TODO Auto-generated catch block
                    e.printStackTrace();
                }
            }
        }
    }
}
```

运行结果如图 9-4-2 所示。

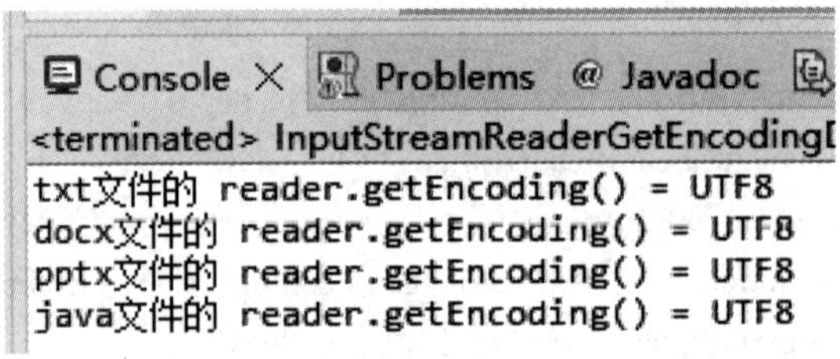

```
Console × Problems @ Javadoc
<terminated> InputStreamReaderGetEncoding
txt文件的 reader.getEncoding() = UTF8
docx文件的 reader.getEncoding() = UTF8
pptx文件的 reader.getEncoding() = UTF8
java文件的 reader.getEncoding() = UTF8
```

◆图 9-4-2　示例 9-4-1 的运行结果

【例 9-4-2】使用转换流读取 txt 文本信息。

代码如下：

```
package chaptr9.section4.demos;
import java.io.FileInputStream;
import java.io.IOException;
import java.io.InputStreamReader;
public class InputStreamReaderDemo {
    public static void main(String[] args) {
        // TODO Auto-generated method stub
      InputStreamReader reader = null;
      try {
        reader = new InputStreamReader(new FileInputStream("test_copy.txt"),"UTF-8");
        char[] cbuf = new char[6];
        int len;
        while ((len = reader.read(cbuf)) != -1){
          System.out.print(new String(cbuf,0,len));
        }
      } catch (IOException e) {
        e.printStackTrace();
      } finally {
            if(reader!=null) {
              try {
                      reader.close();
                } catch (IOException e) {
                      // TODO Auto-generated catch block
                      e.printStackTrace();
                }
            }
      }
    }
}
```

运行结果如图 9-4-3 所示。

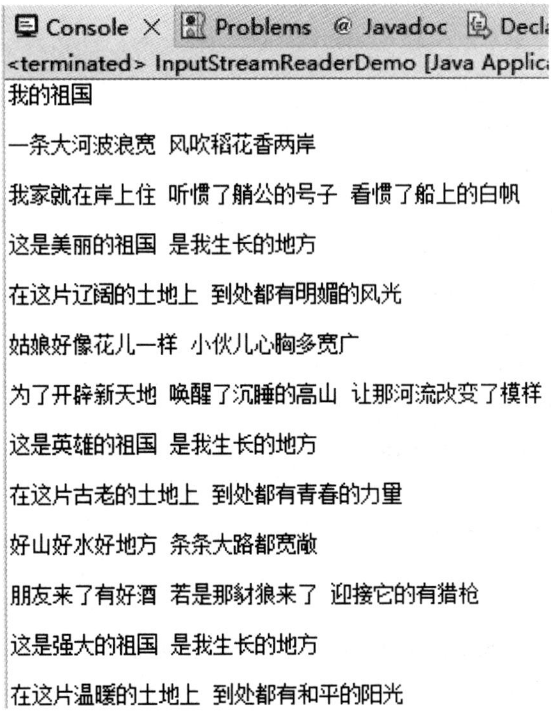

```
Console × Problems @ Javadoc Decl
<terminated> InputStreamReaderDemo [Java Applic
我的祖国
一条大河波浪宽 风吹稻花香两岸
我家就在岸上住 听惯了艄公的号子 看惯了船上的白帆
这是美丽的祖国 是我生长的地方
在这片辽阔的土地上 到处都有明媚的风光
姑娘好像花儿一样 小伙儿心胸多宽广
为了开辟新天地 唤醒了沉睡的高山 让那河流改变了模样
这是英雄的祖国 是我生长的地方
在这片古老的土地上 到处都有青春的力量
好山好水好地方 条条大路都宽敞
朋友来了有好酒 若是那豺狼来了 迎接它的有猎枪
这是强大的祖国 是我生长的地方
在这片温暖的土地上 到处都有和平的阳光
```

◆ 图 9-4-3 示例 9-4-2 的运行结果

9.4.3 OutputStreamWriter 流

OutputStreamWriter 流继承自 Writer 类，提供了四种构造方法，如表 9-4-2 所示。

表 9-4-2 OutputStreamWriter 类的构造方法

构 造 方 法	功 能 描 述
OutputStreamWriter(OutputStream out)	使用字节输出流和默认字符集UTF-8创建输出转换流对象
OutputStreamWriter(OutputStream out, String charsetName)	使用字节输出流和指定字符集的字符串名称创建输出转换流对象
OutputStreamWriter(OutputStream out, Charset cs)	使用字节输出流和指定字符集对象名称创建输出转换流对象
OutputStreamWriter(OutputStream out, CharsetEncoder enc)	使用字节输出流和指定字符集解码器创建输出转换流对象

InputStreamReader 常用的方法包含 write 重载方法、close 方法、flush 方法以及自定义的 getEncoding 方法。这里的 getEncoding 方法与输入转换流的 getEncoding 方法用法一致，不再赘述。示例 9-4-3 演示了输出转换流的用法。

【例 9-4-3】将 txt 文件由 UTF-8 编码格式转换为 GBK 编码格式。

代码如下：

```
package chaptr9.section4.demos;
import java.io.FileInputStream;
import java.io.FileOutputStream;
import java.io.IOException;
import java.io.InputStreamReader;
import java.io.OutputStreamWriter;
public class UTF8ToGBKDemo {
    public static void main(String[] args) {
        // TODO Auto-generated method stub
        InputStreamReader reader = null;
        OutputStreamWriter writer = null;
        int len;
        char[] cbuf = new char[10];
        String encoding;
        try {
            reader = new InputStreamReader(new FileInputStream("test_utf8.txt"),"utf-8");
            writer = new OutputStreamWriter(new FileOutputStream("test_gbk.txt"),"gbk");

            encoding = reader.getEncoding();
                System.out.println("txt 文件的 reader.getEncoding() = " + encoding);

                encoding = writer.getEncoding();
                System.out.println("txt 文件的 writer.getEncoding() = " + encoding);

            while ((len = reader.read(cbuf)) != -1){
                writer.write(cbuf,0,len);
            }
        } catch (IOException e) {
            e.printStackTrace();
        } finally {
            if(reader!=null) {
                try {
                        reader.close();
                    } catch (IOException e) {
                        // TODO Auto-generated catch block
                        e.printStackTrace();
                    }
            }
```

```
                if(writer!=null) {
                    try {
                        writer.close();
                    } catch (IOException e) {
                        // TODO Auto-generated catch block
                        e.printStackTrace();
                    }
                }
            }
        }
}
```

运行结果如图 9-4-4 所示。

本示例中将 txt 文件由 UTF-8 编码格式转换成了 GBK 编码格式。由于记事本不支持 GBK 编码格式的字符显示，因此直接打开 test_gbk.txt 文件就会显示乱码，如运行结果图 9-4-4 所示。Word 软件支持 GBK 编码格式的文本显示。读者可以在文件目录中找到文件 test_gbk.txt，然后鼠标右键单击“打开方式”，选择 Word 打开，就可以看到它的内容了，如图 9-4-5 所示。

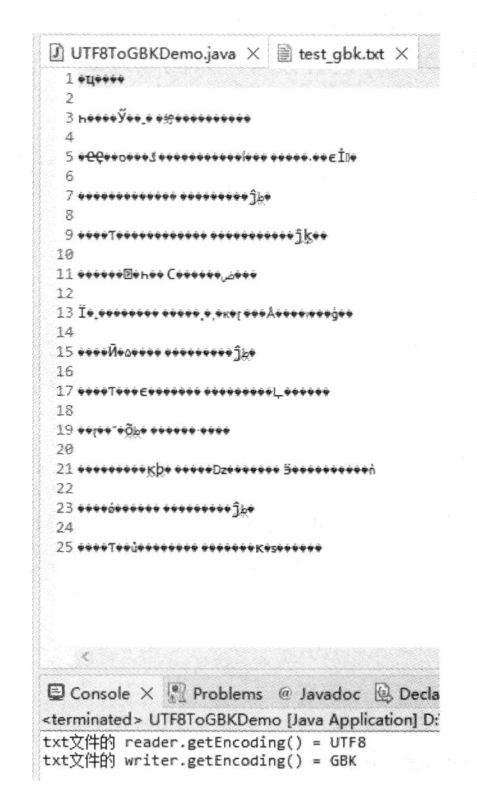

◆ 图 9-4-4　示例 9-4-3 的运行结果

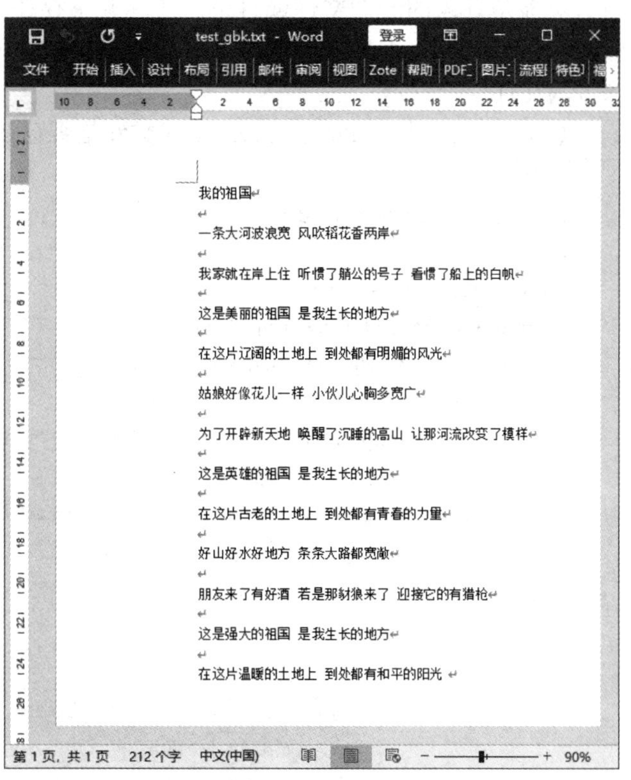

◆ 图 9-4-5　使用 Word 软件打开 GBK 编码的 txt 文本

9.5 File 类

Java 流对象的构造函数大多提供了 File 类对象作为方法形参的重载形式。Java 语言中的 File 类直接继承自 Object 类，它主要用于文件和目录的创建、查找、删除以及获取文件信息、遍历目录等操作。在 File 类中提供了以下四种重载的构造方法，如表 9-5-1 所示。

表 9-5-1 File 类的构造方法

构造方法名	功 能 描 述
File(File parent, String child)	通过File类对象和它的子路径名来创建对象
File(String pathname)	通过文件路径名创建对象
File(String parent, String child)	通过父路径名和子路径名创建对象
File(URI uri)	使用URI对象创建对象

File 类的构造函数没有显式地抛出异常。需要注意的是，创建一个 File 类的对象并非真的创建了相应的目录或者文件。File 对象代表了磁盘中的文件和目录，它有可能存在，也有可能是抽象的一个文件或目录，实际并不存在。可以通过 File 类中的 exist 方法来判读该目录或文件是否真的存在。此外，File 对象也不能对文件进行读写，只能通过 I/O 流来读写文件。

【例 9-5-1】判断 File 对象的目录或文件是否存在。

代码如下：

```
package chapter9.section5.demos;
import java.io.File;
public class FileExistDemo {
    public static void main(String[] args) {
        // TODO Auto-generated method stub
        File file = new File("D:\\a\\p.jpeg");
        System.out.println("D:\\a\\p.jpeg 是否存在？ " + file.exists());
        file = new File("test_copy.txt");
        System.out.println(" 当前目录下的 test_copy.txt 是否存在？ " + file.exists());
    }
}
```

运行结果如图 9-5-1 所示。

```
Console ×  Problems  @ Javadoc
<terminated> FileExistDemo [Java Application]
D:\a\p.jpeg 是否存在？false
当前目录下的test_copy.txt 是否存在？true
```

◆ 图 9-5-1 示例 9-5-1 的运行结果

本示例中的“D:\a\p.jpeg”实际不存在，而项目路径下的“test_copy.txt”真实存在。除了 exit 方法外，File 类还提供了丰富的操作方法，其中常用的方法如表 9-5-2 所示。

表 9-5-2　File 类的常用方法

类　别	方　法　名	功能描述
创建与删除文件及路径	boolean createNewFile()	新建文件或文件夹，创建成功返回true，若已经存在或创建失败则返回false
	boolean mkdir()	创建单层目录，创建成功返回true，若已经存在或创建失败则返回false
	boolean mkdirs()	创建多层目录，创建成功返回true，若已经存在或创建失败则返回false
	boolean delete()	删除文件或空文件夹，操作成功返回true，否则返回false
查询文件及路径属性	String getName()	获取文件名或目录名
	String getParent()	获取父目录名，若没有返回null
	File getParentFile()	获取父目录名并封装成File对象，若没有则返回null
	String getPath()	返回描述文件或目录的字符串
	boolean isAbsolute()	判断此抽象路径名是否为绝对路径名，是则返回true，否则返回false
	String getAbsolutePath()	获取以字符串形式表示的文件或目录的完整路径
	boolean canRead()	文件是否可读，是则返回true，否则返回false
	boolean canWrite()	文件是否可写，是则返回true，否则返回false
	boolean canExecute()	文件是否可执行，是则返回true，否则返回false
	boolean exists()	测试此抽象路径名表示的文件或目录是否存在
	boolean isDirectory()	测试此抽象路径名表示的文件是否是一个目录
	boolean isFile()	测试此抽象路径名表示的文件是否是一个标准文件
	long lastModified()	返回此抽象路径名表示的文件最后一次被修改的时间戳(毫秒值)
	long length()	返回由此抽象路径名表示的文件的长度
获取文件夹列表	String[] list()	返回一个字符串数组，它由目录中的文件名和子目录名组成
	String[] list(FilenameFilter filter)	返回一个字符串数组，它由目录中满足文件名过滤器的文件名和子目录名组成
	File[] listFiles()	返回一个文件对象数组，它由目录中的文件名和子目录名创建而成
	File[] listFiles(FileFilter filter)	返回一个文件对象数组，它由目录中满足文件类过滤器的文件名和子目录名创建而成

下面几个示例演示了 File 类的用法。

【例 9-5-2】文件的查询操作。

代码如下：

```
package chapter9.section5.demos;
import java.io.File;
import java.text.SimpleDateFormat;
public class FileRequestDemo{
    public static void main(String[] args) {
        // TODO Auto-generated method stub
        File file=new File("test_copy.txt");
        System.out.println("file.isFile() ?" + file.isFile());        // 判断是否是文件
        System.out.println("file.isDirectory() ?" + file.isDirectory());  // 判断是不是文件夹
         // 返回最后修改时间
        long timeStamp =file.lastModified();
        // 输出的是毫秒
        SimpleDateFormat date=new SimpleDateFormat("yyyy-MM-dd HH:mm:ss");
        System.out.println(date.format(timeStamp));                // 输出正常年月日
        System.out.println(" 文件的字节数 = " + file.length());
        System.out.println(" 文件名字 = " + file.getName());
        System.out.println(" 文件相对路径 = " + file.getPath());
        System.out.println(" 文件绝对路径 = " + file.getAbsolutePath());
        System.out.println(" 文件的父路径 = " + file.getParent());

        System.out.println(" 文件是否可读？ " + file.canRead());
        System.out.println(" 文件是否可写？ " + file.canWrite());
        System.out.println(" 文件是否可执行？ " + file.canExecute());
    }
}
```

运行结果如图 9-5-2 所示。

```
Console ✕  Problems  @ Javadoc  Declaration
<terminated> FileBasicOperationDemo [Java Application] D:\software\Java\jdk-17.0.4.1\bi
file.isFile() ?true
file.isDirectory() ?false
2022-10-05 22:29:39
文件的字节数 = 700
文件名字 = test_copy.txt
文件相对路径 = test_copy.txt
文件绝对路径 = D:\software workspace\eclipse-workspace\myproj\test_copy.txt
文件的父路径 = null
文件是否可读? true
文件是否可写? true
文件是否可执行? true
```

◆ 图 9-5-2　示例 9-5-2 的运行结果

【例 9-5-3】目录的创建、删除和查询操作。

代码如下：

```
package chapter9.section5.demos;
import java.io.File;
import java.io.IOException;
import java.util.Arrays;
public class FileMkDirDemo {
    public static void main(String[] args) {
        // TODO Auto-generated method stub
        // 测试创建文件，并进行文件的命名和删除
        File file=new File("D:\\test_file.txt");
        System.out.println("D:\\\\test_file.txt 是否存在？ " + file.exists());
        try {
            System.out.println("file.createNewFile() ?" + file.createNewFile());
            System.out.println("D:\\\\test_file.txt 是否存在？ " + file.exists());
        } catch (IOException e) {
            // TODO Auto-generated catch block
            e.printStackTrace();
        }
        file =new File("D:\\dir");
        System.out.println("file.mkdir() ?" + file.mkdir());
        file =new File("D:\\dir","\\d1\\dd1\\ddd1");
        System.out.println("file.mkdirs() ?" + file.mkdirs());
        file =new File("D:\\dir\\d2");
        System.out.println("file.mkdir() ?" + file.mkdir());
        file =new File("D:\\dir\\d3");
        System.out.println("file.mkdir() ?" + file.mkdir());
        System.out.println("D:\\dir 文件夹中的文件或目录有：");
        String[] list = new File("D:\\dir").list();
        System.out.println(Arrays.toString(list));
        System.out.println();
        file =new File("D:\\dir\\d3");
        System.out.println(file.delete());
        file =new File("D:\\dir");
        System.out.println("D:\\dir 文件夹中的文件或目录有：");
        File[] files = file.listFiles();
        System.out.println(Arrays.toString(files));
    }
}
```

运行结果如图 9-5-3 所示。

```
Console ✕  Problems  @ Java
<terminated> FileMkDirDemo [Java App
D:\\test_file.txt 是否存在? false
file.createNewFile() ?true
D:\\test_file.txt 是否存在? true
file.mkdir() ?true
file.mkdirs() ?true
file.mkdir() ?true
file.mkdir() ?true
D:\dir文件夹中的文件或目录有:
[d1, d2, d3]

true
D:\dir文件夹中的文件或目录有:
[D:\dir\d1, D:\dir\d2]
```

◆ 图 9-5-3　示例 9-5-3 的运行结果

【本章小结】

Java 语言中的 I/O 流按照传输的数据类型可分为字节流和字符流；按照传输方向可分为输入流和输出流。其中，字节流可以读写任意类型的二进制文件，字符流只可以读写文本文件。

Java 语言的输入字节流根父类为 InputStream，输出字节流根父类为 OutputStream。其中，FileInputSream 和 FileOutputStream 类是专门用于读写文件数据的字节流。为了提高读写效率，Java 字节流中还提供了字节缓冲流。

Java 语言的输入字符流根父类为 Reader，输出字节流根父类为 Writer。其中，FileReader 和 FileWriter 类是专门用于读写文件数据的字符流。为了提高读写效率，Java 字符流中也提供了字符缓冲流。其中，BufferedReader 提供了按行读取文本的操作方法。

Java 转换流用于实现字节流与字符流之间的相互转换，将字节流转成字符流以提高操作效率，或实现文本文件的编码和解码功能。

Java 语言中提供了 File 类，用于文件和目录的创建、查找、删除以及获取文件信息、遍历目录等操作。

综合训练

习　题

第 10 章 GUI 编程

人们在日常使用计算机办公、娱乐，使用手机看新闻、聊天，使用智能手环测心跳、记步数……，这些功能的实现都离不开图形用户界面 (Graphical User Interface，GUI)。相比于使用一行行的命令代码交互，GUI 提供了丰富的图形交互组件，比如菜单、按钮和文本输入框等，对这些组件进行单击、滑动和填写文本信息等操作就可以控制计算机及硬件设备，极大地便利了人们的生产生活。为此，Java 语言中提供了丰富的 GUI 容器、组件、布局管理器及事件监听器以支持编程人员开发出丰富多彩的 GUI。本章重点介绍以上内容。

本章资源

10.1 AWT 和 Swing 概述

GUI 又称图形用户接口，是指采用图形化方式显示的计算机操作用户界面。例如，打开一个浏览器，里面有网址输入栏、菜单栏、可以浏览的文本框以及可以单击的图标、按钮等，这些都是 GUI 的组成部分。在 Java 语言中提供了以下三个核心包用来做 GUI 开发。

(1) java.awt 包：它是由 SUN 公司最早推出的一套针对 GUI 编程的类库，需要使用本地操作系统提供的图形库，因此它不跨平台，属于重量级组件，目前主要用于提供字体和布局管理器。

(2) java.swing 包：它是由纯 Java 语言实现的 GUI 工具包，可跨平台，属于轻量级组件。Swing 组件中包含了 AWT(Abstract Window Toolkit，抽象窗口工具包) 包中所有的功能，并扩展了更丰富的组件级功能，基本可以满足所有的 GUI 开发需求。

(3) java.awt.event 包：它基于事件处理机制提供了丰富的事件接口和类，可实现图形界面与用户的交互功能。

java.awt 包中提供的 GUI 开发工具的类库如图 10-1-1 所示。

从图 10-1 中可以看到，AWT 包主要包含了两大相对独立的类库，即菜单类 (通常称为菜单) 和非菜单类 (通常称为组件)。其中，组件又包含了容器类和控件类。菜单类的根父类是 MenuComponent 类，它是一个抽象类，直接继承自 Object 类，实现了 Serializable 接口。该类里面提供了菜单名、字体等属性的查询和设置方法以及与事件处理相关的方法。在 MenuComponent 类的子类中提供了更多关于菜单的操作，如 MenuBar 类和 Menu 类提供了增加和移除菜单等功能。AWT 组件类的根父类为 Component 类，它也直接继承自 Object 类，可实现 ImageObserver、MenuContainer 和 Serializable 接口。该类也是一个抽象类，主要提供了访问和设置组件对象的基本属性功能、关联和管理事件处理的基本方法等。AWT 中容器类的父类是 Container 类，AWT 的常用容器 (如窗体、面板、对话框等) 都直接或间接继承自该类。Container 类主要提供了针对容器属性的增加、删除、查询和修改的基本功能以及绘画等功能。控件类主要包括按钮 (Button)、标签 (Label) 和复选框 (CheckBox) 等控件，它们的父类是 Component 类，其功能方法与 Component 类基本一致。

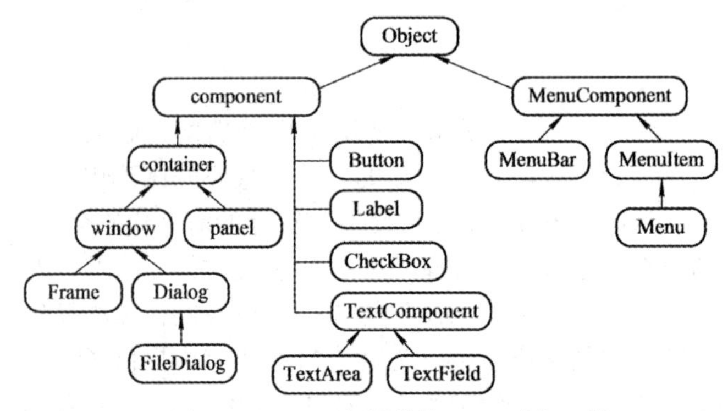

◆ 图 10-1-1　awt 包提供的 GUI 开发工具

java.swing 包是纯 Java 组件，使得应用程序在不同的平台上运行时具有相同的外观和行为。它包含了 AWT 组件的所有 GUI 工具，因此是开发商用软件 GUI 的主要工具。本章重点介绍 Swing 组件的用法。Swing 组件在 Java 基础包 (java.swing) 和 Java 扩展包 (javax.swing) 中都有类库，其中大部分组件类位于扩展包中。Swing 组件的主要成员如图 10-1-2 所示。

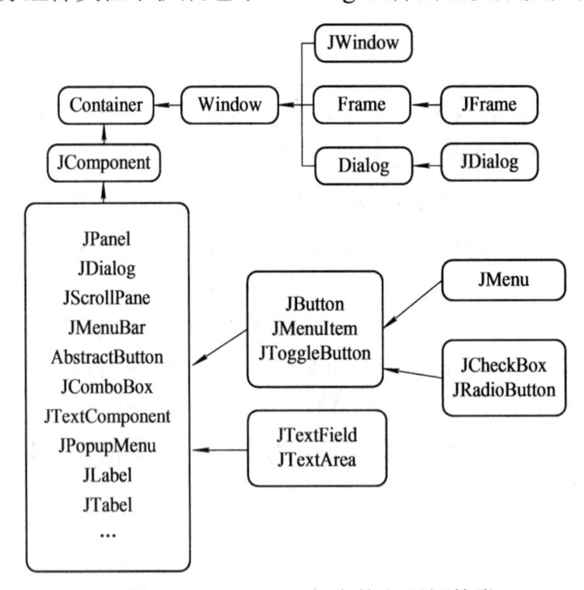

◆ 图 10-1-2　Swing 包中的主要组件类

由图 10-1-2 可知，Swing 组件的逻辑架构及命名与 AWT 组件有很多相似之处，也存在一些差别。在命名上，Swing 中的类名在原有 AWT 组件类名上添加了字母 J，并进行了类库扩展。Swing 的根父类是 java.awt.Container 类，也就是 AWT 包中容器类的父类，因此 Swing 组件与 AWT 组件是一脉相承的。与 AWT 明显不同的是，Swing 从 java.awt.Container 类中派生出组件类和顶级容器类，而组件类包含了菜单类、中间容器类和控件类。这里需要注意的是，组件类不依赖本地平台，它们是轻量级组件，而顶级容器类均需要依赖本地平台，它们属于重量级组件。容器类的 JWindow、JFrame 和 JDialog 类被称为顶级容器或顶级窗口，通常作为一个界面或对话框的根容器，其中，最常用的是 JFrame 和 JDialog 两个类。对比而言，Swing 包的中间容器类用于在根容器中创建一个子窗口，它不能单独存在，因此称为中间容器，如 JPanel、JScrollPane 等面板。

Swing 包的常用容器有 JFrame(窗口)、JDialog(对话框)、JOptionPane(对话框)、JInternalFrame(内部窗口)、JPanel(面板)、JScrollPane(滚动面板)、JSplitPane(分隔面板)、JTabbedPane(选项卡面板) 和 JLayeredPane(层级面板)。

Swing 包的常用控件有 JLabel(标签)、JButton(按钮)、JRadioButton(单选按钮)、JCheckBox(复选框)、JToggleButton(开关按钮)、JTextField(文本框)、JPasswordField(密码框)、JTextArea(文本区域)、JComboBox(下拉列表框)、JList(列表框)、JProgressBar (进度条) 和 JSlider(滑块)。

Swing 包的常用菜单有 MenuBar(菜单栏)、JPopupMenu(弹出菜单) 和 JMenuItem (菜单项)。

此外，Swing 包中的常用组件还有 JTable(表格)、JFileChooser(文件选择器)、JColorChooser(颜色选择器)、JTree(树) 和 JToolBar(工具栏)。

由于使用 Swing 设计 GUI 离不开顶级容器，因此首先介绍常用的顶级容器 JFrame 的使用方法。JFrame 类位于 javax.swing 包里面，继承自 java.awt.Frame，它使用 public 修饰，可以直接创建对象。JFrame 类提供了四种重载构造方法，如表 10-1-1 所示。

表 10-1-1 JFrame 类的重载构造方法

构造方法名	功 能 描 述
JFrame()	构造一个初始不可见的新窗体
JFrame(String title)	构造一个有标题名的、初始不可见的新窗体
JFrame(GraphicsConfiguration gc)	以屏幕设备指定的图像设置创建一个初始不可见的、没有标题名的新窗体
JFrame(String title, GraphicsConfiguration gc)	以屏幕设备指定的图像设置创建一个初始不可见的、有标题名的新窗体

这四种重载的构造方法中最常用的是前两种。在 JFrame 类中还提供了设置和查看窗体属性的方法，常用的方法如表 10-1-2 所示。

表 10-1-2 JFrame 类的常用方法

方 法	功 能 描 述
void setSize(int width, int height)	设置窗体的宽和高，单位为像素
void setSize(Dimension d)	设置窗体的尺寸，单位为像素
void setLocation(int x, int y)	设置窗体的显示位置，此处规定的 x 和 y 的值是窗口左上角点的坐标位置。以屏幕左上角像素点为原点，向右为 x 正方向，向下为 y 正方向

续表

方　法	功 能 描 述
void setLocation(Point p)	通过坐标点来设置组件的显示位置
void setBackgorund(Color bgColor)	设置窗体背景颜色
void setVisible(Boolean b)	显示或隐藏组件
Component add(Component comp)	向窗体中增加组件，并返回该组件
void setLayout(LayoutManager manager)	设置局部管理器，如果设置为 null 则表示不使用
void pack()	调整窗口大小，以匹配窗口子组件的尺寸

【例 10-1-1】创建一个 JFrame 窗体。

代码如下：

```
package chapter10.section1.demos;
import java.awt.Color;
import javax.swing.JButton;
import javax.swing.JFrame;
public class JFrameDemo {
    public static void main(String[] args) {
        // TODO Auto-generated method stub
        JFrame frame = new JFrame(" 这是我创建的第一个窗体 ");
        frame.setLocation(200, 100);
        frame.setSize(800, 600);
        frame.getContentPane().setBackground(Color.red);
        frame.setVisible(true);
    }
}
```

运行结果如图 10-1-3 所示。

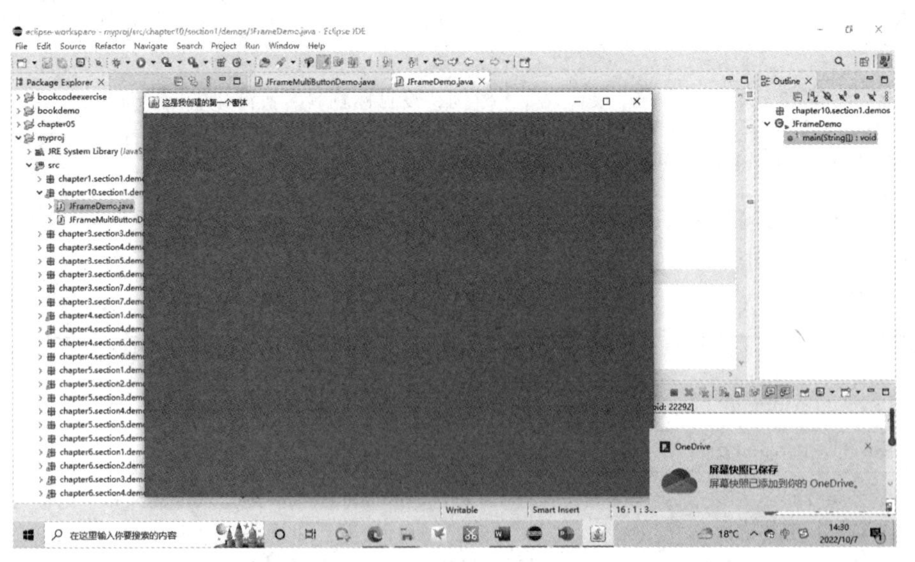

◆ 图 10-1-3　示例 10-1-1 的运行结果

本示例中创建了一个 JFrame 窗体，通过 setter 方法设置了窗体的位置、大小、背景色和可见特性，通过 add 方法添加了按钮控件。可以观察到，窗体左上角点的位置是屏幕中像素点 (200,100) 的位置。设置背景色需要两个步骤：① 调用 getContentPane 方法获取 Container 对象，② 通过 Container 对象调用 setBackground 方法。这里使用到了 Color 类的静态常量 Color.red，其源代码如下：

```
/**
 * The color red.  In the default sRGB space.
 */
public static final Color red = new Color(255, 0, 0);
```

观察可知，源代码是使用三原色来设置背景色的。当 Color 类提供的颜色值不满足开发需求时，可以通过 Color 的构造方法自定义一种颜色。Color 类位于 java.awt 包中。此外，窗体在创建好之后默认是不可见的，需要通过 setVisible 方法设置窗体可见。

【例 10-1-2】添加多个按钮。

代码如下：

```
package chapter10.section1.demos;
import java.awt.Color;
import java.awt.Dimension;
import java.awt.Point;
import javax.swing.JButton;
import javax.swing.JFrame;
public class JFrameMultiButtonDemo {
    public static void main(String[] args) {
        // TODO Auto-generated method stub
        JFrame frame = new JFrame(" 这是我创建的第二个窗体 ");
        frame.setLocation(new Point(300,100));
        frame.setSize(new Dimension(800, 600));
        frame.setBackground(new Color(0,255,0));
        JButton button1 = new JButton("button1");
        button1.setSize(100, 30);
        JButton button2 = new JButton("button2");
        button2.setSize(100, 30);
        JButton button3 = new JButton("button3");
        button3.setSize(100, 30);
        JButton button4 = new JButton("button4");
        button4.setSize(100, 30);
        frame.add(button1);
        frame.add(button2);
        frame.add(button3);
        frame.add(button4);
        frame.setVisible(true);
    }
}
```

运行结果如图 10-1-4 所示。

◆ 图 10-1-4　示例 10-1-2 的运行结果

示例中使用的 Dimension 类和 Point 类均在 java.awt 包中。需要初学者注意的是，当增加多个按钮时，只会显示最后的按钮。因为每个按钮在添加到容器中时，默认都是填充满容器，即使定义了按钮的大小。因此之前添加的按钮都会被后面的按钮覆盖掉，最后只显示出 button4 按钮。这种形式显然不符合开发者的预期。其实，构建一个 GUI 就像画一幅画一样：JFrame 类似于画板；中间容器类似于在画板上放置的画布或画纸；控件好比在画布或画纸上绘画的人或物。在绘画之前，通常会设计描绘的内容在画布或画纸上的空间分布(具体包括描绘对象的位置、空间大小)，然后才开始绘画。同样的道理，在 JFrame 中可以添加一个或多个中间容器(也可以不用中间容器)，然后设置窗体内容的布局，再在上面添加内容。因此，在上面的代码中添加一个窗体的布局设置代码就可以正常显示所有的按钮了。代码如下：

```
frame.setLayout(new FlowLayout());
frame.setVisible(true);
```

运行结果如图 10-1-5 所示。

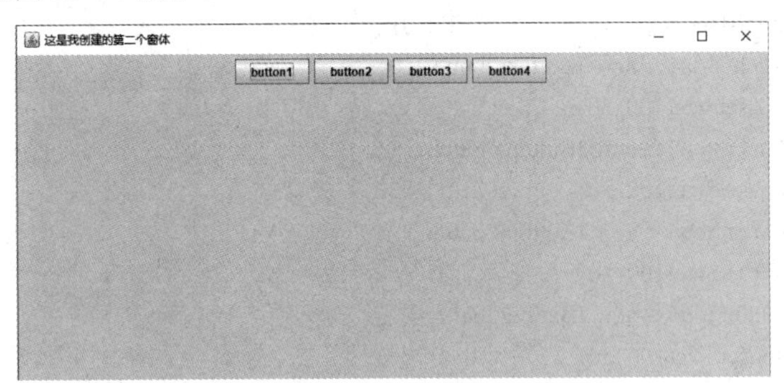

◆ 图 10-1-5　示例 10-1-2 增加了布局管理器后的运行结果

该示例中的 FlowLayout 类是 java.awt 包中提供的一种布局管理器。实际上，在 java.awt 包中为开发者提供了多种布局管理器以满足不同的设计需求，如 FlowLayout(流式布局管理器)、BorderLayout(边界布局管理器)、BoxLayout(箱式布局管理器)、CardLayout(卡片布局管理器)、GridLayout(网格布局管理器)、GridBagLayout(网格包布局管理器)、GroupLayout(分组布局管理器)、SpingLayout(弹性布局管理器)等。下面介绍常用的几种布局管理器。

10.2 布局管理器

10.2.1 FlowLayout

FlowLayout(流式布局管理器)是Java布局管理器中最简单的布局管理器。所谓流式，就是它里面的控件像水流一样，从左到右按顺序水平排列，直到达到容器的右边界，然后自动跳转到第二行的左侧起始位置。组件在水平排列时存在三种对齐方式——左对齐、居中对齐和右对齐，分别使用FlowLayout类的三个静态常量表示，即FlowLayout.LEFT、FlowLayout.CENTER和FlowLayout.RIGTH。如果没有显式设置，排列方式默认为居中对齐。此外，FlowLayout还可以指定组件在每行中的控件与容器方向开始边对应(使用静态常量FlowLayout.LESDING表示)以及控件与容器方向结束边对应(使用静态常量FlowLayout.TRAILING表示)。因此，FlowLayout共提供了五种对齐方式。FlowLayout类的构造方法如表10-2-1所示。

表 10-2-1 FlowLayout 类的构造方法

构造方法	功能描述
FlowLayout( )	构造一个流式布局管理器，默认居中对齐，组件之间的水平和垂直间隙采用默认值(5个像素)
FlowLayout(int align)	构造一个流式布局管理器，并指定它的对齐方式(五种方式之一)，组件之间的水平和垂直间隙采用默认值(5个像素)
FlowLayout(int align, int hgap, int vgap)	流式布局管理器，并指定它的对齐方式以及组件之间的水平和垂直间隙

除了通过构造方法指定组件对齐方式和间距之外，也可以通过FlowLayout类中的方法来设置，可用的方法如表10-2-2所示。

表 10-2-2 FlowLayout 类中的可用来设置组件对齐方式和间距的方法

方法	功能描述
void setAlignment(int align)	设置此布局的对齐方式
void setHgap(int hgap)	设置组件之间以及组件与Container的边之间的水平间隙
void setVgap(int vgap)	设置组件之间以及组件与Container的边之间的垂直间隙

【例10-2-1】FlowLayout的使用。

代码如下：

```
package chapter10.section2.demos;
import java.awt.Button;
import  java.awt.Color;
import java.awt.FlowLayout;
import javax.swing.JFrame;
```

```
public class FlowLayoutDemo {
    public static void main(String[] args) {
        JFrame frame = new JFrame("FlowLayoutDemo");
        frame.setLayout(new FlowLayout(FlowLayout.CENTER,30,20));
        for (int i = 0; i < 20; i++) {
          frame.add(new Button("button" + i));
        }
        frame.getContentPane().setBackground(Color.blue);
        frame.pack();    // 窗口最佳大小
        frame.getDefaultCloseOperation();
        frame.setVisible (true);   // 设为可见
    }
}
```

运行结果如图 10-2-1 所示。

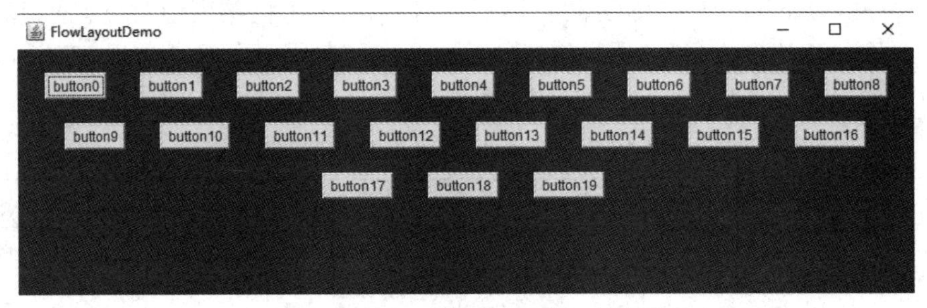

◆ 图 10-2-1　示例 10-2-1 的运行结果

本示例中创建了一个 JFrame，指定了它的窗口名、组件间距，设置它的布局管理器为 FlowLayout，并创建了 20 个 Button 控件。这里面使用到了 JFrame 类的方法 getDefaultCloseOperation，它的作用是：当单击窗口右上角的关闭图标时，将关闭窗口；当使用鼠标缩放窗体尺寸时，窗口的属性设置保持不变，按钮会根据窗口行宽自动调整，如图 10-2-2 所示。

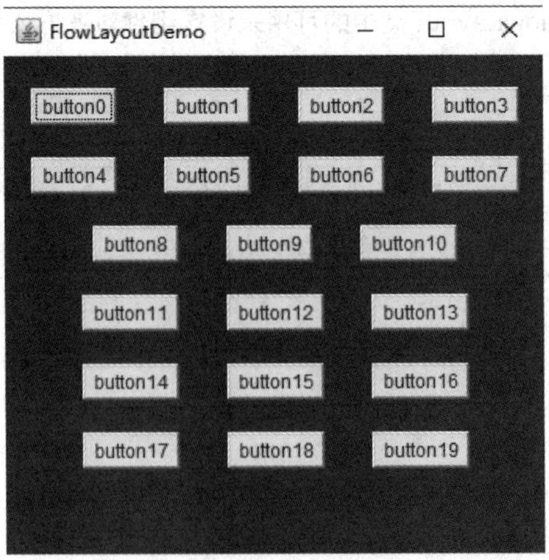

◆ 图 10-2-2　示例 10-1-1 的窗体拖拽后的效果

10.2.2 BorderLayout

中国传统建筑讲究“坐北朝南，东西对称”，它描述了房屋的方位信息。其实BorderLayout(边界布局管理器)与之非常相似。BorderLayout将窗体划分为东、西、南、北、中，分别对应BorderLayout类中的静态常量BorderLayout.EAST、BorderLayout.WEST、BorderLayout.SOUTH、BorderLayout.NORTH和BorderLayout.CENTER。组件可以指定放在任意一个区域。BorderLayout的构造方法和常用方法如表10-2-3所示。

表 10-2-3 BorderLayout 类的构造方法和常用方法

方 法	功 能 描 述
BorderLayout()	构造组件之间没有间隙的边界布局管理器
BorderLayout(int hgap, int vgap)	构造组件之间具有指定间隙的边界布局管理器
int getHgap()	返回组件之间的水平间隙
int getVgap()	返回组件之间的垂直间隙
void setHgap(int hgap)	设置组件之间的水平间隙
void setVgap(int vgap)	设置组件之间的垂直间隙
Component add(Component comp)	在窗体默认区域(中间位置)添加组件
Container.add(Component comp, Object constraints)	在指定的窗体区域添加组件

【例 10-2-2】BorderLayout的使用。

代码如下：

```
package chapter10.section2.demos;
import java.awt.BorderLayout;
import  javax.swing.JButton;
import javax.swing.JFrame;
public class BorderLayoutDemo extends JFrame{
    public static void main(String[] args) {
        new BorderLayoutDemo();
    }
    public BorderLayoutDemo() {
        // TODO Auto-generated constructor stub
        setSize(400,200);
        // 为 Frame 窗口设置布局为边框布局 :BorderLayout
        setLayout(new BorderLayout());
        JButton btn1=new JButton (" 上北 — 玄武 ");
        JButton btn2=new JButton(" 左西 — 白虎 ");
        JButton btn3=new JButton(" 正中 — 黄龙 ");
        JButton btn4=new JButton(" 右东 — 青龙 ");
        JButton btn5=new JButton(" 下南 — 朱雀 ");
        add(btn1,BorderLayout.NORTH);
        add(btn2,BorderLayout.WEST);
```

```
        add(btn3,BorderLayout.CENTER);
        add(btn4,BorderLayout.EAST);
        add(btn5,BorderLayout.SOUTH);
        setBounds(200,200,600,400);
        setVisible(true);
        setDefaultCloseOperation(JFrame.EXIT_ON_CLOSE);
    }
}
```

运行结果如图 10-2-3 所示。

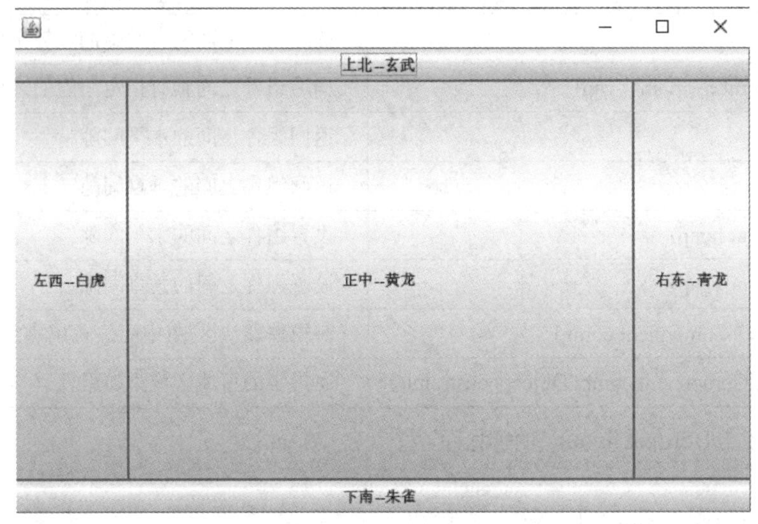

◆ 图 10-2-3　示例 10-1-2 的运行结果

本示例中创建了一个 BorderLayoutDemo 类，它继承自 JFrame 类，提供了无参的构造方法。可在无参构造方法中设置窗体的属性，并添加需要的组件。这种写法很常见，后续也会经常见到。这里使用到了 JFrame 窗体的 setBounds 方法，它指定了窗体左上角和右下角点的坐标，以此确定窗体在屏幕中显示的位置和大小。在 BorderLayout 中设置了 5 个按钮，通过 add 方法分别添加到了窗体的 5 个区域。这里需要注意的是，窗体的 5 个区域比例并不是固定不变的，它是可以通过方法来修改的。如果使用 add 方法添加组件时没有指明添加到哪个区域，那么就会默认放到中间区域。如果连续添加组件到中间区域，就会将之前的组件覆盖掉。当然，并非一个区域只能放一个控件，可以通过中间容器将某个区域作为相对独立的窗体来添加控件。

10.2.3　GridLayout

GridLayout(网格布局管理器)用来创建具有指定行数和列数的网格布局，每个网格的尺寸大小完全相同，每个网格中只能放置一个组件。在窗体中添加组件时，组件是按照网格布局的网格编码依次放入的。其中最先存放组件的是第一行第一列的网格，然后由左向右依次存放，当前一行存满之后转向下一行，从最左端开始继续存放组件。GridLayout 添加组件的逻辑与 FlowLayout 相似，不同的是前者的组件会填充满每个网格，而后者不会自动填充满。GridLayout 的典型应用就是数字键盘。GridLayout 类的构造方法和常用方法如表 10-2-4 所示。

表 10-2-4 GridLayout 类的构造方法和常用方法

方　法	功 能 描 述
GridLayout()	创建网格布局，默认为单行，每个组件一列
GridLayout(int rows, int cols)	创建具有指定行数和列数的网格布局
GridLayout(int rows, int cols, int hgap, int vgap)	创建具有指定行数和列数的网格布局，同时指定组件之间的水平和垂直间距
addLayoutComponent(String name, Component comp)	在网格中添加一个指定名称的组件
int getColumns()	获取布局的列数
getHgap()	获取组件之间的水平间距
getRows()	获取布局的行数
getVgap()	获取组件之间的垂直间距
layoutContainer(Container parent)	使用网格布局布置指定容器
removeLayoutComponent(Component comp)	从布局移除指定组件
setColumns(int cols)	设置网格布局的列数
setRows(int rows)	设置网格布局的行数
setHgap(int hgap)	设置网格布局的水平间距
setVgap(int vgap)	设置组件之间的垂直间距

【例 10-2-3】GridLayout 的使用。

代码如下：

```
package chapter10.section2.demos;
import java.awt.GridLayout;
import javax.swing.JButton;
import javax.swing.JFrame;
public class GridLayoutDemo {
    public static void main(String[] args) {
        // TODO Auto-generated method stub
        new MyJFrame("GridLayoutDemo");
    }
}
class MyJFrame extends JFrame {
    JButton btn;
    MyJFrame(StringframeName){
        super(frameName);
        this.setLayout(new GridLayout(3,3,10,10));
        this.setBounds(100,100,400,400);
```

```
        for(int i=1;i<=9;i++) {
            btn = new JButton(i+" ");
            this.add(btn);
        }
        this.getDefaultCloseOperation();
        this.setVisible(true);
    }
}
```

运行结果如图 10-2-4 所示。

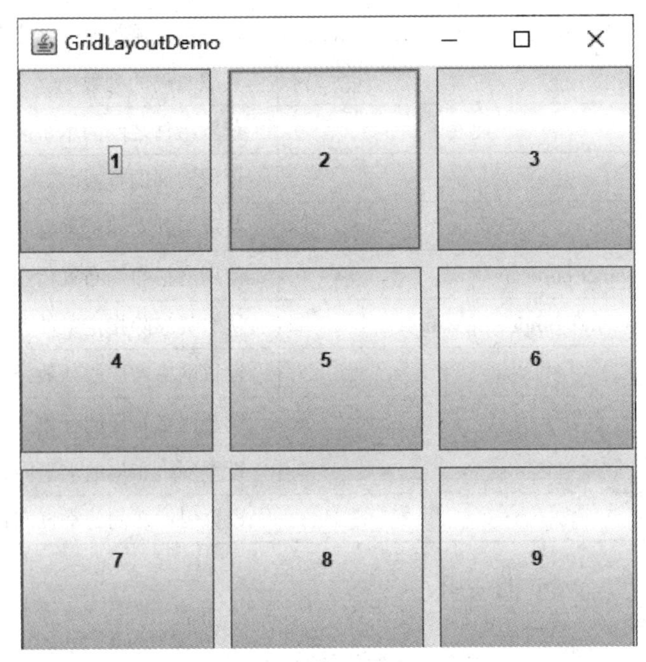

◆ 图 10-2-4　示例 10-1-3 的运行结果

本示例中创建了 MyJFrame 类，它继承自 JFrame 类，提供了单参的构造方法，同时将 JButton 定义为成员变量。在 MyJFrame 类的构造方法中将窗体设置为 GridLayout，依此创建了数字键盘。

10.2.4　GridBagLayout

GridBagLayout(网格袋布局管理器) 与 GridLayout 有些类似，但较之更灵活复杂。它不要求组件的大小相同，允许一个组件跨越一个或者多个单元格。该单元格被称为显示区域。每个组件的显示区域按从左到右、从上到下依次排列。组件之间可以垂直、水平对齐，或沿它们的基线对齐。为了能够灵活地管理每个组件，GridBagLayout 还使用到了 GridBagConstraints 工具类。该类封装了若干个针对组件的约束属性。由 GridBagLayout 管理的每个组件都关联了一个 GridBagConstraints 实例，以指定该组件的位置信息、对齐方式等。GridBagConstraints 类常使用无参的构造方法创建对象，它的常用属性如表 10-2-5 所示。

表 10-2-5 GridBagConstraints 类的常用属性

属性名	功 能 描 述
gridx和gridy	组件左上角点的显示坐标(单元格坐标)。例如，容器左上角第一个单元格位置为(0, 0)。它们的默认值为 GridBagConstraints.RELATIVE，表示当前组件紧跟在上一个组件的后面
gridwidth 和gridheight	组件水平和竖直方向上所占单元格的个数，默认值为 1。它有两个静态常量可选： ① GridBagConstraints.REMAINDER，表示该组件占用所在行或列余下的所有单元格； ② GridBagConstraints.RELATIVE，表示该组件占用所在行或者列余下的所有单元格，最后一个行或列单元格除外
weightx 和weighty	设置组件如何分布额外空间(单元格区域外、容器边缘内的间隔)，也称作权重
fill	当显示区域大于组件所需要的尺寸时，组件在其显示区域内的填充方式。可选的静态常量包括： GridBagConstraints.NONE：默认值，不调整组件大小； GridBagConstraints.HORIZONTAL：组件水平方向上填充显示区域，高度不变； GridBagConstraints.VERTICAL：组件垂直方向上填充显示区域，宽度不变； GridBagConstraints .BOTH：组件完全填充显示区域

需要注意的是，如果希望组件的尺寸随着容器尺寸的改变而改变，则需同时设置 GridBagConstraints 对象的 weightx、weighty 属性和 fill 属性。在使用 GridBagLayout 布局文件时，通常采用如下几个步骤：

(1) 使用 GridBagLayout 无参构造方法创建网格袋布局管理器，并设置它管理某个容器；

(2) 创建 GridBagConstraints 有参构造方法创建它的对象并设置相应的属性，或直接调用 GridBagConstraints 有参构造方法将属性值作为形参传入；

(3) 调用 GridBagLayout 的 setConstraints 方法将组件与一个 GridBagConstraints 对象进行绑定，该方法的声明语法格式如下：

setConstraints(Component comp, **GridBagConstraints** constraints)

(4) 在容器中添加已绑定过的组件。

【例 10-2-4】GridBagLayout 的使用。

代码如下：

```
package chapter10.section2.demos;
import java.awt.GridBagConstraints;
import java.awt.GridBagLayout;
import java.awt.GridLayout;
importjavax.swing.JButton;
import javax.swing.JFrame;
public class GridBagLayoutDemo {
    public static void main(String[] args) {
```

```
            // TODO Auto-generated method stub
            new MyJFrame2("GridBagLayoutDemo");
        }
    }
    class MyJFrame2 extends JFrame{
        private GridBagConstraints constraints;
        private GridBagLayout layout;
        private JButton [] btn;
        public MyJFrame2(String name) {
            super("GridBagLayoutDemo");
            layout = new GridBagLayout();
            this.setLayout(layout);
            btn = new JButton[10];
            for(int i=0; i<10;i++) {
                btn[i] = new JButton("btn" + i);
            }
            constraints = new GridBagConstraints();
            constraints.fill = GridBagConstraints.BOTH;
            constraints.weightx = 1.0;
            layout.setConstraints(btn[0], constraints);
            this.add(btn[0]);
            layout.setConstraints(btn[1], constraints);
            this.add(btn[1]);
            layout.setConstraints(btn[2], constraints);
            this.add(btn[2]);
            constraints.gridwidth = GridBagConstraints.REMAINDER;
            layout.setConstraints(btn[3], constraints);
            this.add(btn[3]);
            constraints.weightx=0;
            layout.setConstraints(btn[4], constraints);
            this.add(btn[4]);
            constraints.gridwidth = GridBagConstraints.RELATIVE;
            layout.setConstraints(btn[5], constraints);
            this.add(btn[5]);
            constraints.gridwidth = GridBagConstraints.REMAINDER;
            layout.setConstraints(btn[6], constraints);
            this.add(btn[6]);
            constraints.gridwidth=1;
            constraints.gridheight=2;
            constraints.weighty=1.0;
            layout.setConstraints(btn[7], constraints);
            this.add(btn[7]);
            constraints.weighty=0;
```

```
        constraints.gridwidth=GridBagConstraints.REMAINDER;
        constraints.gridheight = 1;
        layout.setConstraints(btn[8], constraints);
        this.add(btn[8]);
        layout.setConstraints(btn[9], constraints);
        this.add(btn[9]);
        this.pack();
        this.setVisible(true);
    }
}
```

运行结果如图 10-2-5 所示。

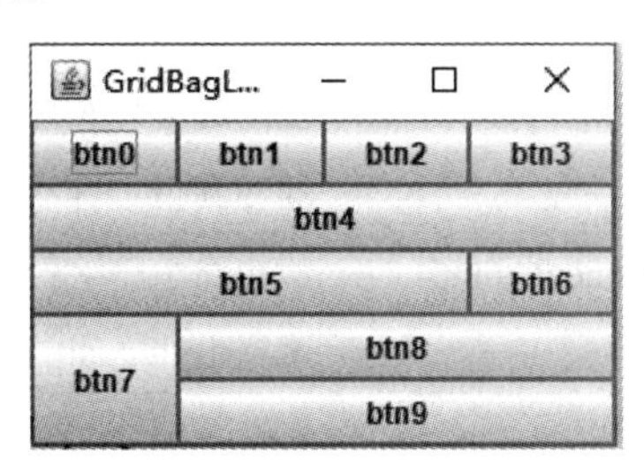

◆ 图 10-2-5　示例 10-2-4 的运行结果

本示例中创建的 MyJFrame2 类继承自 JFrame 类，并定义了 GridBagConstraints 类对象、GridBagLayout 类对象和 JButton 类对象数组作为 MyJFrame2 的成员变量。在 MyJFrame2 的构造方法中使用了 GridBagLayout 布局。虽然只创建了一个 GridBagConstraints 对象，但在与每个按钮绑定时，该对象的属性值在不停修改，因此按钮的显示属性也不相同。

10.2.5　CardLayout

CardLayout(卡片布局管理器) 允许容器内的界面可以像幻灯片一样左右切换。CardLayout 将加入容器的所有组件看成一叠卡片，每个卡片只对应一个组件，每次只有最上面的那个组件才可见。这就好比叠在一起的扑克牌，每次只有最上面的一张扑克牌才可见。CardLayout 的构造方法和常用方法如表 10-2-6 所示。

表 10-2-6　CardLayout 类的构造方法和常用方法

方　法	功能描述
CardLayout()	创建间隙为零的新卡片布局
CardLayout(int hgap, int vgap)	创建具有指定水平和垂直间隙的新卡片布局
void addLayoutComponent(Component comp, Object constraints)	将指定的组件添加到此卡布局的内部名称表中
void first(Container parent)	翻转到容器的第一张卡
int getHgap()	获取组件之间的水平间隙
float getLayoutAlignmentX(Container parent)	返回沿 x 轴的对齐方式
float getLayoutAlignmentY(Container parent)	返回沿 y 轴的对齐方式

续表

方　法	功 能 描 述
int getVgap()	获取组件之间的垂直间隙
void invalidateLayout(Container target)	使布局失效，指示如果布局管理器缓存了信息，则应丢弃该布局
void last(Container parent)	翻转到容器的最后一张卡
void layoutContainer(Container parent)	使用此卡片布局管理器布置指定的容器
Dimension maximumLayoutSize(Container target)	返回给定指定目标容器中的组件的此布局的最大尺寸
Dimension minimumLayoutSize(Container parent)	计算指定面板的最小大小
void next(Container parent)	翻转到指定容器的下一张卡
Dimension preferredLayoutSize(Container parent)	使用此卡片布局管理器确定容器参数的首选大小。
void previous(Container parent)	翻转到指定容器的上一张卡
void removeLayoutComponent(Component comp)	从布局中删除指定的组件
void setHgap(int hgap)	设置组件之间的水平间隙
void setVgap(int vgap)	设置零部件之间的垂直间隙
void show(Container parent, String name)	显示父容器中名为name的组件，如果不存在，则不会发生任何操作
String toString()	返回此卡片布局管理器状态的字符串表示形式

这里需要注意的是，java.awt 包内的布局管理器都重写了 Object 的 toString 方法，用以返回布局管理器的类名称和最基本的设置参数。例如，CardLayout 的 toString 方法源代码如下：

```
/**
 * Returns a string representation of the state of this card layout.
 * @return    a string representation of this card layout.
 */
public String toString() {
    return getClass().getName() + "[hgap=" + hgap + ",vgap=" + vgap + "]";
}
```

它返回了 CardLayout 类名以及组件垂直和水平间隙的大小。

【例 10-2-5】CardLayout 的使用。

代码如下：

```
package chapter10.section2.demos;
import java.awt.BorderLayout;
importjava.awt.CardLayout;
import java.awt.Rectangle;
import java.awt.event.ActionEvent;
import java.awt.event.ActionListener;
import javax.swing.JButton;
```

```
import javax.swing.Jframe;
import javax.swing.Jlabel;
import javax.swing.JPanel;
public class CardLayoutDemo {
    public static void main(String[] args) {
        // TODO Auto-generated method stub
        new MyJFrame3("CardLayoutDemo");
    }
}
class MyJFrame3 extends Jframe implements ActionListener{
    private Jpanel cardPanel;
    private Jpanel controlPanel;
    private CardLayout cardLayout;
    private Jlabel [] labels;
    private Jbutton [] btns;
    MyJFrame3(Stringname){
        super(name);
        // 设置顶级容器的属性
        this.setBounds(new Rectangle(200,100,400,400));
        this.setLayout(new BorderLayout());
        // 初始化 CardLayout
        cardLayout = new CardLayout(20,20);
        // 创建卡片区的中间容器
        cardPanel = new Jpanel();
        cardPanel.setLayout(cardLayout);
        // 初始化标签，添加标签
                labels = new Jlabel[5];
                for(int i=0;i<5;i++) {
                    labels[i] = new Jlabel(" 第 "+ (i+1) + " 张幻灯片 ",Jlabel.CENTER);
                    cardPanel.add(labels[i]);
                }
        this.add(cardPanel, BorderLayout.CENTER);
        // 创建按钮控制区的中间容器
        controlPanel = new JPanel();
        btns = new Jbutton[4];
        btns[0] = new Jbutton("First");
        btns[1] = new Jbutton("Last");
        btns[2] = new Jbutton("Previous");
        btns[3] = new Jbutton("Next");
        for(int i=0; i<4; i++) {
            controlPanel.add(btns[i]);
            // 为按钮对象注册监听器
            btns[i].addActionListener(this);
        }
```

```
            this.add(controlPanel, BorderLayout.SOUTH);
            this.setVisible(true);
            this.getDefaultCloseOperation();
        }
        @Override
        public void actionPerformed(ActionEvent e) {
            // TODO Auto-generated method stub
            Object obj = e.getSource();
            if(obj == btns[0]) {
                cardLayout.first(cardPanel);
            }else if(obj == btns[1]) {
                cardLayout.last(cardPanel);
            }else if(obj == btns[2]) {
                cardLayout.previous(cardPanel);
            }else if(obj == btns[3]) {
                cardLayout.next(cardPanel);
            }else;
        }
    }
```

运行结果如图 10-2-6 所示。

◆ 图 10-2-6　示例 10-2-5 的运行结果

本示例中创建了一个 MyJFrame 类，它通过继承 JFrame 类成为一个顶级容器类。在本示例中也用到了中间层容器 JPanel。在 JFrame 中使用了 BorderLayout 布局，然后在中部和南部各自添加了两个中间容器。其中，中部容器采用了 CardLayout 布局，用以存放 5 个标签组件；南部容器采用了默认的 FlowLayout 布局，用以存放 4 个控制按钮。同时，MyJFrame 类还实现了 ActionListener 接口。ActionListener 接口中有一个抽象方法 actionPerformed，其声明的语法格式为：

```
public void actionPerformed(ActionEvent e)
```

这个方法不需要编程人员自己调用，而是在程序运行中，当用户单击了窗体里面任意一个与 ActionListener 接口对象关联的按钮时，JVM 将自动调用这个方法并执行里面的代码。这里通过 setActionListener 方法将调用它的按钮与形参中的 ActionListener 接口的实现类关联在一起。setActionListener 方法声明的语法格式如下：

```
public void addActionListener(ActionListener l)
```

该方法是 JButton 继承自 AbstractButton 类中的方法。在程序运行时，当单击了某个按钮时，该按钮被单击的事件 Event 就会被送入 actionPerformed 方法的形参中，通过 getSource 方法得到被单击的按钮对象。然后判断这个按钮对象是哪一个按钮，再执行相应的操作。例如，当单击了 Next 按钮，就会翻到下一张幻灯片。整个过程其实就是一个事件监听和事件处理的过程，其中，事件源就是被单击的按钮，事件就是鼠标单击，事件处理就是 JVM 自动调用 actionPerformed 方法执行里面的逻辑。关于事件处理机制相关的详细内容将在 10.4 节介绍。

10.2.6 不使用布局管理器

在创建一个窗体后，如果设置该窗体的布局为 null，就显式地声明了这个窗体不使用布局管理器。此时可以通过设置窗体中组件的坐标位置来确定它们的空间位置。这时用到的主要方法包括 setLocation、setSize 和 setBounds。

【例 10-2-6】使用坐标位置确定组件空间信息。

代码如下：

```java
package chapter10.section2.demos;
import java.awt.Dimension;
import javax.swing.JButton;
import javax.swing.Jframe;
import javax.swing.Jlabel;
public class NullLayoutDemo {
    public static void main(String[] args) {
        // TODO Auto-generated method stub
        Jframe frame = new Jframe("NullLayoutDemo");
        frame.setLayout(null);
        frame.setSize(new Dimension(300,300));
        frame.setLocation(200,100);
        Jlabel label = new Jlabel(" 标签 ");
        label.setBounds(40,60,100,30);
        Jbutton btn = new Jbutton(" 按钮 ");
        btn.setBounds(140,90,100,30);
        frame.add(btn);
        frame.add(label);
        frame.getDefaultCloseOperation();
        frame.setVisible(true);
    }
}
```

运行结果如图 10-2-7 所示。

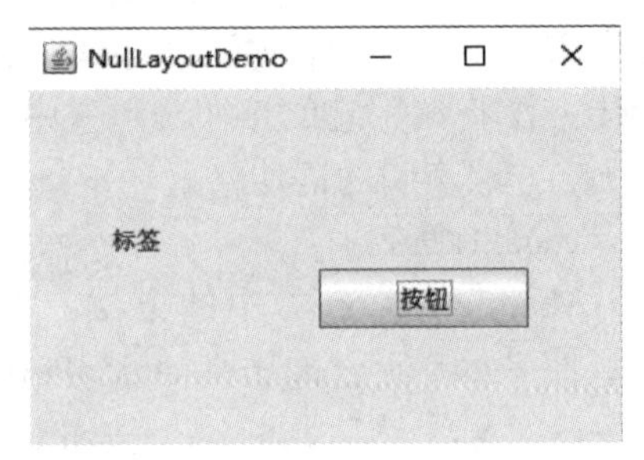

◆ 图 10-2-7　示例 10-2-6 的运行结果

10.3　常用的 Swing 组件

在学会使用 Java 语言的顶级容器 JFrame 和布局管理器进行空间布局之后，就可以在容器中添加丰富的组件，包括中间容器 (如 JPanel、JScrollPane 面板) 以及各种常用的控件 (如 JTextField、JMenu 等)。本节重点介绍常用的组件。

10.3.1　中间容器 JPanel 和 JScrollPane

中间容器 JPanel 属于面板的一种。面板通过 javax.swing.JComponent 类继承了 java.awt.Container 类。面板与 JFrame 的不同主要表现在：面板不能单独存在，必须放在其他的容器中；同时面板没有移动、缩放和关闭图标；此外，在一个程序界面中 JFrame 只能有一个，但可以在一个容器中设置多个面板。常用的面板还有 JScrollPane，它与 JPanel 的区别主要表现在：JPanel 是一个无边框的容器，可以设置布局管理器 (默认为 FlowLayout 管理器)，添加多个组件；而 JScrollPane 是一个带有滚动条的容器，它只能添加一个组件，如果需要在 JScrollPane 中添加多个组件，可以先嵌入一个 JPanel 面板，然后在内置的 JPanel 中添加。

1. JPanel

JPanel 的构造方法包含四种重载形式，如表 10-3-1 所示。

表 10-3-1　JPanel 类的构造方法

构 造 方 法	功 能 描 述
JPanel()	采用默认布局管理器(FlowLayout)和双缓存区创建JPanel面板
JPanel(boolean isDoubleBuffered)	采用默认布局管理器(FlowLayout)和指定缓存策略创建JPanel面板
JPanel(LayoutManager layout)	使用指定的布局管理器和双缓存区创建JPanel面板
JPanel(LayoutManager layout, boolean isDoubleBuffered)	使用指定的布局管理器和指定的缓存策略创建JPanel面板

JPanel 面板的主要功能方法来自 java.awt.Container，示例 10-3-1 介绍了它的用法。

【例 10-3-1】JPanel 的使用。

代码如下：

```
package chapter10.section3.demos;
import java.awt.BorderLayout;
import java.awt.CardLayout;
import java.awt.Color;
import javax.swing.JFrame;
import javax.swing.JLabel;
import javax.swing.JPanel;
public class JPanelDemo extends JFrame{
    private JPanel [] panels;
    private JLabel [] labels;
    public static void main(String[] args) {
        new JPanelDemo("JPanelDemo");
    }
    public JPanelDemo(String name) {
        // TODO Auto-generated constructor stub
        super(name);
        setSize(400,200);
        // 将 Frame 窗口设置布局为边框布局 BorderLayout
        this.setLayout(new BorderLayout());
        this.setBounds(200,200,600,400);
        panels = new JPanel[5];
        labels = new JLabel[5];
        for(int i=0;i<5;i++) {
            panels[i] = new JPanel(new FlowLayout());
        }
        labels[0]=new JLabel(" 上北 — 玄武 ");
        labels[1]=new JLabel(" 左西 — 白虎 ");
        labels[2]=new JLabel(" 正中 — 黄龙 ");
        labels[3]=new JLabel(" 右东 — 青龙 ");
        labels[4]=new JLabel(" 下南 — 朱雀 ");
        this.add(panels[0],BorderLayout.NORTH);
        this.add(panels[1],BorderLayout.WEST);
        this.add(panels[2],BorderLayout.CENTER);
        this.add(panels[3],BorderLayout.EAST);
        this.add(panels[4],BorderLayout.SOUTH);
        panels[0].setBackground(Color.BLACK);
        panels[1].setBackground(Color.WHITE);
        panels[2].setBackground(Color.YELLOW);
        panels[3].setBackground(Color.CYAN);
        panels[4].setBackground(Color.RED);
        for(int i=0;i<5;i++) {
            panels[i].add(labels[i]);
        }
        setVisible(true);
```

```
        setDefaultCloseOperation(JFrame.EXIT_ON_CLOSE);
    }
}
```

运行结果如图 10-3-1 所示。

◆ 图 10-3-1　示例 10-3-1 的运行结果

2. JScrollPane

JScrollPane 的构造方法和常用方法如表 10-3-2 所示。

表 10-3-2　JScrollPane 类的构造方法和常用方法

方　法	功 能 描 述
JScrollPane()	创建一个空的JScrollPane面板，其中水平和垂直滚动条默认隐藏，在需要时都会显示
JScrollPane(Component view)	创建一个显示指定组件的JScrollPane面板，若该组件的尺寸大于面板尺寸，则会同时显示水平和垂直滚动条
JScrollPane(int vsbPolicy, int hsbPolicy)	创建具有指定滚动条策略的JScrollPane面板。方法中的形参为ScrollPaneConstants类的静态常量有： static final int HORIZONTAL_SCROLLBAR_ALWAYS：始终显示水平滚动条； static final int HORIZONTAL_SCROLLBAR_AS_NEEDED：仅在需要时显示水平滚动条； static final int HORIZONTAL_SCROLLBAR_NEVER：从不显示水平滚动条； static final int VERTICAL_SCROLLBAR_ALWAYS：始终显示垂直滚动条； static final int VERTICAL_SCROLLBAR_AS_NEEDED：仅在需要时显示垂直滚动条； static final int VERTICAL_SCROLLBAR_NEVER：从不显示垂直滚动条
JScrollPane(Component view, int vsbPolicy, int hsbPolicy)	创建一个显示指定组件的JScrollPane面板，同时指定滚动条策略
void setHorizontalScrollBarPolicy(int policy)	确定水平滚动条何时出现在滚动窗格中
void setVerticalScrollBarPolicy(int policy)	确定垂直滚动条何时出现在滚动窗格中
void setViewportView(Component view)	设置在滚动面板显示的组件

【例 10-3-2】JScrollPane 的使用。

代码如下：

```
package chapter10.section3.demos;
import java.awt.GridLayout;
import javax.swing.JFrame;
import javax.swing.JLabel;
import javax.swing.JPanel;
import javax.swing.JScrollPane;
import javax.swing.ScrollPaneConstants;
public class JScrollPaneDemo  extends JFrame{
    public static void main(String[] args) {
        // TODO Auto-generated method stub
        new JScrollPaneDemo("JScrollPaneDemo");
    }
    JScrollPaneDemo(Stringname){
        JPanel panel =  new JPanel( new GridLayout(20,20,2,2));
        for(int i=0;i<400;i++) {
            panel.add( new JLabel(i+" "));
        }
        JScrollPane scrollPane =  new JScrollPane();
        scrollPane.setViewportView(panel);
        scrollPane.setHorizontalScrollBarPolicy(ScrollPaneConstants.HORIZONTAL_SCROLLBAR_
ALWAYS);
        scrollPane.setVerticalScrollBarPolicy(ScrollPaneConstants.VERTICAL_SCROLLBAR_
ALWAYS);
        this.setBounds(200,200,600,400);
        this.add(scrollPane);
        this.getDefaultCloseOperation();
        this.setVisible(true);
    }
}
```

运行结果如图 10-3-2 所示。

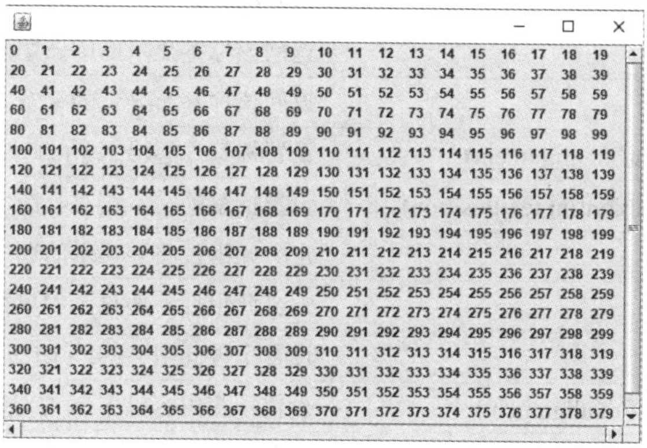

◆ 图 10-3-2　示例 10-3-2 的运行结果

10.3.2 标签

JLabel(标签)用来显示用户不可修改的信息，包括文本信息和图形信息，它常用于标注其他组件的功能。JLabel 通过直接父类 javax.swing.JComponent 继承了 java.awt.Container 类，因此具有 Container 类中的所有方法。JLabel 类提供了六种构造方法，如表 10-3-3 所示。

表 10-3-3 JLabel 类的构造方法

方 法	功 能 描 述
JLabel()	创建一个没有图像且标题为空字符串的标签
JLabel(String text)	使用指定的文本创建标签
JLabel(Icon image)	使用指定的图标创建标签
JLabel(Icon image, int horizontalAlignment)	创建具有指定图像和水平对齐方式的标签
JLabel(String text, int horizontalAlignment)	创建具有指定文本和水平对齐方式的标签
JLabel(String text, Icon icon, int horizontalAlignment)	创建具有指定文本、图像和水平对齐方式的标签

标签的对齐方式是由 SwingConstants 类的静态常量确定的，部分静态常量的功能描述如表 10-3-4 所示。

表 10-3-4 SwingConstants 类的常用静态常量

静 态 常 量	功 能 描 述
static final int BOTTOM	位于区域内的底部
static final int CENTER	位于区域内的中心
static final int EAST	位于区域内的东部
static final int HORIZONTAL	水平方向

除了在构造方法中指定对齐方式、文本和图标之外，也可以在 JLabel 的方法中设置。JLabel 常用的方法如表 10-3-5 所示。

表 10-3-5 JLabel 类的常用方法

方 法	功 能 描 述
int getHorizontalAlignment()	返回标签内容沿 X 轴的对齐方式
int getHorizontalTextPosition()	返回标签的文本相对其图像的水平位置
Icon getIcon()	返回该标签显示的图形图像(字形、图标)
String getText()	返回该标签所显示的文本字符串
int setHorizontalAlignment(int alignment)	设置标签内容沿 X 轴的对齐方式
void setHorizontalTextPosition(int textPosition)	设置标签的文本相对其图像的水平位置
void setIcon(Icon icon)	定义此组件将要显示的图标
void setText(String text)	定义此组件将要显示的单行文本
void setUI(LabelUI ui)	设置呈现此组件的LabelUI对象
void setVerticalAlignment(int alignment)	设置标签内容沿 Y 轴的对齐方式
void setVerticalTextPosition(int textPosition)	设置标签的文本相对其图像的垂直位置

【例 10-3-3】JLabel 的使用。

代码如下：

```
package chapter10.section3.demos;
import java.awt.GridLayout;
import javax.swing.ImageIcon;
import javax.swing.JFrame;
import javax.swing.JLabel;
import javax.swing.JScrollPane;
import javax.swing.ScrollPaneConstants;
import javax.swing.SwingConstants;
public class JLabelDemo extends JFrame{
    public static void main(String[] args) {
        // TODO Auto-generated method stub
        new JLabelDemo("JLabelDemo");
    }
    JLabelDemo(StringframeName){
        super(frameName);
        this.setLayout(new GridLayout(2,2,10,10));
        this.setBounds(100,100,700,700);
        JLabel [] labels = new JLabel[4];
    labels[0] = new JLabel("this is a gif", new ImageIcon("duck.gif"), SwingConstants.CENTER);
    labels[1] = new JLabel("this is a jpeg", new ImageIcon("Panda_copy.jpeg"), SwingConstants.
CENTER);
    labels[2] = new JLabel("this is a pure text", SwingConstants.CENTER);
    labels[3] = new JLabel("JLabelDemo");
        JScrollPane [] scrollPane = new JScrollPane[4];
        for(int i=0;i<=3;i++) {
            scrollPane[i] = new JScrollPane();
            scrollPane[i].setViewportView(labels[i]);
            scrollPane[i].setHorizontalScrollBarPolicy(ScrollPaneConstants.HORIZONTAL_
SCROLLBAR_ALWAYS);
            scrollPane[i].setVerticalScrollBarPolicy(ScrollPaneConstants.VERTICAL_SCROLLBAR_
ALWAYS);
            this.add(scrollPane[i]);
        }
        this.getDefaultCloseOperation();
        this.setVisible(true);
    }
}
```

运行结果如图 10-3-3 所示。

◆ 图 10-3-3　示例 10-3-3 的运行结果

本示例中第一个网格放置的是 gif 动图和文字，第二个网格放置的是一个 jpeg 图片和文字，第三个和第四个网格放置的是纯文本信息。可以通过拖动滚动条查看第一个和第二个网格的完整信息。需要注意的是，这里使用了图片文件的相对路径，读者也可以使用绝对路径。

10.3.3　文本组件

文本组件用于接收用户输入的纯文本信息或向用户展示纯文本信息。文本组件的父类是 javax.swing.text.JTextComponent，它提供了文本组件常用的操作方法，如表 10-3-6 所示。

表 10-3-6　Swing 包中文本组件的常用方法

方　法	功 能 描 述
String getText()	获取文本组件中的所有文本内容
String getSelectedText()	获取文本组件中选中的文本内容
void selectAll()	选中文本组件中的所有文本内容
void setEditable(boolean b)	设置文本组件是否可编辑
void setText(String text)	设置文本组件的文本内容
void replaceSelection(String content)	使用给定的文本内容替换当前选定的文本内容

常用的文本组件有 JTextField(文本框) 和 JTextArea(文本域)。它们的功能和方法非常类似，区别在于文本框只能输入和显示单行文本信息，而文本域可以输入和显示多行文本信息。

1. 文本框

文本框的构造方法和常用方法如表 10-3-7 所示。

表 10-3-7　JTextField 类的构造方法和常用方法

方　法	功 能 描 述
JTextField()	构造一个文本框
JTextField(int columns)	构造一个指定列数的文本框
JTextField(String text)	构造一个给定文本内容的文本框
JTextField(String text, int columns)	构造一个指定列数和给定文本内容的文本框
JTextField(Document doc, String text, int columns)	构造一个指定列数、给定文本内容和给定文本存储模型的文本框
Dimension getPreferredSize()	获得文本框的首选大小
void scrollRectToVisible(Rectangle r)	向左或向右滚动文本框中的内容
void setColumns(int columns)	设置文本框可显示内容的最大列数
void setFont(Font f)	设置文本框内文本的字体
void setScrollOffset(int scrollOffset)	设置文本框的滚动偏移量(以像素为单位)
void setHorizontalAlignment(int alignment)	设置文本框内容的水平对齐方式

【例 10-3-4】JTextField 的使用。

代码如下：

```
package chapter10.section3.demos;
import java.awt.Color;
import java.awt.Dimension;
import java.awt.Font;
import javax.swing.JButton;
import javax.swing.JFrame;
import javax.swing.JLabel;
import javax.swing.JPanel;
import javax.swing.JTextField;
import javax.swing.SwingConstants;
public class JTextFieldDemo extends JFrame{
    public static void main(String[] args) {
        new JTextFieldDemo();
    }
    public JTextFieldDemo() {
        // TODO Auto-generated constructor stub
        this.setTitle("JTextFieldDemo");
        this.setSize(800,200);
        JPanel panel=new JPanel();     // 创建面板
    JTextField txt1=new JTextField();   // 创建文本框
    txt1.setText(" 这是默认的普通文本框 ");   // 设置文本框的内容
    JTextField txt2=new JTextField(40);
    txt2.setFont(new Font(" 黑体楷体 ",Font.BOLD,20));   // 修改字体样式
    txt2.setText(" 长度 40；和字体黑体楷体，加粗，20 号字体 ");
    JTextField txt3=new JTextField(40);
    txt3.setText(" 居中对齐 ");
```

```
        txt3.setHorizontalAlignment(JTextField.CENTER);   // 居中对齐
        panel.add(txt1);
        panel.add(txt2);
        panel.add(txt3);
        this.add(panel);
        setVisible(true);
        this.getDefaultCloseOperation();
    }
}
```

运行结果如图 10-3-4 所示。

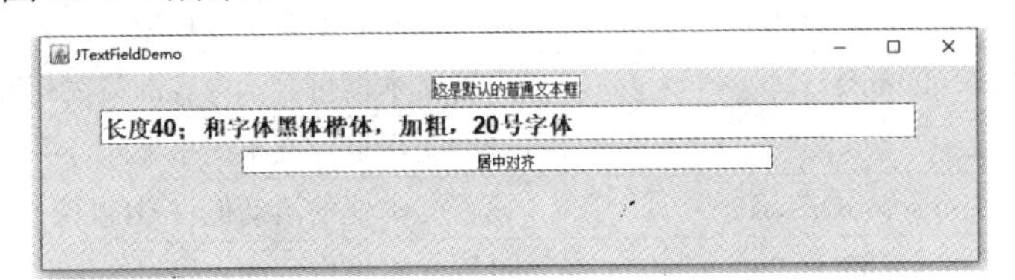

◆ 图 10-3-4　示例 10-3-4 的运行结果

2. 文本域

文本域的构造方法和常用方法如表 10-3-8 所示。

表 10-3-8　JTextArea 类的构造方法和常用方法

方　法	功 能 描 述
JTextArea()	构造一个文本域
JTextArea(int rows, int columns)	构造一个指定行数和列数的文本域
JTextArea(String text)	构造一个给定文本内容的文本域
JTextArea(String text, int rows, int columns)	构造一个指定行数和列数，以及给定文本内容的文本域
JTextArea(Document doc, String text, int rows, int columns)	构造一个指定行数和列数、给定文本内容和给定文本存储模型的文本域
void append(String str)	将指定文本追加到文本域的最后位置
void setColumns(int columns)	设置文本域的行数
void setRows(int rows)	设置文本域的列数
int getColumns()	获取文本域的行数
void setLineWrap(boolean wrap)	设置文本域的换行策略
int getRows()	获取文本域的列数
void insert(String str,int position)	插入指定的字符串到文本域的指定位置
void replaceRange(String str,int start,int end)	用指定文本替换原文本中下标从start到end的字符

【例 10-3-5】JTextArea 的使用。

代码如下：

```
package chapter10.section3.demos;
import java.awt.Color;
```

```
import java.awt.Dimension;
import java.awt.Font;
import javax.swing.JButton;
import javax.swing.JFrame;
import javax.swing.JLabel;
import javax.swing.JPanel;
import javax.swing.JScrollPane;
import javax.swing.JTextArea;
public class JTextAreaDemo extends Jframe{
    public static void main(String[] args) {
        new JTextAreaDemo("JtextAreaDemo");
    }
    public JTextAreaDemo(String name) {
        // TODO Auto-generated constructor stub
        super(name);
        this.setBounds(100,50,600,300);
        JPanel panel=new JPanel();  // 创建一个 JPanel 对象
        JTextArea txt=new JTextArea(" 文本输入区 ...",6,40);
        txt.setLineWrap(true);  // 设置文本域中的文本为自动换行
        txt.setForeground(Color.yellow);  // 设置组件的背景色
        txt.setFont(new Font(" 宋体 ",Font.BOLD,20));  // 修改字体样式
        txt.setBackground(Color.RED);  // 设置背景色
        JScrollPane jscrollPane=new JScrollPane(txt);  // 将文本域放入滚动窗口
        Dimension size=txt.getPreferredSize();  // 获得文本域的首选大小
        jscrollPane.setBounds(150,120,size.width,size.height);
        panel.add(jscrollPane);  // 将 JscrollPane 添加到 JPanel 容器中
        add(panel);  // 将 JPanel 容器添加到 Jframe 容器中
        this.setBackground(Color.gray);
        this.setVisible(true);
        this.setDefaultCloseOperation(EXIT_ON_CLOSE);
    }
}
```

运行结果如图 10-3-5 所示。

◆ 图 10-3-5　示例 10-3-5 的运行结果

本示例使用了 JFrame 容器的 setDefaultCloseOperation 方法，该方法用于设置窗体的关闭按钮被单击时采取的策略。JFrame 窗体关闭按钮被单击时的响应策略有四种，如表 10-3-9 所示。

表 10-3-9　JFrame 窗体关闭按钮被单击时的响应策略

策　略	功 能 描 述
DO_NOTHING_ON_CLOSE	不执行任何操作，也不会关闭窗体
HIDE_ON_CLOSE	不会释放内存，只是隐藏该界面，等效于调用了setVisible(false)方法
DISPOSE_ON_CLOSE	隐藏并释放窗体，程序随之运行结束
EXIT_ON_CLOSE	直接关闭应用程序，相当于调用了System.exit(0)方法

10.3.4　按钮

JButton(按钮)继承自 javax.swing.AbstractButton。JButton 类的构造方法和常用方法如表 10-3-10 所示。

表 10-3-10　JButton 类的构造方法和常用方法

方　法	功 能 描 述
JButton()	创建没有文本或图标的按钮
JButton(String text)	创建带有文本的按钮
JButton(Icon icon)	创建带有图标的按钮
JButton(String text, Icon icon)	创建一个包含文本和图标的按钮
JButton(Action a)	创建一个按钮，它的属性取自所提供Action 对象的属
void setText(String text)	设置按钮的文本
void setFont(Font font)	设置按钮的字体
void setForeground(Color fg)	设置按钮的字体颜色
void setEnabled(boolean enable)	设置按钮是否可用
void setIcon(Icon defaultIcon)	设置按钮默认图标
void setPressedIcon(Icon pressedIcon)	设置按钮按下时的图标
void setRolloverIcon(Icon rolloverIcon)	设置按钮鼠标经过时的图标
setDisabledIcon(Icon disabledIcon)	按钮禁用时显示的图标

示例 10-3-6 介绍了 JButton 的使用方法。

【例 10-3-6】JButton 的使用。

代码如下：

```
package chapter10.section3.demos;
import java.awt.Color;
import java.awt.Font;
import java.awt.GridLayout;
import java.awt.Image;
import javax.swing.ImageIcon;
import javax.swing.JButton;
import javax.swing.JFrame;
import javax.swing.JPanel;
import javax.swing.SwingConstants;
```

```
public class JButtonDemo extends JFrame {
    private JPanel panel;
    private JButton commonBtn;
    private JButton colorBtn;
    private JButton ineditableBtn;
    private JButton mixedBtn;
    private JButton iconBtn;
    public static void main(String[] args) {
        new JButtonDemo();
    }
    public JButtonDemo() {
        this.setTitle("JButtonDemo");
        this.setSize(1000, 600);
        this.setDefaultCloseOperation(EXIT_ON_CLOSE);
        panel = new JPanel(new GridLayout(2,3));   // 中间组件
        commonBtn = new JButton(" 普通按钮 ");
        colorBtn = new JButton(" 带颜色按钮 ");
        ineditableBtn = new JButton(" 不可编辑按钮 ");
        mixedBtn = new JButton(" 按钮的文本、字体和字体颜色 ");
        iconBtn = new JButton(" 图标按钮 ",
                new ImageIcon(new ImageIcon("Panda_copy.jpeg"). getImage().getScaledInstance(100,
100, Image.SCALE_DEFAULT)));
        // 1. 普通按钮
    commonBtn.setFont(new Font(" 黑体 ", Font.BOLD, 28));
        panel.add(commonBtn);
        // 2. 带颜色的按钮
        colorBtn.setBackground(Color.LIGHT_GRAY);
        colorBtn.setFont(new Font(" 黑体 ", Font.BOLD, 28));
        panel.add(colorBtn);
        // 3. 不可编辑按钮
        ineditableBtn.setEnabled(false);
        ineditableBtn.setFont(new Font(" 黑体 ", Font.BOLD, 28));
        panel.add(ineditableBtn);
        // 4. 设置按钮的文本、字体和字体颜色
        // setText(String text)
        // setFont(Font font)
        // setForeground(Color fg)
        mixedBtn.setText(" 改多属性值的按钮 ");
        mixedBtn.setFont(new Font(" 黑体 ", Font.BOLD, 28));
        mixedBtn.setForeground(Color.blue);
        panel.add(mixedBtn);
        iconBtn.setHorizontalTextPosition(SwingConstants.CENTER); // 水平方向文本在图片中心
        iconBtn.setVerticalTextPosition(SwingConstants.BOTTOM);   // 垂直方向文本在图片下方
        iconBtn.setFont(new Font(" 黑体 ", Font.BOLD, 28));
```

```
            panel.add(iconBtn);
            this.add(panel);
            this.setVisible(true);
        }
    }
```

运行结果如图 10-3-6 所示。

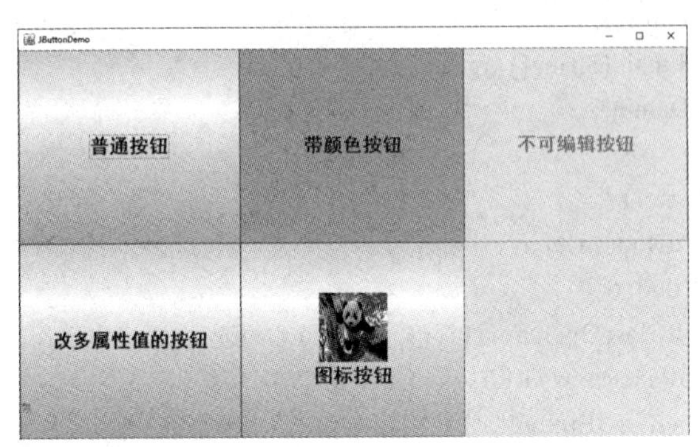

◆ 图 10-3-6　示例 10-3-6 的运行结果

10.3.5　选择框

Swing 中常用的选择框包括 JRadioButon(单选框)、JCheckBox(复选框)和 JComboBox(下拉列表框)。顾名思义，单选框是多选一，最多选一项；复选框是多选多，可以选多项；下拉列表框也是多选一，它将所有选项折叠收藏在一起，通过单击出现下拉式的选择列表。本节对这三种常用的选择框进行介绍。

1. 单选框

单选框通过父类 javax.swing.JToggleButton 间接继承了 javax.swing.AbstractButton。它的构造方法如表 10-3-11 所示。

表 10-3-11　JRadioButton 类的构造方法

构造方法	功能描述
JRadioButton()	创建一个最初未选定且未设置文本的单选按钮
JRadioButton(String text)	创建具有指定文本的未选定单选按钮
JRadioButton(String text, boolean selected)	创建具有指定文本和选择状态的单选按钮
JRadioButton(String text, Icon icon)	创建一个具有指定文本和图像且最初未选中的单选按钮
JRadioButton(String text, Icon icon, boolean selected)	创建具有指定文本、图像和选择状态的单选按钮
JRadioButton(Action a)	创建一个单选按钮，其中的属性取自提供的操作
JRadioButton(Icon icon)	创建一个包含指定的图像，但没有文本、最初未选定的单选按钮
JRadioButton(Icon icon, boolean selected)	创建具有指定图像和选择状态但没有文本的单选按钮

JRadioButton 本身并不会实现多选一的互斥功能，而是需要通过 javax.swing.ButtonGroup 类将它们组成一组。其中，ButtonGroup 类是一个不可见的组件，不需要把它添加到容器中，只需要在逻辑上把 JRadioButton 添加到 ButtonGroup 中即可。

【例 10-3-7】单选框的使用。

代码如下：

```
package chapter10.section3.demos;
import java.awt.Color;
import java.awt.FlowLayout;
import java.awt.Font;
import javax.swing.ButtonGroup;
import javax.swing.JFrame;
import javax.swing.JLabel;
import javax.swing.JPanel;
import javax.swing.JRadioButton;
public class JRadioButtonDemo extends JFrame{
    JPanel panel;
    JLabel label;
    JRadioButton[] radioButton;
    ButtonGroup group;
    public static void main(String[] args) {
        new JRadioButtonDemo("JRadioButtonDemo");
    }
    public JRadioButtonDemo(String name) {
        // TODO Auto-generated constructor stub
        super(name);
        setSize(800,100);
        panel=new JPanel(new FlowLayout(10,10,10));   // 创建面板
        this.add(panel);
    label=new JLabel(" 现在的季节是：");
    label.setFont(new Font(" 黑体 ",Font.BOLD,20));
    panel.add(label);
        group=new ButtonGroup();
    radioButton = new JRadioButton[4];
    for(int i=0;i<4;i++) {
        radioButton[i] = new JRadioButton();
        group.add(radioButton[i]);
        panel.add(radioButton[i]);
    }
    radioButton[0].setText(" 春种 ");
    radioButton[1].setText(" 夏忙 ");
    radioButton[2].setText(" 秋收 ");
    radioButton[3].setText(" 冬藏 ");
```

```
        add(panel);
        setBackground(Color.blue);
        setVisible(true);
        setDefaultCloseOperation(EXIT_ON_CLOSE);
    }
}
```

运行结果如图 10-3-7 所示。

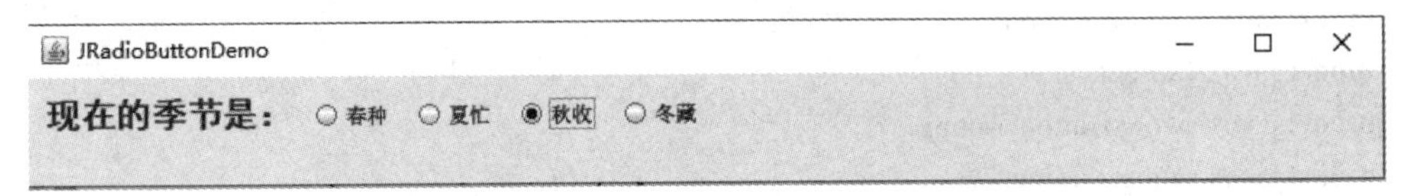

◆ 图 10-3-7　示例 10-3-7 的运行结果

2. 复选框

复选框同样通过父类 javax.swing.JToggleButton 间接继承了 javax.swing.AbstractButton。它的构造方法如表 10-3-12 所示。

表 10-3-12　JCheckBox 类的构造方法

构造方法	功能描述
JCheckBox()	创建一个最初未选中、没有文本及图标的复选框按钮
JCheckBox(String text)	创建一个最初未选中的带有文本的复选框
JCheckBox(String text, boolean selected)	创建一个包含文本的复选框，并指定最初是否选中该复选框
JCheckBox(String text, Icon icon)	创建一个初始未选中的复选框，其中包含指定的文本和图标
JCheckBox(String text, Icon icon, boolean selected)	创建一个包含文本和图标的复选框，并指定最初是否选中该复选框
JCheckBox(Action a)	创建一个复选框，其中的属性取自提供的操作
JCheckBox(Icon icon)	创建一个带有图标的初始未选中复选框
JCheckBox(Icon icon, boolean selected)	创建一个带有图标的复选框，并指定最初是否选中该复选框

【例 10-3-8】JCheckBox 的使用。

代码如下：

```
package chapter10.section3.demos;
import java.awt.Color;
import java.awt.Dimension;
import java.awt.FlowLayout;
import java.awt.Font;
import javax.swing.ButtonGroup;
import javax.swing.JButton;
```

```
import javax.swing.JCheckBox;
import javax.swing.JFrame;
import javax.swing.JLabel;
import javax.swing.JPanel;
import javax.swing.JRadioButton;
import javax.swing.JScrollPane;
import javax.swing.JTextArea;
import javax.swing.JTextField;
import javax.swing.SwingConstants;
public class JCheckBoxDemo extends JFrame{
    private JCheckBox [] checkBox;
    public static void main(String[] args) {
        new JCheckBoxDemo();
    }
    public JCheckBoxDemo() {
        // TODO Auto-generated constructor stub
        setTitle("JCheckBoxDemo");
        setSize(600,80);
        JPanel panel=new JPanel(new FlowLayout(10,10,10));
        JLabel label=new JLabel(" 十一出行计划：");
        label.setFont(new Font(" 黑体 ",Font.BOLD,20));
        panel.add(label);
        checkBox = new JCheckBox[5];
        checkBox[0] =new JCheckBox(" 走亲访友 ", true);
        checkBox[1] =new JCheckBox(" 郊游 ");
        checkBox[2] =new JCheckBox(" 加班两天 ", true);
        checkBox[3] =new JCheckBox(" 看电影 ");
        checkBox[4] =new JCheckBox(" 居家休息一天 ", true);
        for(int i=0;i<5;i++) {
            panel.add(checkBox[i]);
        }
        this.add(panel);
        setBackground(Color.blue);
        setVisible(true);
        setDefaultCloseOperation(EXIT_ON_CLOSE);
    }
}
```

运行结果如图 10-3-8 所示。

◆ 图 10-3-8 示例 10-3-8 的运行结果

3. 下拉列表框

下拉列表框也被称作组合框，它通过父类 javax.swing.JComponent 继承了 java.awt.Container，由此可知下拉列表框具有容器的一些性质。JComboBox 的构造方法和常用方法如表 10-3-13 所示。

表 10-3-13　JComboBox 类的构造方法和常用方法

方　法	功 能 描 述
JComboBox()	创建一个没有可选项的组合框
JComboBox(E[] items)	创建包含指定数组元素的组合框
JComboBox(Vector<E> items)	创建包含指定 Vector集合元素的组合框
JComboBox(ComboBoxModel<E> aModel)	从JComboBoxComboBoxModel中获取现有元素以创建组合框
void addItem(E item)	将项添加到项列表中
E getItemAt(int index)	返回指定索引处的列表项
int getItemCount()	返回列表中的项数
Object getSelectedItem()	返回当前选定的项
Object[] getSelectedObjects()	返回包含选定项的数组
void insertItemAt(E item, int index)	将项插入到给定索引处的项列表中
boolean isEditable()	组合框是否可编辑，如果是，则返回 true
void removeAllItems()	从项目列表中删除所有项目
void removeItem(Object anObject)	从项目列表中删除指定项目
void removeItemAt(int anIndex)	删除指定索引处的项目
void setEditable(boolean aFlag)	设置组合框是否可编辑

【例 10-3-9】JComboBox 的使用。

代码如下：

```
package chapter10.section3.demos;
import java.awt.Color;
import java.awt.GridLayout;
import javax.swing.JComboBox;
import javax.swing.JFrame;
import javax.swing.JLabel;
import javax.swing.JPanel;
public class JComboBoxDemo extends JFrame{
    JComboBox comboBox;
    public static void main(String[] args) {
        new JComboBoxDemo();
    }
```

```
    public JComboBoxDemo() {
        // TODO Auto-generated constructor stub
        setTitle("JComboBoxDemo");
        setSize(600,80);
        JPanel panel=new JPanel(new GridLayout(1,1));  // 创建面板
        JLabel label=new JLabel(" 你的手机是什么品牌的？ ");        // 创建标签
        comboBox=new JComboBox();                 // 创建 JComboBox
        comboBox.addItem("-- 请选择 --");           // 向下拉列表中添加一项
        comboBox.addItem(" 华为 ");
        comboBox.addItem(" 小米 ");
        comboBox.addItem("VIVO");
        comboBox.addItem(" 其他 ");
        panel.add(label);
        panel.add(comboBox);
        add(panel);
        setBackground(Color.blue);
        setVisible(true);
        setDefaultCloseOperation(EXIT_ON_CLOSE);
    }
}
```

运行结果如图 10-3-9 所示。

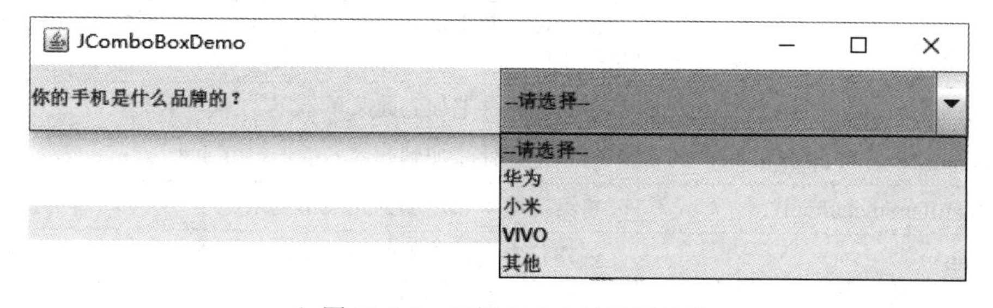

◆ 图 10-3-9　示例 10-3-9 的运行结果

10.3.6　菜单

Swing 包中提供了丰富的菜单组件，其中最常用的是下拉式菜单和弹出式菜单。

1. 下拉式菜单

下拉式菜单包括三种组件：JMenuBar(菜单栏)、JMenu(菜单) 和 JMenuItem(菜单项)。其中，菜单栏可以认为是菜单的容器，用来管理菜单，而不直接参与用户交互功能，通常水平放置在顶级容器的顶部；菜单用来管理菜单项，可以认为是菜单项的容器，它可以是单一层次的结构，也可以是多层次的结构；菜单项是菜单系统中最基本的组件，当用户单击菜单项时，通常会实现一定的功能。

菜单栏提供了一个无参的构造方法。它常用的操作方法如表 10-3-14 所示。

表 10-3-14　JMenuBar 类的常用方法

方　法	功 能 描 述
JMenu add(JMenu c)	将指定的菜单追加到菜单栏的末尾
int getComponentIndex(Component c)	返回指定组件的索引
JMenu getHelpMenu()	获取菜单栏的帮助菜单
Insets getMargin()	返回菜单栏边框与其菜单之间的边距
JMenu getMenu(int index)	返回菜单栏中指定位置处的菜单
int getMenuCount()	返回菜单栏中的项数
boolean isSelected()	如果菜单栏当前选择了组件，则返回 true
void setHelpMenu(JMenu menu)	设置当用户在菜单栏中选择“帮助”选项时显示的帮助菜单
void setMargin(Insets m)	设置菜单栏边框与其菜单之间的边距

JMenu 提供了四种构造方法，它的构造方法和常用方法如表 10-3-15 所示。

表 10-3-15　JMenu 类的构造方法和常用方法

方　法	功 能 描 述
JMenu()	构造不带文本的菜单
JMenu(String s)	构造一个带指定文本的菜单
JMenu(String s, boolean b)	构造一个带文本的菜单，并指定是否为可分离式菜单
JMenu(Action a)	根据Action对象属性构造一个菜单
add(Action a)	创建连接到指定Action对象的新菜单项，并将其追加到此菜单的末尾
add(Component c)	将指定组件追加到此菜单末尾
add(Component c,int index)	将指定组件添加到此容器的给定索引处
add(JMenuItem menuItem)	将给定菜单项追加到此菜单的末尾
add(String s)	创建具有指定文本的新菜单项，并将其追加到此菜单的末尾
void addSeparator()	将新分隔符追加到菜单的末尾
JMenuItem getItem(int pos)	返回指定位置的菜单项
int getItemCount()	返回菜单上的项数，包括分隔符
getMenuComponent(int n)	返回指定索引处的组件
getMenuComponents()	返回菜单子组件的组件数组
insert(JMenuItem mi,int pos)	在给定索引处插入指定的菜单项
insert(String s,pos)	在指定索引处插入具有指定文本的新菜单项
insertSeparator(int index)	在指定索引处插入分隔符
boolean isMenuComponent (Componentc)	如果在子菜单层次结构中存在指定的组件，则返回 true
boolean isSelected()	如果菜单是当前选择的(即高亮显示的)菜单，则返回 true
setSelected(boolean b)	设置菜单的选择状态

JMenuItem 提供了六种构造方法，如表 10-3-16 所示。

表 10-3-16 JMenuItem 类的构造方法

构 造 方 法	功 能 描 述
JMenuItem()	创建没有设置文本或图标的菜单项
JMenuItem(String text)	创建具有指定文本的菜单项
JMenuItem(String text, int mnemonic)	创建具有指定文本和键盘助记符的菜单项
JMenuItem(String text, Icon icon)	创建具有指定文本和图标的菜单项
JMenuItem(Action a)	创建一个属性取自指定Action对象的菜单项
JMenuItem(Icon icon)	创建具有指定图标的菜单项

创建和添加一个下拉式菜单，一般遵循以下步骤：

(1) 创建 JMenuBar 对象，将其添加到 JFrame 窗体顶部。

(2) 创建若干 JMenu 对象，将其添加到 JMenuBar 中。

(3) 若菜单有二级菜单，则创建二级 JMenu 对象，添加到对应的上级 JMenu 中。多级菜单也有类似的嵌套关系。

(4) 创建 JMenuItem 菜单项，将其添加到对应的 JMenu 中。

【例 10-3-10】菜单的使用。

代码如下：

```
package chapter10.section3.demos;
import java.awt.event.ActionEvent;
importjava.awt.event.KeyEvent;
import javax.swing.JCheckBoxMenuItem;
import javax.swing.JFrame;
import javax.swing.JMenu;
import javax.swing.JMenuBar;
import javax.swing.JMenuItem;
import javax.swing.KeyStroke;
public class JmenuDemo extends Jframe{
    JMenuBar menuBar;
    JMenu menu;
    JMenu Submenu;
    JMenuItem [] menuItem;
    JMenuItem [] subMenuItem;
    public static void main(String[] agrs)
    {
        new JMenuDemo("JMenuDemo");
    }
    public JMenuDemo(String name) {
        super(name);
        menuBar = new JMenuBar();
        menu = new JMenu(" 文件 ");
```

```
        menuItem = new JMenuItem[3];
        menuItem[0] = new JMenuItem(" 新建 ");
        menuItem[1] = new JMenuItem(" 打开 ");
        menuItem[2] = new JMenuItem(" 保存 ");
        ubmenu = new JMenu(" 退出 ");
        menu.add(menuItem[0]);
        menu.add(menuItem[1]);
        menu.add(menuItem[2]);
        menu.add(ubmenu);
        subMenuItem = new JMenuItem[2];
        subMenuItem[0] = new JMenuItem(" 退出当前项目 ");
        subMenuItem[1] = new JMenuItem(" 退出软件 ");
        submenu.add(subMenuItem[0]);
        submenu.add(subMenuItem[1]);
        menuBar.add(menu);
        this.setJMenuBar(menuBar);
        this.setSize(300,400);
        this.setVisible(true);
        this.setDefaultCloseOperation(EXIT_ON_CLOSE);
    }
}
```

运行结果如图 10-3-10 所示。

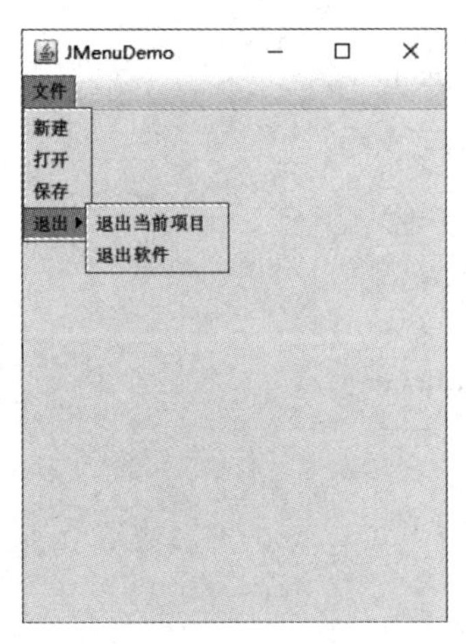

◆ 图 10-3-10　示例 10-3-10 的运行结果

2. 弹出式菜单

弹出式菜单也非常常用，它默认是隐藏的，当使用鼠标右键单击窗体空白处时就会显示出一个悬浮式的菜单，即弹出式菜单。在 Swing 中使用 JPopupMenu 类和 JMenuItem 类创建弹出式菜单。JPopupMenu 类通过其父类 javax.swing.JComponent 间接继承了 java.awt.Container，因此 JPopupMenu 具有容器的一些特性。它提供了两种构造方法，它的构造方法和常用方法如表 10-3-17 所示。

表 10-3-17 JPopupMenu 类的构造方法和常用方法

方 法	功 能 描 述
JPopupMenu()	构造一个默认的弹出式菜单
JPopupMenu(String label)	构造具有指定标题的弹出式菜单
JMenuItem add(String s)	使用指定的文本创建新菜单项，并将其追加到此菜单的末尾
JMenuItem add(Action a)	使用指定的Action对象创建新菜单项，并将其追加到此菜单的末尾
JMenuItem add(JMenuItem menuItem)	将指定的菜单项追加到此菜单的末尾
void addSeparator()	在菜单末尾追加一个新分隔符
protected void firePopupMenuCanceled()	通知此弹出菜单已取消
protected void firePopupMenuWillBecomeInvisible()	通知此弹出菜单将变得不可见
protected void firePopupMenuWillBecomeVisible()	通知此弹出菜单将变为可见
Component getComponent()	返回菜单组件
int getComponentIndex(Component c)	返回指定组件的索引
static boolean Component getInvoker()	返回作为此弹出菜单的“调用程序”的组件
String getLabel()	返回弹出菜单的标签
Insets getMargin()	返回弹出菜单边框与其容器之间的边距(以像素为单位)
MenuElement[] getSubElements()	返回一个菜单元素数组，其中包含此菜单组件的子菜单
void insert(Component component, int index)	将指定的组件插入到菜单中的给定位置
void insert(Action a, int index)	在给定位置插入指定Action对象的菜单项
boolean isVisible()	如果弹出菜单可见(当前正在显示)，则返回 true
void pack()	对容器进行布局，使其使用显示其内容所需的最小空间
protected String paramString()	返回菜单的字符串表示形式
void remove(int pos)	从此弹出菜单中删除指定索引处的组件。
void setInvoker(Component invoker)	设置此弹出菜单的调用程序，即要在其中显示弹出菜单的组件
void setLabel(String label)	设定弹出式菜单的标签
void setLocation(int x, int y)	使用 x、y 坐标设置弹出式菜单左上角的位置
void setPopupSize(int width, int height)	将弹出窗口的大小设置为指定的宽度和高度
void setPopupSize(Dimension d)	使用Dimension对象设置弹出窗口的大小
void setSelected(Component sel)	设置当前选定的元件，这将导致选择模型的更改
void setVisible(boolean b)	设定弹出式菜单的可见性
void show(Component invoker, int x, int y)	在组件调用程序的坐标空间中位置 x、y 处显示弹出式菜单

【例 10-3-11】JPopupMenu 的使用。

代码如下：

```
package chapter10.section3.demos;
import java.awt.event.MouseAdapter;
import java.awt.event.MouseEvent;
import javax.swing.JFrame;
import javax.swing.JMenu;
import javax.swing.JMenuItem;
import javax.swing.JPopupMenu;
public class JPopupMenuDemo extends JFrame {
    private JPopupMenu popupMenu;
    private JMenu menu;
    private JMenuItem []  menuItems;
    private JMenuItem []  subMenuItems;

    public static void main(String[] args) {
        new JPopupMenuDemo("JPopupMenuDemo");
    }
    public JPopupMenuDemo(String name) {
        super(name);
        popupMenu = new JPopupMenu();
        menuItems = new JMenuItem[5];
        menuItems[0] = new JMenuItem(" 设置 ");
        menuItems[1] = new JMenuItem(" 另存为 ");
        menuItems[2] = new JMenuItem(" 新建 ");
        menuItems[3] = new JMenuItem(" 刷新 ");
        menuItems[4] = new JMenuItem(" 退出 ");
        menu = new JMenu(" 更多 ");
        subMenuItems = new JMenuItem[3];
        subMenuItems[0] = new JMenuItem(" 插入图片 ");
        subMenuItems[1] = new JMenuItem(" 插入动图 ");
        subMenuItems[2] = new JMenuItem(" 插入视频 ");
        for(int i=0;i<=2;i++) {
            menu.add(subMenuItems[i]);
        }
        for(int i=0;i<=4;i++) {
            popupMenu.addSeparator();
            popupMenu.add(menuItems[i]);
        }
        popupMenu.add(menu);
        this.setBounds(100,100,400,400);
        this.setDefaultCloseOperation(EXIT_ON_CLOSE);
        this.setVisible(true);
        this.addMouseListener(new MouseAdapter() {
```

```
            public void mouseClicked(MouseEvent e) {
                if(e.getButton() == e.BUTTON3) {       //若是鼠标右键单击
                    popupMenu.show(e.getComponent(), e.getX(), e.getY());
                }
            }
        });
    }
}
```

运行结果如图 10-3-11 所示。

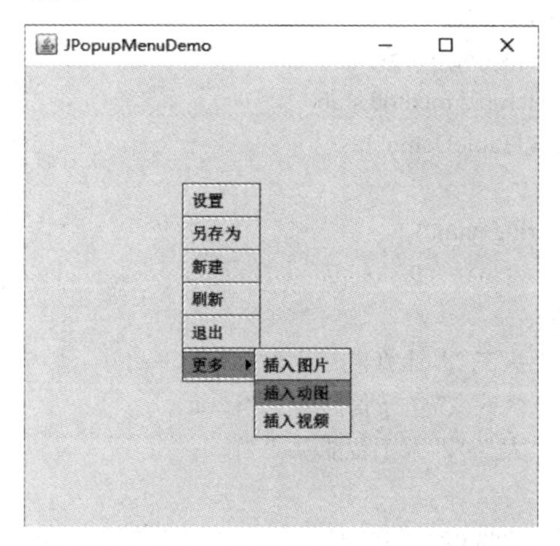

◆ 图 10-3-11　示例 10-3-11 的运行结果

由于弹出式菜单默认是不可见的，只有当鼠标右键单击时才会显现，因此需要为窗体添加鼠标单击事件。使用 addMouseListener 方法将调用者 (JFrame 窗体对象) 与鼠标单击监听器绑定在一起。这里的 MouseAdapter 类是 MouseListener 监听器接口的实现类。代码中使用匿名内部类的形式创建了 MouseAdapter 类的对象，并重写了 mouseClicked 方法。在该方法中判断鼠标单击事件是否为鼠标右键单击，若是则显示弹出式菜单，显示的位置位于鼠标单击处。当鼠标右键单击窗体时，JVM 就会自动调用 mouseClicked 方法，将窗体对象传入形参，执行里面的代码。

10.3.7　表格

表格是一个多行、多列的二维显示区，在 Java 语言的 Swing 包中使用 JTable 来表示。JTable 通过它的父类 javax.swing.JComponent 间接继承了 java.awt.Container 类。通常，使用表格遵循以下步骤：

(1) 创建一个 JTable 对象。

(2) 创建一个 JScrollPane 对象 (指定表格及水平和垂直滚动条)。

(3) 将表格添加到滚动面板。

(4) 将滚动面板添加到 JFrame 的内容窗格中。

示例 10-3-12 简单演示了表格的使用方法。

【例 10-3-12】JTable 的使用。

代码如下：

```
package chapter10.section3.demos;
import java.awt.ScrollPane;
import javax.swing.JFrame;
import javax.swing.JScrollPane;
import javax.swing.JTable;
import javax.swing.ScrollPaneConstants;
public class JTableDemo extends JFrame{
    JTable table;
    JScrollPane scrollPane;
    public static void main(String[] args) {
        // TODO Auto-generated method stub
        new JTableDemo("JTableDemo");
    }
    public JTableDemo(String name) {
        super(name);
        Object [][]data = {
            {" 小明 ",23," 大三 "," 计算机专业 "},
            {" 小黄 ",24," 大四 "," 电子信息专业 "},
            {" 小江 ",22," 大二 "," 人工智能专业 "}
        };
        table = new JTable(data,new String[] {" 姓名 "," 年龄 "," 年级 "," 专业 "});
        JScrollPane scrollPane = new JScrollPane();
        scrollPane.setViewportView(table);
        scrollPane.setHorizontalScrollBarPolicy(ScrollPaneConstants.HORIZONTAL_SCROLLBAR_ALWAYS);
        scrollPane.setVerticalScrollBarPolicy(ScrollPaneConstants.VERTICAL_SCROLLBAR_ALWAYS);
        this.add(scrollPane);
        this.setBounds(100,100,400,200);
        this.setDefaultCloseOperation(EXIT_ON_CLOSE);
        this.setVisible(true);
    }
}
```

运行结果如图 10-3-12 所示。

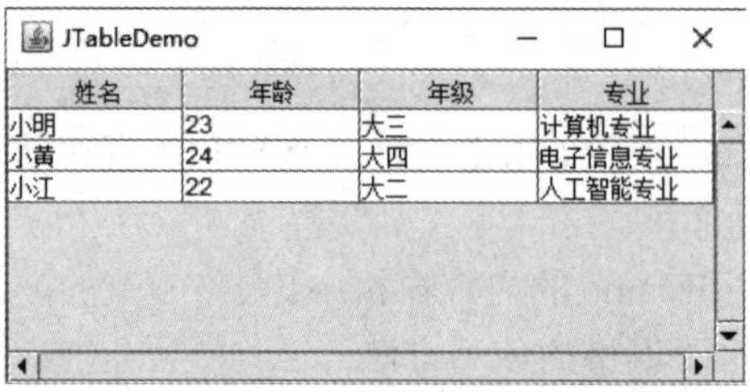

◆ 图 10-3-12 示例 10-3-12 的运行结果

10.3.8 对话框

对话框是在桌面上带有标题栏、输入框和按钮的一个临时窗口，也称为对话窗口。对话框的主要用途是实现人机对话，其应用场景体现为：系统通过对话框提示用户输入与任务有关的信息，如提示用户输入要打开文件的名字及路径；改变对象的属性、窗口等环境设置，如设置文件的属性、设置显示器的颜色和分辨率、设置桌面的显示效果；提供用户可能需要的信息等。在 Swing 中对话框是独立存在的。与 JFrame 不同的是，对话框没有菜单、最大按钮及最小按钮。常用的 Swing 对话框包括 JDialog 对话框和 JOptionPane 对话框两种。

1. JDialog 对话框

JDialog 对话框属于 Swing 包的顶级容器，它继承自 java.awt.Dialog 类。JDialog 对话框分为两种形式：模态对话框和非模态对话框。其中，模态对话框的特点是用户必须先响应完对话框之后才可与其他窗口交互，非模态对话框允许在处理对话框的同时与其他窗口交互。JDialog 对话框提供了丰富的构造方法，其中比较常用的构造方法如表 10-3-18 所示。

表 10-3-18　JDialog 类的常用构造方法

构造方法	功能描述
JDialog()	创建一个无模态、空标题的对话框
JDialog(Frame owner)	创建一个无模态、空标题和指定所有者的对话框
JDialog(Frame owner, boolean modal)	创建一个空标题、指定模态和指定所有者的对话框
JDialog(Frame owner, String title)	创建具有指定标题和指定所有者的无模式对话框
JDialog(Frame owner, String title, boolean modal)	创建具有指定标题、指定所有者和指定模态的对话框

JDialog 作为一种顶级容器，它的常用操作方法与 JFrame 类似，这里不再赘述。示例 10-3-13 演示了 JDialog 的用法。

【例 10-3-13】JDialog 的使用。

代码如下：

```
package chapter10.section3.demos;
import java.awt.BorderLayout;
import java.awt.Container;
import java.awt.FlowLayout;
import java.awt.Frame;
import java.awt.event.ActionEvent;
import java.awt.event.ActionListener;
import javax.swing.JButton;
import javax.swing.JDialog;
import javax.swing.JFrame;
import javax.swing.JLabel;
import javax.swing.JPanel;
import javax.swing.WindowConstants;
public class JDialogDemo extends JFrame{
  public static void main(String[] args) {
```

```
        new JDialogDemo("JDialogDemo");
    }
    public JDialogDemo(String name) {
        super(name);
        JPanel panel = new JPanel();
        this.add(panel);
      JButton btn = new JButton(" 弹出对话框 ");
      btn.addActionListener(new ActionListener() {
          @Override
          public void actionPerformed(ActionEvent e)
          {
              new MyDialog();
          }
      });
      panel.add(btn);
      this.setVisible(true);
      this.setSize(300,300);
      this.setDefaultCloseOperation(WindowConstants.EXIT_ON_CLOSE);
    }
}
class MyDialog extends JDialog{
    public MyDialog(){
        super();
        this.setLayout(new FlowLayout(10,10,10));
        this.setBounds(100,100,100,100);
        JPanel panel = new JPanel(new BorderLayout());
        panel.add(new JLabel(" 我是一个对话框 "),BorderLayout.CENTER);
        panel.add(new JButton(" 退出 "),BorderLayout.SOUTH);
        this.add(panel);
        this.setVisible(true);
    }
}
```

运行结果如图 10-3-13 所示。

◆ 图 10-3-13　示例 10-3-13 的运行结果

这里同样使用到了按钮单击的事件处理。在按钮上绑定了监听器 ActionListener 的匿名内部类，当单击按钮时执行里面的代码，弹出对话框。

2. JOptionPane 对话框

JOptionPane 对话框是 Swing 内部已实现好的，以静态方法的形式提供调用，能够快速方便地弹出让用户提供值或向其发出通知的标准对话框。JOptionPane 常用的静态方法如表 10-3-19 所示，这些方法都有重载的形式，这里只给出方法名及功能描述。

表 10-3-19　JOptionPane 类常用的静态方法

方法名	功 能 描 述
showMessageDialog	消息对话框，向用户展示一个消息，没有返回值
showConfirmDialog	确认对话框，询问一个问题是否执行
showInputDialog	输入对话框，要求用户提供某些输入
showOptionDialog	选项对话框，自定义按钮文本，询问用户需要单击哪个按钮

其中，消息类型是 showMessageDialog 类的静态常量，不同的消息类型会默认使用不同的图标。常用的消息类型包括：

```
/** Used for error messages. */
public static final int ERROR_MESSAGE = 0;
/** Used for information messages. */
public static final int INFORMATION_MESSAGE = 1;
/** Used for warning messages. */
public static final int WARNING_MESSAGE = 2;
/** Used for questions. */
public static final int QUESTION_MESSAGE = 3;
/** No icon is used. */
public static final int PLAIN_MESSAGE = -1;
```

示例 10-3-14 演示了 JOptionPane 的使用方法。

【例 10-3-14】JOptionPane 的使用。

代码如下：

```
package chapter10.section3.demos;
import java.awt.BorderLayout;
import java.awt.Container;
import java.awt.FlowLayout;
import java.awt.Frame;
import java.awt.event.ActionEvent;
import java.awt.event.ActionListener;
import javax.swing.JButton;
import javax.swing.JDialog;
import javax.swing.JFrame;
import javax.swing.JLabel;
```

```
import javax.swing.JOptionPane;
import javax.swing.JPanel;
import javax.swing.WindowConstants;
public class JOptionPaneDemo extends JFrame{
    JButton [] btns;
     public static void main(String[] args) {
         new JOptionPaneDemo("JOptionPaneDemo");
     }
     public JOptionPaneDemo(String name) {
          super(name);
          JPanel panel = new JPanel(new FlowLayout());
          this.add(panel);
          btns= new JButton[4];
          btns[0] = new JButton(" 消息对话框 ");
          btns[1] = new JButton(" 确认对话框 ");
          btns[2] = new JButton(" 输入对话框 ");
          btns[3] = new JButton(" 选项对话框 ");
          ActionListener action =  new ActionListener() {
               @Override
                 public void actionPerformed(ActionEvent e) {
                 String [] options = {" 电话 "," 微信 ","QQ"," 邮箱 "," 其他 "};
                      Object obj = e.getSource();
                      if(obj == btns[0]) {
                          JOptionPane.showConfirmDialog(panel," 请输入正确的手机号码！ "," 消息对话
框 ", JOptionPane.WARNING_MESSAGE);
                       }else if(obj == btns[1]) {
                         JOptionPane.showConfirmDialog(panel," 您输入的手机号是：13511111111"," 确
认对话框 ", JOptionPane.OK_OPTION);
               }else if(obj == btns[2]) {
                   JOptionPane.showInputDialog(panel, " 请输入您的手机号 ", " 输入对话框 ",
JOptionPane.OK_CANCEL_OPTION);
               }else if(obj == btns[3]) {
                   JOptionPane.showOptionDialog(
                        panel,
                        " 请问您最常用的待联系方式是？ ",
                        " 选项对话框 ",
                        JOptionPane.YES_NO_CANCEL_OPTION,
                        JOptionPane.QUESTION_MESSAGE,
                        null,
                        options, // 如果传 null, 则按钮为 optionType 类型所表示的按钮（也就是确认对话框）
                        options[0]);
               }else;
```

```
            }
        };
        for(int i=0; i<4;i++) {
            btns[i].addActionListener(action);
            panel.add(btns[i]);
        }

        this.setVisible(true);
        this.setLocation(500, 200);
        this.setSize(450,300);
        this.setDefaultCloseOperation(WindowConstants.EXIT_ON_CLOSE);
    }
}
```

运行结果如图 10-3-14 ～图 10-3-17 所示。

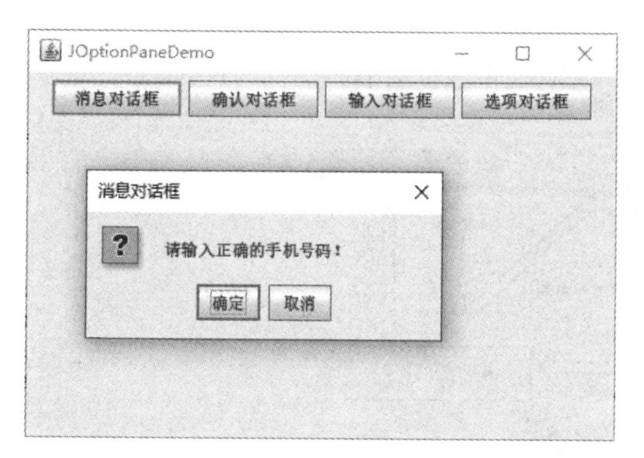

◆ 图 10-3-14　示例 10-3-14 的运行结果 1

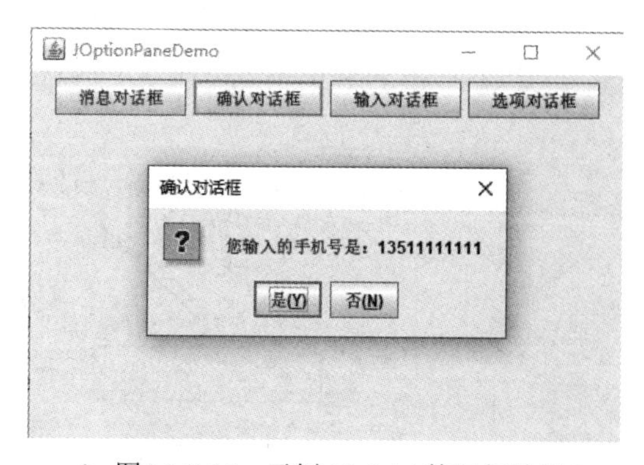

◆ 图 10-3-15　示例 10-3-14 的运行结果 2

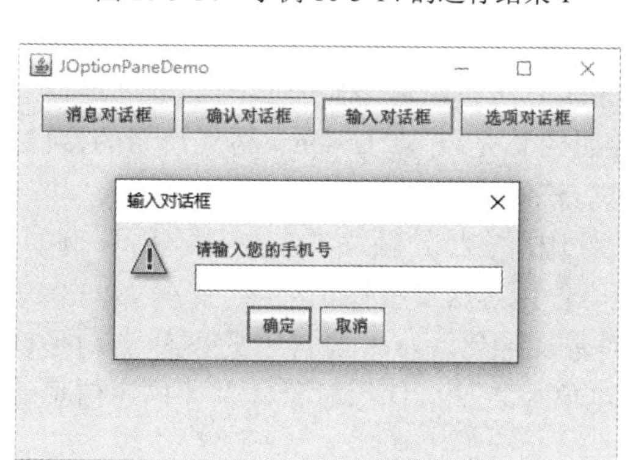

◆ 图 10-3-16　示例 10-3-14 的运行结果 3

◆ 图 10-3-17　示例 10-3-14 的运行结果 4

本示例演示了四种常用 JOptionPane 对话框的使用方法，它们通过单击按钮的操作弹出。这里定义了 ActionListener 接口实现类的对象，将其传入 setActionListener 方法形参中，与该方法的调用者按钮进行绑定。当有按钮单击事件时，该按钮对象会被封装进 ActionEvent 类对象中，然后传入 actionPerformed 方法形参中。在该方法内通过判断是哪一个按钮的单击事件来弹出相对应的对话框。

10.4 事件处理

GUI 要响应用户的单击、滑动和输入文本等交互需求，离不开事件处理机制。在 Java 语言中的事件处理采取“委派事件模型”。就像单击按钮事件一样，当单击事件发生时，产生事件的按钮会把单击“信息”传递给“事件的监听者”ActionListener 处理，调用该监听者内的方法执行相应的操作。在这个过程中涉及几个重要的概念，具体介绍如下：

(1) 事件对象 (Event)：它通常是用户的一个操作，实际上就是 java.awt.event 事件类库里某个类所创建的对象。

(2) 事件源 (Event Source)：它通常是一个产生事件的对象，如窗口、按钮和下拉菜单等。

(3) 监听器 (Listener)：它本质上是一个接口的实现类对象，需要与事件源绑定在一起，负责监听事件源上产生的事件，如果有事件发生，其内部对应的方法就会被自动调用执行。

(4) 事件处理器：监听器对象对接收的事件对象进行相应处理的方法。

事件处理机制就是基于上述几个重要概念，具体逻辑关系如图 10-4-1 所示。

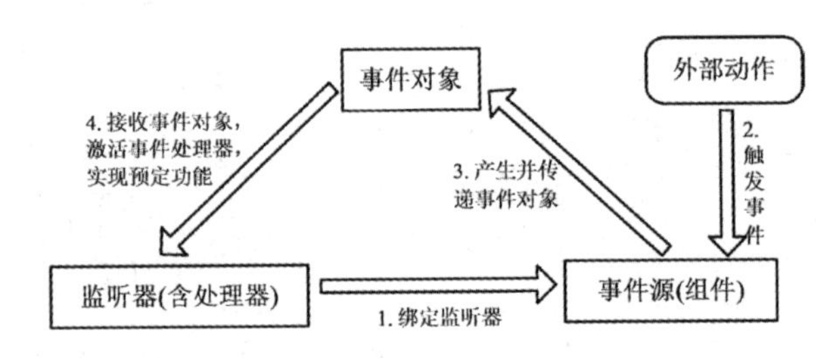

◆ 图 10-4-1　事件处理机制

事件处理机制的具体实现过程如下：

(1) 需要待交互的组件通过调用 add***Listener 方法将组件与监听器的实例绑定在一起，即将监听器注册到事件源。Java 语言中的监听器均是以 ***Listener 格式命名的接口，如 MouseListener，里面提供了一个或若干个抽象方法。

(2) 等待用户触发事件源上的事件。不同的事件源所支持的触发事件也不尽相同，例如，按钮可以支持单击触发事件，窗体可以支持激活、停用等触发事件。

(3) 当事件发生之后，事件源将传递事件对象。通常，Java 语言中的事件类均是以 ***Event 格式命名的类，如 MouseEvent。事件对象封装了事件源对象、事件描述信息等内容。

(4) 监听器接收事件对象，激活事件处理器，调用相应的方法实现预定的功能。

AWT 中提供了丰富的事件，如鼠标单击事件属于鼠标事件 (MouseEvent)。AWT 中常用的事件还包括窗体事件 (WindowEvent)、键盘事件 (KeyEvent) 和动作事件 (ActionEvent) 等。这些常见的事件具体描述如下：

(1) 鼠标事件主要针对用户的鼠标操作，包括鼠标按下、松开、单击和移动等。鼠标事件的监听器为 MouseListener，通过 addMouseListener 方法将鼠标操作对象 (如按钮) 与鼠标监听器绑定在一起。

(2) 窗体事件主要针对 JFrame 顶层容器，包括窗体的打开、关闭、激活和停用等用户操作。窗体事件的监听器为 WindowListener，通过 addWindowListener 方法将窗体对象与窗体监听器绑定在一起。

(3) 键盘事件主要针对用户的键盘操作，包括键盘的按下、释放等用户操作。键盘事件的监听器为 KeyListener，通过 addKeyListener 方法将键盘操作对象 (如文本框) 与键盘监听器绑定在一起。

(4) 动作事件并不具体针对某个组件，它的事件源可以是文本框、按钮、菜单项、密码框和单选按钮等，只要与其绑定的事件源产生了一个实质性的事件，如按钮被单击、菜单项被选择等，都会触发动作事件。动作事件的监听器为 ActionListener，通过 addActionListener 方法将事件源与动作事件监听器绑定在一起。

在创建监听器实现类的对象时有多种形式：可以自定义一个监听器的实现类，然后传入该类的对象；还可以使用匿名内部类的形式作为形参。此外，Java 语言中也提供了一些适配器类，适配器实现了某个监听器，重写了它的抽象方法，只是没有具体的逻辑。编程人员也可以使用适配器类来作为 add***Listener 方法的形参，此时只需要重写用到的事件处理器方法即可。示例 10-4-1 演示了 AWT 事件的使用方法。

【例 10-4-1】窗体事件追踪显示。

代码如下：

```
package chapter10.section4.demos;
import java.awt.BorderLayout;
import java.awt.FlowLayout;
import java.awt.Font;
import java.awt.event.KeyAdapter;
import java.awt.event.KeyEvent;
import java.awt.event.MouseAdapter;
import java.awt.event.MouseEvent;
import java.awt.event.WindowAdapter;
import java.awt.event.WindowEvent;
import javax.swing.JButton;
import javax.swing.JFrame;
import javax.swing.JPanel;
import javax.swing.JScrollPane;
import javax.swing.JTextArea;
import javax.swing.JTextField;
import javax.swing.ScrollPaneConstants;
public class EventMessageDemo extends JFrame{
    JPanel panel;
    JScrollPane scrollPane;
    JButton btn;
    JTextField textField;
    JTextArea textArea;
    public static void main(String[] args) {
```

```
        // TODO Auto-generated method stub
        new EventMessageDemo("EventMessageDemo");
    }
    public EventMessageDemo(String name) {
        super(name);
        this.setLayout(new BordcrLayout());
        panel = new JPanel(new FlowLayout());
        textField = new JTextField(30);
        textField.setFont(new Font(" 宋体 ",Font.BOLD,30));
        btn = new JButton(" 按键 ");
        btn.setFont(new Font(" 宋体 ",Font.BOLD,30));
        panel.add(textField);
        panel.add(btn);
        this.add(panel,BorderLayout.SOUTH);
        textArea = new JTextArea(200,400);
        textArea.setFont(new Font(" 宋体 ",Font.BOLD,30));
        textArea.setEditable(false);
        scrollPane = new JScrollPane();
        scrollPane.setViewportView(textArea);
        scrollPane.setHorizontalScrollBarPolicy(ScrollPaneConstants.HORIZONTAL_SCROLLBAR_
ALWAYS);
        scrollPane.setVerticalScrollBarPolicy(ScrollPaneConstants.VERTICAL_SCROLLBAR_
ALWAYS);
        this.setBounds(200,200,600,400);
        this.add(scrollPane,BorderLayout.CENTER);
        textField.addKeyListener(new KeyAdapter() {
            @Override
            public void keyReleased(KeyEvent e) {
                // TODO Auto-generated method stub
                textArea.append(" 敲击键盘啦！ \n");
                textArea.append(e.getKeyChar() + "\n");
            }
        });
        btn.addMouseListener(new MouseAdapter() {
            @Override
            public void mouseClicked(MouseEvent e) {
                // TODO Auto-generated method stub
                textArea.append(" 鼠标被单击啦 \n");
            }
        });
        this.setSize(800, 400);
        this.getDefaultCloseOperation();
        this.setVisible(true);
```

```
        this.addWindowListener(new WindowAdapter() {
            @Override
            public void windowOpened(WindowEvent e) {
                // TODO Auto-generated method stub
                textArea.append(" 窗口打开啦 \n");
            }
        });
    }
}
```

运行结果如图 10-4-2 所示。

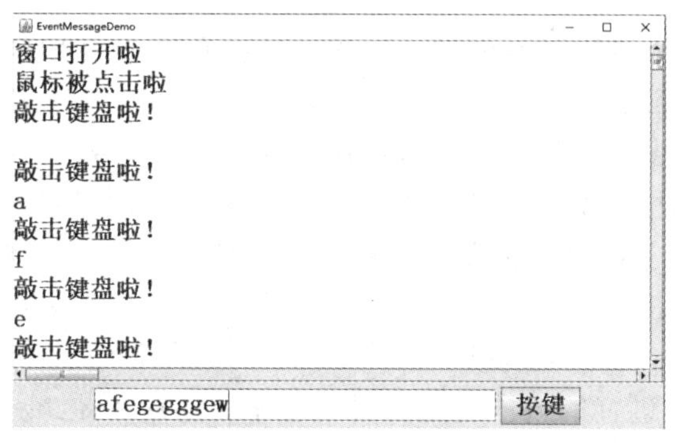

◆ 图 10-4-2 示例 10-4-1 的运行结果

【本章小结】

Java 语言为 GUI 开发提供了三个核心的工具包：java.awt 包、java.swing 包和 java.awt.event 包。其中，java.awt 是重量级的组件包，依赖本地平台的支持；java.swing 是轻量级的组件包，具有跨平台性；java.awt.event 为事件处理机制提供了丰富的事件接口和类。

java.awt 包提供了多种布局管理器，常见的有流式布局管理器、边界布局管理器、网格布局管理器、网格袋布局管理器、卡片布局管理器等，用以管理容器内组件的空间位置。

Swing 包是纯 Java 组件，使得应用程序在不同的平台上运行时具有相同的外观和行为。它包含了 AWT 组件的所有 GUI 工具。Swing 常用组件包括：顶级容器 JFrame 和 JDialog，中间容器 JPanel 和 JScrollPane，控件 JButton、JTextField、JTextArea、JLabel 和 JMenu 等。

Java 语言中的事件监听机制包括三个重要的概念：事件源、监听器和事件处理器。

综合训练

习 题

第11章 多线程

本章资源

“应接不暇”这个成语出自南朝刘义庆的《世说新语》：从山阴道上行，山川自相映发，使人应接不暇。应接不暇原形容美景很多，来不及观赏，现多用来形容人或事情多，应付不过来。人们在日常生活中可以一边喝茶，一边聊天，这些比较简单不费脑力的事情可以同时做，但遇到比较困难、复杂或者有危险性的任务时往往需要很专注，这个时候事情多了就有些应接不暇了。那么计算机会不会应接不暇呢？计算机可以同时运行上网、聊天、听音乐、编辑文档和下载视频等软件，似乎对于同时做多件事情显得游刃有余。计算机这种多项任务同时进行的技术就是多线程技术。多线程是 Java 编程语言里面的一个重要部分，它能够提高计算机的执行效率，充分利用 CPU 资源，提升用户体验。本章重点围绕 Java 编程中的多线程进行介绍。

11.1 线程概述

在计算机里被启动的独立运行的程序叫作进程（process）。单击键盘的组合键“Ctrl+Alt+Delete”，进入“任务管理器”，单击“更多”选项，就可以看到如图 11-1-1 所示的任务管理器窗口。

在“进程”选项卡中可以看到当前计算机系统运行的程序，如浏览器、PPT 和 Word 等，以及系统现在运行的进程，例如 ACE2-Server 等。这里需要注意的是，计算机程序与进程是两个不同的概念。计算机程序是一组计算机能识别和执行的指令，运行于计算机操作系统上，满足人们某种需求的软件工具，如 QQ、微信和浏览器等；而进程是一个程序的一次执行过程，是系统运行程序的基本单位。就好比程序是一所社区医院，而进程是社区医院正在为老年人提供的一次免费体检活动。因此，进程是程序运行

◆ 图 11-1-1　任务管理器中显示的进程

的基本单位。当计算机开启一个进程时，就会将对应的程序及相关的资源调配到内存中，每个进程在内存中都有相对独立的存储单元。线程(Thread)是进程中的一个执行单元，也是操作系统能够进行运算调度的最小单位。线程负责当前进程中程序的执行，就好比社区医院在为老年人提供体检活动时，有专员做登记、有专员做血糖检查、有专员做外科检查等，这些专员就类似于一个个的线程。线程在内存中共享一块储存空间，但相对独立运行。线程结束，进程不一定结束；进程结束，它所包含的所有线程都会结束。简而言之，一个程序运行时至少有一个进程，一个进程中至少有一个线程。

在多任务操作系统中，如果计算机是单核CPU，所有线程(任务)依次执行，CPU完成一个任务再进行下一个任务，这种执行方式叫作单线程。如果CPU在很小的时间间隔交替执行多个线程(任务)，任一个时刻点上只有一个线程在CPU上运行，用户只是感觉计算机在同时执行多项任务，就叫作多线程，也叫并发。如果计算机是多核CPU，那么一个时刻点上可以有多个线程在不同CPU上同时运行。比如一个公司有多个员工，他们各司其职，这种执行方式叫作并行。实际上，并行包含了并发，多个CPU在并行运行时，每个CPU可以同时运行多个线程(并发)。

对比单线程和多线程，它们各有优劣。单从CPU的运行效率上考虑，单任务进程及单线程效率是最高的，因为CPU没有任何进程及线程的切换开销。但对于一些耗时的任务，比如下载视频、播放音乐和等待用户输入文本等操作，CPU就会有很多空闲时间。因此，单线程存在CPU利用率不高的劣势，用户体验差。而多线程能够充分利用CPU，比如在等待用户输入文本的同时，可以利用空闲时间来下载视频、播放音乐等。因此，多线程的CPU利用率高，用户体验好。然而由于多线程需要不断地切换执行的任务，因此它的CPU运行效率并不高。在实际应用中多线程的应用最为广泛，绝大多数的多任务操作系统采用的都是多线程模式。需要注意的是，这里指的多线程不限于某个进程中的若干线程，而是在计算机中所有进程的线程。计算机的底层硬件和操作系统决定了这台计算机是否可以支持多线程操作。当一个程序中只有单个线程时，它在CPU并发操作中与其他运行程序的线程一起运行，对计算机而言仍然是多线程操作。此时的程序可称为单线程程序。在本书之前各章中编写的程序都是单线程程序，即按照main方法中编写的代码顺序执行，当main方法执行完毕，整个程序也就运行结束了。当一个程序中定义了多个线程时，该程序就是多线程程序，此时即使main方法执行完毕，程序可能还在运行。多线程程序在并发中可以同时执行当前进程中的多个任务，如图11-1-2所示。电脑版微信可以同时进行文字聊天(一对多)、视频聊天和传输文件(一对多)等任务。它们之间能够相对独立运行，开启或关闭某一个线程对其他的线程都不产生影响，对用户而言非常方便。

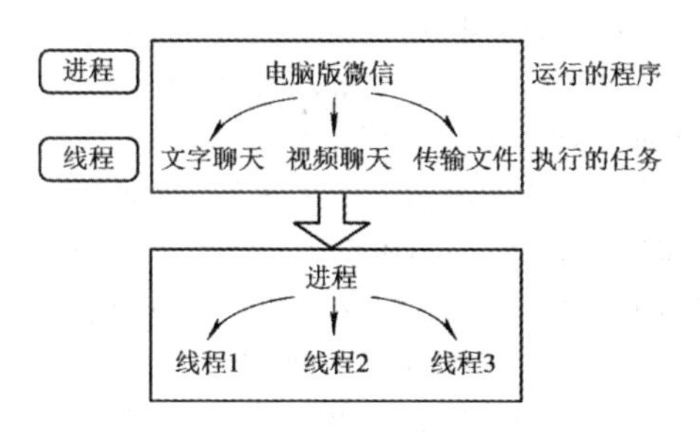

◆ 图11-1-2 电脑版微信的多线程操作

在 Java 语言中提供了 java.lang.Thread 类、java.lang.Runnable 接口和 java.lang.callable 接口，以及类内继承和定义的方法，以支持设计 Java 多线程程序。本章介绍使用它们创建线程的方法，以及线程的管理和同步。

11.2 线程的创建

11.2.1 线程的创建和运行方法

Java 语言中的线程使用 Thread 类来描述。Thread 类直接继承自 Object 类。在 Java 单线程程序中，Java 程序在运行 main 方法时就创建了名为 main 的线程，即主线程。主线程被放在名为 main 的线程组中，默认优先级为 5。可以通过 Thread 类中的一些方法查询和设置线程的属性，如表 11-2-1 所示。

表 11-2-1　Thread 类的常用方法

方　法	功 能 描 述
static Thread currentThread()	返回当前线程的引用
long getId()	返回线程的id号码
final String getName()	返回线程名
final int getPriority()	获取线程的优先级
Thread State getState()	获取线程状态
String toString()	返回当前线程的线程名、优先级和所在线程组名
final ThreadGroup getThreadGroup()	返回当前线程所在的线程组对象
Final void setName(String name)	设置当前线程名
final void setPriority(int newPriority)	设置线程优先级

【例 11-2-1】查询和设置主线程的信息。

代码如下：

```
package chapter11.section1.demos;
public class MainThreadDemo {
    public static void main(String[] args) {
        // TODO Auto-generated method stub
        System.out.println(" 我是 MainThreadDemo 类的 main 方法 ");
        Thread currentThread = Thread.currentThread();
        System.out.println("currentThread.getName() = " + currentThread.getName());
        System.out.println("currentThread.getId() = " + currentThread.getId());
        System.out.println("currentThread.getPriority() = " + currentThread.getPriority());
        System.out.println("currentThread.getThreadGroup() = " + currentThread.getThreadGroup());
        System.out.println("currentThread.getState() = " + currentThread.getState());
```

```
        System.out.println("currentThread.toString() = " + currentThread);
        System.out.println(" 修改主线程名和优先级 ");
        currentThread.setName("The Main Thread");
        currentThread.setPriority(10);
        System.out.println("currentThread.toString() = " + currentThread);
        System.out.println(" 程序执行完毕 ");
    }
}
```

运行结果如图 11-2-1 所示。

```
Console × Problems @ Javadoc Declaration
<terminated> MainThreadDemo [Java Application] D:\software\Java\jdk-17.0.4.1\bin\javaw.
我是MainThreadDemo类的main方法
currentThread.getName() = main
currentThread.getId() = 1
currentThread.getPriority() = 5
currentThread.getThreadGroup() = java.lang.ThreadGroup[name=main,maxpri=10]
currentThread.getState() = RUNNABLE
currentThread.toString() = Thread[main,5,main]
修改主线程名和优先级
currentThread.toString() = Thread[The Main Thread,10,main]
程序执行完毕
```

◆ 图 11-2-1 示例 11-2-1 的运行结果

从本示例中可以看到，主线程的 id 为 1，优先级为 5，处于运行状态。在多线程程序中，每个运行的线程都有唯一的一个 id 号，就好比人的身份证号一样。关于线程优先级的概念将在 11.4 节介绍。对于单线程程序，当 main 程序执行完之后，主线程也就执行完毕，程序也随之执行完毕。在多线程程序中，只能有一个主线程。除了主线程外编程人员还可以自定义线程，称之为子线程。当所有的线程都执行完，或者在代码中直接调用了 System.exit(0)，即退出 JVM，则程序执行结束。

Thread 类还实现了 Runnable 接口。Runnable 接口中仅存在一个抽象方法 run，Thread 类中实现了 run 方法，但只是通过多态的形式调用了父类的 run 方法，并没有其他逻辑功能，其源代码如下：

```
    @Override
public void run() {
    if (target != null) {
        target.run();
    }
}
```

其中，target 变量即是 Runnable 接口的对象引用，其源代码如下：

```
/* What will be run. */
private Runnable target;
```

创建一个线程，就是创建一个线程类的对象。运行一个线程，就是使用线程类的对象调用 Thread 类的 start 方法。此时，JVM 会将该线程加入程序的线程组中，并运行该线程的 run 方法。当 run 方法执行完毕时，该线程也就执行完毕。因此，在创建线程时，就需要重写 run 方法，将线程要执行的功能代码写在 run 方法中。在 JDK 17 中，Thread 类提供了九种重载的构造方法，表 10-2-2 给出了四种常用的构造方法。

表 10-2-2 Thread 类的常用构造方法

构 造 方 法	功 能 描 述
Thread()	创建一个线程
Thread(String name)	创建一个指定名称的线程
Thread(Runnable target)	使用Runnable接口的实现类对象创建一个线程
Thread(Runnable target, String name)	使用Runnable接口的实现类对象创建一个指定名称的线程

由此可知，创建并运行一个线程可以通过两种方式：一种是自定义一个类继承 Thread 类，重写 run 方法，然后使用该类的对象调用 start 方法即可；另一种是自定义一个类实现 Runnable 接口，实现 run 方法，然后将该类的对象作为形参传入 Thread 类的构造方法中，使用实例化的线程对象调用 start 方法即可。在 JDK 1.5 之后，官方又提供了 FutureTask 类和 Callable 接口来创建线程。其中，Callable 接口作为 FutureTask 构造方法的形参，而 FutureTask 类又实现了 Runnable 接口，因此它本质上仍属于第二种构建线程的方式。由于 FutureTask 类和 Callable 接口支持泛型，并且 Callable 的运行方法 call 具有返回值，因此通常将它们创建线程的方式单独列出来作为第三种形式。接下来分别介绍这三种创建线程的方法。

11.2.2 继承 Thread 类创建线程

该方法创建和运行线程的步骤如下：

(1) 自定义一个类，继承 Thread 类；

(2) 重写 run 方法，将线程逻辑放在 run 方法中；

(3) 创建该类的对象，在其他线程中调用 start 方法开启该线程。若创建了多个该类的对象并各自调用了 start 方法，则开启多个子线程。

下面几个示例演示了这种创建线程的方法。

【例 11-2-2】继承 Thread 类创建线程。

代码如下：

```
package chapter11.section2.demos;
public class ExtendsThreadDemo {
    public static void main(String[] args) {
        // TODO Auto-generated method stub
        Thread.currentThread().setName(" 主线程 ");
        new MyThread(" 泡泡线程 ").start();
        new MyThread(" 鱼鱼线程 ").start();
        new MyThread(" 龙虾线程 ").start();
        for(int i=1;i<=10;i++) {
            System.out.println(Thread.currentThread().toString() +"\t 正在执行第 " + i +" 次循环 ");
```

```
            }
        }
    }
    class MyThread extends Thread{
        public MyThread(String name) {
            super(name);
        }
        @Override
        public void run() {
            // TODO Auto-generated method stub
            for(int i=1;i<=10;i++) {
                System.out.println(Thread.currentThread().toString() +"\t 正在执行第 " + i +" 次循环 ");
            }
        }
    }
```

运行结果如图 11-2-2 所示。

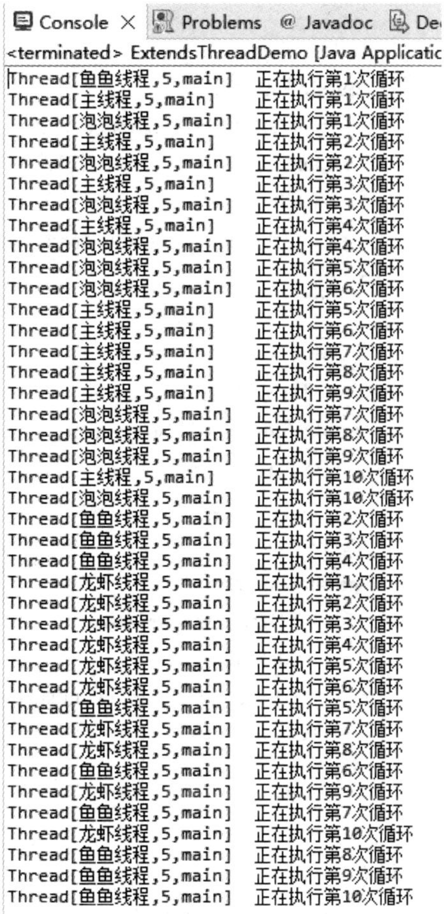

本示例中创建了 MyThread 类。它继承了 Thread 类，提供了单参的构造方法，并重写了 run 方法。在 main 方法中使用匿名内部类的形式创建了三个 MyThread 类的对象，并调用了 start 方法启动线程。此时，在 main 线程组中共存在四个线程：主线程、泡泡线程、鱼鱼线程和龙虾线程。它们随机地被 CPU 执行几次，直到所有的线程都执行完毕，整个程序结束。

在这个示例中四个线程并非轮流执行，在一定时间内执行的次数也并非相等，这导致程序每次运行的结果可能不同。实际上，这是一种抢占式的线程调度。在计算机中，线程调度有两种模型：轮候式调度模型 (也称时分调度模型) 和抢占式调度模型。其中，轮候式调度模型就是线程按顺序依次在 CPU 中执行指定的时间片，直到所有线程执行完毕。在轮候过程中，每个线程占用 CPU 的时间是相等的。抢占式调度模型就是线程自由地争夺 CPU 的使用权，线程的执行顺序是随机的。可能一个线程会连续争夺到几次 CPU，连续执行几个时间片；也有可能一个线程很长一段时间都没有争夺到 CPU。Java 虚拟机默认采用抢占式调度模型。虽然线程在争夺 CPU 时会比较随机，但可以通过线程

```
Console × Problems @ Javadoc Dec
<terminated> ExtendsThreadDemo [Java Applicatic
Thread[鱼鱼线程,5,main]   正在执行第1次循环
Thread[主线程,5,main]     正在执行第1次循环
Thread[泡泡线程,5,main]   正在执行第1次循环
Thread[主线程,5,main]     正在执行第2次循环
Thread[泡泡线程,5,main]   正在执行第2次循环
Thread[主线程,5,main]     正在执行第3次循环
Thread[泡泡线程,5,main]   正在执行第3次循环
Thread[主线程,5,main]     正在执行第4次循环
Thread[泡泡线程,5,main]   正在执行第4次循环
Thread[泡泡线程,5,main]   正在执行第5次循环
Thread[泡泡线程,5,main]   正在执行第6次循环
Thread[主线程,5,main]     正在执行第5次循环
Thread[主线程,5,main]     正在执行第6次循环
Thread[主线程,5,main]     正在执行第7次循环
Thread[主线程,5,main]     正在执行第8次循环
Thread[主线程,5,main]     正在执行第9次循环
Thread[泡泡线程,5,main]   正在执行第7次循环
Thread[泡泡线程,5,main]   正在执行第8次循环
Thread[泡泡线程,5,main]   正在执行第9次循环
Thread[主线程,5,main]     正在执行第10次循环
Thread[泡泡线程,5,main]   正在执行第10次循环
Thread[鱼鱼线程,5,main]   正在执行第2次循环
Thread[鱼鱼线程,5,main]   正在执行第3次循环
Thread[鱼鱼线程,5,main]   正在执行第4次循环
Thread[龙虾线程,5,main]   正在执行第1次循环
Thread[龙虾线程,5,main]   正在执行第2次循环
Thread[龙虾线程,5,main]   正在执行第3次循环
Thread[龙虾线程,5,main]   正在执行第4次循环
Thread[龙虾线程,5,main]   正在执行第5次循环
Thread[龙虾线程,5,main]   正在执行第6次循环
Thread[鱼鱼线程,5,main]   正在执行第5次循环
Thread[龙虾线程,5,main]   正在执行第7次循环
Thread[龙虾线程,5,main]   正在执行第8次循环
Thread[鱼鱼线程,5,main]   正在执行第6次循环
Thread[龙虾线程,5,main]   正在执行第9次循环
Thread[鱼鱼线程,5,main]   正在执行第7次循环
Thread[龙虾线程,5,main]   正在执行第10次循环
Thread[鱼鱼线程,5,main]   正在执行第8次循环
Thread[鱼鱼线程,5,main]   正在执行第9次循环
Thread[鱼鱼线程,5,main]   正在执行第10次循环
```

◆ 图 11-2-2 示例 11-2-2 的运行结果

调度方法来管理线程的运行。

【例 11-2-3】在子线程中开启新线程。

代码如下：

```java
package chapter11.section2.demos;
public class StartThreadInSubThreadDemo {
    public static void main(String[] args) {
        // TODO Auto-generated method stub
        new SubThread1(" 泡泡线程 ").start();
        while(true) {
            System.out.println(Thread.currentThread());
        }
    }
}
class SubThread1 extends Thread{
    public SubThread1(String name) {
        super(name);
    }
    @Override
    public void run() {
        // TODO Auto-generated method stub
        new SubThread2(" 鱼鱼线程 ").start();
        while(true) {
            System.out.println(Thread.currentThread());
        }
    }
}
class SubThread2 extends Thread{
    public SubThread2(String name) {
        super(name);
    }
    @Override
    public void run() {
        // TODO Auto-generated method stub
        while(true) {
            System.out.println(Thread.currentThread());
        }
    }
}
```

```
Console ×  Problems
<terminated> StartThreadInS
Thread[鱼鱼线程,5,main]
Thread[鱼鱼线程,5,main]
Thread[main,5,main]
Thread[main,5,main]
Thread[main,5,main]
Thread[main,5,main]
Thread[鱼鱼线程,5,main]
Thread[鱼鱼线程,5,main]
Thread[鱼鱼线程,5,main]
Thread[鱼鱼线程,5,main]
Thread[鱼鱼线程,5,main]
Thread[鱼鱼线程,5,main]
```

◆ 图 11-2-3　示例 11-2-3 的运行结果

运行结果如图 11-2-3 所示。

本示例创建了两个线程类 SubThread1 和 SubThread2，在前者的 run 方法中创建并运行了 SubThread2 的一个线程。本示例中线程的执行方法是一个死循环，程序会一直执行下去。此时观察任务管理器可知，CPU 已经满负荷工作，Java 运行的程序 CPU 占用率很高，如图 11-2-4 所示。

任务管理器
文件(F) 选项(O) 查看(V)
进程 性能 应用历史记录 启动 用户 详细信息 服务

名称	状态	100% CPU	90% 内存	5% 磁盘	0% 网络
应用 (7)					
Java(TM) Platform SE binary ...		52.3%	614.4 MB	0.3 MB/秒	0 Mbps

◆ 图 11-2-4　Java 程序占用的 CPU 资源

此时，关闭运行的 Java 程序的方法是在 Eclipse 下方的控制台窗口中找到如图 11-2-5 所示的方框图标，单击它即可终止程序运行。

◆ 图 11-2-5　Eclipse 软件中关闭 Java 程序的图标

【例 11-2-4】多线程程序提前结束。

代码如下：

```
package chapter11.section2.demos;
public class ProgramEarlyExitDemo {
    public static void main(String[] args) {
        // TODO Auto-generated method stub
        new Thread1(" 泡泡线程 ").start();
        new Thread1(" 鱼鱼线程 ").start();
        new Thread2(" 龙虾线程 ").start();
        int i=1;
        while(true) {
            System.out.println(Thread.currentThread().toString()
                    +"\t 正在执行第 " + i++ +" 次循环 ");
            if(i==6) {
                System.out.println(Thread.currentThread().toString() +"\t 终止了程序 ");
                System.exit(0);
            }
        }
    }
}
class Thread1 extends Thread{
    public Thread1(String name) {
        super(name);
    }
    @Override
```

```
    public void run() {
        // TODO Auto-generated method stub
        int i=1;
        while(true) {
            System.out.println(Thread.currentThread().toString()
                    +"\t 正在执行第 " + i++ +" 次循环 ");
            if(i==6) {
                System.out.println(Thread.currentThread().toString() + "\t 终止了程序 ");
                System.exit(0);
            }
        }
    }
}
class Thread2 extends Thread{
    public Thread2(String name) {
        super(name);
    }
    @Override
    public void run() {
        // TODO Auto-generated method stub
        int i=1;
        while(true) {
            System.out.println(Thread.currentThread().toString() +"\t 正在执行第 " + i++ +" 次循环 ");
            if(i==6) {
                System.out.println(Thread.currentThread().toString() + "\t 终止了程序 ");
                System.exit(0);
            }
        }
    }
}
```

该程序可能出现的运行结果如图 11-2-6 所示。

有时候运行该程序会出现类似图 11-2-7 的结果。

```
Console × Problems @ Javadoc
<terminated> ProgramEarlyExitDemo [Java App
Thread[鱼鱼线程,5,main]  正在执行第1次循环
Thread[鱼鱼线程,5,main]  正在执行第2次循环
Thread[鱼鱼线程,5,main]  正在执行第3次循环
Thread[泡泡线程,5,main]  正在执行第1次循环
Thread[鱼鱼线程,5,main]  正在执行第4次循环
Thread[泡泡线程,5,main]  正在执行第2次循环
Thread[泡泡线程,5,main]  正在执行第3次循环
Thread[泡泡线程,5,main]  正在执行第4次循环
Thread[泡泡线程,5,main]  正在执行第5次循环
Thread[泡泡线程,5,main]  终止了程序
```

◆ 图 11-2-6　示例 11-2-4 的运行结果 1

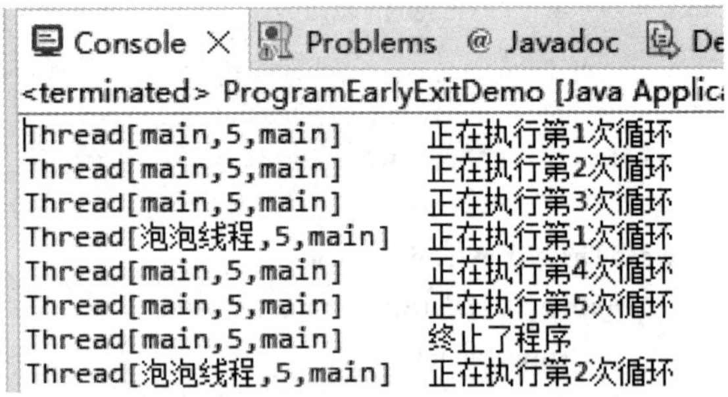

```
Console × Problems @ Javadoc De
<terminated> ProgramEarlyExitDemo [Java Applic
Thread[main,5,main]      正在执行第1次循环
Thread[main,5,main]      正在执行第2次循环
Thread[main,5,main]      正在执行第3次循环
Thread[泡泡线程,5,main]  正在执行第1次循环
Thread[main,5,main]      正在执行第4次循环
Thread[main,5,main]      正在执行第5次循环
Thread[main,5,main]      终止了程序
Thread[泡泡线程,5,main]  正在执行第2次循环
```

◆ 图 11-2-7　示例 11-2-4 运行结果 2

该运行结果显示已经终止了程序，但程序还会运行几个步骤。这是由于抢占式调度模型引起的线程不同步。以上面的结果为例，在整个程序运行期间，鱼鱼线程和龙虾线程始终没有争夺到CPU，因此没有执行一次。当主线程争夺到CPU的执行权，“终止了程序”刚被打印出来时，CPU就被泡泡线程抢去了。此时主线程后面的System.exit(0)代码还没执行，因此程序还没有结束。泡泡线程争夺到CPU之后执行了一次输出语句，然后CPU再次被主线程抢去，执行了System.exit(0)代码，此时JVM退出，整个程序结束。这种情况经常遇到，分析它的原因有助于初学者理解多线程的抢占式调度模型。

【例11-2-5】松鼠剥松子。

代码如下：

```
package chapter11.section2.demos;
public class SquirrelPeelsNutsDemo {
    public static void main(String[] args) {
        // TODO Auto-generated method stub
        Thread.currentThread().setName(" 主线程 ");
        new SquirrelClass(" 小灰松鼠 ").start();
        new SquirrelClass(" 小黄松鼠 ").start();
        new SquirrelClass(" 小花松鼠 ").start();
    }
}
class SquirrelClass extends Thread{
    private int num = 10;
    public SquirrelClass(String name) {
        super(name);
    }
    @Override
    public void run() {
        // TODO Auto-generated method stub
        while(num>=1) {
            System.out.println(Thread.currentThread().getName() +"\t 在剥第 "+ (11-num) +" 个松子 ");
            num--;
        }
    }
}
```

运行结果如图11-2-8所示。

在这个示例中，共创建了三只松鼠来剥松子。松子的个数num作为SquirrelClass类的成员变量。它的初始值为10。由于SquirrelClass类在创建线程对象时，每个对象都有自己独立的存储空间，导致三只松鼠没有共享10个松子，而是每只松鼠各有10个松子，共剥了30个松子。此时如果希望一个类创建的多个线程之间共享数据，则将松子的个数设置为静态成员，即

```
private int num = 10;
```

改为：

```
private static int num = 10;
```

此时运行结果如图 11-2-9 所示。

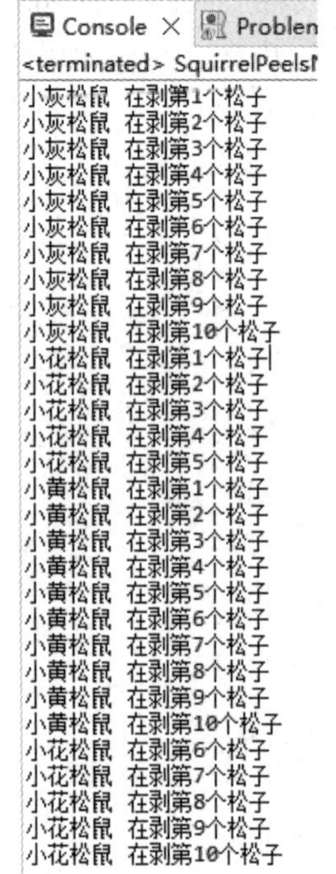

◆ 图 11-2-8　示例 11-2-5 的运行结果

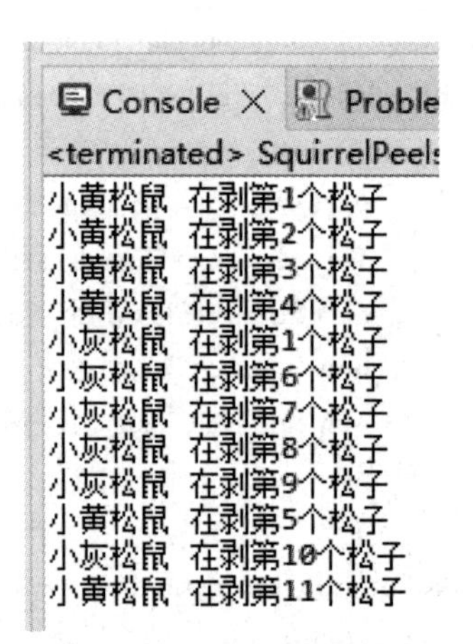

◆ 图 11-2-9　示例 11-2-5 松子个数 num 改为静态变量后的运行结果

这里同样因为抢占式调度模型的缘故，小灰松鼠在剥完第 10 个松子之后，num 还没来得及减 1(此时 num 的值为 1)，CPU 就被小黄松鼠争夺去。小黄松鼠在程序执行到打印输出之前，CPU 又被小灰松鼠夺取，并执行了 num--(此时 num 的值为 0)。然后 CPU 再次被小黄松鼠夺取，计算第几个松子并打印输出信息。由于此时 num 已经为 0，因此计算结果为 11 个松子。然后不论下一次是哪个线程争夺去了，while 循环条件不再满足，则所有线程均执行完毕，程序结束。

11.2.3　实现 Runnable 接口创建线程

通过这种形式创建并运行线程时，它的基本步骤如下：

(1) 自定义一个类实现 Runnable 接口，实现它的抽象方法 run 方法。

(2) 在其他线程中创建该类的对象，并作为形参传入 Thread 构造方法中。

(3) 使用 Thread 类的对象调用 start 方法，开启线程。

【例 11-2-6】实现 Runnable 接口创建线程。

代码如下：

```
package chapter11.section2.demos;
public class ImplementsRunnableDemo {
    public static void main(String[] args) {
```

```
            // TODO Auto-generated method stub
            RunnableClass runnableClass = new RunnableClass();
            Thread [] threads = new Thread[3];
            for(int i=0;i<4;i++) {
                threads[i] = new Thread(runnableClass," 子线程 "+ (i+1) );
                threads[i].start();
            }
            while(true) {
                System.out.println(Thread.currentThread());
            }
        }
    }
class RunnableClass implements Runnable{
    @Override
    public void run() {
        // TODO Auto-generated method stub
        while(true) {
            System.out.println(Thread.currentThread());
        }
    }
}
```

```
Console × Proble
<terminated> ImplementsI
Thread[子线程3,5,main]
Thread[子线程3,5,main]
Thread[子线程2,5,main]
Thread[子线程2,5,main]
Thread[子线程2,5,main]
Thread[子线程2,5,main]
Thread[子线程2,5,main]
Thread[子线程2,5,main]
Thread[子线程2,5,main]
Thread[子线程2,5,main]
Thread[子线程2,5,main]
Thread[子线程2,5,main]
```

◆ 图 11-2-10 示例 11-2-6 的运行结果

运行结果如图 11-2-10 所示。

本示例中创建了 Runnable 接口的实现类 RunnableClass，重写了 run 方法，并创建了一个 RunnableClass 类的对象。使用该对象创建并运行了四个线程。与第一种创建线程的方法相比，显然使用接口实现的方式更有利，这是因为 Java 语言是单继承的，如果一个类继承了 Thread 类，就不能再继承其他的类。同时 Java 语言又是多实现的，一个类可以实现多个接口。因此，在都能够实现程序功能的条件下，优先选择第二种方法。此外，第二种方法可以天然地实现线程之间的数据共享，而不用声明数据为静态成员。示例 11-2-7 通过实现 Runnable 接口创建线程的方式来实现松鼠剥松子的功能，并对比与示例 11-2-6 代码的不同。

【例 11-2-7】使用 Runnable 实现松鼠剥松子。

代码如下：

```
package chapter11.section2.demos;
public class SquirrelPeelsNutsUseRunnableDemo {
    public static void main(String[] args) {
        // TODO Auto-generated method stub
        SquirrelClass2 squirrel = new SquirrelClass2();
        new Thread(squirrel," 小黄松鼠 ").start();
        new Thread(squirrel," 小灰松鼠 ").start();
        new Thread(squirrel," 小花松鼠 ").start();
    }
}
```

```
class SquirrelClass2 implements Runnable{
    private int num = 10;
    @Override
    public void run() {
        // TODO Auto-generated method stub
        while(num>=1) {
            System.out.println(Thread.currentThread().getName()
                +"\t 在剥第 " + (11-num) +" 个松子 ");
            num--;
        }
    }
}
```

```
Console × Probl
<terminated> SquirrelPeel
小黄松鼠 在剥第1个松子
小灰松鼠 在剥第1个松子
小灰松鼠 在剥第2个松子
小灰松鼠 在剥第4个松子
小花松鼠 在剥第1个松子
小灰松鼠 在剥第5个松子
小黄松鼠 在剥第3个松子
小灰松鼠 在剥第7个松子
小花松鼠 在剥第6个松子
小灰松鼠 在剥第9个松子
小黄松鼠 在剥第8个松子
小花松鼠 在剥第10个松子
```

◆ 图 11-2-11　示例 11-2-7 的运行结果

运行结果如图 11-2-11 所示。

这个示例中松鼠的个数 num 是一个普通的成员变量，由于使用了一个 SquirrelClass2 类的对象去创建了三个松鼠线程，因此这三个松鼠线程共用一个数据空间。此外，在这次运行结果中也可以观察到出现了三次“第 1 个松子”，请读者参考上面两个相类似的示例尝试分析它的逻辑过程。

11.2.4　使用 Callable 和 FutureTask 创建线程

使用 Callable 和 FutureTask 创建并运行线程的步骤如下：

(1) 自定义一个类实现 Callable 接口，实现它的 call 方法。

(2) 创建 FutureTask 类的对象，将 Callable 接口的实例类对象传进去。

(3) 创建线程对象，将 FutureTask 类的对象作为 Runnable 接口的对象引用传进去。

(4) 使用线程对象调用 start 方法，运行线程。

(5) 线程运行完毕后，返回值由 FutureTask 类的对象接收。

【例 11-2-8】使用 Callable 和 FutureTask 创建线程。

代码如下：

```
package chapter11.section2.demos;
import java.util.concurrent.Callable;
import java.util.concurrent.ExecutionException;
import java.util.concurrent.FutureTask;
public class CallableAndFutureTaskDemo {
    public static void main(String[] args) throws InterruptedException, ExecutionException {
        CallableClass callableClass = new CallableClass();
        //1. 执行 Callable 方式，需要 FutureTask 实现类的支持，用于接收运算结果。
        FutureTask<Integer> result1 = new FutureTask<Integer>(callableClass);
        new Thread(result1, " 泡泡线程 ").start();
        FutureTask<Integer> result2 = new FutureTask<Integer>(callableClass);
        new Thread(result2, " 鱼鱼线程 ").start();
        FutureTask<Integer> result3 = new FutureTask<Integer>(callableClass);
```

```
        new Thread(result3, " 龙虾线程 ").start();
        //2. 等待所有子线程执行结束，然后接收线程运算后的结果
        Integer sum = result1.get();
        System.out.println("--------------- 所有子线程执行完毕 ---------------------");
        System.out.println(" 泡泡线程的 sum = " + sum);
        sum = result2.get();
        System.out.println(" 鱼鱼线程的 sum = " + sum);
        sum = result3.get();
        System.out.println(" 龙虾线程的 sum = " + sum);
        System.out.println("--------------- 程序执行完毕 ---------------------");
    }
}
class CallableClass implements Callable<Integer> {
    @Override
    public Integer call() throws Exception {
        int sum = 0;
        for (int i = 1; i <= 10; i++) {
            sum += i;
            System.out.println(Thread.currentThread().getName()+ "\t 第 " + i + " 次运算 ");
        }
        return sum;
    }
}
```

运行结果如图 11-2-12 所示。

```
Console × Problems @ Javadoc Declaration
<terminated> CallableAndFutureTaskDemo [Java Application]
鱼鱼线程  第1次运算
龙虾线程  第1次运算
泡泡线程  第1次运算
龙虾线程  第2次运算
鱼鱼线程  第2次运算
龙虾线程  第3次运算
泡泡线程  第2次运算
龙虾线程  第4次运算
鱼鱼线程  第3次运算
龙虾线程  第5次运算
泡泡线程  第3次运算
龙虾线程  第6次运算
鱼鱼线程  第4次运算
鱼鱼线程  第5次运算
鱼鱼线程  第6次运算
龙虾线程  第7次运算
泡泡线程  第4次运算
龙虾线程  第8次运算
鱼鱼线程  第7次运算
鱼鱼线程  第8次运算
鱼鱼线程  第9次运算
鱼鱼线程  第10次运算
泡泡线程  第5次运算
泡泡线程  第6次运算
泡泡线程  第7次运算
泡泡线程  第8次运算
泡泡线程  第9次运算
泡泡线程  第10次运算
龙虾线程  第9次运算
龙虾线程  第10次运算
---------------所有子线程执行完毕---------------------
泡泡线程的sum = 55
鱼鱼线程的sum = 55
龙虾线程的sum = 55
---------------程序执行完毕---------------------
```

◆ 图 11-2-12　示例 11-2-8 的运行结果

本示例中，首先创建了 Callable 接口的实现类 CallableClass，实现了它的 run 方法；使用 CallableClass 类的对象创建了三个 FutureTask 类的对象；然后使用这三个 FutureTask 类的对象创建并运行了三个线程；最后将线程的运行结果打印输出。这里需要注意的是，获取线程的运行结果代码会一直处于等待执行状态（阻塞状态），直到所有的子线程都执行完之后才会执行。示例 11-2-8 展示了 Callable 方法的优势：

(1) 线程可以有返回值，能够获取异步线程的计算结果；

(2) 可以使用泛型；

(3) 允许抛出异常。

11.3 线程的生命周期

在计算机中，同时会有多个线程来争夺 CPU 的使用权，线程在此过程中的状态会频繁地切换。为了能够清楚地描述线程的状态，方便线程管理，定义了线程的生命周期。线程的生命周期分为五个状态，即新建状态 (New)、就绪状态 (Runnable)、运行状态 (Running)、阻塞状态 (Blocked) 和死亡状态 (Terminated)，如图 11-3-1 所示。

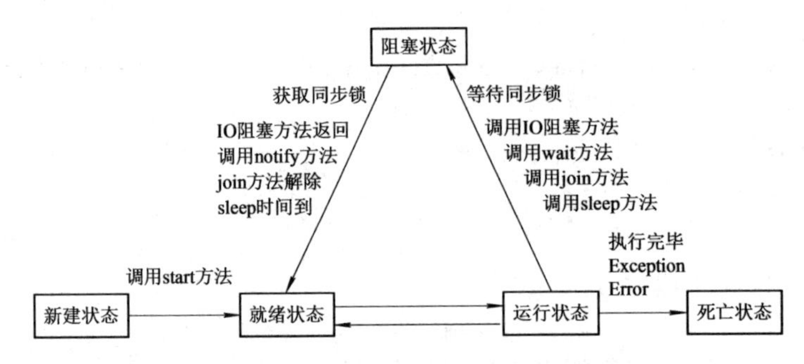

◆ 图 11-3-1　线程的生命周期及状态转换

线程生命周期的五个状态的内涵如下：

(1) 新建状态对应的是线程对象被创建好，但还没有调用 start 方法。此时对象只有自己的数据空间，还没有加入线程组，没有开始运行。

(2) 就绪状态对应的是线程对象已经调用了 start 方法，并且已经被加入到了线程组，具备争夺 CPU 使用权的资格，但目前没有在运行。

(3) 运行状态对应的是线程争夺到了 CPU，正在执行它 run 或者 call 方法里面的代码。

(4) 阻塞状态对应的是线程被暂时取消了争夺 CPU 使用权的资格，暂时不可以运行。

(5) 死亡状态指的是线程执行完毕，或者执行期间抛出一个没有捕获的异常或错误。线程就此终止，它的生命周期也就结束了。

这五个状态并非独立存在，而是存在着联系。图中的箭头指向表明了线程可以从某个状态转换到另一种状态。线程状态之间的转换包括以下几种情况：

(1) 新建状态可以转换成就绪状态；

(2) 就绪状态可以与运行状态相互转换；

(3) 运行状态可以转换成阻塞状态和死亡状态；

(4) 阻塞状态可以转换成就绪状态。

这里需要注意的是，其他情况下状态是不可进行转换的。比如，就绪状态不能直接转换成阻塞状态。每一种状态转换都是需要条件的。比如，新建状态转换成就绪状态需要线程对象调用 start 方法；运行状态转换成死亡状态需要线程执行完毕，或者抛出一个没有捕获的异常或错误。其中，大多数线程会在就绪状态、运行状态和阻塞状态之间频繁地切换。下面针对这几种状态及其转换进行说明。

1. 就绪状态到运行状态的转换

就绪状态到运行状态转换的条件是线程争夺到了 CPU 的使用权，CPU 会分配一定的时间片去执行当前线程中的方法。

2. 运行状态到其他状态的转换

线程在运行状态下，可能出现以下三种情况：

(1) 运行状态到就绪状态。线程代码在给定的时间内没有执行完毕，或者在代码中执行了线程让步方法 yield，则线程就会自动转换成就绪状态，开始下一次 CPU 的争夺。有可能还会争夺到 CPU 继续执行，也有可能没有争夺到。

(2) 运行状态到死亡状态。线程代码在给定的时间内执行完毕了，该线程直接进入死亡状态，不复存在。

(3) 运行状态到阻塞状态。线程代码在执行过程中需要等待读写操作，或者执行了线程阻塞方法，包括 join、sleep 和 wait 方法，或者遇到了同步锁被占用的情况，则线程进入阻塞状态。

3. 阻塞状态到就绪状态的转换

当线程处于阻塞状态时，需要出现一定的条件才可以转换为就绪状态。所谓“解铃还须系铃人”，根据线程进入阻塞状态原因的不同，线程从阻塞状态返回到就绪状态，可分为以下几种情况：

(1) 等待读写操作方法返回。如果线程是由于等待读写操作进入阻塞状态，那么只有当阻塞它的读写操作方法返回时才可以回到就绪状态。

(2) 等待线程阻塞方法 join。如果线程是由于执行了线程阻塞方法 join 进入阻塞状态，那么只有等待调用 join 方法的线程执行完毕，或者超过等待时间才可以回到就绪状态；

(3) 等待线程休眠方法 sleep。如果线程因执行了线程休眠方法 sleep 进入阻塞状态，那么必须等待该线程休眠时间过了才可以回到就绪状态。

(4) 执行等待方法 wait。如果线程因执行了线程等待方法 wait 进入阻塞状态，那么必须等待其他的线程使用 notify 方法唤醒后才可以回到就绪状态。

上面提到的阻塞方法都是 Java 线程调度的方法，用以管理线程的执行过程。下面内容对常用的 Java 线程调度方法进行介绍。

11.4 线程的调度

Java 语言中的线程调度就是通过 Thread 类提供的操作方法对线程的状态进行管理，

控制线程按照给定的逻辑顺序执行代码。除了 setter 和 getter 方法之外，表 11-4-1 所示的 Thread 类中的方法也比较常用。

表 11-4-1　Thread 类常用的线程调度方法

方　法	功 能 描 述
void interrupt()	中断此线程
static boolean interrupted()	测试当前线程是否已中断
final boolean isAlive()	判断当前线程是否为活跃状态
final void join()	在线程a的代码中执行线程b调用join()方法，此时线程a进入阻塞状态，直到线程b完全执行完以后，线程a才会结束阻塞状态
final void join(long millis)	在线程a的代码中执行线程b调用join()方法，此时线程a进入阻塞状态，直到线程b完全执行完以后，或者超出指定的毫秒时长之后，线程a才会结束阻塞状态
final void join(long millis, int nanos)	在线程a的代码中执行线程b调用join()方法，此时线程a进入阻塞状态，直到线程b完全执行完以后，或者超出指定的毫秒与纳秒时长的和之后，线程a才会结束阻塞状态
static void onSpinWait()	指示调用方暂时无法继续，直到其他活动发生一个或多个操作
static void sleep(long millis)	让当前线程休眠指定毫秒时长，这段时间内线程保持阻塞状态
static void sleep(long millis, int nanos)	让当前线程休眠指定毫秒和纳秒时长之和，这段时间内线程保持阻塞状态
static void yield()	当前线程退出CPU的使用，回到就绪状态
final void notify()	唤醒正在等待此对象的监视器上的单个线程
final void notifyAll()	唤醒正在等待此对象的监视器上的所有线程
final void wait()	使当前线程等待，直到它被唤醒，通常是通过通知或中断
final void wait(long timeoutMillis)	使当前线程等待，直到它被唤醒(通常是通过通知或中断)，或者直到经过一定量的实时时间，该时间是指定的毫秒时长
final void wait(long timeoutMillis, int nanos)	使当前线程等待，直到它被唤醒(通常是通过通知或中断)，或者直到经过一定量的实时时间，该时间是指定的毫秒与纳秒时长之和

下面重点介绍线程的优先级调度、线程休眠、线程让步和线程插队。

11.4.1　线程优先级

线程的优先级决定了线程在争夺 CPU 时的概率。线程的优先级越高，它获得 CPU 执行权的概率越大。需要注意的是，在一定时间内，优先级高的线程的执行次数不一定比优先级低的线程的执行次数多。在 Java 语言中，线程的优先级使用 1～10 之间的整数来表示，数字越大优先级越高。在创建一个线程时，如果没有指定它的优先级，默认的优先级为 5，对应 Thread 类中的 NORM_PRIORITY 静态常量。此外，最低优先级 (1) 对应的静态常量为 Thread.MIN_PRIORITY，最高优先级 (10) 对应的静态常量为 Thread.MAX_PRIORITY。编程人员可以通过 getPriority 和 setPriority 方法来获取和设置线程的优先级。

【例 11-4-1】线程的优先级。

代码如下：

```
package chapter11.section4.demos;
public class ThreadPriorityDemo extends Thread{
    public ThreadPriorityDemo(String name){
        super(name);
    }
    public static void main(String[] args) {
        // TODO Auto-generated method stub
        Thread.currentThread().setName(" 主线程 ");
        new ThreadPriorityDemo(" 泡泡线程 ").start();
        int i=0;
        while(true) {
            System.out.println(Thread.currentThread());
            if(i==20) {
                Thread.currentThread().setPriority(1);
                System.out.println(Thread.currentThread() + " 优先级改为 1");
            }
            i++;
        }
    }
    @Override
    public void run() {
        // TODO Auto-generated method stub
        int i=0;
        while(true) {
            System.out.println(Thread.currentThread());
            if(i==20) {
                this.setPriority(10);
                System.out.println(Thread.currentThread() + " 优先级改为 10");
            }
            i++;
        }
    }
}
```

运行结果如图 11-4-1 所示。

在本示例中，主类继承了线程类，重写了 run 方法，同时开启了主线程和泡泡线程。当泡泡线程执行 20 次之后，将其线程优先级由默认的 5 改为最高优先级 10；当主线程执行 20 次之后，将其线程优先级由默认的 5 改为最低优先级 1。多次运行程序即可发现，泡泡线程优先级修改后占用 CPU 的频率明显增大了。

```
Console × Problem
<terminated> ThreadPriority
Thread[泡泡线程,10,main]
Thread[泡泡线程,10,main]
Thread[泡泡线程,10,main]
Thread[泡泡线程,10,main]
Thread[泡泡线程,10,main]
Thread[泡泡线程,10,main]
Thread[泡泡线程,10,main]
Thread[泡泡线程,10,main]
Thread[泡泡线程,10,main]
Thread[主线程,1,main]
Thread[主线程,1,main]
Thread[主线程,1,main]
Thread[泡泡线程,10,main]
Thread[泡泡线程,10,main]
Thread[泡泡线程,10,main]
Thread[泡泡线程,10,main]
Thread[泡泡线程,10,main]
Thread[泡泡线程,10,main]
Thread[泡泡线程,10,main]
```

◆ 图 11-4-1　示例 11-4-1 的运行结果

11.4.2 线程休眠

线程休眠就是让当前执行 Thread.sleep 方法的线程进入阻塞状态，直到过了休眠时间。这里的休眠方法有毫秒级和纳秒级两种。由于普通个人计算机的定时精度在毫秒级，这里仅演示毫秒级的线程休眠。

【例 11-4-2】线程休眠。

代码如下：

```
package chapter11.section4.demos;
public class ThreadSleepDemo {
    public static void main(String[] args) {
        // TODO Auto-generated method stub
        Thread.currentThread().setName(" 主线程 ");
        RunnableClass runnableClass = new RunnableClass();
        Thread [] threads = new Thread[3];
        threads[0] = new Thread(runnableClass," 泡泡线程 ");
        threads[1] = new Thread(runnableClass," 鱼鱼线程 ");
        threads[2] = new Thread(runnableClass," 龙虾线程 ");
        for(int i=0;i<3;i++) {
            threads[i].start();
        }
        int i=1;
        while(true) {
            System.out.println(Thread.currentThread());
            if(i%5==0) {
                System.out.println(Thread.currentThread() + " 休眠 1 s");
                try {
                    Thread.sleep(1000);
                } catch (InterruptedException e) {
                    // TODO Auto-generated catch block
                    e.printStackTrace();
                }
            }
            i++;
        }
    }
}
class RunnableClass implements Runnable{
    @Override
    public void run() {
        // TODO Auto-generated method stub
        int i=1;
        while(true) {
            System.out.println(Thread.currentThread());
            if(i%5==0) {
```

```
                    System.out.println(Thread.currentThread() + " 休眠 1 s");
                    try {
                        Thread.sleep(1000);
                    } catch (InterruptedException e) {
                        // TODO Auto-generated catch block
                        e.printStackTrace();
                    }
                }
                i++;
            }
        }
    }
```

运行结果如图 11-4-2 所示。

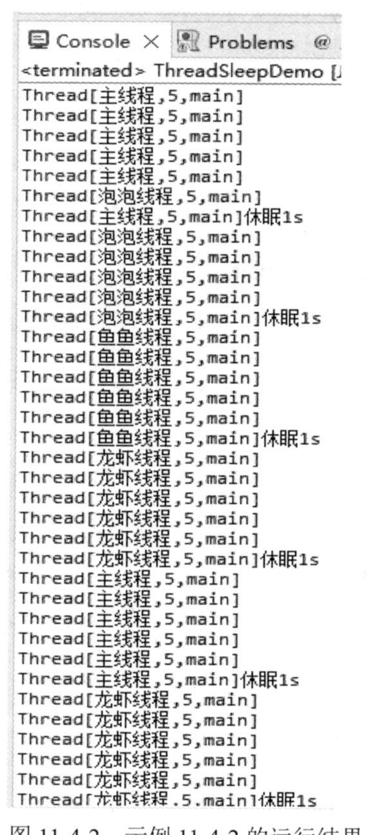

◆ 图 11-4-2　示例 11-4-2 的运行结果

11.4.3　线程让步

线程让步就是当前抢占到 CPU 的线程代码让出 CPU 的执行权，这个线程不再往下执行，回到就绪状态，继续下一轮的 CPU 争夺赛。这里需要注意的是，线程让步后，若再抢到 CPU 的执行权，将从让步方法之后继续执行。线程让步使用的是 Thread 类的 yield 静态方法。

【例 11-4-3】线程让步。

代码如下：

```
package chapter11.section4.demos;
public class ThreadYieldDemo {
    public static void main(String[] args) {
        // TODO Auto-generated method stub
        Thread.currentThread().setName(" 主线程 ");
        RunnableClass2 runnableClass = new RunnableClass2();
        new Thread(runnableClass," 泡泡线程 ").start();
        while(true) {
            try {
                Thread.sleep(500);
            } catch (InterruptedException e) {
                // TODO Auto-generated catch block
                e.printStackTrace();
            }
            System.out.println(Thread.currentThread());
        }
    }
}
class RunnableClass2 implements Runnable{
    @Override
    public void run() {
        // TODO Auto-generated method stub
        int i=1;
        while(true) {
            try {
                Thread.sleep(500);
            } catch (InterruptedException e) {
                // TODO Auto-generated catch block
                e.printStackTrace();
            }
            i++;
            if(i<10) {
                System.out.println(Thread.currentThread() + " 让步 ");
                Thread.yield();
            }else {
                System.out.println(Thread.currentThread() + " 不再让步 ");
            }
            System.out.println("keep going...");
        }
    }
}
```

运行结果如图 11-4-3 所示。

```
Console × Problems @ Java
<terminated> ThreadYieldDemo [Java
Thread[主线程,5,main]
Thread[泡泡线程,5,main]让步
keep going...
Thread[主线程,5,main]
Thread[泡泡线程,5,main]让步
keep going...
Thread[泡泡线程,5,main]让步
Thread[主线程,5,main]
keep going...
Thread[泡泡线程,5,main]让步
Thread[主线程,5,main]
keep going...
Thread[主线程,5,main]
Thread[泡泡线程,5,main]让步
keep going...
Thread[主线程,5,main]
Thread[泡泡线程,5,main]让步
keep going...
Thread[主线程,5,main]
Thread[泡泡线程,5,main]让步
keep going...
Thread[主线程,5,main]
Thread[泡泡线程,5,main]让步
keep going...
Thread[主线程,5,main]
Thread[泡泡线程,5,main] 不再让步
keep going...
Thread[主线程,5,main]
Thread[泡泡线程,5,main] 不再让步
keep going...
Thread[主线程,5,main]
Thread[泡泡线程,5,main] 不再让步
```

◆ 图 11-4-3 示例 11-4-3 的运行结果

11.4.4 线程插队

线程插队是在线程 a 的 run 方式中执行线程 b 的 join() 方法，此时线程 a 进入阻塞状态，直到线程 b 全部执行完以后，或者超过指定的等待时间，线程 a 才会结束阻塞状态。需要注意的是，这里所描述的插队跟现实生活中排队买东西时的插队不一样。线程插队仅是 b 插队到了 a 前面，而不是插队到了所有线程之前。线程 b 仍然需要跟其他的线程争夺 CPU 的使用权，直到 b 执行完毕，或者超过等待时间，线程 a 才回到就绪状态，参与 CPU 的争夺。线程插队是通过 join 方法实现的。

【例 11-4-4】线程插队。

代码如下：

```
package chapter11.section4.demos;
public class ThreadJoinDemo {
    public static void main(String[] args) {
        // TODO Auto-generated method stub
        Thread.currentThread().setName(" 主线程 ");
```

```
        RunnableClass3 runnableClass = new RunnableClass3();
        Thread subThread = new Thread(runnableClass," 泡泡线程 ");
        subThread.start();
        int i=10;
        while(i>0) {
            try {
                Thread.sleep(500);
            } catch (InterruptedException e) {
                // TODO Auto-generated catch block
                e.printStackTrace();
            }
            i--;
            if(i==5) {
                System.out.println(Thread.currentThread() + " 被 " + subThread.getName() + " 插队了！ ");
                try {
                    subThread.join();
                } catch (InterruptedException e) {
                    // TODO Auto-generated catch block
                    e.printStackTrace();
                }
            }
            System.out.println(Thread.currentThread() + " keep going...");
        }
    }
}
class RunnableClass3 implements Runnable{
    @Override
    public void run() {
        // TODO Auto-generated method stub
        int i=10;
        while(i>0) {
            try {
                Thread.sleep(500);
            } catch (InterruptedException e) {
                // TODO Auto-generated catch block
                e.printStackTrace();
            }
            i--;
            System.out.println(Thread.currentThread());
        }
    }
}
```

运行结果如图 11-4-4 所示。

```
Console ✕  Problems  @ Javadoc
<terminated> ThreadJoinDemo [Java Applicat
Thread[泡泡线程,5,main]
Thread[主线程,5,main]  keep going...
Thread[泡泡线程,5,main]
Thread[主线程,5,main]  keep going...
Thread[泡泡线程,5,main]
Thread[主线程,5,main]  keep going...
Thread[泡泡线程,5,main]
Thread[主线程,5,main]  keep going...
Thread[泡泡线程,5,main]
Thread[主线程,5,main]被泡泡线程插队了!
Thread[泡泡线程,5,main]
Thread[泡泡线程,5,main]
Thread[泡泡线程,5,main]
Thread[泡泡线程,5,main]
Thread[泡泡线程,5,main]
Thread[主线程,5,main]  keep going...
Thread[主线程,5,main]  keep going...
Thread[主线程,5,main]  keep going...
Thread[主线程,5,main]  keep going...
Thread[主线程,5,main]  keep going...
Thread[主线程,5,main]  keep going...
```

◆ 图 11-4-4　示例 11-4-4 的运行结果

11.5　多线程同步

抢占式线程调度模型会引起线程安全问题，即当几个线程共享一个数据空间时，由于线程可能在任意一个代码执行位置被打断，造成数据的错乱。例如，判断语句的失效、数据访问结果的不正确 (重叠) 等。为了解决这个问题，需要对访问或修改共享资源的代码块进行特殊处理，使得一个线程在执行这些代码块期间，不论 CPU 的使用权经过多少次转移，其他要访问这个公共资源的线程均处于阻塞状态，直到该线程将这段代码块执行完毕为止。就相当于给一段共有的代码块上了一把锁，每次只允许一个线程进入。只有把该代码块执行完毕了，锁才会打开，允许另一个线程进入。这种处理方法就叫作线程同步。

11.5.1　同步代码块和同步方法

Java 语言中主要通过同步代码块和同步方法实现线程同步，它们都使用到了 Java 关键字 synchronized。同步代码块的语法结构如下：

```
synchronized( 同步锁 ){
    执行语句;
}
```

同步方法的语法结构如下：

```
访问权限修饰符 synchronized 返回值类型 方法名 ( 形参列表 ){
    执行语句;
}
```

同步锁又名同步监听对象、同步监听器或互斥锁。同步锁可以是任意类型的对象，但对于要使用同步代码块的线程而言它必须是唯一的，不可被这些线程修改。通常可以把这些线程所共有的对象作为同步锁。例如，本类对象的引用 this，或者使用一个字符串常量（在字符串常量池中大家都可以访问到，唯一且不可修改）。对于同步方法而言，它本身存在 this 引用充当同步锁，因此不需要再显式声明同步锁了。这里需要注意的是，同步锁的作用范围仅针对共享同步代码块或者同步方法的线程对象，对其他的线程没有任何影响。

【例 11-5-1】使用同步代码块实现松鼠剥松子。

代码如下：

```
package chapter11.section5.demos;
public class SquirrelPeelsNutsSynBlockDemo {
    public static void main(String[] args) {
        // TODO Auto-generated method stub
        SquirrelClass2 squirrel = new SquirrelClass2();
        new Thread(squirrel," 小黄松鼠 ").start();
        new Thread(squirrel," 小灰松鼠 ").start();
        new Thread(squirrel," 小花松鼠 ").start();
    }
}
class SquirrelClass2 extends Thread{
    private int num = 10;
    @Override
    public void run() {
        // TODO Auto-generated method stub
        while(true) {
            synchronized("lock") {
                if(num>=1) {
                    System.out.println(Thread.currentThread().getName() +"\t 在剥第 " + (11-num)
+" 个松子 ");
                    num--;
                }else {
                    break;
                }
            }
        }
    }
}
```

运行结果如图 11-5-1 所示。

```
Console × Proble
<terminated> SquirrelPeel
小黄松鼠 在剥第1个松子
小黄松鼠 在剥第2个松子
小黄松鼠 在剥第3个松子
小黄松鼠 在剥第4个松子
小黄松鼠 在剥第5个松子
小花松鼠 在剥第6个松子
小花松鼠 在剥第7个松子
小花松鼠 在剥第8个松子
小花松鼠 在剥第9个松子
小花松鼠 在剥第10个松子
```

◆ 图 11-5-1　示例 11-5-1 的运行结果

在本示例中，将可能会产数据错乱的代码都放入了同步代码块中，主要是对共有数据 num 进行操作的代码，包括 num 值的判断、打印输出 num 值以及 num 自减。这里的同步锁使用了字符串常量“lock”，也可以使用 this 关键字，或其他都可访问的、唯一的、不可被这些线程修改的对象。

【例 11-5-2】使用同步方法实现松鼠剥松子。

代码如下：

```
package chapter11.section5.demos;
public class SquirrelPeelsNutsSynMethodDemo {
    public static void main(String[] args) {
        // TODO Auto-generated method stub
        SquirrelClass3 squirrel = new SquirrelClass3();
        new Thread(squirrel," 小黄松鼠 ").start();
        new Thread(squirrel," 小灰松鼠 ").start();
        new Thread(squirrel," 小花松鼠 ").start();
    }
}
class SquirrelClass3 extends Thread{
    private int num = 10;
    @Override
    public void run() {
        // TODO Auto-generated method stub
        boolean flag = true;
        while(flag) {
            flag = peels();
        }
    }
    private synchronized boolean peels() {
        if(num>=1) {
            System.out.println(Thread.currentThread().getName() +"\t 在剥第 " + (11-num) +" 个松子 ");
            num--;
            return true;
        }else {
            return false;
        }
    }
}
```

运行结果如图 11-5-2 所示。

```
Console × Proble
<terminated> SquirrelPeel
小黄松鼠 在剥第1个松子
小黄松鼠 在剥第2个松子
小灰松鼠 在剥第3个松子
小灰松鼠 在剥第4个松子
小黄松鼠 在剥第5个松子
小黄松鼠 在剥第6个松子
小黄松鼠 在剥第7个松子
小花松鼠 在剥第8个松子
小花松鼠 在剥第9个松子
小花松鼠 在剥第10个松子
```

◆ 图 11-5-2 示例 11-5-2 的运行结果

这里使用了布尔变量 flag 来控制线程的结束。

11.5.2 死锁

线程同步可以提高共享数据的安全性，但同时也会降低 CPU 的效率。此外，如果使用不得当可能会造成死锁的情况。所谓死锁，就是多个线程各自占有一些资源，并且依赖其他线程占有的资源才能运行，从而导致两个或者多个线程都在等待对方释放资源，都停止执行的情形。某一个同步块同时拥有“两个以上对象的锁”时，就可能发生“死锁”的问题。示例 11-5-3 演示了死锁的情况。

【例 11-5-3】泡泡线程和鱼鱼线程死锁示例。

代码如下：

```
package chapter11.section5.demos;
public class ThreadDeadLockDemo {
private static String bubbleLock ="bubbleLock";
private static String fishLock ="fishLock";
public static void main(String[] args) {
    new ThreadDeadLockDemo().deadLockT();
}
  /**
   * 模拟死锁
   */
private void eadlock() {
    new Thread(new Runnable() {
        @Override
        public void run() {
        System.out.println(Thread.currentThread().getName() +" 开始执行，上 " + bubbleLock +" 锁 ");
          synchronized (bubbleLock){
          // 让线程先睡眠 2 s
          try {
              Thread.sleep(1000);
              System.out.println(" 泡泡线程等待获取鱼鱼线程的锁 ...");
              // 尝试获取鱼鱼线程的锁
              synchronized (fishLock){
              System.out.println(Thread.currentThread().getName() +" 等待执行的语句 ");
              }
          }catch (Exception e){
              e.printStackTrace();
          }
        }
    }
    }," 泡泡线程 ").start();
    new Thread(new Runnable() {
```

```
            @Override
            public void run() {
                System.out.println(Thread.currentThread().getName() +" 开始执行，上 "+ fishLock + " 锁 ");
                    // 占有 B 对象
                    synchronized (fishLock){
                        System.out.println(" 鱼鱼线程等待获取泡泡线程的锁 ...");
                    // 尝试获取泡泡线程的锁
                    synchronized (bubbleLock){
                    System.out.println(Thread.currentThread().getName() +" 等待执行的语句 ");
                    }
                }
            }
        }," 鱼鱼线程 ").start();
    }
}
```

运行结果如图 11-5-3 所示。

```
Console × Problems @ Jav
ThreadDeadLockDemo [Java Applicati
泡泡线程开始执行，上bubbleLock锁
鱼鱼线程开始执行，上fishLock锁
鱼鱼线程等待获取泡泡线程的锁...
泡泡线程等待获取鱼鱼线程的锁...
```

◆ 图 11-5-3　示例 11-5-3 的运行结果

本示例中使用了匿名内部类的形式创建了两个线程：泡泡线程和鱼鱼线程。在泡泡线程中嵌套了两把锁，依次为 bubbleLock 和 fishLock。在鱼鱼线程中同样嵌套了两把锁，依次为 fishLock 和 bubbleLock。由于两个线程互不相让，导致程序无法继续执行，出现死锁情况。产生死锁的四个必要条件如下：

(1) 互斥条件：一个资源每次只能被一个进程使用。

(2) 请求与保持条件：一个进程因请求资源而阻塞时，对已获得的资源保持不放；

(3) 不剥夺条件：请求已获得的资源，在未使用完之前，不能强行剥夺；

(4) 循环等待条件：若干进程之间形成一种头尾相接的循环等待资源关系。

当上述四个条件都成立的时候，便形成死锁。只要想办法打破其中的任意一个或多个条件就可以避免死锁发生。

【本章小结】

进程是一个程序的一次执行过程，是系统运行程序的基本单位。线程是进程中的一个执行单元，也是操作系统能够进行运算调度的最小单位。一个程序运行时至少有一个进程，

一个进程中至少有一个线程。

如果 CPU 在很小的时间间隔交替执行多个线程(任务),任一个时刻点上只有一个线程在 CPU 上运行,就叫作多线程,也叫并发。多线程虽然 CPU 的执行效率不如单线程,但它具有 CPU 使用率高、用户体验流畅等优点,在多任务操作系统中得到了广泛使用。

Java 语言中使用 Thread 类创建线程,共有三种方式:自定义类继承 Thread 类,重写它的 run 方法,实例化该类的对象;自定义类实现 Runnable 接口,实现它的 run 方法,然后将该类的对象作为形参构建 Thread 类的对象;自定义类实现 Callable 接口,使用该类对象创建 FutureTask 类的对象,然后再通过 FutureTask 对象实例化 Thread 类的对象。

线程的生命周期分为五个状态:新建状态 (New)、就绪状态 (Runnable)、运行状态 (Running)、阻塞状态 (Blocked) 和死亡状态 (Terminated)。当满足一定条件时,某些状态之间可以转换。

Java 语言中的线程调度就是通过 Thread 类提供的操作方法对线程的状态进行管理,包括线程优先级设置、线程休眠、线程让步和线程插队等。

Java 语言中实现线程同步的常用方式包括同步代码块和同步方法,以提高共享数据的安全性。

线程同步会降低 CPU 的效率,使用不当还会造成死锁的情况。产生死锁的四个必要条件为互斥条件、请求与保持条件、不剥夺条件和循环等待条件。只要想办法打破其中的任意一个或多个条件就可以避免死锁发生。

综合训练

习 题

参考文献

[1] ECKEL B. Java 编程思想 [M]. 4 版 . 陈吴鹏，译 . 北京：机械工业出版社，2007.

[2] 黑马程序员 . Java 基础案例教程 [M]. 2 版 . 北京：人民邮电出版社，2021.

[3] 王飞雪，鲁江坤，陈红阳 . Java 应用开发与实践 [M]. 西安：西安电子科技大学出版社，2020.

[4] 明日科技 . C 语言精彩编程 200 例 (全彩版)[M]. 长春：吉林大学出版社，2022.

[5] 宋旸 . 使用 Java 语言开发 Web 应用软件的知识探讨 [J]. 中国设备工程，2022(14)：121-123.

[6] 郭阳，常英贤 . 浅谈 Java 语言在计算机软件开发中的应用 [J]. 数字通信世界，2022，(1)：88-94.

[7] 沙之洲 . Java 编程语言在计算机软件开发中的应用 [J]. 电子世界，2021(24)：125-127.

[8] 那俊，李丹程 . 课程思政在计算机类课程中的探索与实践 [J]. 中国大学教学，2021 (3)：48-51.

[9] 李鑫伟，张立，孙阳 . 基于项目驱动的 android 课程研究 [J]. 教育教学论坛，2020(12)：254-255.

[10] 敖谦，刘华，贾善德. 混合学习下“案例—任务”驱动教学模式研究[J]. 现代教育技术. 2013, (3)：122-126.